U0301779

国家出版基金项目
NATIONAL PUBLICATION FOUNDATION

大型电力变压器减振降噪设计与机械状态检测

汲胜昌 张 凡 傅晨钊 黎大健 韩彦华 高树国 著

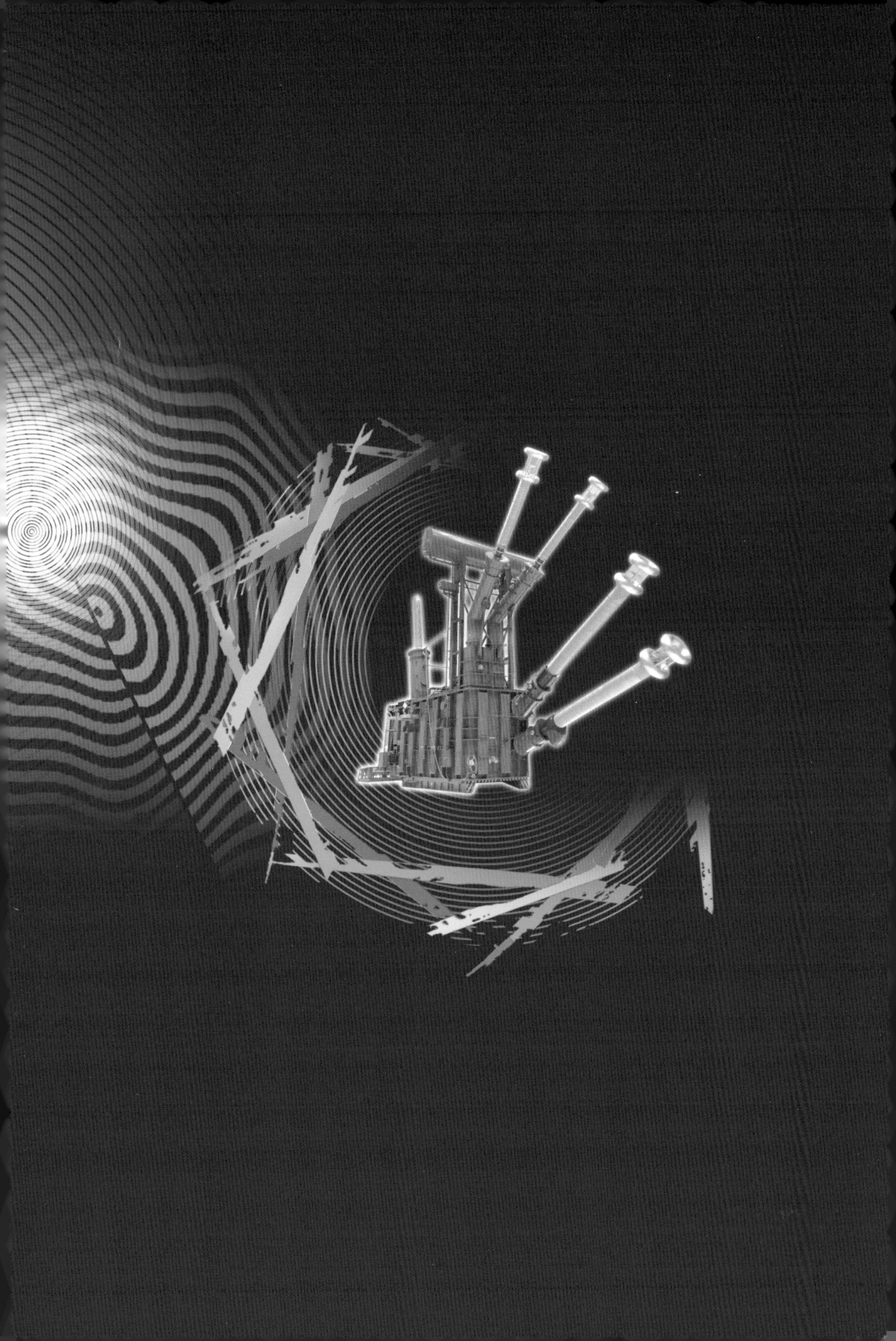

大型电力变压器减振降噪设计与机械状态检测

汲胜昌 张 凡 傅晨钊 黎大健 韩彦华 高树国 著

图书在版编目(CIP)数据

大型电力变压器减振降噪设计与机械状态检测/汲胜昌等著. —西安:西安交通大学出版社,2023.3
ISBN 978-7-5693-2569-0

Ⅰ.①大… Ⅱ.①汲… Ⅲ.①电力变压器-减振降噪-设计②电力变压器-故障检测 Ⅳ.①TM41

中国版本图书馆 CIP 数据核字(2022)第 062163 号

书　　名　大型电力变压器减振降噪设计与机械状态检测
　　　　　DAXING DIANLI BIANYAQI JIANZHEN JIANGZAO SHEJI YU JIXIE ZHUANGTAI JIANCE
著　　者　汲胜昌　张　凡　傅晨钊　黎大健　韩彦华　高树国
策划编辑　任振国
责任编辑　任振国
责任校对　邓　瑞
装帧设计　程文卫　伍　胜

出版发行　西安交通大学出版社
　　　　　(西安市兴庆南路 1 号　邮政编码 710048)
网　　址　http://www.xjtupress.com
电　　话　(029)82668357　82667874(市场营销中心)
　　　　　(029)82668315(总编办)
传　　真　(029)82668280
印　　刷　中煤地西安地图制印有限公司

开　　本　720 mm×1 000 mm　1/16　**印张** 25.5　**彩插** 2　**字数** 430 千字
版次印次　2023 年 3 月第 1 版　2023 年 3 月第 1 次印刷
书　　号　ISBN 978-7-5693-2569-0
定　　价　298.00 元

如发现印装质量问题,请与本社市场营销中心联系。
订购热线:(029)82665248　(029)82667874
投稿热线:(029)82664954
读者信箱:jdlgy@yahoo.cn

序

电力变压器是电力系统厂站中最为重要的电力设备，是整个电网的“心脏”，也是技术含量和技术难度最高的设备，起着将能量输运并配送到广阔区域的各种各样电力负荷的关键作用。电力变压器在运行中承受交变电磁应力的作用，在正常工作状态下产生持续振动，在操作或暂态工况下产生暂态振动。振动一是来源于载流电磁线在漏磁场中受到的洛伦兹力，二是来源于铁芯材料在交变磁场下的磁致伸缩。这种持续或暂态的振动一方面会给设备的结构紧固和稳定带来不利影响，另一方面是会以噪声辐射的形式对环境产生污染。此外，变压器的振动和噪声信号会受到绕组、铁芯等组件机械状态的影响，因而它也是对变压器机械状态，特别是绕组和铁芯状态进行评估的特征检测信号。

本书的最初工作是在本书主要作者汲胜昌教授攻读博士学位期间首先开展的，作为他的指导教师，我欣喜地看到，从那以后他的这一工作一直得到延续和加深，并始终处于国内外领先地位。本书首次开展了电力变压器振动特性及在机械状态监测中的应用方面的全面研究，在变压器振动产生机理、测量方法、振动信号分析方法及机械状态诊断技术等方面的成果，一直是该领域研究和应用的基础，并从此逐步成为变压器在线监测的一种重要在线检测和监测手段，国内外的相关研究工作越来越多，方法也越来越成熟。此外，随着城市规模的扩大，变电站、换流站等距离居民区越来越近，而国家对于环境噪声的要求也越来越严格，作为站内最为主要的噪声源，变压器的减振降噪研究也成为近些年学界关注的热点。在前期变压器振动研究的基础上，在国家自然科学基金的持续资助下，围绕电力设备减振降噪方面也开展了大量工作，一是针对换流站中的滤波设备，包括电容器、电抗器等，再就是针对大型电力变压器。

《大型电力变压器减振降噪设计与机械状态检测》一书是汲胜昌教授及其团队多年研究成果的总结，由汲胜昌、张凡、傅晨钊等作者合著而成，主要介绍了电力变压器的主要类型、结构及基本工作原理，论述了振动产生机理、传递过程及振动特性，并据此分别针对变压器的减振降噪设计与机械状态检测方法进行讨论，提出了变压器减振降噪可行的技术手段，完整论述了利用稳态及暂态工况下变压器油箱表面的振动信号，对变压器绕组及铁芯的机械状态进行检测/监测及诊断和评估的方法。本书内容在以下方面具有创新性和先进性：

(1)建立了变压器绕组及铁芯的振动模型，给出了本体发生振动的内在机制；提出了变压器本体振动传递到油箱表面的过程，揭示了油箱表面发生振动的机理，获得了油箱表面振动的影响因素和影响规律；

(2)从运行工况、固有振动频率控制以及降噪元件设计等方面，提出了大型电力变压器的减振降噪方法；

(3)基于存在机械缺陷变压器的振动特性变化研究，论述了变压器存在机械缺陷时振动信号变化的原理，分别提出了基于振动频谱特征参数、工作模态和振型以及利用暂态振动信息的变压器机械状态检测方法。

本书是国内外少见的利用振动信号进行变压器机械状态检测方面的专著，对变压器减振降噪也有独特的见解，所呈现的内容具有科学性和很高的参考价值，对于目前蓬勃开展的电力设备降噪及振动声纹检测/监测技术的研究和应用具有重要的指导意义。

时至今日，从我指导汲胜昌开始变压器振动噪声方面的研究已20余年，他本人也成长为这个领域知名的专家学者，承担过多个国家及省部级和国网、南网及制造企业的科技项目，在国内外的一些重要期刊和学术会议上发表过大量高水平学术论文，相关研究成果形成了IEEE标准、团体标准，获得授权的多项发明专利也实现了成果转化。这些成就的取得也说明了本领域对于大型电力变压器减振降噪设计与机械状态检测的重视和认可。当前正值新型电力系统建设如火如荼的时期，随着越来越多电力电子化设备及新型电力设备的引入，电网形态及电力设备运行工况日趋复杂，有关电力设备噪声及机械状态评估的研究必将迎来新的挑战，希望汲胜昌教授的《大型电力变压器减振降噪设计与机械状态检测》一书可以为该领域相关研究以及电力设备制造企业、电力管理及运行单位提供指导和参考，为我国新型电力系统的建设与发展、新技术的研究与应用，以及电力设备的生产、制造和运行、维护发挥积极作用。

一个新的领域必定是不断发展、进步的领域，随着人工智能、传感技术、测量技术的进步，随着相关技术的更多应用，必定会给该领域的研究提供更多的可能，带来更多的进步。就此而言，本书的工作是没有终点的。趁东风正烈，趁年华正茂，望汲胜昌教授团队及其他作者共同努力，为本书的后续修订作出贡献。作为该领域的首部专著，肯定会存在不少缺陷、不足，也希望作者们在后续的修订中广泛吸取研究者、使用者的意见建议，让本书成为一本精品之作。

李彦明

2022年夏末于西安

前　言

经过近两年的紧张工作，本书终于要付诸出版。在申报国家出版基金资助的时候，此书就已经有了一个初稿，但未料到从初稿到正式出版又经历了这么长时间，当然这只能归咎于作者本人的拖延，似乎每天都忙于各种各样的事情，无法静下心来整理书稿；也是第一次编著书籍，总希望呈现出完美的作品，打磨雕琢花费了时日。

1994 年作者从山东考入西安交通大学这所心中仰慕的大学，进入到电气工程学院高电压与绝缘技术专业学习，在入学之初的系列教育后，作者也树立了自己的小目标：顺利毕业，将来成为一名电气工程师。只是 2003 年作者博士毕业后，选择留在交大高电压技术教研室工作，成为了这所“能在浮躁世界中放下一张平静书桌地方的大学”的一名教育与科研工作者。大学，尤其是工科的教学和科研是相辅相成的，虽然作者没有成为一名光荣的工程师，但这么多年的科研工作，实际上还是围绕着工程实际开展的，在这个过程中，作者与电力设备制造企业、电网运行管理单位优秀的工程师们一起合作，解决着一个一个实际的工程问题，也把一些工程实际的案例带到课堂上结合教学内容讲授给学生们。这本书正是这么多年来作者本人及企业工程师们共同攻坚克难的一个缩影和凝练，是对过往 20 多年学习和工作的一个总结和交待。

迄今为止，电力变压器振动与噪声研究已有长达 100 多年的历史，当然最初研究工作关注的都是变压器产生的可听噪声，围绕变压器振动噪声产生的机理、特性以及减振降噪方法展开；之后围绕变压器承受短路能力，建立了变压器突发短路时的受力分析模型以及变压器绕组振动模型，从而能够计算和校核变压器的机械稳定性。将振动噪声信号用于变压器类设备机械性能的监测，最早可以追溯到 20 世纪 90 年代初，加拿大学者将可听噪声信号用于油浸式电抗器的内部结构缺陷诊断，但由于噪声信号容易受到变电站环境背景噪声的影响，该方法之后并没有更多的后续研究。而将振动信号用于电力变压器内部绕组及铁芯机械缺陷的诊断，则是由俄罗斯学者在上个世纪末最早报道的，宣布研制成功了变压器器身振动带电监测系统并已推广应用。在国内，作者攻读博士学位期间，在李彦明教授的指导下，最早从 2000 年开始围绕基于振动信号分析法的变压器机械状态检测/监测方法开展研究工作，首篇文章刊发在《高电压技术》杂志上。2003 年，作者留在交大工作后，主要的研究方向之一就是电力设备的振动噪声应用及控制，这个方向涉及材料、机械、电气等多学科交叉，特别是随着电力设备电压等级的升高、单台功率的增大、谐波的增多等原因，其振动噪声变得更加突出，如何减振降噪及进行机械性能评估成为行业的痛点问题，关注度也越来也高。

在上述背景下，国内外近20年来开展变压器振动及噪声研究工作的学者越来越多，新理论、新方法、新见解层出不穷，但目前尚缺少一本关于电力变压器减振降噪及机械性能评估的著作出版。正是基于此，作者觉得很有必要把自己及团队多年来的研究成果进行总结，供本领域的科研工作者学习和参考，同时也是一个契机，可以以这种形式把成果公之于众，供同行们批评指正，促进本方向更好更快的发展。本书除了前面绪论介绍有关电力变压器的基本知识外，主体分为10章内容，主要包括：变压器绕组及铁芯的振动机理模型及基本特性，变压器本体振动产生后传递至油箱的过程及油箱表面的振动特性，大型电力变压器的减振降噪方法以及基于稳态及暂态振动信号的变压器机械状态检测方法。

汲胜昌教授负责组织全书内容，并著写第0～5章；张凡助理教授、傅晨钊教高、黎大健高级工程师、韩彦华教高及高树国教高共同著写了第6～10章。本书同时采用了张凡博士、朱叶叶硕士、陆伟峰硕士、师愉航博士、潘智渊硕士、张壮壮硕士、庄哲硕士等汲胜昌教授指导的研究生在攻读学位期间围绕相关领域的研究成果，部分研究生还认真检查和完善了书稿的内容，在此表示感谢。此外，还要感谢国网上海市电力公司电力科学研究院、广西电网有限责任公司电力科学研究院、国网陕西省电力有限公司电力科学研究院、国网河北省电力有限公司电力科学研究院、特变电工股份有限公司等单位对本书研究工作的支持和帮助，同时也为本书研究成果的落地实施提供了条件。我的导师李彦明教授亲自为本书作序，张凡助理教授在本书成稿过程中付出了很多的时间和精力，西安交通大学出版社任振国老师精心编辑了本书，在此特别表示感谢。同时感谢国家出版基金的资助，这也是本书最终能够完成的源动力。

20年看似漫长，实际只是弹指一挥间。在获得2020年度国家出版基金的资助后，真正在整理这20多年的成果时，作者感受到的仍是微不足道。随着越来越多国内外学者加入这个领域的研究，实际上近些年来相关的研究成果是海量的，都在引领和促进着该领域的发展。特别是随着特高压交直流输电技术的发展和工程的建设，我国在电力设备生产制造、运维检修等方面的研究成果及成就已在国际上居于领先地位，相信本书只是抛砖引玉，后续肯定有内容更全面、更丰富的著作陆续出版。也请各位读者对书中不妥之处批评指正，为本书后续的修订建言献策。

汲胜昌

2022年8月

目　录

绪论 …………………………………………………………………… (1)

0.1　变压器的用途和工作原理 ………………………………………… (2)

0.2　线圈的组成和作用 ……………………………………………… (2)

0.3　铁芯的组成与分类 ……………………………………………… (8)

0.4　常用铁芯的结构形式 …………………………………………… (11)

0.5　铁芯的片形与接缝结构 ………………………………………… (13)

0.6　铁芯的绝缘与接地结构 ………………………………………… (18)

第1章　饼式绕组的振动模型及特性研究 ……………………………… (21)

1.1　绕组线圈整体和局部导线的振动特点 ………………………… (21)

1.2　绕组整体轴向振动的离散动力学模型 ………………………… (22)

1.2.1　模型的建立 …………………………………………………… (22)

1.2.2　参数的确定 …………………………………………………… (24)

1.2.3　绕组模态特征 ………………………………………………… (26)

1.3　绕组声固耦合的有限元模型 …………………………………… (28)

1.3.1　变压器油的加载效应 ………………………………………… (28)

1.3.2　模型的建立 …………………………………………………… (29)

1.3.3　绕组模态特征 ………………………………………………… (30)

1.4　导线振动模型研究 ……………………………………………… (32)

1.4.1　圆弧拱的面内振动模型 ……………………………………… (32)

1.4.2　直梁模型 ……………………………………………………… (35)

1.5　绕组的试验模态分析 …………………………………………… (37)

1.5.1　试验及模态参数提取 ………………………………………… (37)

1.5.2　绕组整体的模态特征 ………………………………………… (39)

1.5.3　垫块间导线的模态特征 ……………………………………… (43)

1.6　基于哈密顿原理的两体振动数学模型 ………………………… (46)

1.6.1　绕组局部两体模型 …………………………………………… (46)

1.6.2 哈密顿原理 …………………………………………… (47)
1.6.3 两体模型运动方程 …………………………………… (50)
1.6.4 基频振动特性 ………………………………………… (53)
1.6.5 机电耦合作用下的振动特性 ………………………… (55)
1.6.6 考虑材料非线性的振动特性 ………………………… (59)

第 2 章 变压器铁芯振动模型及特性 ………………………… (62)
2.1 铁芯中的磁场分布特点 …………………………………… (62)
2.1.1 铁芯结构 ……………………………………………… (62)
2.1.2 磁化特性 ……………………………………………… (64)
2.2 磁致伸缩及铁芯振动模型的建立 ………………………… (68)
2.2.1 考虑磁致伸缩的应力应变关系 ……………………… (68)
2.2.2 铁芯振动模型 ………………………………………… (69)
2.3 铁芯振动模态分析 ………………………………………… (71)
2.3.1 试验模态分析 ………………………………………… (72)
2.3.2 仿真模态分析 ………………………………………… (80)
2.4 铁芯振动的动力学仿真分析 ……………………………… (83)
2.4.1 模型建立与网格划分 ………………………………… (83)
2.4.2 铁芯内部磁通分布 …………………………………… (84)
2.4.3 磁致伸缩下的振动 …………………………………… (88)

第 3 章 绕组和铁芯振动的产生及向外传递过程 ………… (91)
3.1 洛伦兹力作用下的绕组振动特性 ………………………… (91)
3.1.1 漏磁场及洛伦兹力计算 ……………………………… (91)
3.1.2 双绕组变压器漏磁场及洛伦兹力分布 ……………… (93)
3.1.3 轴向振动特性 ………………………………………… (96)
3.1.4 径向振动特性 ………………………………………… (98)
3.2 铁芯振动特性 ……………………………………………… (99)
3.2.1 铁芯振动试验平台 …………………………………… (99)
3.2.2 振动测试系统及不同测试方案对比 ………………… (100)
3.3 铁芯振动及分布特性研究 ………………………………… (103)
3.3.1 铁芯振动特性 ………………………………………… (103)
3.3.2 铁芯振动分布研究 …………………………………… (105)
3.3.3 励磁电压的影响 ……………………………………… (110)

3.3.4　运行温度的影响 …… (111)
3.3.5　变压器油的影响 …… (116)
3.4　铁芯和绕组的耦合振动特性 …… (118)
3.4.1　绕组振动向铁芯的传递 …… (118)
3.4.2　铁芯振动向绕组的传递 …… (120)
3.5　内部振动传递特性的数学描述 …… (123)
3.6　内部振动的传递及油箱振动响应 …… (125)
3.6.1　变压器的三维有限元模型 …… (125)
3.6.2　空油箱的模态分析 …… (127)
3.6.3　充油油箱的模态分析 …… (130)
3.6.4　内部振动在油中的传递特性 …… (134)
3.6.5　绕组振动在固体中的传递特性 …… (137)
3.6.6　油箱表面振动贡献量研究 …… (140)
3.7　负载电流引起的油箱振动研究 …… (144)
3.7.1　油箱中的感应电流及洛伦兹力 …… (144)
3.7.2　涡流引起的空油箱振动 …… (147)
3.7.3　变压器负载振动特性的仿真研究 …… (150)

第4章　变压器油箱表面振动特性及影响因素 …… (153)
4.1　油箱振动特性 …… (153)
4.1.1　振动信号的特征值 …… (153)
4.1.2　抗干扰措施 …… (154)
4.2　振动测试方案的影响 …… (154)
4.2.1　传感器安装位置的影响 …… (155)
4.2.2　传感器小幅“错位”的影响 …… (157)
4.2.3　不同相的影响 …… (158)
4.2.4　油箱附件的影响 …… (159)
4.3　变压器运行条件的影响 …… (160)
4.3.1　运行电压的影响 …… (160)
4.3.2　负载电流的影响 …… (162)
4.3.3　分接开关位置的影响 …… (164)
4.3.4　功率因数的影响 …… (165)
4.3.5　油温的影响 …… (168)
4.3.6　在运变压器的振动特性 …… (170)

4.4 运行变形振型理论 …… (174)
4.4.1 运行变形振型简介 …… (174)
4.4.2 变压器 ODS 测量方法 …… (175)
4.4.3 变压器 ODS 特性试验平台 …… (177)
4.5 油箱表面 ODS 的影响因素及规律 …… (179)
4.5.1 电压波动对 ODS 的影响 …… (179)
4.5.2 电流波动对 ODS 的影响 …… (190)
4.5.3 负载功率波动对 ODS 的影响 …… (204)

第 5 章 大型电力变压器减振降噪的主要措施 …… (218)
5.1 电磁控制措施 …… (218)
5.1.1 降低磁通密度 …… (218)
5.1.2 控制负载水平 …… (220)
5.1.3 治理谐波电流 …… (221)
5.1.4 抑制直流偏磁 …… (224)
5.1.5 避免三相不平衡 …… (232)
5.2 固有机械特性控制措施 …… (235)
5.2.1 铁芯 …… (235)
5.2.2 绕组 …… (237)
5.2.3 油箱 …… (240)
5.3 传递路径控制措施 …… (241)
5.3.1 器身隔振 …… (241)
5.3.2 基础隔振 …… (242)
5.3.3 传统吸声结构与材料 …… (242)
5.3.4 声学超材料 …… (244)
5.3.5 传递途径隔声吸声 …… (246)
5.3.6 有源消声 …… (246)

第 6 章 典型机械缺陷下本体的振动特性 …… (249)
6.1 典型机械缺陷的分类 …… (249)
6.2 压紧力对绕组模态的影响及其变化的机理分析 …… (251)
6.2.1 压紧力对绕组模态的影响 …… (251)
6.2.2 纸板的力学性能及密化处理 …… (253)
6.2.3 老化 …… (254)

6.2.4 应力松弛 …………………………………………………………… (256)
6.2.5 局部松动 …………………………………………………………… (258)
6.3 典型机械缺陷绕组振动特性的试验研究 …………………………… (259)
6.3.1 缺陷模型及缺陷设置 ………………………………………………… (259)
6.3.2 整体松动 …………………………………………………………… (261)
6.3.3 环向拉伸 …………………………………………………………… (262)
6.3.4 轴向弯曲 …………………………………………………………… (264)
6.4 铁芯松动时的固有振动特性 ………………………………………… (265)
6.5 本体机械缺陷对应的油箱振动特征 ………………………………… (267)

第 7 章 基于多频振动特征的变压器机械状态检测方法 ………………… (269)
7.1 变压器故障模拟方案 ………………………………………………… (270)
7.2 故障条件下变压器振动信号分析 …………………………………… (271)
7.2.1 铁芯松动 …………………………………………………………… (271)
7.2.2 绕组松动 …………………………………………………………… (273)
7.2.3 绕组错位 …………………………………………………………… (275)
7.2.4 绕组鼓包 …………………………………………………………… (277)
7.2.5 绕组翘曲 …………………………………………………………… (278)
7.2.6 不对称运行 ………………………………………………………… (279)
7.3 铁芯绝缘缺陷的振动特性 …………………………………………… (281)
7.3.1 铁芯叠片片间短路时铁芯振动特性 ………………………………… (285)
7.3.2 铁芯多点接地时铁芯振动特性 ……………………………………… (289)
7.4 铁芯松动时的振动特性 ……………………………………………… (291)
7.4.1 铁芯整体松动下的振动变化规律 …………………………………… (291)
7.4.2 铁芯局部松动下的振动变化规律 …………………………………… (295)

第 8 章 工作模态分析在绕组机械状态诊断中的应用 …………………… (298)
8.1 基于模态分析的绕组机械状态评价方法 …………………………… (298)
8.2 工作模态分析理论 …………………………………………………… (299)
8.2.1 工作模态分析简介 ………………………………………………… (299)
8.2.2 随机振动的高斯分布及功率谱密度函数 …………………………… (299)
8.2.3 工作模态分析的频域分解方法 ……………………………………… (301)
8.3 绕组的工作模态分析 ………………………………………………… (302)
8.3.1 绕组轴向振动的状态空间模型 ……………………………………… (302)

8.3.2 噪声激励下绕组的工作模态分析 …………………… (303)
8.3.3 谐波对工作模态分析的影响 ………………………… (305)
8.3.4 基于 FFT 滤波器和带阻滤波器的谐波去除方法 ………… (307)
8.3.5 基于峰态-最小二乘法的谐波去除方法 ……………… (309)
8.4 工作模态分析的应用 …………………………………… (314)
8.4.1 实验室分析 ……………………………………… (314)
8.4.2 现场实测分析 …………………………………… (316)

第 9 章 基于工作振型分析的绕组机械状态诊断方法 ………………… (320)
9.1 变压器 ODS 特征参量 …………………………………… (320)
9.2 正常工况下变压器 ODS 的 HOG 特征 ……………………… (322)
9.3 绕组短路冲击后变压器 ODS 的 HOG 特征 ………………… (324)

第 10 章 基于暂态声振信号的机械状态检测方法 ……………… (337)
10.1 短路冲击试验平台搭建 ……………………………… (337)
10.1.1 模型变压器短路冲击试验设置 ……………………… (337)
10.1.2 实际变压器短路冲击试验设置 ……………………… (339)
10.2 变压器短路冲击下暂态声振特性及影响因素 …………… (340)
10.2.1 暂态声振信号处理方法 …………………………… (340)
10.2.2 测点位置对声振信号的影响 ……………………… (347)
10.2.3 短路电流大小对声振信号的影响 ………………… (350)
10.2.4 不同电压等级对声振信号的影响 ………………… (353)
10.2.5 重合闸情况对声振信号的影响 …………………… (355)
10.3 绕组机械故障下暂态声振信号特征 ………………… (357)
10.3.1 模型变压器绕组机械故障 ……………………… (357)
10.3.2 实际变压器绕组机械故障 ……………………… (366)
10.4 基于暂态声振信号的绕组机械故障诊断方法 ………… (378)
10.4.1 阈值法判断绕组机械故障 ……………………… (378)
10.4.2 基于支持向量机的绕组机械故障诊断方法 ………… (380)

参考文献 ………………………………………………………… (383)

索引 …………………………………………………………… (393)

绪 论

变压器是一种利用电磁感应原理，将一种电压、电流的交流电能转换为同频率的另一种电压、电流的交流电能的静止电气设备。在电力的生产、输送和分配过程中，使用着各种各样的变压器。

首先，对于电力系统而言，变压器是一种主要的设备。使用较低的电压及相应的大电流将大功率的电能经济高效地输送到远距离的用户区是不可能的，这是由于：一方面，大电流将在输电线上产生大的功率损耗；另一方面，大电流还将在输电线上引起大的电压降，致使电能根本送不出去。因此，需要使用变压器来将发电机的端电压升高，相应电流减小。一般来说，当输电距离愈远，输出功率愈大时，要求的输出电压也愈高。例如，当采用 110 kV 的电压时就可以将 5×10^4 kW 的功率输送到约 150 km 的地方；而当采用 500～750 kV 的高压时，就可以将约 200×10^4 kW 的功率输送到约 1000 km 的地方。因此随着输电距离、输送容量的增长，对变压器的要求也就越来越高。

对于大型动力用户只需要 3 kV、6 kV 或 10 kV 电压，而小型动力与照明用户只需要 220 V 或 380 V 电压，这就必须用降压变压器把输电线上的高电压降低到配电系统的电压，由配电变压器满足各用户用电的电压。变压器在电能传输、分配中的地位，如图 0-1 所示。

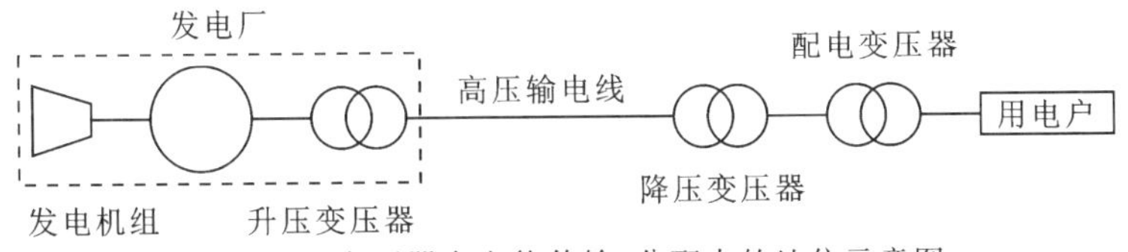

图 0-1　变压器在电能传输、分配中的地位示意图

由上所知，在电力系统中变压器的地位是非常重要的，不仅需要变压器的数量多，而且要求性能好、技术经济指标先进，还要保证运行时安全可靠。

0.1 变压器的用途和工作原理

变压器除了在电力系统中使用之外，还用于一些工业部门中。例如，在电炉、整流设备、电焊设备、矿山设备、交通运输的电车等设备中，都要采用专门的变压器。此外，在实验设备、无线电装置、无线电设备、测量设备和控制设备（一般又叫控制变压器，容量都较小）中，也使用着各式各样的变压器。

单相变压器的工作原理如图0-2所示。在闭合铁芯上绕有两个线圈（对变压器而言，线圈也可称为绕组），其中接受电能即接到交流电源的一侧叫做一次侧（也称为原边或初级）绕组，而输出电能的一侧叫二次侧（也称为副边或次级）绕组。变压器的工作原理建立在电磁感应原理的基础上，即通过电磁感应，在两个电路之间实现电能的传递。铁芯是闭合铁芯，用硅钢片叠压而成。

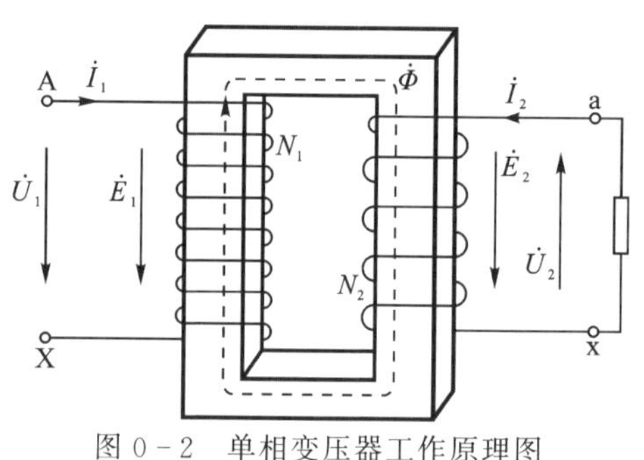

图0-2 单相变压器工作原理图

0.2 线圈的组成和作用

对于变压器类产品，具有规定功能的一组线匝或线圈称为绕组（winding），通常是按原理或按规定的连接方法连接起来，能够改变电压、电流的单个线圈或几个线圈的组合称为绕组，如双绕组变压器、二次绕组。

电力变压器中绕组一般分为高压绕组和低压绕组。接在较高电压上的绕组称为高压绕组，接在较低电压上的绕组称为低压绕组，高压绕组的匝数多、导线横截面小；低压绕组的匝数少、导线横截面大。从能量的变换传递来说，接在电源上，从电源吸收电能的绕组称为原边绕组（又称一次绕组或初级绕组）；与负载连接，给负载输送电能的绕组称副边绕组（又称二次绕组或次级绕组)。它用绝缘扁导线或圆导线绕成。变压器的绕组一般都绕成圆形,因为这种形状的绕组在电磁力的作用下有较好的机械性能,不易变形,同时也便于绕制。为了适应不同容量与电压等级的需要,电力变压器绕组有多种型式,常用的同心式绕组结构如图 0-3 所示。

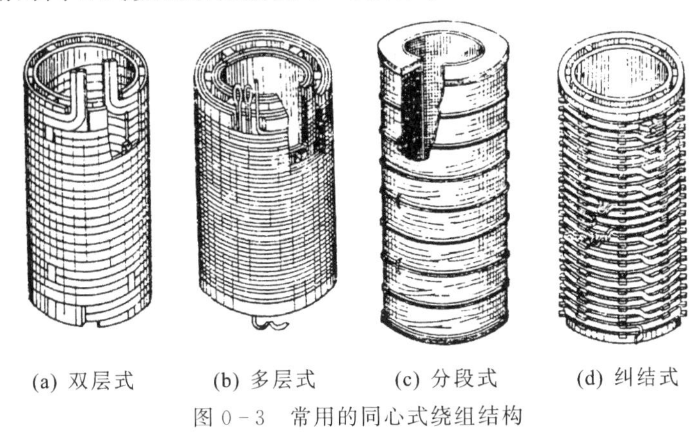
(a) 双层式　(b) 多层式　(c) 分段式　(d) 纠结式

图 0-3　常用的同心式绕组结构

根据高压绕组和低压绕组相互位置的不同,绕组结构型式可分为同心式和交叠式两种。

同心式绕组是将高压绕组和低压绕组同心地套装在铁芯柱上。大部分同心式绕组都将低压绕组套在里面,紧靠着铁芯,高压绕组则套装在低压绕组的外面。另外,高、低压绕组之间,绕组和铁芯之间都必须有一定的绝缘间隙,并用绝缘纸筒把它们隔开。高、低压绕组之间一般留有油道,一是作为绕组间的绝缘间隙;二是作为散热通道,使油从油道中流过冷却绕组。

同心式绕组的结构简单、制造方便,适用于芯式变压器,如图 0-4 所示。

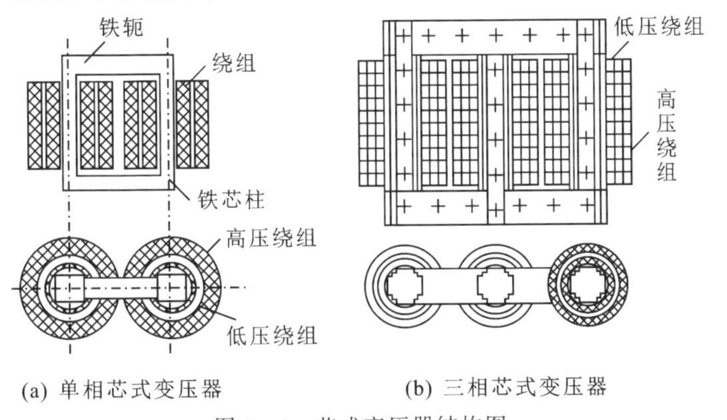

(a) 单相芯式变压器　(b) 三相芯式变压器

图 0-4　芯式变压器结构图

在单相变压器中，高、低压绕组均分为两部分，分别套装在两个铁芯柱上，这两部分可以串联或并联；在三相变压器中属于同一相的高、低压绕组全部套装在同一铁芯柱上。同心式绕组根据绕线方式可分为双层式、连续式、分段式、纠结式等，为了便于绝缘，低压绕组套装在靠近铁芯柱的地方。

交叠式绕组的机械强度高、引线方便、漏电抗小，但绝缘比较复杂，实际应用得不多，只是壳式变压器和电压低、电流大的电炉变压器等才采用这种绕组。壳式变压器的结构如图 0-5 所示。

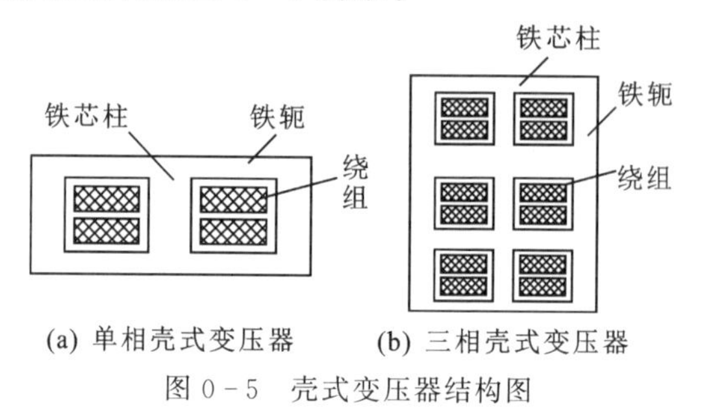

图 0-5　壳式变压器结构图

所谓交叠式绕组就是高压绕组和低压绕组各分别做成若干个线饼沿铁芯柱高度依次交错放置的绕组，为了便于绝缘和散热，高压绕组与低压绕组之间留有油道并且在最上层和最下层靠近铁轭处安放低压绕组，其结构如图 0-6 所示。由于绕组均为饼形，因此这种绕组也称为“饼式”绕组。

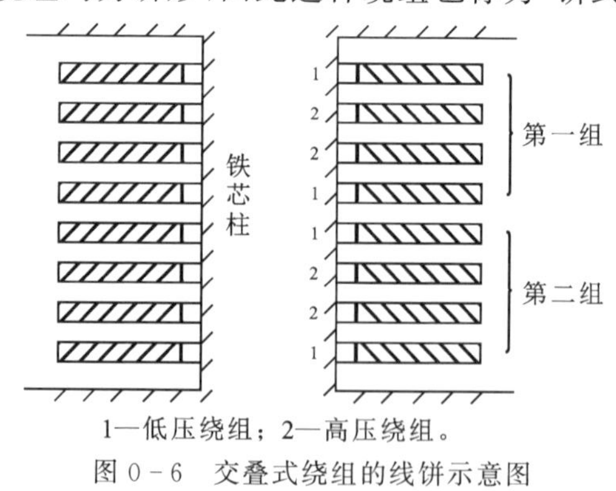

1—低压绕组；2—高压绕组。

图 0-6　交叠式绕组的线饼示意图

按绕组型式（不论是单相或三相）还可将变压器分为双绕组变压器、三绕组变压器和自耦变压器。其中双绕组变压器是最常用的，即有一个原边，一个副边；而三绕组变压器有一套原绕组接交流电源，副绕组有两套，可同时供两个负载；自耦变压器的原、副边绕组有共同耦合的部分。

电气设备中金属线通过绕在卷轴等物体上而形成的螺旋形或圆柱形物体，用以产生电磁效应或提供电抗，称为线圈(coil)，导线绕芯模一周叫一个线匝(turn)，相对于绕组来说，线圈更为具体。

在电力变压器中，线圈(绕组)构成变压器的内部电路，与外界电网直接相连，是变压器中最重要的部件，它通过电磁场完成电能的传输和转换。线圈按结构形式的分类如表0-1所示。

表0-1　线圈结构类型

<table>
<tr><td rowspan="15">线圈</td><td rowspan="9">饼式线圈</td><td rowspan="2">连续式线圈</td><td>普通连续式线圈</td></tr>
<tr><td>内屏蔽连续式线圈</td></tr>
<tr><td rowspan="2">纠结式线圈</td><td>普通纠结式线圈</td></tr>
<tr><td>改变底部换位纠结式线圈</td></tr>
<tr><td rowspan="5">螺旋式线圈</td><td>单螺旋线圈</td></tr>
<tr><td>双螺旋线圈</td></tr>
<tr><td>三螺旋线圈</td></tr>
<tr><td>多螺旋线圈</td></tr>
<tr><td>纠结连续式线圈</td></tr>
<tr><td rowspan="5">层式线圈</td><td rowspan="4">圆筒式线圈</td><td>单层圆筒式线圈</td></tr>
<tr><td>双层圆筒式线圈</td></tr>
<tr><td>多层圆筒式线圈</td></tr>
<tr><td>分段圆筒式线圈</td></tr>
<tr><td colspan="2">箔式线圈</td></tr>
<tr><td>双层饼式线圈</td><td colspan="2">双层螺旋式线圈</td></tr>
</table>

线圈形式主要是根据绕组电压等级及容量大小来选择的，同时也要考虑各种形式线圈的特点，如散热面的大小、电气强度和机械强度的好坏以及制造的工艺性等。

1.连续式线圈

连续式线圈是由沿轴向分布若干连续绕制的线饼组成的，如图0-7所示。连续式线圈能够在很大的范围内适应各种电压和不同容量的要求，机械强度高，工艺性好，但冲击电压分布不好，其导线截面形状、并绕根数对工艺性影响很大。

(1)普通连续式线圈，多用于110 kV及以下的线圈，结构如图0-7(a)所示,是连续式线圈中结构较简单的一类。

(2)内屏蔽连续式线圈,又称插入电容式线圈,用于 220 kV 及以上的高压线圈,在连续式线饼外径侧的匝间,插入仅增加纵向电容而不流通工作电流的一段悬浮导线(电容线),一般两个线饼作为一个屏蔽单元,结构如图 0-7(b)所示。

图 0-7　连续式线圈

2.纠结式线圈

纠结式线圈主要用于 220 kV 及以上电压等级的变压器高压绕组中,如图 0-8 所示。从图中可看出纠结式和连续式的不同点在于线匝(或线饼)的分布,连续式线圈的线匝(或线饼)按顺序为 1、2、3、…、n 排列,纠结式线圈的线匝(或线饼)则是交错排列。

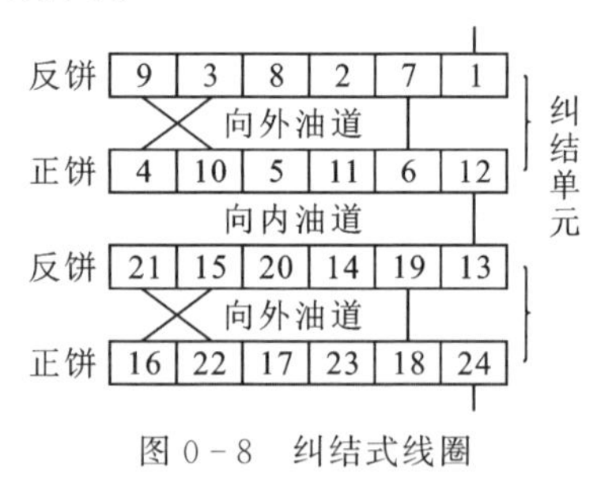

图 0-8　纠结式线圈

(1)普通纠结式线圈,相对于改变底部换位纠结而言,并绕的几根导线在底部换位时,按通常的先换下、后换上的方式换位,这种结构操作简单,工艺性好。

(2)改变底部换位纠结式线圈,由于电气上的考虑,在并绕的几根导线底部换位时,先换上、后换下,这种结构虽然电气性能要好一些,但操作工艺性差,换位处发生短路的概率大。

3.螺旋式线圈

螺旋式线圈是结构最为简单的一种线圈结构形式，是一根或多根导线按螺线管的形式绕制而成，通常是由多根导线并绕。按轴向的并绕导线根数又分为4种类型，轴向并绕一根的称单螺旋；两根的称双螺旋；三根的称三螺旋，四根以上的统称多螺旋。

4.纠结连续式线圈

由于电气上的要求，在一个线圈中往往分成几个区，有的区采用纠结结构，有的区采用连续结构，那么这个线圈就称作纠结连续式线圈。

5.圆筒式线圈

圆筒式线圈由一根线或多根线并绕而成，是层式线圈的一种，每层的辐向上为1匝，轴向上为多匝，轴向上匝间和匝内没有油隙，每层形成一个圆筒形，每个线圈可由多层圆筒组成，层间由轴向油隙组成，如图0－9所示。

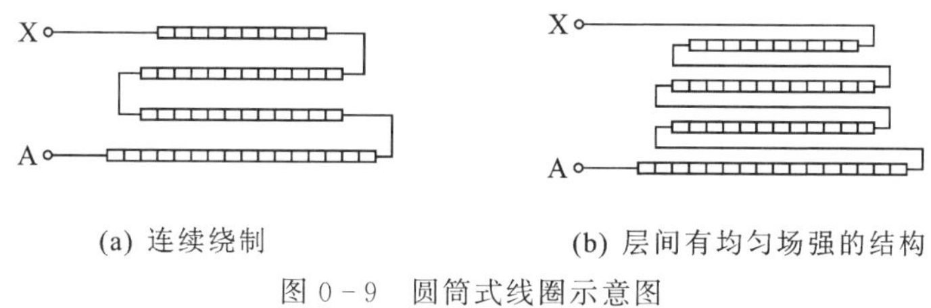

(a) 连续绕制　(b) 层间有均匀场强的结构

图0－9　圆筒式线圈示意图

6.箔式线圈

箔式线圈由一根线或多根线并绕而成，是层式线圈的一种。与圆筒式线圈不同的是箔式线圈的导线是薄而宽的铜箔或铝箔，轴向上只有1匝，辐向上有多匝。绕制几匝后有一个轴向油隙。这种结构主要用于低电压、小容量的变压器中。

7.双层螺旋式线圈

双层螺旋式线圈集螺旋式线圈和层式线圈的特点，每层螺旋式采用多螺旋，而每螺旋只1根导线，匝间既有轴向油隙，也有辐向油隙。这种结构的线圈制作工艺复杂，一般只用于大容量变压器的低压线圈。

0.3 铁芯的组成与分类

1.铁芯的组成

变压器铁芯的组成,除了铁芯本身之外(导磁体),还应包括紧固结构、绝缘结构、接地结构、散热结构以及其他铁芯附件等部分。

铁芯本身是一种用来构成磁回路的框形闭合结构,其中套线圈的部分称为芯柱,不套线圈的部分称为铁轭。另外,铁轭又有上铁轭、下铁轭和旁铁轭之分。现代的变压器铁芯,其芯柱和铁轭一般均在同一个平面内,即平面式铁芯。对于芯柱间或芯柱与铁轭间的窗口,我们习惯称之为铁窗。以三相五柱式铁芯为例,其各部位名称如图 0-10 所示。

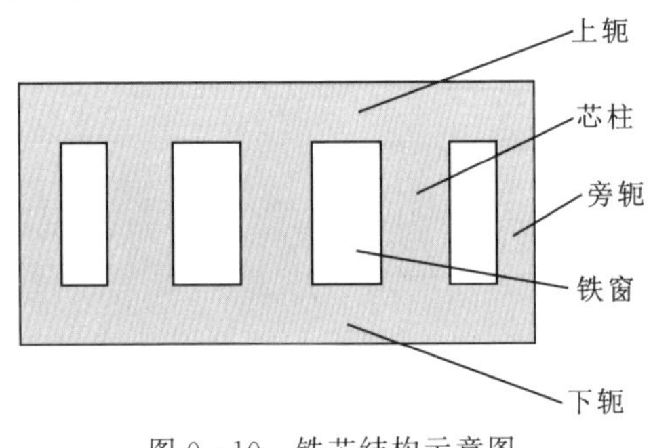

图 0-10 铁芯结构示意图

2.铁芯的作用

(1)电磁方面的作用。变压器是利用电磁感应原理制成的静止的电气设备,铁芯和线圈是变压器的两大部分。线圈是变压器的电路,铁芯是变压器的磁路。当原边绕组(一次侧线圈)接入电压时,铁芯中便产生了随之变化的磁通,由于此变压器的磁通同时又交联于副边绕组(二次侧线圈),根据感应原理,在变压器副边绕组中产生感应电动势。若副边为闭合回路,则会有电流流过。通过电磁感应原理,变压器铁芯起到了把原边输送进来的电能传到副边再输送出去的媒介作用。

(2)机械方面的作用。铁芯是变压器器身的骨架,变压器的线圈套在铁芯柱上,引线、导线夹、开关等都固定在铁芯的夹件上。另外,变压器内部的所有组、部件也都是靠铁芯固定和支撑的。

3.铁芯的基本类型

变压器铁芯的基本类型分为壳式铁芯和芯式铁芯两种。这两种铁芯结构形式同时也决定了变压器分为壳式和芯式两种形式。

这两种基本铁芯类型的主要区别在于铁芯和线圈的相对位置。简单地说,铁芯被线圈包围的结构形式为芯式;反之,铁芯包围线圈的结构形式为壳式。

壳式铁芯一般是水平放置的,芯柱截面为矩形,每柱有两个旁轭,所放线圈同时也是矩形线圈。壳式铁芯的优点是铁芯片规格少,夹紧和固定方便,漏磁通有闭合回路,附加损耗小,易于油的对流和散热。缺点是线圈为矩形,工艺特殊,绝缘结构复杂,可维修性较差,相对芯式而言,其成本较高。

芯式铁芯一般是垂直放置的,铁芯截面多为分级圆柱式。芯式铁芯的优点是圆形线圈制造相对方便,短路时的辐向稳定性好,硅钢片用量也相对较少。缺点是铁芯叠片的规格较多,芯柱的绑扎和铁轭的夹紧要求较高。一般而言,壳式变压器承受短路的能力较强。

4.按铁芯的外形分类

(1)平面式。现代电力变压器所普遍采用的铁芯结构,其芯柱及铁轭均在一个平面内,因此称为平面式铁芯。在平面式铁芯的结构中,按其相数和芯柱形式又可细分为多种结构形式。常用平面式铁芯的结构形式有单相双柱式、三相三柱式、三相五柱式及单相双框式等,具体的结构特点将在下面的内容中进行介绍。

(2)立体式。简单地说,芯柱和铁轭不在同一个平面内的铁芯结构形式称为立体式。立体式铁芯的应用范围较小,一般人们把它称之为特种铁芯结构形式,如图0-11所示。主要包括辐射式(图0-11(a))、渐开线式(图0-11(b))和Y形铁芯(图0-11(c))等形式。

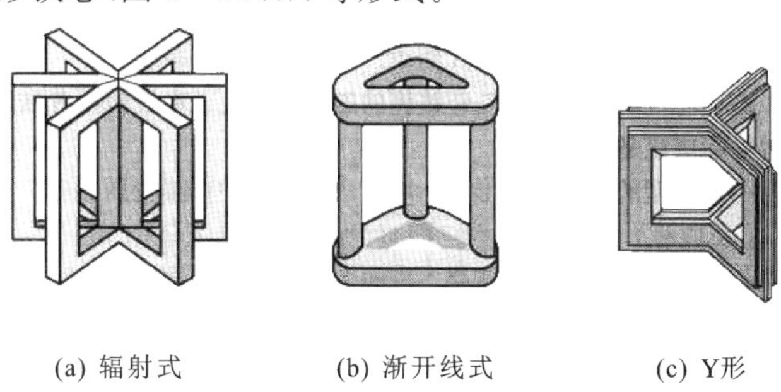

(a) 辐射式　　(b) 渐开线式　　(c) Y形

图0-11　特种铁芯结构形式

(3)按相数分类。简单地说,用于单相变压器的铁芯统称为单相铁芯,用于三相变压器的铁芯统称为三相铁芯。

(4)按铁芯的紧固方式分类。变压器铁芯按其紧固方式可分为穿心螺杆式铁芯和玻璃纤维绑扎带绑扎式铁芯。

在我国,20世纪70年代前所生产的变压器铁芯,一般皆为采用穿心螺杆夹紧的方式。这种结构的主要特点是铁芯的整体强度较好,夹紧力较大。但它的最大缺点是制造工艺复杂,而且由于硅钢片冲孔而减少了铁芯的有效截面积,从而使空载损耗和空载电流增大。因此,目前已基本淘汰且被绑扎式铁芯所取代。

绑扎式铁芯一般均采用树脂浸渍玻璃纤维绑扎带进行绑扎。对于绑扎式铁芯,有时也可采用钢带夹紧,但一般只用于旁轭,而很少有用于芯柱的绑扎。并且采用钢带夹紧时,必须以绝缘环进行中间隔断,以避免形成短路环。

变压器铁芯采用绑扎结构不仅可以简化操作工艺,同时也起到了改善铁芯空载性能的作用。

(5)按铁轭与芯柱的装配方式分类。按铁轭与芯柱的装配方式,铁芯可分为对装式和叠装式两种。

对装式铁芯的芯柱与铁轭是单独叠装的,当套完线圈之后才将二者组装成一个整体。组装时在芯柱与铁轭的接合面间应垫有绝缘垫,以防止铁芯在励磁状态下各叠片在铁芯柱端面形成短路。此结构铁芯的缺点是励磁电流较大,铁芯安全工作的可靠性较低。此外铁芯柱与铁轭之间必须有较为复杂的拉紧装置,以保证在短路力的作用下两者不至于分开。因此,此结构的应用有一定的局限性,现代的变压器铁芯一般都不采用这种结构形式。

叠装式铁芯是目前所普遍采用的铁芯装配方式。铁芯装配时,其芯柱与铁轭的铁芯片是一片或几片交替地搭接在一起,使上、下两层硅钢片的对接缝交替错开,互相遮盖。这样既保证了铁芯的机械强度,同时也使铁芯的励磁性能比对装式得到了改善,励磁电流和空载损耗明显得到降低。另外,由于叠片表面存在绝缘涂层,从而避免对装式铁芯可能发生短路的缺点。目前,国内外的大型变压器铁芯均趋向于采用全斜接缝叠积式,接缝角度以45°角最为普遍,特殊情况下也有采用30°/60°和42°/48°等角度的。

总之,变压器铁芯的分类方法很多,除了上面介绍的方法之外,我们还可以按芯柱数以及框数等进行分类,这里不再作详细介绍。

0.4　常用铁芯的结构形式

1.单相双柱式铁芯

铁芯的结构形式如图 0－12(a)所示。两个铁芯柱上均套有线圈，柱铁与轭铁的铁芯叠片以搭接方式叠积而成。此种铁芯结构形式简单。

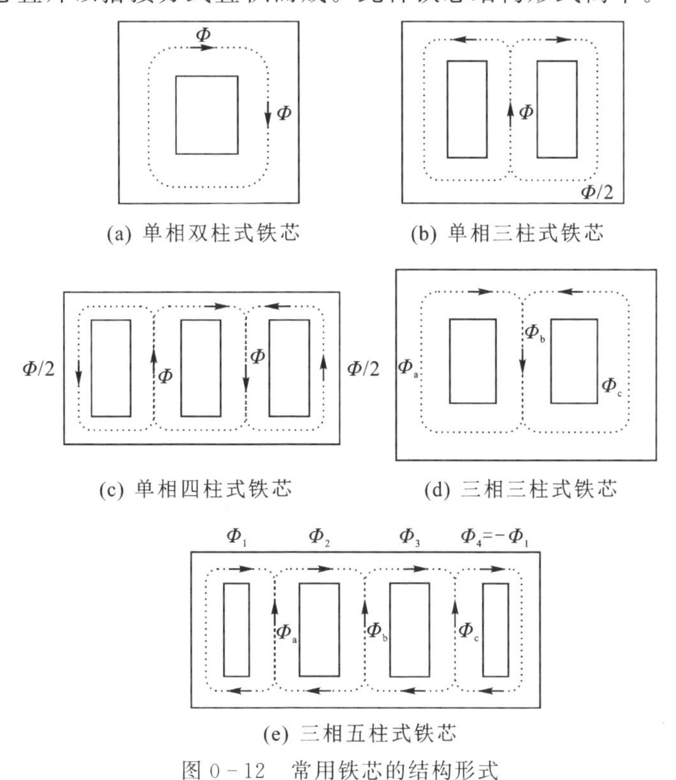

(a) 单相双柱式铁芯　(b) 单相三柱式铁芯

(c) 单相四柱式铁芯　(d) 三相三柱式铁芯

(e) 三相五柱式铁芯

图 0－12　常用铁芯的结构形式

工作状态下，流经芯柱的磁通等于流经铁轭的磁通。因此，在柱轭两者磁通密度相同的情况下，两者的横截面积应该是相等的。

此结构铁芯为一种典型的铁芯结构形式，广泛适用于各种单相变压器。

2.单相三柱(或四柱)式铁芯

单相三柱式铁芯即单相单柱旁轭式铁芯，中间为一个芯柱，两边为旁轭，实际上它也可以认为是垂直放置的单相壳式铁芯；单相四柱式铁芯即单相双柱旁轭式铁芯，中间为两个芯柱，两边为旁轭，是上述结构的派生结构。它们的结构形式分别如图 0－12(b)和图 0－12(c)所示。

此两种铁芯形式，其旁轭上有时会套装调压或励磁线圈。在磁路方面，磁路左右是对称的，因此上下铁轭和旁轭中的磁通均等于芯柱中的一半。在磁通密度相同的情况下，铁轭截面积为芯柱截面积的1/2。应该注意，对单相两柱旁轭式铁芯，两芯柱中磁通方向是相反的。此形式铁芯适用于高电压大容量的单相电力变压器或大电流变压器，例如250000 kV·A/500 kV产品。

3.三相三柱式铁芯

三相三柱式铁芯的三个铁芯柱上均套有线圈，每柱作为一相，分别被称为A相、B相和C相。铁芯柱与铁轭的铁芯叠片以搭接方式叠积而成，其结构形式如图0-12(d)所示。此结构的铁芯其结构形式简单。

在励磁状态下，A、C相芯柱的磁通分别等于左右两半部分铁轭的磁通，因此设计时芯柱截面可等于铁轭截面，但是两部分磁通在相位上却并非同相。由于三相三柱式铁芯是在三个单相的基础上组合变化而成的，因此此种铁芯的磁路是不平衡的，中间磁路相对较短，空载电流相应小一些。

此种形式的铁芯一般适用于容量在120000 kV·A以下的各种三相芯式变压器。

4.三相五柱式铁芯(三相三柱旁轭式铁芯)

为了降低大型三相变压器的运输高度，人们在原三相三柱式变压器铁芯的基础上衍化而成了三相五柱式铁芯结构。简单地说，就是将三相三柱式铁芯的上下轭的一部分移到A、C相铁芯柱的两侧而形成的旁轭，从而将铁芯的整体高度降低，其结构形式如图0-12(e)所示。

铁芯中间的三个柱为芯柱，各自为一相，分别称之为A、B、C相。用来套装变压器线圈，两边的两个柱为旁轭或称为旁柱。

励磁时铁轭磁通为芯柱磁通的$\frac{1}{\sqrt{3}}=0.577$，因此在保证芯柱与铁轭磁通密度相同的情况下，此形式铁芯的上下轭截面分别为心柱截面的$\frac{1}{\sqrt{3}}$，从而使铁芯高度比三相三柱式降低了$2\times\left(1-\frac{1}{\sqrt{3}}\right)=0.85$倍铁芯高。

此种结构形式的铁芯主要适用于大容量的三相电力变压器，一般使用在120000 kV·A以上容量。

5.壳式变压器铁芯

壳式铁芯是不同于芯式铁芯的另一种铁芯结构形式，它的芯柱与铁轭截面形状皆为矩形。由于目前此类变压器铁芯在国内的大型变压器制造厂应用相对较少,而且其磁通的分布和分析方法与芯式铁芯基本相同,这里不再作过多的介绍。

0.5　铁芯的片形与接缝结构

1.片形

叠积式铁芯的叠片片形是根据铁芯的叠积形式和叠片的接缝结构而设计的。可分为芯柱片和铁轭片,从几何形状上又可分为矩形片、梯形片、直角梯形片、平行四边形片等,以及由上述片形基础上衍化而成的带台片形。总之,铁芯片的种类较多,根据不同的产品设计其形状不一。常用的铁芯片片形如图 0-13 所示。

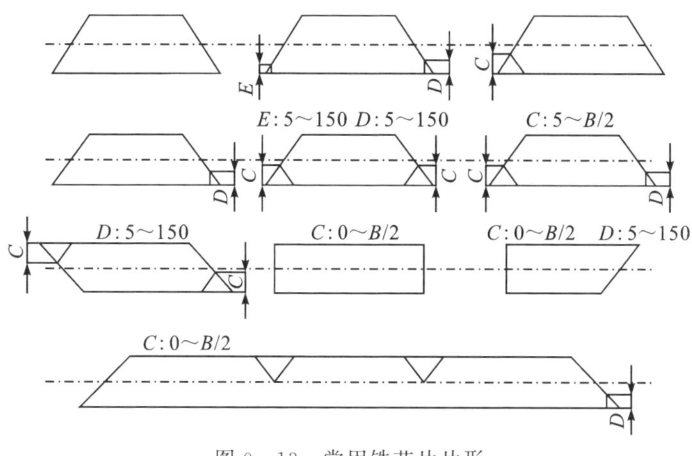

图 0-13　常用铁芯片片形

2.对接与搭接

叠片式变压器铁芯是由一片片铁芯片叠积而成的一个闭合的磁通路,因此在柱铁与轭的接合部位一定存在片间的接缝,不同的接缝形式将直接影响铁芯的电磁性能、材料利用率和生产加工的难易程度。

铁芯的接缝按芯柱与铁轭的接合面是否在同一平面内,分为对接和搭接两类。每一接合处各接缝在同一垂直平面内的称为对接,接缝在两个或多个平面内的称为搭接,如图 0-14 所示。

对接接缝结构是对装式铁芯所采用的接缝形式,搭接的接缝结构是叠装式铁芯所采用的接缝结构形式。

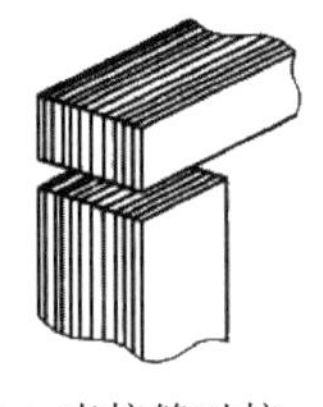
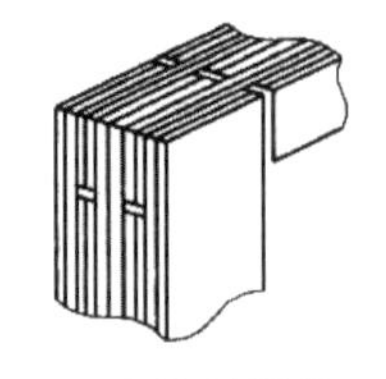
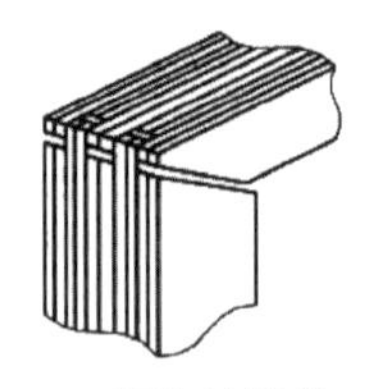
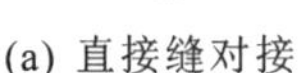

(a) 直接缝对接　　(b) 直接缝搭接　　(c) 斜接缝搭接

图 0-14　铁芯接缝形式

3.搭接的接缝结构

对于搭接的铁芯接缝，按其与铁芯叠片导磁方向的关系可分为直接缝和斜接缝两类。与叠片长度方向(导磁方向)相平行或垂直的接缝称为直接缝，其他角度的接缝形式称为斜接缝。目前，大型变压器铁芯中普遍采用的是全斜接缝的接缝形式。

1)铁芯接缝形式的命名

对于某台变压器铁芯，其接缝形式的命名，一般是根据其直接缝和斜接缝的数量来确定的。以三相三柱式铁芯为例，其接缝总数一般为 6 个或 8 个。当全斜接缝时，铁轭片不断开的中柱角折线接缝算为一个接缝，故接缝总数为 6 个，铁轭片断开时接缝总数为 8 个。当不为全斜接缝时，则以斜接缝数作分子，接缝总数作分母来表示此台铁芯的形式。例如 4/8 接缝，指斜接缝数为 4 个，接缝总数为 8 个，此接缝结构称为半直半斜接缝。

变压器铁芯的接缝形式有以下几种，如图 0-15 所示。

(1)直接缝。这种结构的铁芯，每一叠铁芯片在铁轭与芯柱间相接的接缝都是 90°。直接缝形式，每两叠铁芯片在接缝处的搭接面积占角部面积的 100%，如图 0-15(a)所示。

此形式的主要特点是：结构简单，铁芯片的剪切和叠装都较方便，材料利用率高。但这种铁芯的电磁性能不好，铁芯的空载损耗和空载电流都较大。

此结构只适用于采用无取向硅钢片制造的铁芯。由于目前变压器铁芯一般都采用冷轧晶粒取向硅钢片制造，因此不适宜采用此种接缝形式，这种结构简单的直接缝叠积方式的铁芯已被淘汰，只是在电压互感器、试验变压器和电抗器等一些特殊产品的铁芯中还有应用。

(2)半直半斜接缝。这种结构的铁芯也称为 4/8 结构，在每一层铁芯中共有 8 处接缝，其中直接缝和斜接缝各有 4 处。即在铁轭片与芯柱片的接缝处直接缝和斜接缝在各叠铁芯片中交替出现。当芯柱与铁轭片宽度一致时，斜角为 45°，其搭接面积占角部面积的 50%，如图 0-15(b)所示。

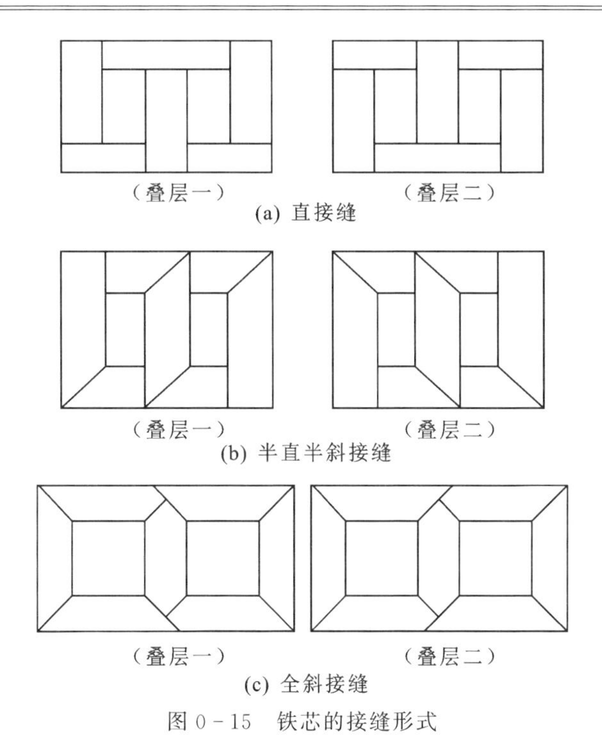

图 0－15 铁芯的接缝形式

此接缝结构的主要特点是：这种接缝结构的铁芯，其空载性能比直接缝结构有明显的改善，结构强度可靠，铁芯片的剪切、叠积方便，硅钢片的利用率较高。

目前，这种结构的铁芯在变压器上的应用也相对较少，只在特殊要求的情况下采用。

(3)全斜接缝。变压器铁芯芯柱和铁轭相接处全部是呈 45°斜接缝。这种接缝形式与我们目前所普遍采用的高导磁晶粒取向冷轧硅钢片的特性是完全适应的，它是目前我们制作低损耗、节能型变压器铁芯的最理想的一种结构形式，如图 0－15(c)所示。

此接缝结构的主要特点是：铁芯空载性能好，损耗低。与半直半斜接缝的铁芯结构相比，在同容量、同规格、同磁密、同频率下，全斜接缝的铁芯空载损耗和空载电流都有非常明显的降低，其节能效果是很可观的，从而能较大地提高经济效益。但这种结构的铁芯片形多且复杂，铁芯片的剪切和叠装也要比前两种结构的铁芯增加难度和复杂程度，硅钢片套裁加工的利用率也比上述两种结构的铁芯要低，从而使成本加大。

铁芯的全斜接缝结构一般分为三种：平行式标准斜接缝、有台阶的全斜接缝和V形接缝。下面我们分别进行简单的介绍。

①平行式标准斜接缝。上、下两叠铁芯片的柱铁与轭铁的对接缝是与叠片的轧制方向成45°或135°的两条平行线。在铁轭外侧有一个小的尖角伸出，伸出量一般为5～25 mm，有时也可将此尖角切掉。在铁芯窗口的角部内侧有与铁轭外伸出的尖角面积大小相同的空隙。这一空隙的存在致使铁芯的局部磁密和局部铁损有所增加，结构形式如图0-16(a)所示。

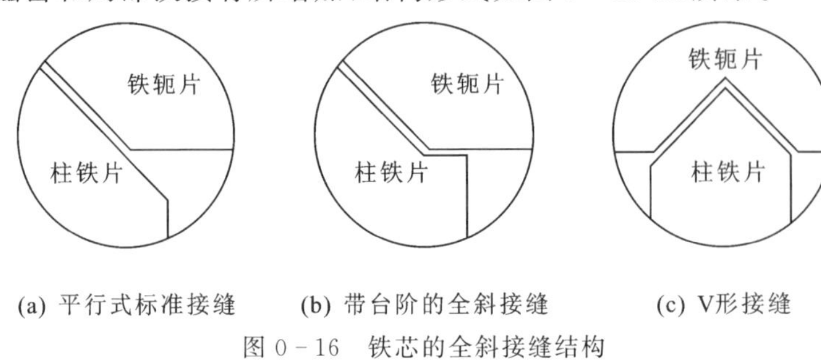

(a) 平行式标准接缝　(b) 带台阶的全斜接缝　(c) V形接缝

图0-16　铁芯的全斜接缝结构

②带台阶的全斜接缝。铁芯片是呈45°并在宽度的一侧或两侧分别有一个5～25 mm大小的台阶(凸型或凹型)，所以在叠积铁芯时，不存在铁轭外侧伸出的尖角，铁芯窗口的角部内侧也不存在有缺口的空隙。因而磁通分布较均匀，铁芯叠积时定位较方便，但在接缝的台阶处局部磁通方向与取向硅钢片的轧制方向不一致，结构形式如图0-16(b)所示。

③V形接缝。对于中小型变压器铁芯，有时其铁轭片与中柱片间的接缝采用轭铁不断开的V形接缝结构，如图0-16(c)所示，有时也可将其角部伸出的尖角剪去。这种结构有利于铁芯性能的提高，但材料的利用率有所降低。

对上述的各种斜接缝形式，铁芯制造过程中采用哪一种，并没有一个特定的标准或规定，各制造厂完全可以根据各自剪切设备、制造工艺等状况而自行选定。

(4)其他形式的铁芯接缝。全斜接缝的铁芯结构虽然有着电磁性能好、空载损耗低的特点，但也存在着硅钢片利用率偏低，叠片的加工和铁芯的叠积较为复杂，从而使铁芯的制造成本增大的弱点。因此，在某些特定的情况下，还有采用4/7、5/7、6/8等类型的接缝形式，如图0-17所示。这几种铁芯接缝的结构形式，其空载特性比全斜接缝的铁芯略微差一些，但铁芯的整体稳定性却有所增加。另外，这几种接缝的铁芯在叠片剪切时加工简单，叠积方便，而且材料的利用率接近100%，对降低铁芯的制造成本有一定的好处。

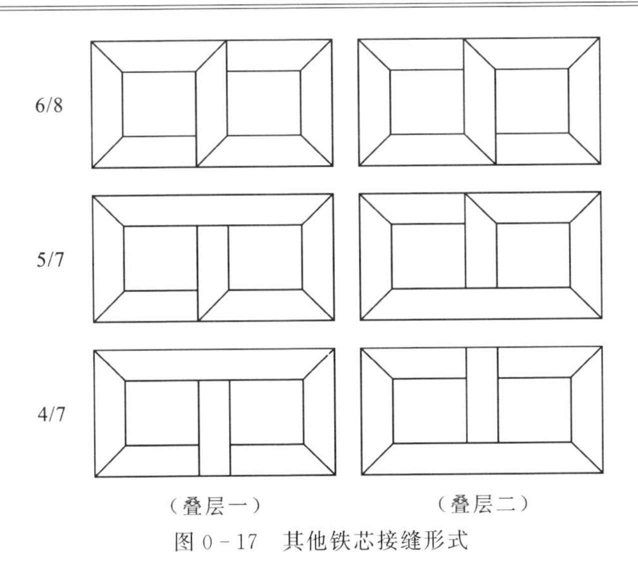

图 0－17 其他铁芯接缝形式

2)铁芯不同部位的接缝特征

铁芯接缝在边柱角处的称为边柱角接缝，在中柱上、下端的称为中柱角接缝。

3)多级接缝

对于全斜接缝的大型变压器铁芯，一般皆采用两级接缝的形式进行叠积。理论研究及相关试验证明，铁芯的接缝情况是影响变压器铁芯损耗、空载电流以及铁芯噪声的主要因素之一。靠近接缝铁损较大，离接缝越远处铁损越小；接缝交点处的局部铁损最大，越向周围扩大，铁损越小，最大处与最小处相比，可达 2 倍以上。为了进一步改善变压器铁芯的空载特性，人们在变压器铁芯接缝形式上进行了进一步的探索和研究。使叠片接缝向上下、左右方向错开，使其接缝与接缝不在同一个垂直面上，同一铁芯截面内的接缝数相对减小，从而形成铁芯的多级接缝形式或称为步进搭接式接缝(Step-Lap)，如图 0－18 所示，避免了接缝处局部单位损耗高于铁芯非接缝处几倍的现象。

步进搭接式接缝按接缝的错开方向可分为横向步进和纵向步进两种，分别如图 0－19(a)、(b)、(c)、(d)所示，生产过程中生产厂可根据自己的工艺特点采用不同步进方式。通过产品上的应用，测得步进搭接式铁芯的铁损和噪声一般可比普通传统叠法的铁芯有明显降低。

但是，由于阶梯接缝的片形和这些片的长度以及定位孔的位置在各层上都不相同，因此在实际生产上不论是叠片的剪切还是铁芯的叠装都存在一定

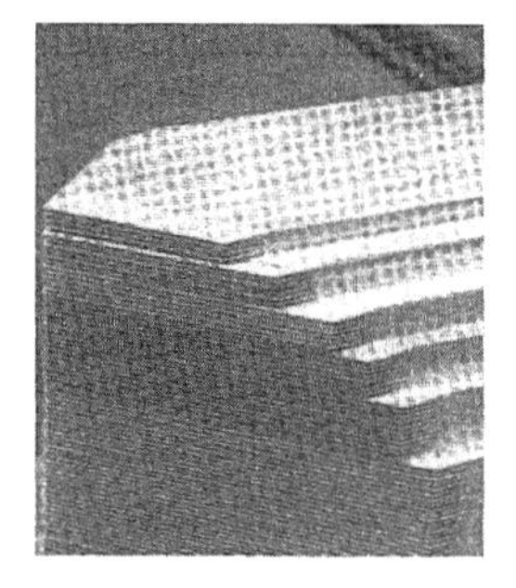

(a) 多级中柱片

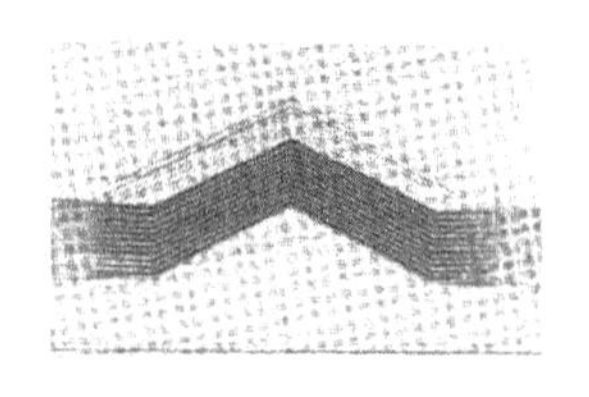

(b) 多级轭铁片

图 0-18　铁芯的多级接缝形式

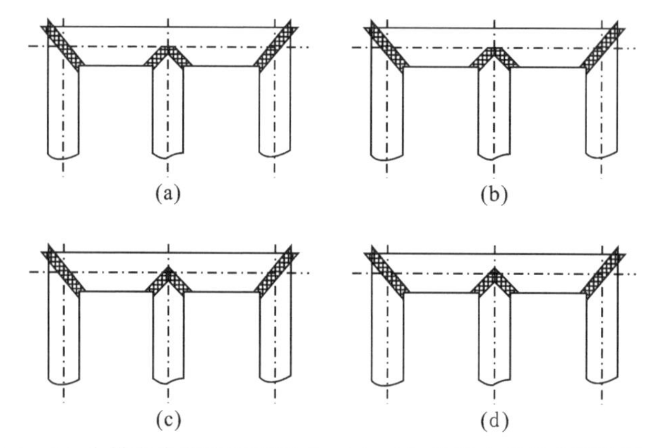

(a)、(b) 为横向步进的两种形式；(c)、(d) 为纵向步进的两种形式。

图 0-19　步进式铁芯叠片排列方式

的难度，要真正实现这种阶梯接缝，也并非轻而易举。如果工作做得不好或接缝的精度不能保证，即使是做成了阶梯接缝，也未必达到预期的效果。

0.6　铁芯的绝缘与接地结构

1.铁芯的绝缘结构

铁芯的绝缘情况对变压器铁芯产品的质量有着最直接的影响，绝缘不良将直接影响到变压器的安全运行。铁芯的绝缘可分为两部分：片间绝缘和叠片与结构件间的绝缘。

(1)片间绝缘。片间绝缘的主要目的是将铁芯截面包括柱铁截面和轭铁截面分割成若干个小截面，使得铁芯在励磁状态下，通过铁芯截面的磁通只在各个较小的截面内产生小的涡流，而不至产生大的环流。

对叠片间的绝缘主要是通过两方面来实现的。一是通过叠片表面的绝缘涂层，二是在铁芯叠积过程中每叠一定厚度放置一层绝缘纸板（层间隔板），一般厚度为 0.5 mm。对叠片本身而言，一般要求是越薄越好，以求达到小的横断面。对于层间隔板，在铁芯装配时一定要采用连接铜片将隔板两侧的铁芯叠片进行电气连接，以防止出现悬浮电位差。目前，对变压器铁芯制造时所普遍采用的绝缘油道，它在起到冷却作用的同时，也起着层间隔板的作用。

另外需要说明的一点是，对于片间绝缘的绝缘强度是有一定要求的，片间绝缘过小时，片间电导率增大，穿过片间绝缘的泄漏电流增大，将会使铁芯增加一部分附加的介质损耗。铁芯片间绝缘过大时，铁芯本身就不能认为是一个等电位体，那么就必须把各层叠片全部连接起来接地，否则片间将出现放电现象。在实际生产中，这样做实际上根本是不可取的。因此铁芯的片间绝缘要有一个合理的数值，现在普遍采用的高导磁冷轧硅钢片其表面一般都具有一层绝缘涂层，电阻一般大于 30 $\Omega \cdot cm^2$/片，完全可以满足上述要求。其他硅钢片或表面绝缘相对较差的硅钢片若用于大型变压器铁芯的制造，则需要进行表面涂漆处理。

(2)叠片与结构件间的绝缘。为了防止铁芯结构件与铁芯片间短路及在工作状态下产生环流，而对铁芯造成不利的影响，要求铁芯上的所有金属结构件都必须与铁芯叠片进行良好的绝缘，将其另行接地或与铁芯可靠连接，以保证铁芯叠片与这些金属结构件都处在同一个地电位上。

这类绝缘主要以绝缘纸板材料加工而成，一般根据其使用的部位进行命名。主要包括夹件绝缘、拉板绝缘、拉带绝缘、撑板绝缘、垫脚绝缘、垫脚垫块、绝缘管（俗称“丁字管”）等。其中，在大型变压器中由于夹件绝缘是由绝缘纸板及纸板垫块粘接而成的，在起绝缘作用的同时也起到了冷却油道的作用，所以有时也将其称为夹件油道。垫脚垫块主要是以色木或层压木为材料经机加工而成，主要起到对铁芯叠片的支撑作用。绝缘管主要用于拉带与夹件的接触部位，可采用环氧玻璃布管车制或采用 0.5 mm 厚的绝缘纸板卷制。其他铁芯结构件的绝缘一般都是采用不同尺寸的绝缘纸板加工而成。

2.铁芯的接地

在变压器运行过程中，由于铁芯及其金属结构件在电场中所处的位置不同，产生的电位也不同，当两点的电位差达到一定数值时便会产生放电现象。

放电的结果会使变压器油分解或固体绝缘损坏，为避免这一现象的产生，铁芯及其金属件必须有效接地。

铁芯在接地过程中，如果发生两点以上的接地情况，就会在不同的接地点间形成短路环，产生环路电流。这一电流将导致铁芯局部过热，损耗增加，变压器油分解，甚至烧坏铁芯。因此铁芯必须一点可靠接地，严禁多点接地。

在铁芯的接地结构中，一般都将各部分由绝缘油道或层间绝缘隔开的铁芯叠片采用接地铜片进行电气连接而形成一个接地整体，将铁芯各金属结构件通过金属连接而形成一个接地整体，再分别考虑铁芯的接地方式。常见的铁芯接地方式有：

(1)铁芯叠片采用插入接地片的方式从油箱顶部或下部经接地套管引出进行接地，而铁芯金属结构件经金属垫脚与油箱底部定位钉相连，随油箱一同接地。

(2)铁芯与油箱间完全绝缘，在铁芯叠片上插入带有接地片的引线，同时在铁芯夹件上也安装相应的接地引线，两个接地引线分别经接地套管引出接地。

(3)将铁芯叠片与夹件间用接地片进行电气连接，然后经同一个引线引出接地。

第1章　饼式绕组的振动模型及特性研究

饼式绕组因其结构简单，被广泛地应用于2000 kV·A以上的电力变压器中。本章根据饼式绕组的结构特点，将绕组振动分为线圈整体振动与局部导线振动，相应地分别建立表征绕组线圈整体轴向振动的离散动力学模型、计及变压器油加载效应的有限元振动模型及局部导线振动的圆弧拱和直梁模型。本章的研究内容旨在构建绕组振动模型，为后续绕组振动特性的研究提供理论基础。

1.1　绕组线圈整体和局部导线的振动特点

在饼式绕组中，同一饼间或段间的绕组通常由多根导线组成，在周向上由多个垫块支撑形成径向油道。由于导线的刚度远大于绝缘材料的刚度，在以往的研究中，研究人员通常将线圈视为绝对的刚体，即同一线圈的各处具有相同的振动加速度，并相应地建立了反映绕组轴向振动的质量-弹簧-阻尼模型。在此模型中，绕组整体的刚度主要取决于绝缘纸、垫块和压板等绝缘材料的刚度。

绕组局部的导线形成端部由垫块支撑中间悬空的结构，如图1-1所示。

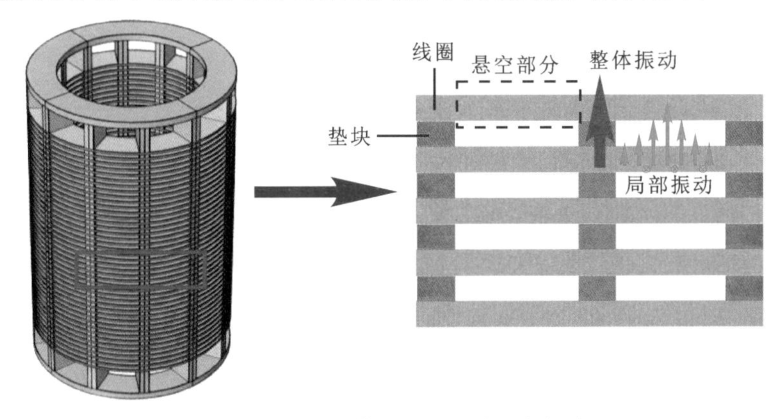

图1-1　绕组整体振动与导线局部振动

导线悬空部分与垫块无接触，因而与垫块及线圈可能具有不同的振动响应。据此，绕组振动应当由绕组线圈整体振动和垫块间导线振动组合而成，将绕组振动模型分解为刚体线圈的整体振动模型和悬空导线的局部振动模型可以更全面地表征绕组振动特性。

1.2 绕组整体轴向振动的离散动力学模型

1.2.1 模型的建立

饼式变压器绕组在轴向上被轴向油道及若干垫块分割成绕组线圈，如图1-2(a)所示。根据绕组结构，将同一线圈的导线视为集中的等效质量块，将压板、紧固件、线圈及垫块等绝缘材料的刚度及阻尼分别视为等效的弹簧和粘壶，可以建立表征绕组轴向振动的离散动力学模型，如图1-2(b)所示。在模型中，m_T和m_B分别为绕组顶部和底部压板的等效质量，m_1至m_n分别为绕组各线圈的等效质量，k_T和k_B分别为绕组端部垫块的等效刚度，k_1至k_{n-1}分别为相邻线圈间垫块的等效刚度，k_c为顶部压板至底部压板（包含压钉、铁芯和紧固件）的等效刚度，k_s为底部压板至地面（包含底部垫脚和油箱底部等支撑结构）的等效刚度，c_1至c_{n-1}，c_B、c_T和c_c是与弹簧并联的等效黏性阻尼，n为线圈数量。

(a) 饼式绕组结构

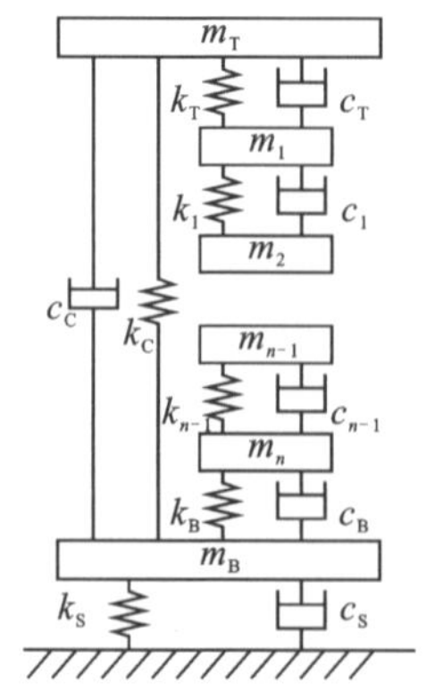

(b) 轴向振动的离散动力学模型

图1-2 饼式绕组结构及等效的轴向离散动力学模型

根据图1-2(b)所示模型，可得包含上下压板和n个线圈的动力学方程：

$$\begin{cases} m_{\mathrm{T}}\ddot{x}_t + (c_{\mathrm{T}}+c_{\mathrm{c}})\dot{x}_{\mathrm{T}} - c_{\mathrm{T}}\dot{x}_1 - c_{\mathrm{c}}\dot{x}_{\mathrm{B}} + (k_{\mathrm{T}}+k_{\mathrm{c}})x_{\mathrm{T}} - k_{\mathrm{T}}x_1 - k_{\mathrm{c}}x_{\mathrm{B}} = F_{\mathrm{c}} + m_{\mathrm{T}}g \\ m_1\ddot{x}_1 + (c_{\mathrm{T}}+c_1)\dot{x}_1 - c_{\mathrm{T}}\dot{x}_{\mathrm{T}} - c_1\dot{x}_2 + (k_{\mathrm{T}}+k_1)x_1 - k_{\mathrm{T}}x_{\mathrm{T}} - k_1x_2 = m_1g + f_1 \\ m_2\ddot{x}_2 + (c_1+c_2)\dot{x}_2 - c_1\dot{x}_1 - c_2\dot{x}_3 + (k_1+k_2)x_2 - k_1x_1 - k_2x_3 = m_2g + f_2 \\ \vdots \\ m_n\ddot{x}_n + (c_{n-1}+c_{\mathrm{B}})\dot{x}_n - c_{n-1}\dot{x}_{n-1} - c_{\mathrm{B}}\dot{x}_{\mathrm{B}} + (k_{n-1}+k_{\mathrm{B}})x_n - k_{n-1}x_{n-1} - k_{\mathrm{B}}x_{\mathrm{B}} = m_ng + f_n \\ m_{\mathrm{B}}\ddot{x}_{\mathrm{B}} + (c_{\mathrm{B}}+c_{\mathrm{c}}+c_{\mathrm{s}})\dot{x}_{\mathrm{B}} - c_{\mathrm{B}}\dot{x}_n - c_{\mathrm{c}}\dot{x}_{\mathrm{T}} + (k_{\mathrm{B}}+k_{\mathrm{c}}+k_{\mathrm{s}})x_{\mathrm{B}} - k_{\mathrm{B}}x_n - k_{\mathrm{c}}x_{\mathrm{T}} = m_{\mathrm{B}}g \end{cases} \tag{1-1}$$

将式(1－1)转换为矩阵形式,可得:

$$\boldsymbol{M}\ddot{\boldsymbol{x}} + \boldsymbol{C}\dot{\boldsymbol{x}} + \boldsymbol{K}\boldsymbol{x}_0 = \boldsymbol{F} + \boldsymbol{M}g + \boldsymbol{F}_{\mathrm{c}} \tag{1-2}$$

式中,$\boldsymbol{M}$ 为绕组线圈的质量矩阵;$\boldsymbol{C}$ 为阻尼系数矩阵;$\boldsymbol{K}$ 为刚度系数矩阵;$\ddot{\boldsymbol{x}}$、$\dot{\boldsymbol{x}}$、$\boldsymbol{x}_0$ 分别为线圈的加速度、速度和位移矩阵;$\boldsymbol{F}$ 为电磁力矩阵;g 为重力加速度;$\boldsymbol{F}_{\mathrm{c}}$ 为绕组的压紧力矩阵。

式(1－2)中,可认为重力 $\boldsymbol{M}g$ 和压紧力 $\boldsymbol{F}_{\mathrm{c}}$ 的幅值及分布不随时间发生变化,而刚度系数矩阵 $\boldsymbol{K}$ 会受绝缘材料非线性力学特性的影响,随施加的静态载荷的增大而增大。刚度与静态压缩位移 $\boldsymbol{x}_{\mathrm{s}}$ 及施加的重力和压紧力的关系为

$$\boldsymbol{K}\,\boldsymbol{x}_{\mathrm{s}} = \boldsymbol{M}g + \boldsymbol{F}_{\mathrm{c}} \tag{1-3}$$

$$\boldsymbol{x}_0 = \boldsymbol{x} + \boldsymbol{x}_{\mathrm{s}} \tag{1-4}$$

式中,$\boldsymbol{x}_{\mathrm{s}}$ 为线圈的静态位移矩阵;$\boldsymbol{x}_0$ 为线圈位移矩阵;$\boldsymbol{x}$ 为线圈的动态位移矩阵。

将式(1－3)和式(1－4)代入式(1－2)可得:

$$\boldsymbol{M}\ddot{\boldsymbol{x}} + \boldsymbol{C}\dot{\boldsymbol{x}} + \boldsymbol{K}\boldsymbol{x} = \boldsymbol{F} \tag{1-5}$$

式中,加速度 $\ddot{\boldsymbol{x}}$、速度 $\dot{\boldsymbol{x}}$、位移 $\boldsymbol{x}$ 和 $\boldsymbol{F}$ 均为不含稳态量的时变量。其中,$\boldsymbol{M}$ 为 $n+2$ 维对角阵,$\boldsymbol{C}$、$\boldsymbol{K}$ 为 $n+2$ 维方阵,其值分别为

$$\boldsymbol{M} = \mathrm{diag}(m_{\mathrm{T}}, m_1, m_2, \cdots, m_n, m_{\mathrm{B}}) \tag{1-6}$$

$$\boldsymbol{K} = \begin{bmatrix} k_{\mathrm{T}}+k_{\mathrm{c}} & -k_{\mathrm{T}} & 0 & 0 & 0 & -k_{\mathrm{c}} \\ -k_{\mathrm{T}} & k_{\mathrm{T}}+k_1 & -k_1 & 0 & 0 & 0 \\ 0 & -k_1 & k_1+k_2 & -k_3 & 0 & 0 \\ & & & \ddots & & \\ 0 & 0 & 0 & -k_{n-1} & k_{n-1}+k_{\mathrm{B}} & -k_{\mathrm{B}} \\ -k_{\mathrm{T}} & 0 & 0 & 0 & -k_{\mathrm{B}} & k_{\mathrm{c}}+k_{\mathrm{B}}+k_{\mathrm{s}} \end{bmatrix} \tag{1-7}$$

$$C=\begin{bmatrix} c_T+c_c & -c_T & 0 & & 0 & -c_c \\ -c_T & c_T+c_1 & -c_1 & 0 & 0 & 0 \\ 0 & -c_1 & c_1+c_2 & -c_3 & 0 & 0 \\ & & & \ddots & & \\ 0 & 0 & 0 & -c_{n-1} & c_{n-1}+c_B & -c_B \\ -c_T & 0 & 0 & 0 & -c_B & c_c+c_B+c_s \end{bmatrix} \tag{1-8}$$

1.2.2 参数的确定

根据导线和垫块结构，一组垫块和绝缘纸的等效刚度 k_e可视为垫块与绝缘纸分别形成的刚度为 k_s和 k_p的两个弹簧的串联：

$$1/k_e=1/k_s+1/k_p \tag{1-9}$$

$$k_p=AE_p/L_p \tag{1-10}$$

$$k_s=AE_s/L_s \tag{1-11}$$

式中，A 为垫块与绕组的接触面积；E_p和 E_s分别为绝缘纸和垫块的弹性模量；L_p和 L_s分别为绕组压紧后绝缘纸和垫块的厚度。稳态条件下，绕组的振动位移较小，因而可以认为弹性模量保持不变，则 k_s和 k_p具有固定的刚度系数。

据式(1-10)和式(1-11)可知，等效刚度 k_p和 k_s分别与绝缘纸、垫块的弹性模量和接触面积 A 成正比，分别与绝缘纸、垫块厚度成反比。由于绝缘纸的厚度较小，串联弹簧 k_e的刚度主要取决于绝缘垫块的等效刚度 k_s。

绕组同一高度的两个线圈之间具有 N 个沿绕组周向布置的垫块。这些垫块在两个线圈之间构成了 N 个并联的弹簧，其等效刚度 k_i可以表示为

$$k_i=Nk_e=NA\frac{1}{\dfrac{L_s}{E_s}+\dfrac{L_p}{E_p}} \tag{1-12}$$

阻尼矩阵 $\boldsymbol{C}$ 中的阻尼系数为等效阻尼，其与绝缘材料的黏弹性效应及其他阻尼作用有关。计及黏弹性效应的弹性模量可表示为

$$E=E_1+\mathrm{i}E_2=|E|(1+\mathrm{j}\tan\delta) \tag{1-13}$$

式中，E_1为储能模量；E_2为损耗模量；$\tan\delta$ 为阻尼损耗因子，反映了绝缘材料的阻尼作用。此外，也可以对绕组进行模态试验，获得各阶振型对应的阻尼比，并将阻尼矩阵表示为如下的瑞利阻尼，以实现对式(1-2)的解耦：

$$\boldsymbol{C}=\alpha\boldsymbol{M}+\beta\boldsymbol{K} \tag{1-14}$$

式中，α 为与质量矩阵成比例的阻尼系数，单位为 s^{-1}(1/秒)；β 为与刚度矩阵成比例的阻尼系数，单位为 s(秒)。

以实验室中的一台 10 kV、50 kV·A 单相双绕组模型变压器为例，根据所建立的轴向振动模型计算其高压绕组的轴向模态特性。该变压器结构如图1-2(a)所示，其高压线圈为单根铝导线的连续式饼式绕组，具体参数信息如表 1-1 所示。线包绝缘纸和垫块的原始厚度分别为 0.45 mm 和 6 mm。综合绕组运行年限和压装工艺，假定绕组高度的压缩量为 15%，即绕组高度仅为压装前高度的 85%，则刚度系数 $k_i(i=1,\cdots,n-1)$对应的 L_p和 L_s分别为 0.765 mm 和 5.1 mm，k_T和 k_B对应的 L_p和 L_s分别为 34 mm 和 0.3825 mm。

表 1-1　单相双绕组变压器设计参数

参数名称	数值	参数名称	数值
高/低压绕组额定电流/A	5/125	高/低压绕组额定电压/kV	10/0.4
额定频率/Hz	50	短路阻抗/%	4
高/低压绕组线圈数(单柱)	43/45	高/低压绕组匝数(单柱)	1125/45
高压绕组内/外径/mm	116/162	低压绕组内/外径/mm	85/97
高/低压绕组油道尺寸/mm	6/4	高压绕组端部油道尺寸/mm	40
高压绕组铝导线尺寸/mm	1.5×3.15	低压绕组铜导线尺寸/mm	3.35×8
高/低压绕组周向垫块数量	12/4	导线绝缘厚度/mm	0.45
压紧力/MPa	1	绝缘材料弹性模量/MPa	100
绝缘材料泊松比	0.33	额定磁通/T	1.65
垫块总面积($N\times A$)/mm^2	8280	结构钢与硅钢片的弹性模量/GPa	200
铁芯柱截面积/m^2	0.0177	铁芯柱长度/m	0.6
油箱底面厚度/m	0.05	垫脚面积/m^2	0.05

根据表 1-1 中的参数信息及式(1-12)可以确定模型中垫块、线圈的等效质量及等效刚度。而模型中的刚度系数 k_c与铁芯及夹件的刚度有关，k_s与油箱底部支撑结构的刚度有关，难以准确获得，需要对 k_c和 k_s进行合理估算。根据变压器绕组与铁芯的装配关系，k_c可由铁芯截面积(0.0177 m^2)及铁芯柱长度(0.6 m)计算获得，k_s可由油箱底厚度(0.05 m)、夹件与油箱底的接触面积(0.05 m^2)计算获得，根据式(1-11)可得上述两个参数为

$$k_c=0.0177\times1.33\times2\times10^{11}/0.6=7.8\times10^9\ \mathrm{N/m}$$

$$k_s=0.05\times1.33\times2\times10^{11}/0.05=2.66\times10^{11}\ \mathrm{N/m}$$

由于端部油道高度大于线圈间的油道高度，而刚度与垫块厚度成反比，因此端部垫块的等效刚度远小于线圈间垫块的等效刚度。高压绕组上下压板均为玻纤板，其质量约为绕组线圈质量的 1/10。综上，经计算获得的等效质量和刚度如表 1-2 所示。

表 1-2 高压绕组轴向振动的离散动力学模型参数

参数名称	数值
m_T，m_B/kg	0.0205
$m_1 \sim m_n$/kg	0.205
k_T，k_B/(N/m)	2.4353×10^7
$k_1 \sim k_{43}$/(N/m)	1.4118×10^8
k_c/(N/m)	7.8×10^9
k_s/(N/m)	2.66×10^{11}

1.2.3 绕组模态特征

当绕组的阻尼比小于 10%时，可忽略离散动力学的阻尼作用的影响，获得式(1-5)对应的系统无阻尼特征频率方程为

$$(\boldsymbol{K}-\omega^2\boldsymbol{M})\boldsymbol{X}=0 \tag{1-15}$$

式中，ω 为绕组轴向振动固有角频率，$\boldsymbol{X}$ 为振型向量。方程特征值和特征向量的个数等于所含未知量的个数，即自由度个数($n+2$)。

由模型的对称性可知，模型的 N 阶模态频率 ω_N 是其一阶固有频率 ω_1 的 N 倍，即

$$\omega_N=N\omega_1 \tag{1-16}$$

将表 1-2 中的数值带入矩阵 $\boldsymbol{M}$、$\boldsymbol{K}$，由式(1-16)获得绕组轴向振动的前四阶模态的固有频率及对应振型如图 1-3 所示。第一阶模态频率为 243.90 Hz，对应振型为线圈整体的同向振动；第二阶模态频率为 496.39 Hz，对应振型为绕组上下部分线圈的反向振动，即同时拉伸或挤压绕组；第三、四阶模态频率分别为 760.02 Hz 和 1034.14 Hz，对应振型为绕组轴向不同位置线圈的同向或反向振动。由于绕组端部油道尺寸大，垫块等效刚度小，各振型中的端部线圈也具有较大的振动位移，与压板的小位移形成对比。垫块在端部油道和线饼间不同的等效刚度使得各阶固有频率间与一阶频率虽整体上符合式(1-16)所示的规律，但存在微小的差异。

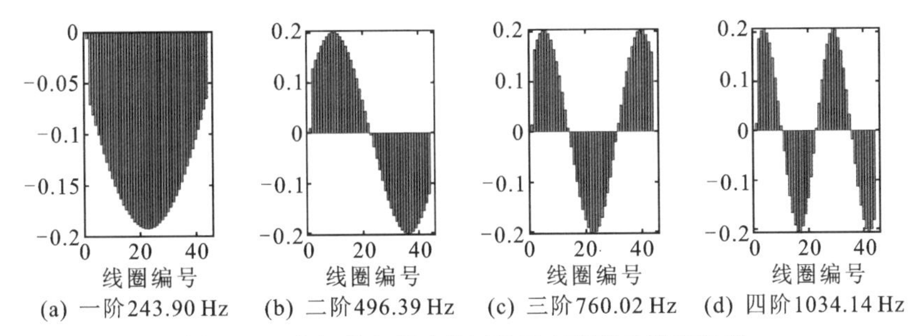

图 1-3　绕组轴向振动前四阶固有频率及模态振型

为进一步验证铁芯刚度 k_c 与底座支撑刚度 k_s 对模态频率的影响，需要计算绕组模态频率对 k_c、k_s 的灵敏度。如果模态频率对 k_c 和 k_s 的变化敏感，则说明估算误差容易引起模态频率的显著变化。反之，若模态频率对 k_c 和 k_s 的变化不敏感，则说明估算误差不会明显改变绕组模态，估算结果可以用于求解绕组模态特性。

定义 k_c 和 k_s 与绕组线圈间等效刚度 k_i 的刚度比分别为 k_c/k_i、k_s/k_i，计算一阶固有频率随两个刚度比的变化规律，结果如图 1-4 所示。从图中可以看出，当刚度比接近 0 时，绕组的一阶固有频率最低。随着刚度比的增大，一阶固有频率呈现增大的趋势，但增速逐渐下降，频率趋于稳定。刚度比为 1 和 2 时对应的固有频率分别为 240.34 Hz 和 241.50 Hz。上述结果说明，在刚度比大于 1 的情况下，固有频率对 k_c、k_s 的取值并不敏感，因此对 k_c、k_s 的估算结果可以用于求解绕组模态。

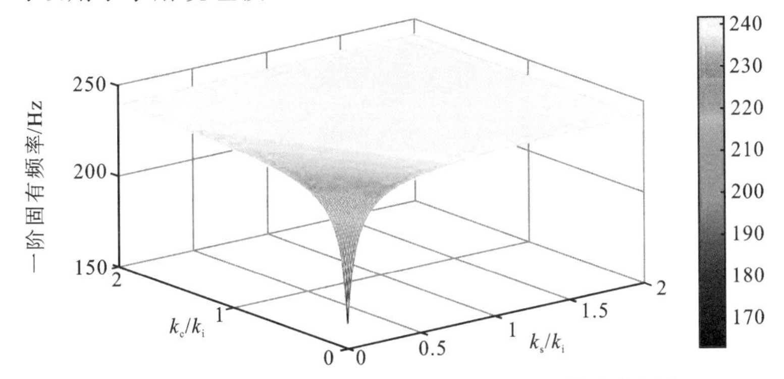

图 1-4　一阶固有频率随刚度比 k_c/k_i、k_s/k_i 的变化规律

1.3 绕组声固耦合的有限元模型

利用上述离散动力学模型,可以获得空气中绕组轴向振动的模态特性,但无法计算变压器油的加载效应对绕组固有机械特性的影响。此外,绕组作为细长的圆筒(杆)结构,还包含了扭转、倾斜等振型,这些振型无法通过离散的轴向振动模型进行表征。为此,本节建立了绕组整体振动的有限元模型,并对变压器油耦合下的绕组的模态特性进行分析。

1.3.1 变压器油的加载效应

浸没在变压器油中的绕组在产生振动时与油相互作用,引起油在平衡位置附近振动,并以声波的形式由近及远向油箱传递。忽略油的黏性,则对应的声波方程为

$$\nabla^2 p=\frac{1}{c_0^2}\frac{\partial^2 p}{\partial t^2} \tag{1-17}$$

式中,p 为油中声压;c_0 为声音在油中的速度,单位为 m/s;t 为时间变量;∇^2 为拉普拉斯算子符。

绕组振动向外辐射声压的同时,绕组自身也会受到声压的反作用形成结构和声场的双向耦合。在绕组与变压器油的耦合边界上,绕组振动的法向加速度与油中声压满足

$$\boldsymbol{n}\cdot u_{tt}=-\frac{1}{\rho}\frac{\partial p}{\partial \boldsymbol{n}} \tag{1-18}$$

$$F_A=-p\cdot\boldsymbol{n} \tag{1-19}$$

式中,$\boldsymbol{n}$ 为绕组表面的外法线向量;u_{tt}为绕组的振动加速度;ρ 为变压器油密度;F_A为单位面积上油中声压对绕组的反作用力。

变压器油与绕组的相互耦合作用,可以用单自由度的质量-弹簧-阻尼模型进行描述。在真空中,单自由度系统的振动速度 u_t和施加的载荷 F 满足

$$(\mathrm{j}\omega M_s+R_s+K_s/\mathrm{j}\omega)u_t=F \tag{1-20}$$

式中,ω 为振动的角频率;M_s为单自由度系统的等效质量;K_s和 R_s分别为等效的刚度和阻尼。

由式(1-20)可以获得真空中单自由度振动系统的机械阻抗:

$$Z=F/u_t=\mathrm{j}(\omega M_s-K_s/\omega)+R_s \tag{1-21}$$

在变压器油的加载条件下，反作用力 F 与结构辐射阻抗与振动速度的关系满足：

$$F_{\mathrm{A}}=-(R_{\mathrm{f}}+\mathrm{j}X_{\mathrm{f}})u_{\mathrm{t}} \tag{1-22}$$

式中，R_{f}为辐射阻；X_{f}为辐射抗。

由式(1-20)、式(1-21)和式(1-22)可得计及变压器油加载条件下的单自由度振动系统阻抗：

$$Z=(R_{\mathrm{s}}+R_{\mathrm{f}})+\mathrm{j}[\omega(M_{\mathrm{s}}+X_{\mathrm{r}}/\omega)-K_{\mathrm{s}}/\omega] \tag{1-23}$$

对比式(1-23)和式(1-21)可知，辐射抗 X_{f} 向结构施加了一个额外的等效质量 X_{r}/ω，增加了结构质量，降低了绕组的固有频率。辐射阻 R_{f} 增加了系统振动的阻尼作用，将阻尼消耗的能量以声能的形式向外传递。由声辐射给结构带来额外的质量和阻尼被称为流体加载的质量阻尼效应，该效应的强弱与结构体自身质量、结构在振动方向上的辐射面积及频率相关。具体而言，该效应对质量大、在振动方向上辐射面积小的结构影响不明显；对结构质量小、辐射面积大的结构影响显著。当绕组浸没在变压器油中时，质量阻尼效应将使得绕组的固有频率降低，阻尼增大。

当结构尺寸较为简单时，可将结构上的每一点视为点声源，通过解析的方法构建辐射阻抗的表达式，并与结构振动方程联立，从而获得质量阻尼效应影响下的结构振动特性。但变压器绕组结构十分复杂，难以准确获得其辐射阻抗的解析表达式，可采用有限元方法对浸油绕组的模态特性进行计算。

1.3.2　模型的建立

根据表1-1中所列的绕组结构参数及压装后的绕组实际油道尺寸，建立高压绕组的三维有限元模型，如图1-5所示。模型中，忽略高压线圈中的多匝导线，将线圈等效为圆环进行建模。由于实际绕组由多匝导线绕制而成，而圆环增大了线圈的体积和直梁，因此需要根据同一线圈中导线的体积对建模后的线圈进行密度修正，以保证等效圆环的质量与线圈的质量相等，修正的公式为

$$\tilde{\rho}=V_{\mathrm{FE}}/V_{\mathrm{c}} \tag{1-24}$$

式中，V_{FE}为模型中圆环的体积；V_{c}为线圈中导线的体积；$\tilde{\rho}$ 为有限元模型中绕组的等效密度。为了获得浸油绕组的模态特性，在高压绕组的外侧建立尺寸为1000 mm×1200 mm×1500 mm的声场计算区域以模拟浸油环境。设置声场计算区域的声速为1450 m/s，密度为898 kg/m^3。变压器油与绕组结构

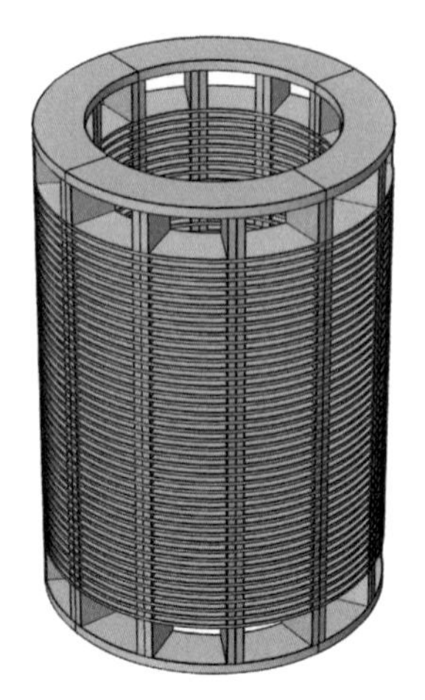

图 1-5 10 kV 绕组的声固耦合有限元模型

的耦合边界方程满足式(1-18)和式(1-19)。根据绕组轴向的离散动力学模型及表 1-2,在绕组的上下压板分别添加刚度为 7.8×10^{9} N/m 和 2.66×10^{11} N/m 的弹簧约束。采用自由四面体对绕组进行网格剖分,共获得 434949 个单元。

1.3.3 绕组模态特征

根据有无变压器油耦合作用,将浸油绕组模态记为湿模态,空气中绕组模态记为干模态。由所建立的有限元模型计算获得的绕组各阶模态振型按固有频率由低到高排列的结果如图 1-6 所示。

绕组倾斜振型表现为绕组中心线沿轴向发生弯曲和线圈整体的水平晃动,一阶倾斜振型表现为线圈的同向水平振动,二阶倾斜振型表现为线圈的反向水平振动;绕组轴向振型表现为轴向不同位置线圈沿中心线同向或反向振动,一阶轴向振型表现为绕组整体的同向振动,二阶轴向振型表现为以绕组轴向高度为对称面,上下部分的反向振动,仿真获得的轴向振型与离散动力学模型计算的结果一致。扭转振型表现为绕组线圈及垫块沿圆周方向(线圈圆弧的切向)的转动,一阶扭转振型表现为绕组整体的同向转动,二阶扭转振型表现为绕组上下两部分的反向转动。

仿真获得的绕组干湿模态频率如表 1-3 所示。在这些模态中,轴向模态因流体加载引起的固有频率下降现象最为显著。一、二阶轴向模态频率分别下降了 24.33%和 28.45%;倾斜、扭转模态频率的平均变化均小于 16%。造成上述差异的原因为:每一个线圈的表面都与变压器油接触向外辐射声压,

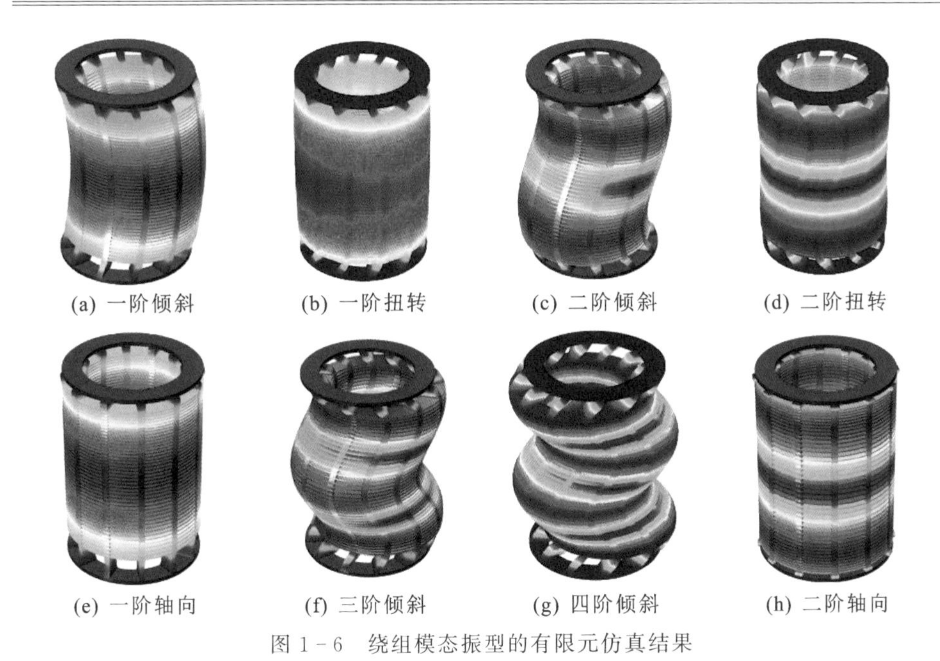

(a) 一阶倾斜　(b) 一阶扭转　(c) 二阶倾斜　(d) 二阶扭转

(e) 一阶轴向　(f) 三阶倾斜　(g) 四阶倾斜　(h) 二阶轴向

图 1-6　绕组模态振型的有限元仿真结果

且线圈轴向表面积大于线圈侧面积，故轴向振动更具有较大的辐射面积和辐射抗，更容易受到质量加载效应的影响。从相同振型类型对应的固有频率来看，各阶固有频率 ω_N、一阶频率 ω_1 和阶数 N 基本满足式(1-16)所述关系，即 N 阶固有频率约为一阶频率的 N 倍。

表 1-3　绕组干湿模态频率的有限元计算结果

模态振型	干模态频率/Hz	湿模态频率/Hz	变化/%	湿模态频率
一阶倾斜	83.276	70.211	−15.69	70.721
一阶扭转	86.272	73.841	−14.41	74.583
二阶倾斜	170.2	146.94	−13.67	147.67
二阶扭转	193.95	165.13	−14.86	166.25
一阶轴向	243.82	184.5	−24.33	185.66
三阶倾斜	282.82	249.79	−11.68	247.94
四阶倾斜	405.81	357.41	−11.93	357.92
二阶轴向	506.02	362.08	−28.45	363.17

(注：湿模态频率对应的声场计算区域为 1000 mm×1200 mm×1500 mm，湿模态频率对应的声场计算区域的大小为湿模态 1 中声场计算区域大小的 1000 倍，即 10000 mm×12000 mm×15000 mm。由计算结果可知声场区域的大小不会显著改变计算结果，因而文中仅对湿模态频率进行介绍。)

以有限元模型的仿真结果为基础，向离散动力学模型中的线圈添加辐射抗的等效质量 X_r/ω，以模拟变压器油耦合作用对绕组固有振动特性的影响。经试算，当线圈等效质量为线圈实际质量的 1.8 倍，即辐射抗向结构施加的等效质量为线圈实际质量的 0.8 倍（$X_r/\omega=0.8m_i$）时，由离散动力学模型计算获得的绕组一、二阶轴向振动的固有频率分别为 181.79 Hz 与 369.99 Hz，与有限元模型的仿真结果较为接近。

1.4　导线振动模型研究

1.2 节和 1.3 节分别建立了反映绕组线圈整体轴向振动的离散动力学模型和声固耦合的有限元模型，获得了空气中和浸油绕组整体的模态特性。本节将围绕垫块间悬空导线的结构特点，建立导线振动模型并分析其振动特性。

1.4.1　圆弧拱的面内振动模型

相邻垫块将导线分割，形成了弧长为 $2\pi r/n-w$ 的圆弧拱结构（其中，r 为导线的平均半径，n 为垫块数量，w 为垫块宽度），如图 1－7(a)所示。垫块除承担隔离线圈形成径向油道外，还与撑条一起向线圈提供径向支撑，防止因径向支撑不足，出现弧拱跨度增大进而产生翘曲变形。垫块和撑条的径向支撑作用由导线与垫块的静摩擦力及撑条的刚度提供，因而在绕组装配过程中需要设置适当的轴向压紧力，并保证该压紧力在长期运行过程中基本不发生变化，从而避免因共振造成的垫块和导线间静摩擦力和径向支撑作用的下降。垫块、撑条和导线间接触和支撑刚度可以影响圆弧拱自身的固有频率，具体表现为：刚度增大，圆弧拱固有频率升高；刚度减小，圆弧拱固有频率降

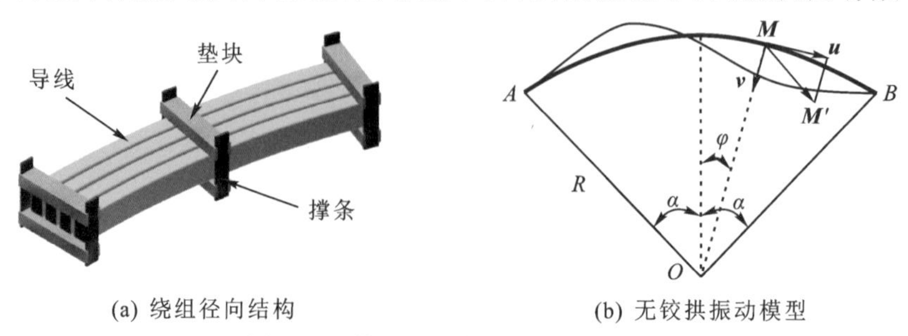

(a) 绕组径向结构　　(b) 无铰拱振动模型

图 1－7　绕组径向结构及无铰拱模型

低。由于垫块和撑条一般具有较高的刚度,能够保证导线的径向稳定性,因此可将圆弧拱端部等效为固定约束,进而得到如图 1-7(b)所示的固定支撑的圆弧拱(无铰拱)模型。

对于采用扁导线的细长圆弧拱(导线厚度与圆弧跨度之比小于 0.1),可忽略导线变形的泊松效应,得到对应的径向振动和面内弯曲振动的固有振动方程:

$$\frac{\partial^5 v}{\partial \varphi^5}+2\frac{\partial^3 v}{\partial \varphi^3}+\frac{\partial v}{\partial \varphi}=\frac{mR^4}{EI}\frac{\partial^2}{\partial t^2}\left(u-\frac{\partial v}{\partial \varphi}\right) \tag{1-25}$$

$$\frac{\partial^6 u}{\partial \varphi^6}+2\frac{\partial^4 u}{\partial \varphi^4}+\frac{\partial^2 u}{\partial \varphi^2}=\frac{mR^4}{EI}\frac{\partial^2}{\partial t^2}\left(u-\frac{\partial^2 u}{\partial \varphi^2}\right) \tag{1-26}$$

$$v=\frac{\partial u}{\partial \varphi} \tag{1-27}$$

$$v=\frac{\partial v}{\partial \varphi}=\frac{\partial^2 v}{\partial \varphi^2}=u=\frac{\partial u}{\partial \varphi}=\frac{\partial^2 u}{\partial \varphi^2}=0(\varphi=\pm\alpha) \tag{1-28}$$

式中,φ 为圆心角为 2α 的弧拱上沿导线轴向不变形的一点($-\alpha<\varphi<\alpha$),$v=v(\varphi,t)$和 $u=u(\varphi,t)$为圆弧位置 φ 处的切向和径向位移;m 为圆弧拱的线密度;R 为圆弧对应的曲率半径(导线所在绕组位置的半径);E 为导线的弹性模量;I 为导线截面积的惯性矩。厚度为 a、宽度为 b 的扁导线所具有的惯性矩 I 为 $a^3b/12$,线密度 m 为 ρab(ρ 为导线的密度)。

由高低压绕组所受径向力方向及圆弧拱的结构特点可知,低压绕组受径向指向圆心的压力进而产生面内的弯曲振动,高压绕组导线受背离圆心径向力因而表现为导线沿中心对称面的拉伸振动。对低压绕组而言,由式(1-27)至式(1-30)可得无铰拱面内弯曲的一阶反对称和对称振型固有频率为

$$\omega_i=\frac{k_i}{R^2(2\alpha)^2}\sqrt{\frac{EI}{m}}=\frac{k_i a}{R^2(2\alpha)^2}\sqrt{\frac{E}{12\rho}} \tag{1-29}$$

式中,k_i 的取值及对应的振型如表 1-4 所示。由表 1-4 可知,一阶反对称的固有频率约为对称振型的固有频率的 1/2。

表 1-4　无铰拱的弯曲一阶对称和反对称振型及固有频率

	振型	k_i
反对称振型		$\sqrt{\frac{3803.2-92.101(2\alpha)^2+(2\alpha)^4}{1+0.06054(2\alpha)^2}}$
对称振型		$\sqrt{\frac{14620-197.84(2\alpha)^2+(2\alpha)^4}{1+0.01227(2\alpha)^2}}$

由式(1－29)可知，一阶固有频率与导线厚度 a、导线弹性模量 E 的二分之一次方成正比，随导线厚度或弹性模量增加而升高；与导线曲率半径的平方(R^2)、导线密度的二分之一次方($\rho^{1/2}$)成反比，随绕组半径增加或导线密度增加而降低；与圆弧对应的圆心角(2α)的平方成反比，随圆心角增大而降低；与圆弧长度($2\alpha R$)的平方成反比，随弧长增大而降低。

由式(1－29)及表1－4可计算获得圆弧拱的一阶反对称固有频率与绕组半径及圆心角的关系，如图1－8所示。其中，导线厚度 a 为1 mm，导线材料为铜(密度 $\rho=8960\ \mathrm{kg/m^3}$)。

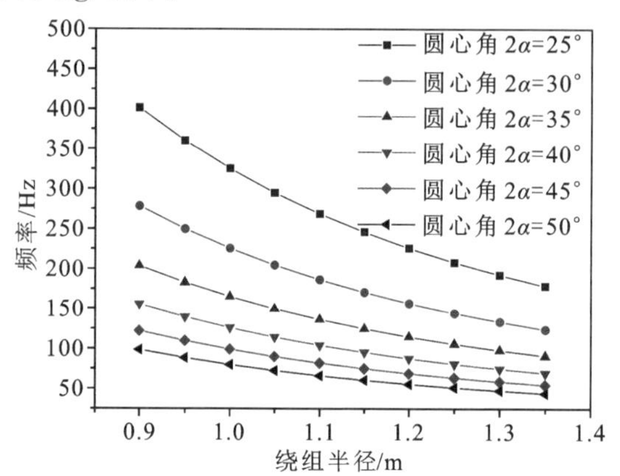

图1－8 圆弧拱一阶反对称固有频率与圆心角及绕组半径的关系

由图1－8可知，随着圆心角和绕组半径的增大，圆弧拱一阶反对称振型的固有频率下降。上述规律也可以解释为，随着圆弧弧长的增加，一阶反对称振型的固有频率下降。

在饼式绕组线圈中，为了提高线圈的抗短路能力，圆弧半径、半圆心角 α 和临界径向载荷之间需要满足一定的约束条件，该约束条件可以表示为

$$\frac{1}{\tan\alpha}=\frac{n}{\tan n\alpha}$$

$$q_{\mathrm{critical}}=(n^2-1)\frac{EI}{R^3} \qquad (1-30)$$

$$q_{\mathrm{critical}}\leqslant Kf_{\mathrm{r}}$$

式中，q_{critical} 为径向临界载荷；K 为安全系数；f_{r} 为最大径向洛伦兹力密度。

不同 α 及其对应的 n 的数值如表1－5所示。由表中数据可知，随着弧心角和绕组半径的增大，圆弧拱的临界载荷逐渐降低。为了提高绕组屈曲(翘曲)的临界载荷，需要尽可能减小圆弧拱的跨度及对应的圆心角。因此，由式(1－29)计算获得的反对称振型的一阶固有频率一般远大于洛伦兹力的激励

频率(100 Hz)。在这种条件下,可将周期洛伦兹力视为准静态载荷,求解每一个时刻载荷下圆弧拱的静态位移,再求得位移的二次导数从而获得高低压绕组所对应的圆弧拱的面内弯曲振动加速度。

表1-5　半圆心角 α 及其对应的载荷系数 n

α/(°)	n
30	8.621
45	5.782
60	4.375
90	3.000

由式(1-27)至式(1-30)获得无铰拱面内拉伸振动的一、二阶的固有频率

$$\omega_i=\frac{1}{R}\sqrt{1+\frac{\lambda_i^4}{(2\alpha)^4}\frac{I}{R^2A}}\sqrt{\frac{EA}{m}}\ (\mathrm{s}^{-1}) \tag{1-31}$$

式中,$\lambda_1=4.7300$,$\lambda_2=7.8532$;A 为导线截面积。

一般而言,圆弧拱径向拉伸振型的固有频率要远高于面内弯曲振型的固有频率及洛伦兹力的激励频率(100 Hz),因此可将作用于圆弧拱上周期洛伦兹力视为准静态载荷,求解振动位移及加速度。

1.4.2　直梁模型

对高跨比(弧拱高度与圆弧弦线的比)小于1/12(圆心角小于40°)的圆弧拱,其圆弧拱振动随高跨比减小逐渐退化为直梁振动,可用固支的欧拉-伯努利(Euler-Bernoulli)直梁模型表示,其振动方程为

$$\begin{gathered}EI\frac{\partial^4 y(x,t)}{\partial x^4}+\rho\frac{\partial^2 y(x,t)}{\partial t^2}=q\\ y_{x=x_0}=0,\ \partial y/\partial x_{x=x_0}=0(x_0=0,l)\end{gathered} \tag{1-32}$$

式中,E 为弹性模量;I 为截面惯性矩($I=a^3b/12$);ρ 为线密度;q 为径向载荷密度;l 为直梁长度。直梁模型对应的固有频率和振型为

$$\begin{aligned}&\omega_i=\beta_i^2\sqrt{\frac{EI}{\rho_0}}=\beta_i^2\sqrt{\frac{Ea^2}{12\rho}}\\&\varphi_i(x)=\cos\beta_i x+\mathrm{ch}\beta_i x+\eta_i(\sin\beta_i x-\mathrm{sh}\beta_i x)\\&\eta_i=-(\cos\beta_i l-\mathrm{ch}\beta_i l)/(\sin\beta_i l-\mathrm{sh}\beta_i l)\\&\beta_1 l=4.73\\&\beta_i l=(i+1/2)\times\pi(i\geqslant 2)\end{aligned} \tag{1-33}$$

计算获得的直梁的前两阶模态的振型如图 1－9 所示，两阶振型均表现为沿直梁厚度方向的弯曲振动。一阶振型表现为直梁各部分的同向振动，二阶振型表现为以直梁中点为对称点，直梁左右两部分的反向对称振动。由于绕组所受的径向力载荷幅值相等，方向同时背离或指向圆心，因此导线的振动由一阶振型主导。

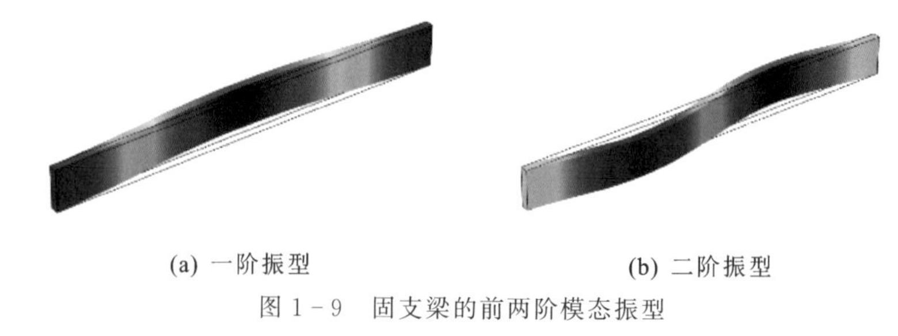

图 1－9 固支梁的前两阶模态振型

由式(1－33)计算获得的直梁一阶固有频率与 10 kV 绕组中铝制导线的厚度 a、直梁跨度 l 的关系如图 1－10 所示。由图 1－10 可知，固有频率随导线厚度 a 增加和直梁长度 l 减小而增大，对于采用厚度 1.25 mm，跨度为 10 cm的导线，其固有频率约为 650 Hz，远高于洛伦兹力的激励频率。

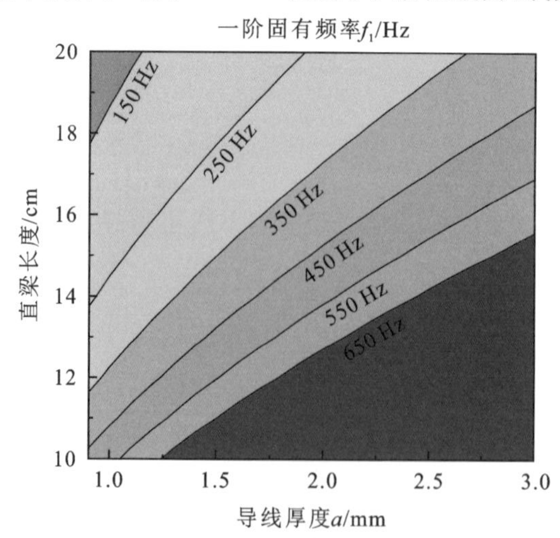

图 1－10 一阶振型固有频率与导线厚度、直梁长度的关系

考虑到变压器油引起的导线固有频率的降低范围有限，浸油直梁的一阶固有频率远离洛伦兹力的激励频率，因此可以将周期作用的洛伦兹力视为准静态载荷，按式(1－34)计算获得直梁上的某一位置 x 随时间的位移 y_r及振动加速度 a_r：

$$y_r = \left[\frac{q}{24EI}(-x^4 + 2lx^3 - l^2x^2)\right]\sin(2\omega_0 t)$$
$$a_r = (2\omega_0)^2\left[\frac{q}{24EI}(-x^4 + 2lx^3 - l^2x^2)\right]\sin(2\omega_0 t) \tag{1-34}$$

式中，ω_0 为电源频率。

由式(1-34)可知，导线的振动属于连续体振动，导线上各处具有不同的振动加速度，导线中部($x=l/2$)的振动加速度幅值最大，约为

$$a_{max} = (q\omega_0{}^2 l^4)/(8Eba^3) = (q_v\omega_0^2 l^4)/(8Ea^2) \tag{1-35}$$

式中，q_v为导线上洛伦兹力体密度，单位为 N/m^3。

直梁模型也可用于描述垫块间导线的轴向振动，但实际作用在导线上的轴向力需要去除因绕组线圈整体轴向振动加速度 a_t产生的惯性力，此时导线的轴向振动方程为

$$EI\frac{\partial^4 y(x,t)}{\partial x^4} + \rho\frac{\partial^2 y(x,t)}{\partial t^2} = q - \rho a_t$$
$$y_{x=x_0} = 0,\ \partial y/\partial x_{x=x_0} = 0(x_0 = 0, l) \tag{1-36}$$

由于扁导线的宽度(b)大于厚度(a)，导线轴向刚度大于径向刚度，因此导线的轴向固有频率高于径向固有频率，也高于洛伦兹力的激励频率。同时，轴向洛伦兹力主要存在于绕组端部，且一部分由线圈整体振动产生的惯性力抵消，实际引起垫块间导线振动的轴向洛伦兹力的幅值较小，加之导线轴向刚度较高，因而可以忽略洛伦兹力引起的导线轴向振动。

1.5　绕组的试验模态分析

1.5.1　试验及模态参数提取

为了验证上述模型，对图 1-2(a)所示的单相双绕组变压器的高压绕组进行试验模态分析，激振点和拾振点如图 1-11(a)和图 1-11(b)所示。试验时，绕组和铁芯本体置于油箱底面，利用冲击力锤 PCB086C03 在绕组顶部压钉上施加冲击载荷，由安装在绕组不同位置的压电式振动加速度传感器 PCB352C65 拾取冲击载荷下绕组的振动信号。为了获得绕组整体的的模态特征，将 7 个加速度传感器安装在绕组不同位置处，从而获得绕组三个方向的冲击响应。选择紧邻垫块的绕组区域布置测点，并在径向紧邻的多饼线圈上涂抹白乳胶增强线圈的刚度，从而保证该测点处的振动响应能够反映线圈

整体的振动，避免导线对绕组整体振动响应的影响。为了获得垫块间导线的模态特性，选择一段与相邻导线没有接触的导线（跨度约 0.15 m），测得轴向和径向的振动响应，测点如图 1－11(c)所示。

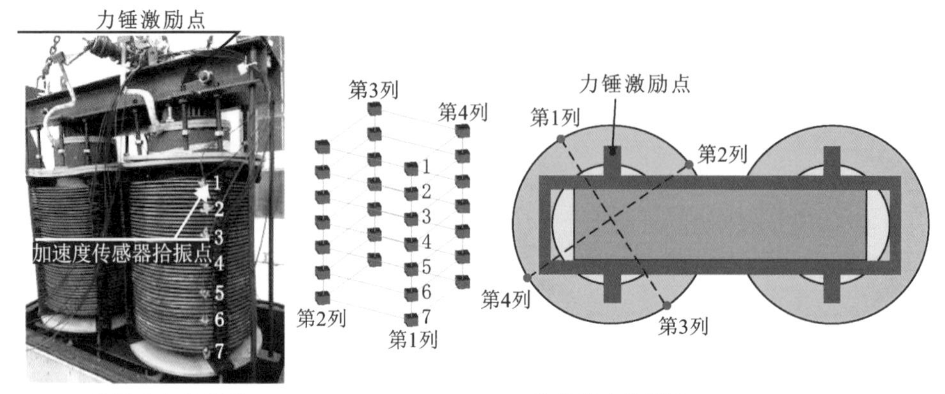

(a) 激励点与拾振点　　(b) 整体模态的测点

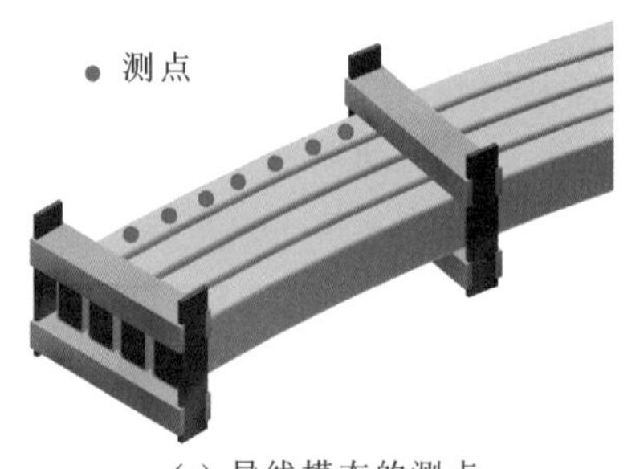

(c) 导线模态的测点

图 1－11　力锤激振点及加速度传感器安装位置

利用 24 位 NI9234 数据采集卡以 51.2 kHz 采集力锤传感器的激励和加速度传感器的响应信号，加速度传感器和力锤的参数分别如表 1－6 和表1－7所示。

表 1－6　振动加速度传感器 PCB352C65 参数

参数名称	数值
质量/g	2
灵敏度/[mV/(m/s^2)]	10
量程/(m/s^2)	500
分辨率/(m/s^2)	＜0.0016
频响范围/Hz	0.5～10000
谐振频率/Hz	≥35000

表1-7　力锤PCB086C03参数

参数名称	数值
质量/kg	0.16
灵敏度(±15%)/(mV/N)	2.25
量程/N	±2224
谐振频率/Hz	≥22000

分别在空油箱和充满变压器油的油箱中对绕组开展上述实验,以获得绕组的干湿模态特性。各次敲击下,同步采集获得的激励(力锤信号)和响应(振动信号)信号由频响函数估计的H_1法计算对应测点的频率响应函数。对10次敲击下的频率响应函数进行平均,获得最终结果。H_1估计方法的定义为

$$H=G_{xy}/G_{xx} \tag{1-37}$$

式中,H为频率响应函数;G_{xy}为力锤信号与振动信号的互功率谱密度函数的傅里叶变换;G_{xx}为力锤信号的自功率谱密度函数的傅里叶变换。

获得绕组上各个测点的频响函数矩阵后,根据如下流程提取模态参数:

(1)采用多参考最小二乘复频域法(polyreference least-squares complex frequency-domain method,PolyMAX)对H_1法获得的频响函数进行模态参数识别,初步确定绕组的模态参数;

(2)由于绕组模态包含了绕组整体模态及局部导线的模态,需要排除非正交的模态振型,获得绕组整体的振型特点。采用模态置信准则(Modal Assurance Criterion,MAC)评估模态试验获得的不同模态振型之间的正交性。MAC的定义如下:

$$\mathrm{MAC}=|\boldsymbol{f}_i^{\mathrm{T}}\boldsymbol{f}_j|^2/(\boldsymbol{f}_i^{\mathrm{T}}\boldsymbol{f}_i)(\boldsymbol{f}_j^{\mathrm{T}}\boldsymbol{f}_j) \tag{1-38}$$

式中,$\boldsymbol{f}_i$、$\boldsymbol{f}_j$为两种不同振型的振型向量。MAC值越接近于1,则表明两种振型越接近;MAC=0,则说明两种振型正交。为了保证获得的振型向量正交性,一般需满足振型向量间的MAC<35%;

(3)对MAC矩阵进行判断,若MAC>35%,则需要根据MAC矩阵数值排除重复的模态频率,并返回步骤(2),直至MAC中非对角线上的取值小于35%;

(4)输出振型、固有频率、阻尼比等模态参数。

1.5.2　绕组整体的模态特征

绕组不同测点频率响应函数的幅频特性与激励点和测量点的位置有关,

但包含的固有频率不随测量位置变化。试验获得的绕组干模态和湿模态对应的幅频曲线如图1-12所示。由图1-12可以看出，当绕组浸入变压器油之后，其幅频特性出现了显著变化，主要表现为：①谐振频率向低频移动；②响应幅值降低，曲线变得更平缓。根据式(1-23)可知，变压器油与绕组的耦合增加了绕组的辐射抗，增大了绕组本体的质量，降低了绕组的固有频率，使得频响函数向低频移动；同时，由于存在辐射阻尼，绕组振动系统中的总阻尼增大。此外，当绕组浸入变压器油后，绕组与油之间的摩擦阻尼也会增大振动系统的阻尼作用，引起阻尼增大，频响函数幅值降低，频响曲线变得平滑。

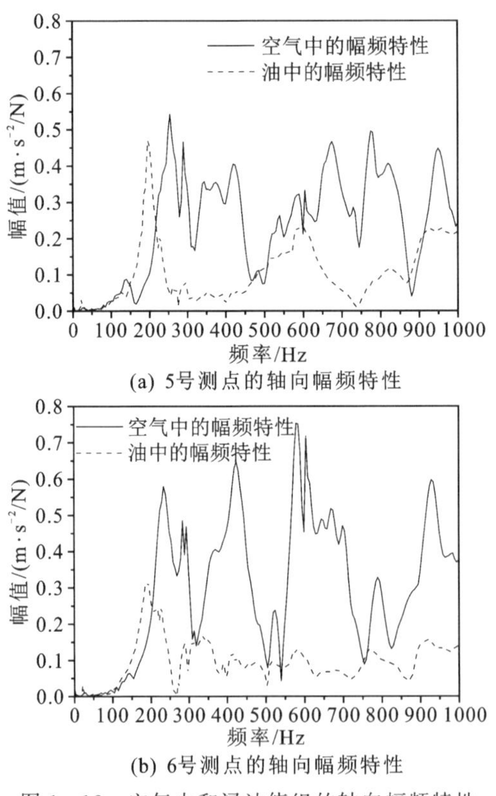

(a) 5号测点的轴向幅频特性

(b) 6号测点的轴向幅频特性

图1-12 空气中和浸油绕组的轴向幅频特性

第1列7个测点在变压器油中的幅频特性如图1-13所示。从图中可以看出，200 Hz、250 Hz、350 Hz附近存在三个高幅值的谐振峰，150 Hz附近存在一个较低幅值的谐振峰。与400 Hz以下明显孤立谐振峰相比，400 Hz以上的幅频特性曲线较为平滑，说明400 Hz以上频带的模态密度和阻尼比均较大。

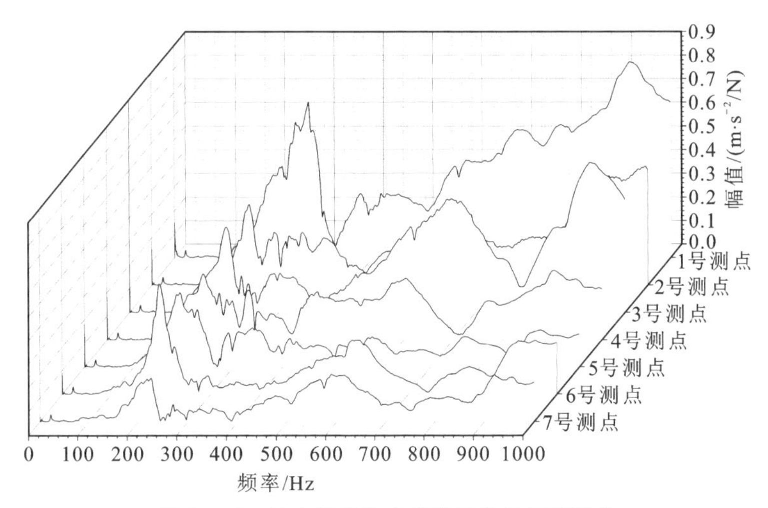

图 1-13　油中绕组轴向频响函数的幅频特性

计算获得绕组干模态前 14 阶振型所对应的 MAC 矩阵如图 1-14 所示。从图中可知，相同模态的 MAC 等于 1，不同模态之间的 MAC 小于 35%，说明提取到的各阶模态振型满足振型向量的正交性。

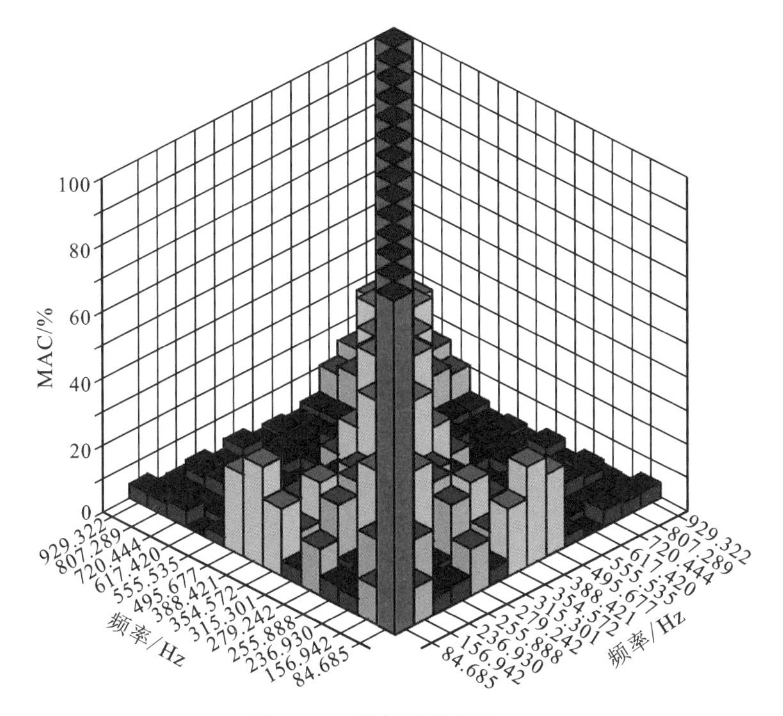

图 1-14　绕组干模态的 MAC

由绕组干模态频响函数计算获得的倾斜及轴向振动的各阶振型如图1－15所示，图中虚线框架为绕组的静止位置，实线框架为绕组振型。从图中所示的振型来看，轴向振型表现为轴向不同位置线圈沿中心线同向或反向振动，倾斜振型表现为绕组以端部为固定约束，轴向不同位置线圈的水平晃动。试验模态分析获得的振型和图1－6所示的仿真结果基本保持一致。

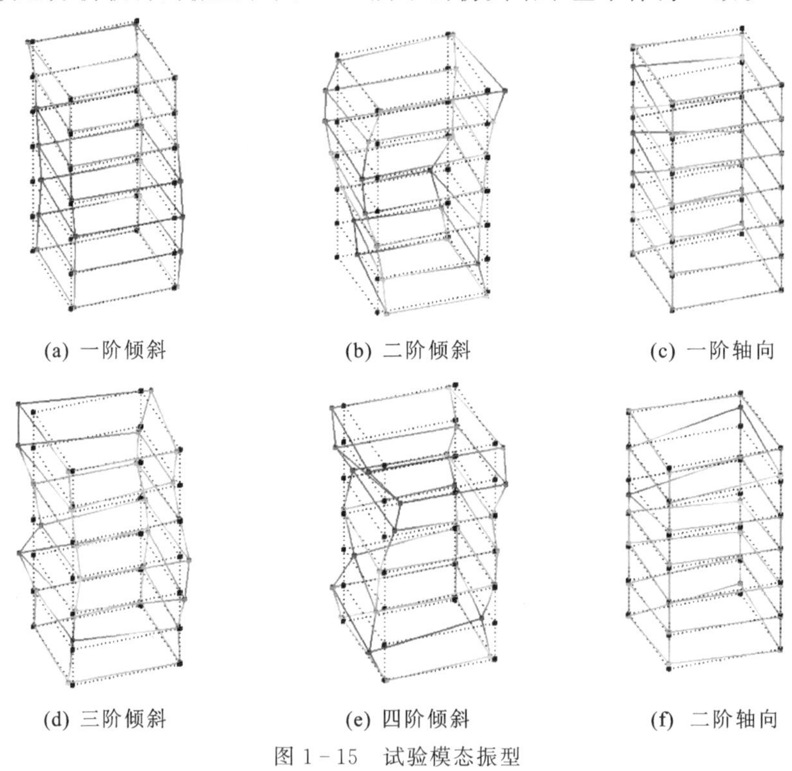

图1－15　试验模态振型

绕组干、湿模态的频率及阻尼比如表1－8所示。当绕组浸入油中之后，其一阶倾斜振型的固有频率从84.685 Hz下降至70.548 Hz，变化了16.69％。与此同时，阻尼比从0.79变为2.84，增大了259.49％。对于其他振型而言，在变压器油的加载条件下，均出现了固有频率下降、阻尼比增大的现象。与倾斜振型相比，轴向振型的固有频率下降较为显著，一、二阶固有频率分别下降17.58％和27.52％，与仿真结果的变化规律一致。由于湿模态固有频率降低，四阶倾斜振型和二阶轴向振型出现了高度耦合。湿模态获得绕组模态振型与干模态对应的振型基本相同，说明变压器油的加载效应不会改变模态振型。

表 1-8　干湿模态振型的固有频率及阻尼比

振型	干模态		湿模态		变化	
	频率/Hz	阻尼比/%	频率/Hz	阻尼比/%	频率/Hz	阻尼比/%
一阶倾斜	84.685	0.79	70.548	2.84	−16.69	259.49
二阶倾斜	156.942	0.23	146.848	0.49	−6.43	113.04
一阶轴向	236.930	1.21	194.641	1.31	−17.85	8.264
三阶倾斜	279.422	0.69	230.310	1.16	−17.58	68.12
四阶倾斜	388.421	2.63	359.194	2.76	−7.52	4.94
二阶轴向	495.566	1.27	359.194	1.76	−27.52	38.58
平均值	—	0.98	—	1.674	−15.60	70.8

由计算模态分析和试验模态分析获得的绕组固有频率如表 1-9 所示。由结果对比可知，一、二阶轴向干模态的计算值与试验值的误差分别为2.94%和 0.16%，说明所提出的轴向振动的离散动力学模型能够较好地反映绕组的干模态特性。此外，有限元仿真获得的相同振型所对应的干、湿模态固有频率与试验结果具有很好的一致性。其中，干模态固有频率的误差绝对值的平均值为 3.47%，湿模态固有频率的误差绝对值的平均值为 2.52%，试验结果说明声固耦合的有限元模型能够有效地反映浸油绕组的湿模态特性。

表 1-9　模型计算与试验结果对比

振型	干模态					湿模态		
	试验模态分析	离散动力学模型	误差/%	有限元模型	误差/%	试验模态分析	有限元模型	误差/%
一阶倾斜	84.685	—	—	83.276	−1.66	70.548	70.211	−0.05
二阶倾斜	156.942	—	—	170.2	8.45	146.848	146.94	0.06
一阶轴向	236.930	243.90	2.94	243.82	2.91	194.641	184.5	−5.21
三阶倾斜	279.422	—	—	282.82	1.22	230.310	249.79	8.49
四阶倾斜	388.421	—	—	405.81	4.48	359.194	357.41	−0.50
二阶轴向	495.566	496.39	0.16	506.02	2.11	359.194	362.08	0.8

1.5.3　垫块间导线的模态特征

试验获得高压绕组最外侧导线干模态对应的轴向和径向的幅频特性如

图 1-16 所示。

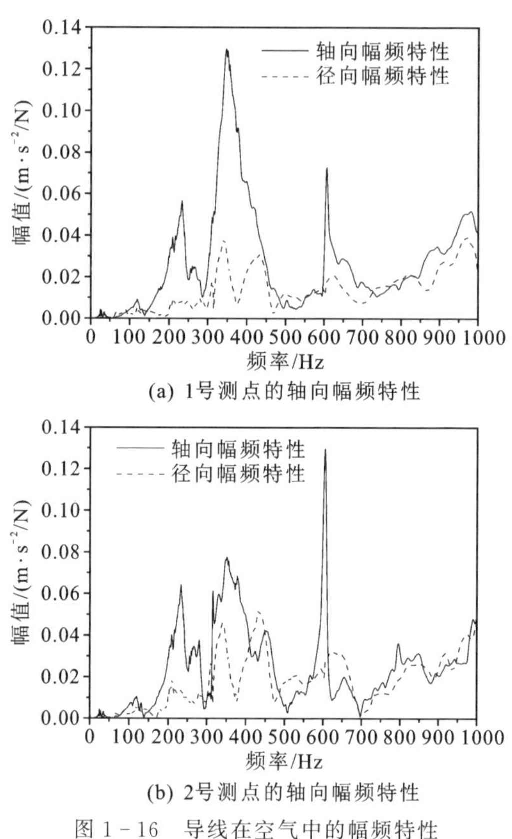

图 1-16　导线在空气中的幅频特性

与图 1-12 所示绕组干模态的轴向幅频特性相比，导线轴向幅频特性在 200 Hz 到 500 Hz 的范围内与线圈整体的轴向幅频特性具有较高的一致性，说明导线的轴向振动与线圈的整体振动具有耦合关系。造成上述现象的原因是，施加于绕组顶部的力锤激励引起了绕组整体的振动，因而位于高压绕组最外侧的导线测量点也受到了绕组线圈整体振动的影响。

导线轴向频响函数在 600 Hz 附近存在一个高幅值、窄频带的谐振峰，与前述绕组整体振动宽频带谐振峰略有不同，属于小阻尼振动，应该与导线自身的振动有关。该谐振峰的固有频率为 608.469 Hz，阻尼比为 0.85%，振型如图 1-17 所示。轴向及径向振型均呈现出三阶弯曲振动的特点。

径向振动频响函数在 0 Hz 至 300 Hz 范围内的幅值较低，但由于压电式加速度传感器存在横向灵敏度，上述范围内径向振动响应一定程度上受到了轴向振动的影响，呈现出了与轴向幅频特性相似的特点。当频率高于 300 Hz

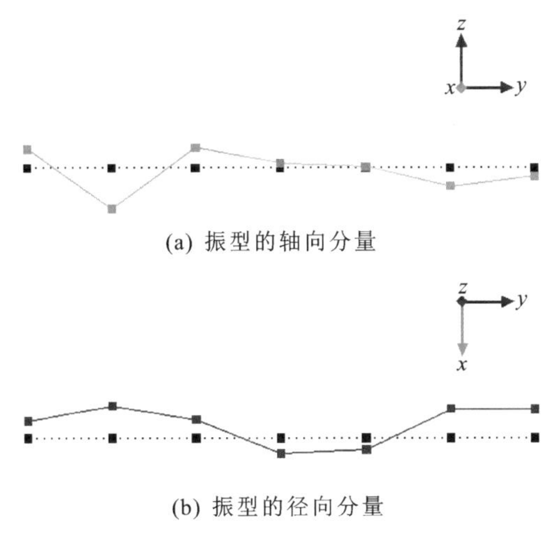

(a) 振型的轴向分量

(b) 振型的径向分量

图 1 - 17　608.469 Hz 对应的模态振型

时，响应的幅值增大，在 300 Hz 至 500 Hz 之间出现了两个明显的谐振峰，这两个峰值对应的导线径向振动的模态如图 1 - 18 所示。一阶弯曲振型的频率为 345.406 Hz，阻尼比为 2.52%，表现为导线的同方向振动。二阶弯曲振型的频率为 444.098 Hz，表现为导线左右两部分的对称振动。

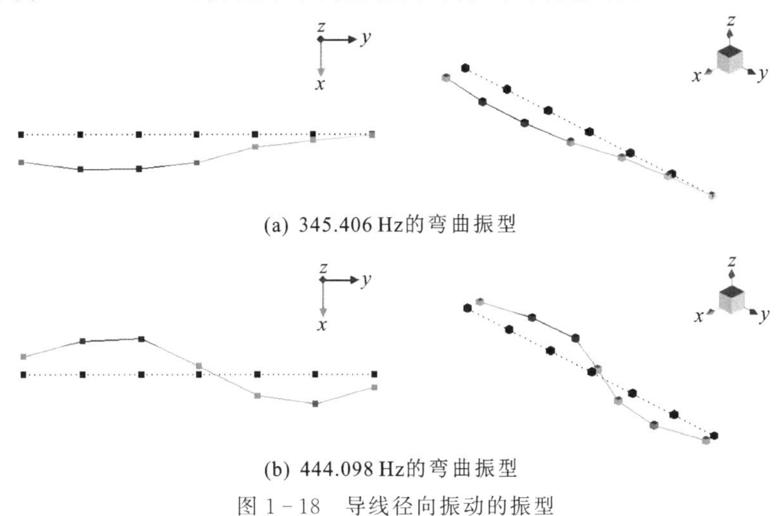

(a) 345.406 Hz的弯曲振型

(b) 444.098 Hz的弯曲振型

图 1 - 18　导线径向振动的振型

由式(1 - 33)中直梁固有频率公式及表 1 - 1 中数据，计算获得跨度 0.162 m的直梁对应的一、二阶径向弯曲振型的固有频率分别为 299.14 Hz、824.78 Hz，一阶轴向弯曲振型的固有频率为 628.20 Hz，而采用圆弧拱模型计算的一阶反对称固有频率为 718.53 Hz。从试验和理论计算结果的对比来看，由直梁模型计算的一阶固有频率 299.14 Hz 对应的振型与实测 345 Hz 的振型接近，而由圆弧模型计算的反对称频率为 718.53 Hz 和由直梁模型计算的二阶频率 824.18 Hz 对应的振型虽然与实测振型接近，但固有频率存在一定的误差，原因可能为：

(1)理论建立的圆弧拱和直梁模型将导线与绕组接触部位视为固定约束，增强了端部的刚度，使得由模型计算获得的固有频率偏高；

(2)绕组线圈圆弧由直导线弯曲而制成，绕制过程为导线带来塑性形变，进而影响内部的应力应变分布，实际导线的振动可能介于直梁和圆弧拱之间；

(3)导线内部复杂的扭转、剪切应力造成导线轴向及径向的耦合，使导线在各个方向的振动不能够完全独立。

上述试验结果说明垫块间悬空的导线振动除受到整体线圈振动的耦合作用外，也具有独立于线圈整体的振动特点，因而绕组实际的模态为整体模态和局部导线模态的组合。

1.6　基于哈密顿原理的两体振动数学模型

1.6.1　绕组局部两体模型

变压器绕组所受电磁力与线圈振动是相互影响、相互耦合的，需要对振动与磁场进行统一分析。可以将垫块间的导线段作为基本物理单元，如图 1-19(c)所示，为简化的局部线圈基本单元。虽然轴向和幅向两体模型的刚度类型有所不同，但对绕组振动特性分析并无影响，以轴向两体模型为例进行分析。任意两根相邻的导线间都存在电感，导线中流过同向等值的电流，具有同样的物理参数。

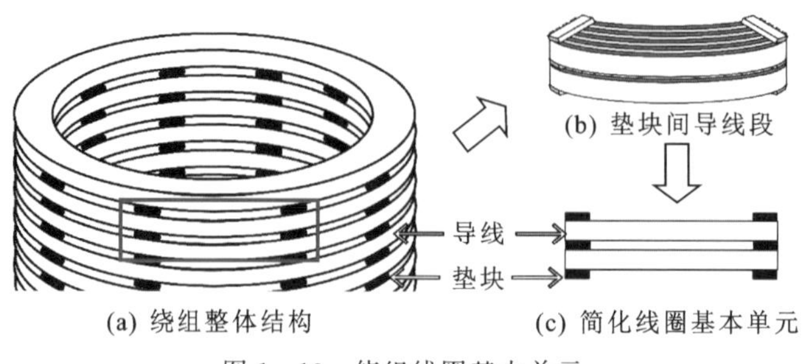

图 1-19　绕组线圈基本单元

两体模型可进一步简化为如图1-20所示的基本单元，其中有体现机械特性的导线段质量 M 以及垫块的总刚度 K 等；也有体现电气特性的交流电流 $i(t)$ 以及漏磁场强度 H。

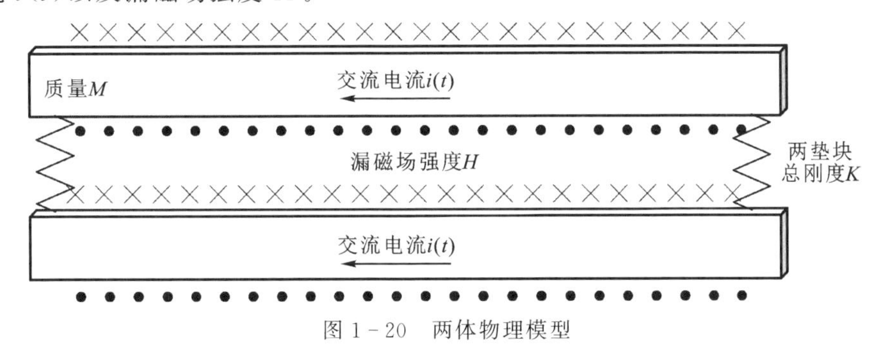

图1-20 两体物理模型

1.6.2 哈密顿原理

为了研究力学现象，必须选择参考系。不同的参考系使运动规律有着不同的形式。对于两体模型，按照传统分析绕组振动模型时的方法，会固定某一导线作为坐标原点，然而坐标原点的导线事实上也在做着加速运动，如此一来，该参考系并非牛顿力学所适用的惯性参考系。因此，以往的绕组动力学模型存在考虑不全面的地方，即忽略了参考系振动与作用磁场的耦合效应。哈密顿原理(Hamilton's principle)是物理学中最重要的原理之一，也是全部力学的基础。该原理可以看作量子力学路径积分费曼公式的经典极限，因此也是广义上的第一性原理，它用一个极其精炼的基本假设将全部力学理论进行了统一，主要着眼于整体和能量。由于其表述与坐标选择无关，因此可以处理除牛顿力学以外的非完整、非保守系统，诸如弹性场、电磁场等问题。

当同时给定系统的广义坐标和速度后就可以唯一确定该系统的状态，而且可以预测未来的运动。任意 n 个可以确定 n 自由度系统位置的变量 s_1，s_2，s_3，…，s_n 称为该系统的广义坐标，而它的导数称为广义速度，二次导数称为广义加速度。加速度与坐标、速度的关系式称为运动方程。根据哈密顿原理，任何一个力学系统都可以用一个相应的函数表征，如式

$$L=L(s_1,s_2,\cdots s_n,\dot{s}_1,\dot{s}_2,\cdots\dot{s}_n,t) \tag{1-39}$$

或者可以简记为：$L(s,\dot{s},t)$，称为拉格朗日函数。

哈密顿作用量的定义为:拉格朗日函数从时刻 $t=t_1$ 到 $t=t_2$ 的积分

$$S=\int_{t_1}^{t_2} L(s,\dot{s},t)\mathrm{d}t \tag{1-40}$$

哈密顿原理表述为:对于完整的、有势的力学系统,在相同始末位置、相同时间、相同的约束条件下,存在唯一真实的运动才能使哈密顿作用量有驻值,即哈密顿作用量的变分 δS 为 0,可表示为

$$\delta S=\delta\int_{t_1}^{t_2} L(s,\dot{s},t)\mathrm{d}t=0 \tag{1-41}$$

且坐标函数在首末时刻的变分为 0,即

$$\delta s(t_1)=\delta s(t_2)=0 \tag{1-42}$$

则变分展开后的形式为

$$\delta S=\int_{t_1}^{t_2}\left(\frac{\partial L}{\partial s}\delta s+\frac{\partial L}{\partial \dot{s}}\delta\dot{s}\right)\mathrm{d}t=\frac{\partial L}{\partial \dot{s}}\delta s\bigg|_{t_1}^{t_2}+\int_{t_1}^{t_2}\left(\frac{\partial L}{\partial s}-\frac{\mathrm{d}}{\mathrm{d}t}\frac{\partial L}{\partial \dot{s}}\right)\delta s\mathrm{d}t \tag{1-43}$$

由式(1-42)及式(1-43)可得:

$$\frac{\mathrm{d}}{\mathrm{d}t}\frac{\partial L}{\partial \dot{s}}-\frac{\partial L}{\partial s}=0 \tag{1-44}$$

式(1-44)称为力学中的拉格朗日方程,如果给定力学系统的拉格朗日函数已知,则该方程可以建立位置、速度、加速度之间的联系,因此可以作为系统的运动方程。

对于如图 1-20 所示的系统,首先分析其中一根导线的拉格朗日函数形式。单一导线在惯性参考系中自由运动时,自由系统拉格朗日函数只能依赖于速度的平方,称为系统的动能,即

$$L=\frac{1}{2}m\dot{s}^2 \tag{1-45}$$

而当同时考虑两根导线时,导线之间有相互作用,但不受外部任何物体作用,则称为封闭系统。为了描述系统内独立个体之间的相互作用,可以在自由系统的拉格朗日函数中增加关于坐标的函数 $E_s(s_1,s_2,s_3,\cdots)$,称为系统的势能。在两体模型中,动能为两根导线的动能和,势能为垫块中储存的弹性势能,则有

$$L=\sum_{i=1}^{n}\frac{1}{2}m\dot{s}_i^{\,2}-E_s(s_1,s_2,s_3,\cdots) \tag{1-46}$$

在电磁场中,存在电动力,同样可以利用哈密顿原理进行描述。在某一封闭区域,其体积为 V,表面积为 S,且假设该区域的介质无损耗,则这个区域中的电磁场满足麦克斯韦方程组,其拉格朗日方程为

$$L=\int_V\left(\frac{1}{2}\boldsymbol{D}\cdot\boldsymbol{E}-\frac{1}{2}\boldsymbol{B}\cdot\boldsymbol{H}+\boldsymbol{J}\cdot\boldsymbol{A}-\rho\varphi\right)\mathrm{d}V \tag{1-47}$$

式中：$\boldsymbol{D}$ 为电通量密度（V/m^3）；$\boldsymbol{E}$ 为电场强度（V/m）；$\boldsymbol{B}$ 为磁通量密度（磁感应强度）（T）；$\boldsymbol{H}$ 为磁场强度（A/m）；$\boldsymbol{J}$ 为电流密度（A/m^2）；$\boldsymbol{A}$ 为磁矢位（Wb/m）；ρ 为电荷密度（C/m^3）；φ 为电势（V）。

在两体模型中，由于位移电流密度远小于传导电流密度，因此可称为磁准静态场，而磁准静态场遵循着静态场的规律，认为场和源之间具有类似静态场中的瞬时对应关系。因此，磁场中的两体模型拉格朗日方程可写为

$$L=\int_V\left(\frac{1}{2}\boldsymbol{B}\cdot\boldsymbol{H}-\boldsymbol{J}\cdot\boldsymbol{A}\right)\mathrm{d}V \tag{1-48}$$

又因为 $\boldsymbol{B}=\nabla\times\boldsymbol{A}$，$\boldsymbol{H}=\boldsymbol{B}/\mu$，因此有

$$L=\int_V\left(\frac{1}{2\mu}(\nabla\times\boldsymbol{A})^2-\boldsymbol{J}\cdot\boldsymbol{A}\right)\mathrm{d}V \tag{1-49}$$

则磁场中两体模型的作用量为

$$S_m=\int_{t_1}^{t_2}\int_V\left(\frac{1}{2\mu}(\nabla\times\boldsymbol{A})^2-\boldsymbol{J}\cdot\boldsymbol{A}\right)\mathrm{d}V\mathrm{d}t \tag{1-50}$$

同样的，对于完整的、有势的电磁场电动力系统，在相同始末位置、相同时间、相同的约束条件下，存在唯一真实的运动才能使哈密顿作用量有驻值。则有

$$\begin{aligned}\delta S_m&=\delta\int_{t_1}^{t_2}\int_V\left[\frac{1}{2\mu}(\nabla\times\boldsymbol{A})^2-\boldsymbol{J}\cdot\boldsymbol{A}\right]\mathrm{d}V\mathrm{d}t\\&=\int_{t_1}^{t_2}\int_V\left[\frac{1}{\mu}(\nabla\times\boldsymbol{A})(\nabla\times\delta\boldsymbol{A})-\boldsymbol{J}\cdot\delta\boldsymbol{A}\right]\mathrm{d}V\mathrm{d}t\\&=\int_{t_1}^{t_2}\int_V\left\{\frac{1}{\mu}\left[(\nabla\cdot\nabla)(\boldsymbol{A}\cdot\delta\boldsymbol{A})-(\nabla\cdot\delta\boldsymbol{A})(\nabla\cdot\boldsymbol{A})\right]-\boldsymbol{J}\cdot\delta\boldsymbol{A}\right\}\mathrm{d}V\mathrm{d}t\\&=\int_{t_1}^{t_2}\int_V\left(\frac{1}{\mu}\nabla^2\boldsymbol{A}-\boldsymbol{J}\right)\delta\boldsymbol{A}\,\mathrm{d}V\mathrm{d}t-\int_{t_1}^{t_2}\int_S(\nabla\cdot\boldsymbol{A})\delta\boldsymbol{A}\,\mathrm{d}S\mathrm{d}t\\&=0\end{aligned} \tag{1-51}$$

又因为 $\int_S\delta\boldsymbol{A}(t_1)\mathrm{d}S=\int_S\delta\boldsymbol{A}(t_2)\mathrm{d}S=0$，所以有：

$$\nabla^2\boldsymbol{A}=\mu\boldsymbol{J} \tag{1-52}$$

式（1-52）与电磁场理论中的磁场泊松方程一致，说明哈密顿原理所描述的电磁场与传统磁准静态场理论一致。至此，可以通过哈密顿原理将牛顿力学及电磁学统一起来，使两体模型可以进行整体的建模与分析。在实际应用过

程中存在一定约束，如变压器油的阻尼作用，这时运动的物体的能量会转换为热量耗散，这种情况下的运动过程已不再是纯力学过程。当然，很多情况下阻尼是比较弱的，它对运动的影响可以忽略。

1.6.3 两体模型运动方程

基于上述哈密顿原理，对图 1-20 所示的两体模型建立运动方程。由于模型与实际变压器绕组有一定区别，因此首先对该两体模型做出以下基本说明：

(1)时变电磁场中，电场和磁场不仅随空间坐标的变化而变化，亦与时间有关。本书中的两体模型为等位体，位移电流密度远小于传导电流密度，因此可忽略电场力。两体模型中的势能仅仅依赖于所有质点在相同时刻的分布，只要其中一个质点位置发生变化则立即影响其他质点，相互作用为瞬间扩散，即绝对时间假设。

(2)当交变电流流过导线时，导线周围的交变磁场会在导线中产生感应电流导致电流分布不均匀，总是趋向于导线表面流动，即集肤效应。本书中电流为 50 Hz，而铜材透入深度 9.4 mm，与模型尺寸相近，因此可以忽略集肤效应。同时，相邻通流导线会相互影响从而导致电流分布不均匀，即邻近效应，同样的，由于电流频率较低，影响不明显，因此可以忽略邻近效应。

(3)变压器油作为振动传递的媒质之一，对振动有一定影响，其存在着一定黏性，因此振动的一部分机械能将不可逆地转化为热能，并使振动变得复杂。由于变压器油运动黏度低，且绕组振动频率低(500 Hz 以内)，因此可以将变压器油视作理想流体，即不可压缩、不计黏性、无声传播过程中的热传导。

基于以上基本条件，利用哈密顿原理及拉格朗日方程构建两体振动数学模型，得到其运动方程。对如图 1-21 所示参数的振动模型进行分析，绕组导

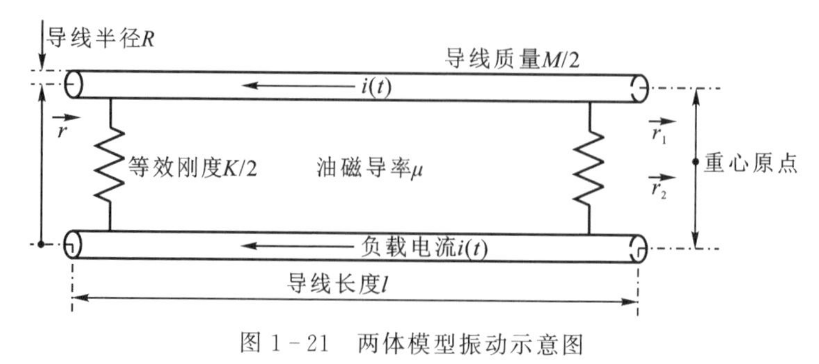

图 1-21 两体模型振动示意图

线存在扁线、圆线等形状，本书以圆导线为例。两根导线具有相同方向的相同电流，其长度为 l，间距为 r，半径为 R，μ 为变压器油磁导率。导线质量分别为 $M/2$，由于质点系的内力不能影响它的质心运动，因此将质心设为原点。上下导线位移分别为 r_1 和 r_2，导线间相对位移为 $r=r_1-r_2$。则电感可以表示为

$$L_{\text{all}}=\frac{\mu l}{\pi}\left(\ln\frac{r}{R}+\frac{1}{4}\right) \tag{1-53}$$

不失一般性，本书分析两体模型的单机构自由度（轴向振动），其余自由度具有相同结论（幅向振动）。两体模型关于机械能的拉格朗日函数为

$$L_1=\frac{1}{2}M\dot{r}^2-E_{\text{p}}(r) \tag{1-54}$$

式中，$\dot{r}$ 为相对位移的导数，即速度；$E_{\text{p}}(r)$ 为机械势能。设 $r=r_0$ 为双导线系统的平衡位置，即无电流时导线的间距，则 $\left.\frac{\partial E_{\text{p}}}{\partial r}\right|_{r=r_0}=0$。

在稳定平衡位置附近的运动是力学系统的一种非常普遍的运动类型，称之为微振动。由于零势能点可任意选取，因此可取平衡位置处 $E_{\text{p}}(r_0)=0$，并将弹性势能函数 $E_{\text{p}}(r)$ 在 r_0 处按幂级数展开，由于偏离平衡位置很小，因此保留到第一个非零项，二阶项就足够描述该运动，可得：

$$\begin{aligned}E_{\text{p}}(r)&=E_{\text{p}}(r_0)+\left.\frac{\partial E_{\text{p}}}{\partial r}\right|_{r=r_0}(r-r_0)+\frac{1}{2}\left.\frac{\partial^2 E_{\text{p}}}{\partial^2 r}\right|_{r=r_0}(r-r_0)^2\\&=\frac{1}{2}K(r-r_0)^2\end{aligned} \tag{1-55}$$

式中，$K=\left.\frac{\partial^2 E_{\text{p}}}{\partial^2 r}\right|_{r=r_0}$，表征导线间的刚度（拉压刚度或接触刚度）。

由于空间中没有电流，因此关于磁场能的拉格朗日函数为

$$\begin{aligned}L_2&=\int_V\frac{1}{2\mu}(\nabla\times\mathbf{A})^2\,\mathrm{d}V\\&=\frac{1}{2}L_{\text{all}}i^2(t)\end{aligned} \tag{1-56}$$

采用上述相同的方法，同样将双导线的磁势能在 r_0 处展开至二阶项。这样，弹性势能与磁势能具有相同的阶数，可得：

$$\frac{1}{2}L_{\text{all}}i^2(t)=\frac{\mu l}{2\pi}i^2(t)\left[\ln\frac{r_0}{R}+\frac{1}{4}+\frac{r-r_0}{r_0}-\frac{(r-r_0)^2}{2r_0}\right]^2 \tag{1-57}$$

根据拉格朗日函数的可加性，可以得到两体模型整体的拉格朗日函数为

$$
\begin{aligned}
L &= L_1 + L_2 \\
&= \frac{1}{2}M\dot{r}^2 - E_p(r) + \frac{1}{2}Li^2(t) \\
&= \frac{1}{2}M\dot{r}^2 - \frac{1}{2}K(r-r_0)^2 + \frac{\mu l}{2\pi}i^2(t)\left[\ln\frac{r_0}{R} + \frac{1}{4} + \frac{r-r_0}{r_0} - \frac{(r-r_0)^2}{2r_0^2}\right]
\end{aligned}
\tag{1-58}
$$

再将式(1-58)代入到力学的拉格朗日方程中,并设 $x=r-r_0$(即导线间距相对于平衡位置的偏移量),可得运动方程:

$$
M\ddot{x} + Kx - \frac{\mu l}{2\pi r_0}i^2(t) + \frac{\mu l}{2\pi r_0^2}i^2(t)x = 0 \tag{1-59}
$$

当然,也可以通过哈密顿原理来求解,两体模型的哈密顿作用量为

$$
S = \int_{t_1}^{t_2}\left[\frac{1}{2}M\dot{x}^2 - \frac{1}{2}Kx^2 + \frac{\mu l}{2\pi}i^2(t)\left(\ln\frac{r_0}{R} + \frac{1}{4} + \frac{x}{r_0} - \frac{x^2}{2r_0^2}\right)\right]\mathrm{d}t \tag{1-60}
$$

为使哈密顿作用量有驻值,则有

$$
\delta S = \int_{t_1}^{t_2}\left[-M\ddot{x} - Kx + \frac{\mu l}{2\pi r_0}i^2(t) - \frac{\mu l}{2\pi r_0^2}i^2(t)x\right]\delta r\,\mathrm{d}t = 0 \tag{1-61}
$$

由变分引理可得与式(1-59)一致的结果。运动方程中两个垫块的等效刚度 K 为平衡位置发生小变形后的线性化近似代替,而事实上,垫块的应力(f)应变(x)曲线满足:

$$
f = ax + bx^3 \tag{1-62}
$$

式中,a 和 b 为常数。对于垫块,$a=1.05\times10^8\ \mathrm{N/m^2}$,$b=1.75\times10^9\ \mathrm{N/m^2}$。

因此,将式(1-61)中的 Kx 替换为式(1-62),最终可推出变压器绕组线圈两体模型的运动方程为

$$
M\ddot{x} + ax + bx^3 + \frac{\mu l}{2\pi r_0^2}i^2(t)x = \frac{\mu l}{2\pi r_0}i^2(t) \tag{1-63}
$$

绕组是非线性、变参数、非自治系统,也可称为马蒂厄-杜芬系统,方程属于变参数非齐次非线性微分方程。由运动方程可得:

(1) 系统激励体现在方程的非齐次项 $\frac{\mu l}{2\pi r_0}i^2(t)$ 以及时变参数项 $\frac{\mu l}{2\pi r_0^2}i^2(t)x$。

(2) 系统非线性体现在垫块非线性应力应变 $ax+bx^3$ 以及变参数振动 $\frac{\mu l}{2\pi r_0^2}i^2(t)x$。

(3) 时变参数$\frac{\mu l}{2\pi r_0^2}i^2(t)$与振动 x 的乘积表征着通流导体振动与磁场之间的耦合。

(4)振动方程中的导线质量 M、垫块刚度 K 等材料属性对方程的解有着决定性影响:①当绕组发生松动,质量不变时,由式(1-62)可知垫块应变减小,刚度随之减小,进一步导致两体模型固有频率 $\sqrt{K/M}$ 减小,从而影响方程的解;②当绕组发生变形时,绕组对称性被破坏,不同位置处的两体模型或出现松动,或出现紧固,导致局部固有频率增多,且松动部位固有频率减小,紧固部位固有频率增大,进而影响方程的解。

1.6.4　基频振动特性

对于实际的两体模型运动方程,一般情况无法得到方程的显式解。首先不考虑磁场与振动的耦合以及垫块的非线性,对两体模型的基频振动进行分析,以此为基础,进一步分析得到分别考虑耦合及材料非线性等因素对振动特性的影响。线性系统也称为原非线性系统的派生系统,解称为派生解。假设流经绕组的电流为 $i(t)=I\cos(\omega t)$,I 为电流幅值,ω 为电源的角频率,则两体模型线性系统基频振动方程可表示为

$$M\ddot{x}+Kx=\frac{\mu lI^2}{2\pi r_0}(1+\cos 2\omega t) \tag{1-64}$$

振动方程的物理实质是力的平衡,式(1-64)等号右边即为静态情况下,导线之间相互作用的电磁力,左边的两项分别为系统的惯性力与弹性力,这类可变外力场作用下的系统振动称为强迫振动。非齐次常系数线性微分方程的通解为齐次方程(自由振动)的通解和非齐次方程(强迫振动)的特解。由于实际中存在阻尼,自由振动会最终耗散,因此只研究振动方程的稳态解:

$$x=\frac{\mu lI^2}{2\pi r_0 K}+\frac{\mu lI^2}{2\pi r_0}\frac{\cos(2\omega t)}{(K-4\omega^2 M)} \tag{1-65}$$

除去由于恒定力产生的恒定位移分量,绕组线圈振动的角频率为 2ω,同静态下磁场力频率相等,为加载电流频率的 2 倍,这与传统的绕组振动模型的结果一致。因此对于 50 Hz 电网系统来说,100 Hz 是变压器绕组的基频振动。

当然,式(1-65)的解不适用于共振情况,即基频振动 2ω 与固有频率相同:

$$2\omega = \sqrt{\frac{K}{M}} \tag{1-66}$$

当接近固有频率时，按照洛必达法则可得：

$$x = \frac{\mu l I^2}{2\pi r_0 K} + \frac{\mu l I^2}{4\pi r_0} t \sin(2\omega t) \tag{1-67}$$

从式(1-67)可以发现共振使振幅随时间线性增大，因此在变压器绕组设计时，一定要使固有频率远离基频振动频率。

变压器在运行过程中除了长期经受稳态振动外，还有可能遭受由于外部短路而引起的暂态冲击振动，这将危及变压器可靠运行。变压器副边突然短路时，可以忽略励磁电流，假设原边电压不变，副边短路瞬间电压相角为 α，则变压器原边的电压为

$$u_1 = \sqrt{2} U_1 \sin(\omega t + \alpha) = i_k R_k + L_k \frac{\mathrm{d} i_k}{\mathrm{d} t} \tag{1-68}$$

式中，L_k为高低压绕组之间的漏感系数；R_k为短路等值电阻。

对常系数微分方程式求解可得两个分量，包括稳态分量及暂态分量，由于负载电流比暂态短路电流小得多，因此可以忽略负载电流，即有 $t=0$ 时，$i_k=0$这一初始条件，可得：

$$i_k = \frac{\sqrt{2} U_1}{\sqrt{R_k^2 + (\omega L_k)^2}} \left[\sin(\omega t + \alpha - \varphi_k) - \sin(\alpha - \varphi_k) \times \mathrm{e}^{-\frac{R_k}{L_k} t} \right] \tag{1-69}$$

式中，$\varphi_k \approx 90^\circ$（因为 $\omega L_d \gg r_d$）为短路阻抗角。令 $I_k = \frac{\sqrt{2} U_1}{\sqrt{R_k^2 + (\omega L_k)^2}}$，$q = \frac{R_k}{L_k}$，则有：

$$i_k(t) = I_k \left[\cos(\omega t) - \cos\alpha \cdot \mathrm{e}^{-qt} \right] \tag{1-70}$$

最严重情况发生在 $\alpha=0$ 时，大容量变压器在瞬态短路过程中，暂态短路电流的峰值可达到正常工况下运行电流的 10～30 倍，则最严重情况下振动方程可表示为

$$M\ddot{x} + Kx = \frac{\mu l I_k^2}{2\pi r_0} \left(\frac{1}{2} + \mathrm{e}^{-2qt} + 2 \times \mathrm{e}^{-qt} \cdot \cos\omega t + \frac{1}{2} \cos 2\omega t \right) \tag{1-71}$$

由此可知短路电动力中包含恒定项、衰减项、电流频率(ω)周期衰减项(即 50 Hz)、二倍电流频率(2ω)周期项(即 100 Hz)，动态短路电动力最大可达到正常工况下的 100～900 倍，在这种突变力的作用下，绕组容易出现不可逆的机械状态恶化。

1.6.5 机电耦合作用下的振动特性

在绕组线圈振动的情况下，线圈之间的距离会发生周期性的变化，这会导致导线产生的磁场不仅随电流周期变化而变化，还会有自身周期振动带来的影响，磁场与振动存在耦合作用，也即机（械）电（磁）耦合。存在机电耦合的两体模型振动方程为

$$M\ddot{x}+Kx+\frac{\mu lI^2}{2\pi r_0^2}(1+\cos 2\omega t)x=\frac{\mu lI^2}{2\pi r_0}(1+\cos 2\omega t) \tag{1-72}$$

为使方程简化，设 $y=x-r_0$，则上式变为

$$M\ddot{y}+\left[K+\frac{\mu lI^2}{2\pi r_0^2}(1+\cos 2\omega t)\right]y=-Kr_0 \tag{1-73}$$

基本绕组振动模型的振动方程中有多个参数，振动与这些参数有关。为进一步简化方程形式，归纳参数对方程解的影响，首先根据量纲分析方法，将式(1－73)作无量纲化处理，将方程中的各个物理变量表示为关于模型中相应物理常量的相对值。设 $\tau=\omega t$ 为激励的相位，$\eta=\frac{K}{M\omega^2}$ 为固有频率与激励电流频率比值的平方，$\lambda=\frac{\mu lI^2}{2\pi r_0^2M\omega^2}$ 为表征磁场-振动耦合作用大小的无量纲参数，由于油磁导率 $\mu\approx 4\pi\times 10^{-7}$ N/A^2，因此 λ 为一个很小的量，$\zeta=-\frac{Kr_0}{M\omega^2}$ 表征振动激励大小的无量纲参数。可得：

$$\frac{\mathrm{d}y^2}{\mathrm{d}^2\tau}+[\eta+\lambda(1+\cos 2\tau)]y=\zeta \tag{1-74}$$

该式属于变系数非齐次微分方程，表征的是带外激励的参变振动，一般情况下，无法得到方程的显式解。对此，本书对其齐次方程进行近似求解得到其通解（自由振动），对于由非齐次项引入的特解，因为非齐次项 ζ 是 τ^0 的多项式（即常数项或0次多项式），所以特解为常数，为恒定位移，对振动频率无影响。令 $\varepsilon=\eta+\lambda$，则有：

$$\frac{\mathrm{d}y^2}{\mathrm{d}^2\tau}+[\varepsilon+\lambda\cos 2\tau)]y=0 \tag{1-75}$$

式(1－75)为马蒂厄方程，本书采用林兹泰德-庞加莱参数摄动法求解其周期解。Krylov 和 Bogoliubov 曾证明若参变项是关于 t 的周期函数，则对于小扰动 λ，系统仍然有同样周期的解，而且存在参数激励频率的1/2解，也称1/2亚谐共振分叉解。因此，$\lambda=0$ 时，为保证线性保守系统有周期等于 π 或

2π 的周期解，必须令 $\varepsilon=n^2(n=0,1,2,\cdots)$，分别对应于线性无关的特解 $\sin(n\tau)$ 和 $\cos(n\tau)$。除 $n=0$ 时的周期解为常值解以外，n 为偶数时周期为 π，n 为奇数时周期为 2π。将方程的解 $y(t)$ 和参数 ε 都展开成 λ 的幂级数：

$$y(\tau)=y_0(\tau)+\lambda y_1(\tau)+\lambda^2 y_2(\tau)+\cdots \tag{1-76}$$

$$\varepsilon=\varepsilon_0+\lambda\varepsilon_1+\lambda^2\varepsilon_2+\cdots \tag{1-77}$$

将式(1-76)及式(1-77)代入方程(1-75)，令两边 λ 的同次幂项系数相等，导出各阶近似的线性方程组为

$$\begin{aligned}&\lambda^0:\ddot{y}_0+n^2 y_0=0\\&\lambda^1:\ddot{y}_1+n^2 y_1+\varepsilon_1 y_0+y_0\cos2\tau=0\\&\lambda^2:\ddot{y}_2+n^2 y_2+\varepsilon_2 y_0+\varepsilon_1 y_1+y_1\cos2\tau=0\\&\vdots\end{aligned} \tag{1-78}$$

下面分别讨论 n 不同值时的情况：

(1)$n=0$ 时，则有 $\ddot{y}_0=0$，所以有常值解，令 $y_0=1$，则有：

$$\ddot{y}_1+\varepsilon_1+\cos2\tau=0 \tag{1-79}$$

根据消除长期项的条件，ε_1 必须为零，从而得到周期解：

$$y_1=\frac{1}{4}\cos2\tau \tag{1-80}$$

再进一步代入可得：

$$\ddot{y}_2+\varepsilon_2+\frac{1}{8}+\frac{1}{8}\cos4\tau=0 \tag{1-81}$$

同样根据消除长期项的条件，$\varepsilon_2=-1/8$，从而得到周期解：

$$y_2=\frac{1}{128}\cos4\tau \tag{1-82}$$

如此继续计算下去即可得到满足精度的解：

$$y=1+\frac{\lambda}{4}\cos2\tau+\frac{\lambda^2}{128}\cos4\tau+\cdots \tag{1-83}$$

(2)$n=1$ 时，则有 $\varepsilon=\eta+\lambda=1$，也即系统固有频率与电源频率相近时，此时 y_0 有两个线性无关的特解：$\cos\tau$ 和 $\sin\tau$。首先采用 $y_0=\cos\tau$，则可得：

$$\begin{aligned}&\varepsilon_0=1,\ y_0=\cos\tau\\&\varepsilon_1=-\frac{1}{2},\ y_1=\frac{1}{16}\cos3\tau\\&\varepsilon_2=-\frac{1}{32},\ y_2=-\frac{1}{256}\cos3\tau+\frac{1}{768}\cos5\tau\\&\vdots\end{aligned} \tag{1-84}$$

同样的,利用 $y_0=\sin\tau$,可得:

$$\begin{aligned}&\varepsilon_0=1,\ y_0=\sin\tau\\&\varepsilon_1=\frac{1}{2},\ y_1=\frac{1}{16}\sin3\tau\\&\varepsilon_2=-\frac{1}{32},\ y_2=\frac{1}{256}\sin3\tau+\frac{1}{768}\sin5\tau\\&\vdots\end{aligned}\tag{1-85}$$

(3)$n=2$ 时,则有 $\varepsilon=\eta+\lambda\approx\eta=4$,也即系统固有频率为电源频率的2倍,此时 y_0有两个线性无关的特解:$\cos2\tau$ 和 $\sin2\tau$。首先采用 $y_0=\cos2\tau$,则可得:

$$\begin{aligned}&\varepsilon_0=4,\ y_0=\cos2\tau\\&\varepsilon_1=0,\ y_1=-\frac{1}{8}+\frac{1}{24}\cos4\tau\\&\varepsilon_2=\frac{5}{48},\ y_2=\frac{1}{1536}\cos6\tau\\&\vdots\end{aligned}\tag{1-86}$$

同样的,利用 $y_0=\sin2\tau$,可得:

$$\begin{aligned}&\varepsilon_0=4,\ y_0=\sin2\tau\\&\varepsilon_1=0,\ y_1=\frac{1}{24}\sin4\tau\\&\varepsilon_2=-\frac{1}{48},\ y_2=\frac{1}{1536}\sin6\tau\\&\vdots\end{aligned}\tag{1-87}$$

如此继续计算,直到满足精度要求时为止。系统在参数激励下所产生的响应可能微弱,也可能剧烈共振,这取决于参变系统的稳定性。两体模型参变系统存在稳定域和不稳定域,取决于参数 λ 和 ε,根据上述 λ 和 ε 所推导得到的关系式称为边界曲线或者转迁曲线,它们将平面 (λ,ε) 分割成稳定区域和不稳定区域,如图1-22所示。其中当 $\varepsilon=n^2(n=0,1,2,\cdots)$时,线性系统即使受到微弱的参数激励,也可以产生剧烈的参数共振。

由以上分析可得,当变压器绕组的固有频率、激励频率满足一定的条件时,会产生参数共振,具体表现为:当系统固有频率与电源频率相近或为奇数倍时,出现激励电流的奇次倍频率 $(2n-1)\omega$,当系统固有频率为电源频率偶数倍时,出现偶次倍频率 $2n\omega(n=1,2,\cdots)$。在50 Hz电网系统中,将会存在50 Hz、100 Hz、150 Hz、200 Hz……等频率,不过频率越高,幅值越小,甚至可

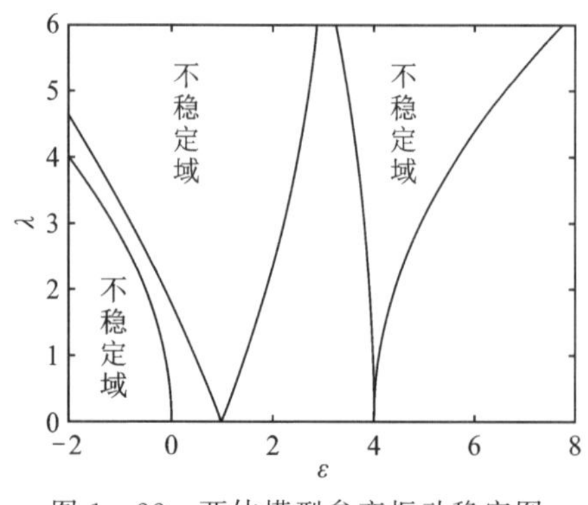

图 1-22 两体模型参变振动稳定图

以忽略不计。这是稳定运行状态下，绕组振动区别于铁芯的明显特征之一。以往一般将奇次谐波振动当作空间耦合干扰（在无直流偏磁的情况下）而忽略掉，然而这恰恰忽视了重要的机械状态信息，因此在后续的振动信号分析过程中，需要全面考虑所有振动信号才能得到准确的设备信息。在大量的试验过程中，发现绕组越松动、电压等级越大、容量越大的变压器，出现奇次谐波的情况越多。

同样的，对于外部突发短路冲击的情况，由于振动更为剧烈，机械状态更易发生改变，因此更加需要考虑机电耦合作用。短路冲击下的两体振动方程为

$$\frac{\mathrm{d}y^2}{\mathrm{d}^2\tau}+\left[\eta+\lambda\left(\frac{1}{2}+\frac{1}{2}\cos2\tau+\mathrm{e}^{-2q\tau}+2\mathrm{e}^{-q\tau}\cdot\cos\tau\right)\right]y=\zeta \quad (1-88)$$

与稳态时的分析一样，可以利用摄动法对其求近似解。由于短路电动力中包含恒定项、π 周期项、衰减项、2π 周期衰减项，参变项包含 π 和 2π 周期项，因此可以预见的是，近似解中包含 π 周期项（即 $\cos(\omega t/2)$）、2π 周期项（即 $\cos(\omega t)$）、4π 周期项（即 $\cos(2\omega t)$）。进一步可知参变共振条件为：当固有频率与电流频率相近或为奇数倍时，振动中包含奇次倍频率 $(2n-1)\omega$，如 50 Hz、150 Hz 等频率；当固有频率为电流频率偶数倍时，存在偶次倍频率 $2n\omega(n=1,2,\cdots)$，如 100 Hz、200 Hz 等频率；当变压器绕组的固有频率为激励电流频率二分之一的奇数倍时，即 $\omega_0=(2n-1)\omega/2$ 时，振动中将包含 $(2n-1)\omega/2$，即出现半倍频项，如 25 Hz、75 Hz 等频率，这将是短路冲击参变共振的重要特征。

1.6.6 考虑材料非线性的振动特性

随着电力市场需求的不断增长，电力变压器容量的不断增大，在正常工作状态下的负载电流也越来越大。另外，绕组垫块在变压器的运行过程中，长期受到电应力、热应力、化学应力和机械应力等作用而逐渐老化，造成变压器绝缘机械性能下降。某些变压器还会遭受短路冲击，从而导致绕组产生松动或变形。这些原因导致绕组振幅越来越大，在分析绕组振动时必须考虑绕组垫块材料应力应变非线性。本节单独讨论材料非线性对振动特性的影响，则两体模型的振动方程为

$$M\ddot{x} + ax + bx^3 = \frac{\mu l I^2}{2\pi r_0}(1 + \cos 2\omega t) \tag{1-89}$$

方程为达芬系统的受迫振动，外加激励力中包括了恒定力与周期力，恒定力仅仅会使系统产生自由振动，而自由振动会被真实系统中的阻尼耗散，因此只针对周期激励力进行分析。则方程变为

$$\ddot{x} + \omega_0^2 x + \alpha x^3 = F_0 \cos 2\omega t \tag{1-90}$$

式中，$\omega_0 = \sqrt{\dfrac{a}{M}}$ 代表系统固有频率；$\alpha = \dfrac{b}{M}$ 为三次项参数；$F_0 = \dfrac{\mu l I^2}{2\pi r_0 M}$ 为与电流有关的激励力幅值。这里需要说明，虽然 $a = 1.05\times10^8\ \mathrm{N/m^2}$，$b = 1.75\times10^9\ \mathrm{N/m^2}$，数量级很大，但实际上绕组振动量级在忽米（10微米）级别，可表示为 $a = 1.05\times10^{-4}\ \mathrm{N/\mu m^2}$，$b = 1.75\times10^{-3}\ \mathrm{N/\mu m^2}$，因此此处两体模型仍然为弱非线性系统。

使用摄动法求解近似解。将系统的周期解展开成 α 的幂级数：

$$x(t,\alpha) = x_0(t) + \alpha x_1(t) + \alpha^2 x_2(t) + \cdots \tag{1-91}$$

将式（1-91）代入式（1-90）中，可得以下线性微分方程组：

$$\begin{aligned}
&\alpha^0: \ddot{x}_0 + \omega_0^2 x_0 = F_0 \cos 2\omega t \\
&\alpha^1: \ddot{x}_1 + \omega_0^2 x_1 + \omega_0^2 x_0^3 = 0 \\
&\alpha^2: \ddot{x}_2 + \omega_0^2 x_2 + 3\omega_0^2 x_0^2 x_1 = 0 \\
&\vdots
\end{aligned} \tag{1-92}$$

零次近似方程为线性受迫振动方程，只保留受迫振动项，则 $x_0 = A\cos 2\omega t$，其中 $A = \dfrac{F_0}{\omega_0^2 - 4\omega^2}$。将结果代入一次近似方程并利用三角恒等关系得：

$$\ddot{x}_1 + \omega_0^2 x_1 + \omega_0^2 A^3\left(\frac{3}{4}\cos 2\omega t + \frac{1}{4}\cos 6\omega t\right) = 0 \tag{1-93}$$

只保留受迫振动特解为 $x_1 = B_1\cos2\omega t + B_2\cos6\omega t$，其中 $B_1 = \dfrac{3\omega_0^2 A^3}{4(\omega_0^2 - 4\omega^2)}$，$B_2 = -\dfrac{\omega_0^2 A^3}{4(\omega_0^2 - 36\omega^2)}$。将结果代入二次近似方程并利用三角恒等关系得：

$$\ddot{x}_2 + \omega_0^2 x_2 + \frac{3}{4}\omega_0^2 A^2[(3B_1 + B_2)\cos2\omega t + B_1\cos6\omega t + B_2\cos10\omega t] = 0 \tag{1-94}$$

只保留受迫振动特解为 $x_2 = C_1\cos2\omega t + C_2\cos6\omega t + C_3\cos10\omega t$。如此继续计算直到获得满足精度要求的近似解时为止。最终得到两体模型受迫振动为

$$\begin{aligned} x(t,\alpha) = &(A + B_1\alpha + C_1\alpha^2 + \cdots)\cos2\omega t + (B_2\alpha + C_2\alpha^2 + \cdots)\cos6\omega t + \\ &(C_3\alpha^2 + \cdots)\cos10\omega t + \cdots \end{aligned} \tag{1-95}$$

与线性系统相比，垫块的非线性导致受迫振动不仅包含激励力相同的频率，还有 $2(2n+1)\omega(n=1,2,3,\cdots)$ 的响应，在 50 Hz 电网系统中，表现为 100 Hz、300 Hz、500 Hz 等，称之为倍频响应，这是非线性系统的一个特有现象。需要指出，$\cos6\omega t$、$\cos10\omega t$ 等高频分量的系数含有 α 小量，因此这些高频率幅值并不大。因此倍频响应现象的出现需要特定条件：当固有频率 ω_0 接近激励电流频率 ω 的 2 倍时，即激励电动力频率 2ω 时，上式中的系数 A、B_1 的分母$(\omega_0^2-4\omega^2)$接近 0，此时产生共振，也称为主共振。当固有频率 ω_0 接近激励电动力频率 2ω 的 3 倍，即 6ω 时，$\cos6\omega t$ 分量的系数中 $B_2\alpha$ 将不再是小量，此时产生高频共振，也称为超谐共振。

在实际非线性达芬系统中，当派生系统的固有频率 ω_0 接近激励频率的 1/3时，也可能引起明显的共振现象，响应频率为激励频率的 1/3，称之为 1/3 亚谐共振。

设 ω_0 与 ω 的差与小参数 α 同量级：

$$\omega_0 = \left(\frac{2\omega}{3}\right)^2 - \alpha\omega_1 \tag{1-96}$$

根据式(1-77)将系统的周期解展开成 α 的幂级数与式(1-96)代入式(1-92)中，并令两边小参数 α 的同次幂系数相等，则有：

$$\begin{aligned} &\alpha^0: \ddot{x}_0 + \left(\frac{2\omega}{3}\right)^2 x_0 = F_0\cos2\omega t \\ &\alpha^1: \ddot{x}_1 + \left(\frac{2\omega}{3}\right)^2 x_1 - \omega_1 x_0 + x_0^3 = 0 \\ &\vdots \end{aligned} \tag{1-97}$$

零次近似方程的解将由自由振动和受迫振动共同组成：

$$x_0 = A_{1/3}\cos\frac{2\omega}{3}t + A\cos 2\omega t \tag{1-98}$$

式中，$A = -\dfrac{9F_0}{32\omega^2}$。将上述解代入一次近似方程，利用三角恒等关系，并用省略号代替高次项可得：

$$\ddot{x}_1 + \left(\frac{2\omega}{3}\right)^2 x_1 = \left(\omega_1 - \frac{3}{4}A_{1/3}^2 - \frac{3}{4}AA_{1/3} - \frac{3}{2}A^2\right)A_{1/3}\cos\frac{2\omega t}{3} + \left(\omega_1 A - \frac{1}{4}A_{1/3}^3 - \frac{3}{2}AA_{1/3}^2 - \frac{3}{4}A^3\right)\cos 2\omega t + \cdots \tag{1-99}$$

为了使方程的解没有长期项，令等式右侧第一项系数为零，从而可得 $A_{1/3}$ 的非零解为

$$A_{1/3} = \frac{9F_0}{64\omega^2} \pm \sqrt{\frac{4}{3\alpha}\left(\frac{4\omega^2}{9} - \omega_0^2\right) - \frac{567F_0^2}{4096\omega^4}} \tag{1-100}$$

使上式成立的条件即为亚谐共振产生的条件：

$$\omega_0^2 \leqslant \left(\frac{2\omega}{3}\right)^2\left(1 - \frac{15309\alpha F_0^2}{16384\omega^6}\right) \tag{1-101}$$

同样的，对于短路冲击时的绕组非线性振动，由于短路电动力中包含直流项、π 周期项、衰减项及 2π 周期衰减项，因此当满足一定条件时，响应中的频率分量更加丰富：包含主共振 ω、2ω 以及 $(2n-1)\omega$、$2(2n-1)\omega$ 超谐共振、$\omega/3$、$2\omega/3$ 亚谐共振（$n=1,2,\cdots$）。这将是短路冲击参变共振的又一重要特征。然而，由于变压器绕组固有频率一般不小于 50 Hz，因此很难出现亚谐共振现象。在实际稳定运行的变压器本体当中，铁芯的振动频率同样主要分布在 $2n$ 倍电源频率，因此该材料非线性所导致的特征难以明显从铁芯和绕组的混合信号中区分出来。但是在发生外部短路冲击时，绕组振动远大于铁芯振动，因此此时主共振以及超谐共振的特征将可以用于绕组机械故障的诊断。

除了应用于故障诊断之外，该结论还对变压器结构设计有一定指导意义。在绕组设计时需尽量避开主共振，其次需要重视参数共振和超谐共振。当传递率等于 1 时，对应的激励频率是固有频率的 1.414 倍，因此为了使传递率小于 1，需要激励频率偏离固有频率的 41.4%，此时才能有效避免共振的作用。

第 2 章 变压器铁芯振动模型及特性

硅钢片磁致伸缩是引起铁芯振动的主要原因，而受材料尺寸、叠装工艺、搭接技术、紧固方式等的影响，实际铁芯振动问题变得十分复杂。铁芯振动问题可以归结为工程振动问题，对其研究包含以下三个部分：一是外界激振力等因素，称为激励或输入；二是以一个零部件或完整的工程结构为研究对象，称为系统；三是激励作用于系统后产生的振动响应，称为输出。因此，要研究铁芯振动特性，首先需要对其振动的来源及自身固有振动特性进行分析。

2.1 铁芯中的磁场分布特点

2.1.1 铁芯结构

变压器铁芯一般由硅钢片叠压而成，为主磁通提供低磁阻路径，构成变压器主磁路。一般大容量变压器为芯式结构，如图 2-1 所示，此外还有壳式

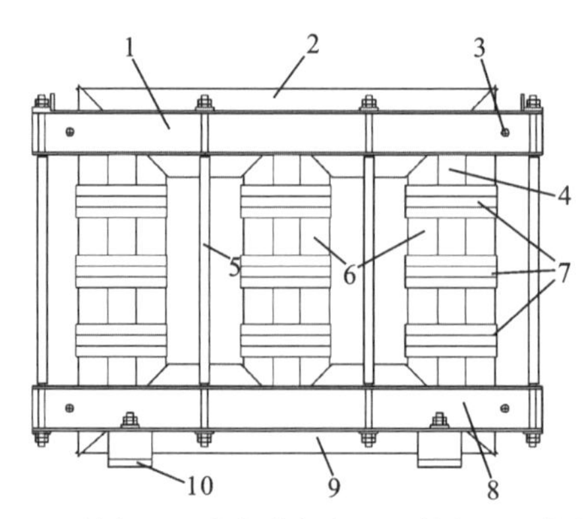

1—上夹件；2—上铁轭；3—夹紧件螺杆；4—拉板；5—拉螺杆；
6—铁芯柱；7—绑扎带；8—下夹件；9—下铁轭；10—底座。

图 2-1 芯式变压器铁芯结构

铁芯，常用于小容量或特种变压器。变压器铁芯主要包括主体（铁芯柱和上下铁轭，由硅钢片叠压而成）、上下夹件、绑扎带、拉螺杆和底座等部件，铁芯叠片与夹件、撑板、拉板之间均垫有绝缘纸板，以避免构成回路。不同电压等级、不同容量的变压器铁芯组成结构略有不同，如大容量变压器铁芯还包括拉带、拉板等起加固作用。

上下铁轭以及芯柱分别由薄硅钢片叠压而成，片间贴合紧密，基本可忽略漏磁。铁芯柱的截面形状与所套装线圈形状相适应，为充分利用空间，一般大型电力变压器铁芯柱及铁轭均采用多级圆形截面，如图 2－2 所示。

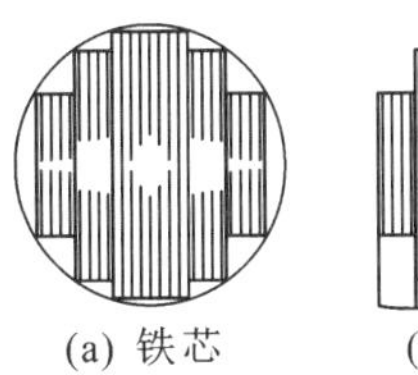

(a) 铁芯

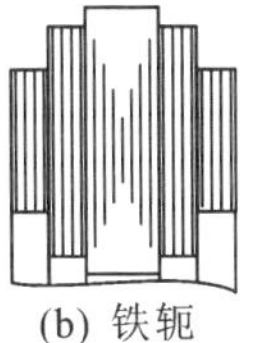

(b) 铁轭

图 2－2　铁芯及铁轭截面图

铁芯柱与上、下铁轭交叉区域（即铁芯接缝处）的硅钢片呈三角形结构且相互叠插以使硅钢片的主要磁化方向与磁通方向重合，如图 2－3(a)所示。上述接缝区域存在较大的空气间隙（图 2－3(b)），局部磁场畸变较为严重。为改善铁芯空载特性，降低接缝处磁场畸变程度，对接缝处搭接形式进行优化改进，使得叠片上下、左右方向错开，各层接缝不在同一垂直面，搭接区域过渡更为平缓，称为多级接缝或步进搭接，如图 2－4 所示。

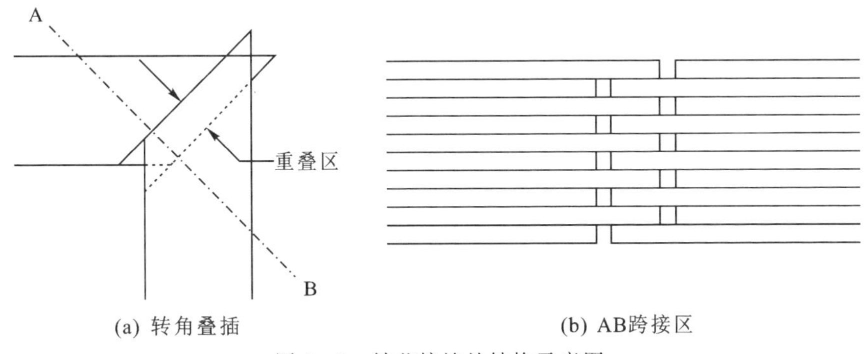

(a) 转角叠插　(b) AB跨接区

图 2－3　铁芯接缝处结构示意图

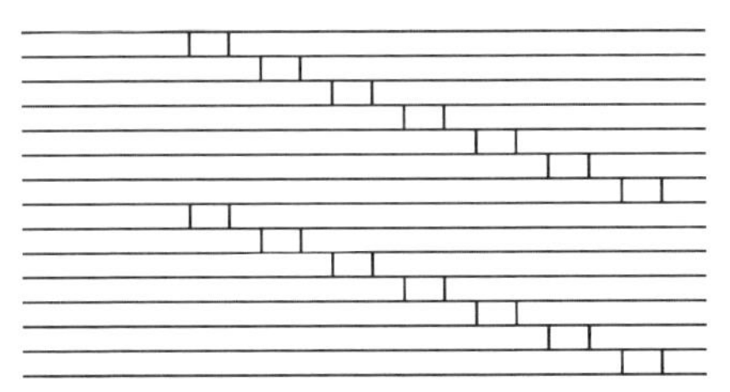

图 2－4　优化改进后的铁芯接缝处搭接方式

2.1.2　磁化特性

铁原子的基本磁性源于内部电子的运动，如图 2-5(a)所示，铁原子内在一定活动范围内的电荷会在特定的方向产生原子磁矩。原子核的运动、电子沿轨道的运动以及电子自旋运动分别产生原子核磁矩、电子轨道磁矩和电子自旋磁矩。由于原子核质量大、运动慢，产生的磁矩较小，故可忽略其对原子磁矩的贡献。孤立铁原子相互靠近时原子间会产生交互作用能 E_{ex}：

$$E_{ex}=-2A_e\sigma^2\cos\varphi \tag{2-1}$$

式中，φ 为相邻原子 3d 电子自旋磁矩的夹角；A_e 为与相邻原子 3d 电子换位能量对应的交换积分常数，对铁晶体有 $A_e>0$；σ 为普朗克常数。

可见，当 $\varphi=0$，即铁晶体内相邻原子的磁矩同向且平行时，能量状态最为稳定，故无外磁场作用下，铁晶体中相邻原子的磁矩会自发排列成如图 2-5(b)所示的有序状态并在各原子磁矩方向一致的区域内自发地达到磁化饱和，称为自发磁化。在实际的铁晶体内，各个区域的铁原子自发磁化方向不一致，形成各自的磁化范围，称为磁畴；通常磁畴并不是贯穿整个晶体，相邻的磁畴之间有一层过渡区，称为磁畴壁，如图 2-5(c)所示，可以看到，磁畴壁内，原子磁矩方向逐渐过渡。

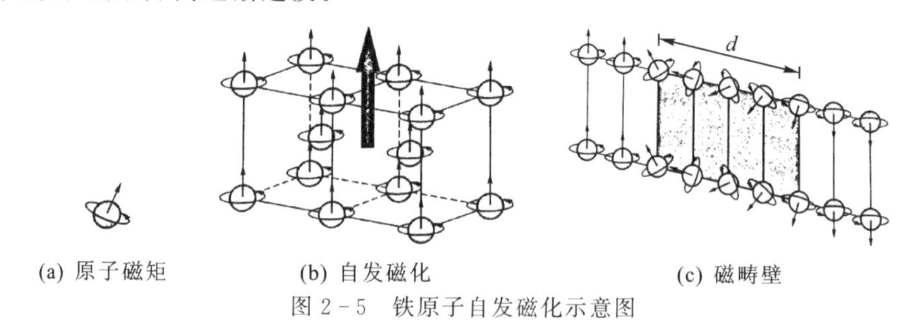

(a) 原子磁矩　　(b) 自发磁化　　(c) 磁畴壁

图 2-5　铁原子自发磁化示意图

铁磁材料在外部磁场作用下，随着磁场强度的提高，材料内磁畴结构会发生一系列的变化，称为技术磁化过程(即为通常意义上的磁化过程)。图 2-6为硅钢片的典型磁化曲线。分析整个磁化过程，可以按磁场强度由低到高分为四个阶段，如右侧①—④所示，其中上端白色箭头表示外磁场方向，磁畴内黑色箭头表示磁矩方向。

对图中四个阶段作简要说明。第一阶段的初始磁导率很低(图 2-6 中切线 1)，磁畴壁在磁化初期仅发生无阻碍部分的少量迁移并弯曲，使得磁感应

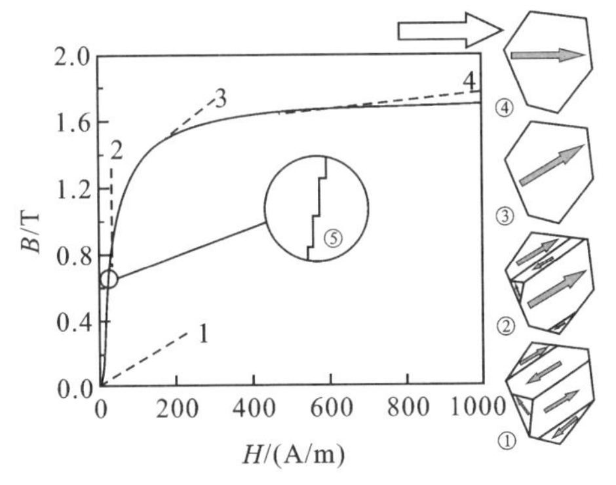

图 2－6　硅钢片典型磁化曲线

强度小幅上升，随之因受到不均匀应力、不均匀磁畴密度分布等因素的阻碍而停止，磁畴结构没有明显变化（图 2－6①），此时如果去除外磁场，则弯曲的磁畴壁可以恢复使得磁感应强度降低至 0，故该阶段为可逆磁化阶段。若提高外磁场强度，畴壁迁移驱动力增大，则畴壁将克服上述阻碍力而持续迁移，磁感应强度以较高的磁导率急速升高，磁化进入第二阶段（图 2－6②），该阶段一个最为明显的特征为磁化曲线出现阶梯状跳跃升高，即巴克豪森跳变（图 2－6⑤）。此时若去除外磁场，畴壁会停留在某一位置，磁感应强度不能下降到 0，即产生剩磁 B_r。可见，第二阶段为不可逆磁化。若要消除剩磁，需施加反向外磁场使得畴壁克服正向磁化的阻力并回到原始位置，所需要的反向外磁场强度即为矫顽力。随着外磁场的继续升高，畴壁持续迁移，使得晶粒内有利磁畴相互合并，形成单畴结构后，磁化过程进入第三阶段（图 2－6③）。该阶段以晶粒单一磁畴内磁矩逐渐向外磁场方向转动为主，此过程中，非单畴结构的晶粒越来越少，畴壁的迁移逐渐减少，使得磁导率不断下降（图 2－6 切线 3），磁感应强度逐渐达到饱和值。在第四阶段，由于几乎所有晶粒都具备的单畴结构（图 2－6④），而且磁矩方向已经接近外磁场方向，故随着外磁场强度的增大，磁感应强度仅有较微弱的升高。在交变磁场中硅钢片会在两个方向反复磁化，并形成磁滞回线。

1.硅钢片的磁致伸缩特性

如前所述，在磁化过程中硅钢片等铁磁材料的尺寸和体积会发生改变，这种行为称为磁致伸缩。实际变压器运行过程中，铁芯在交变磁通作用下发生周期性的伸缩，引起周期性振动。

在硅钢片磁化方向和垂直于磁化方向上其尺寸的改变情况不同，分别称为纵向和横向磁致伸缩。磁化过程中仅发生磁畴壁的移动和磁矩的旋转，材料的体积不变，称为线磁致伸缩；铁磁材料在磁化过程中体积 V 发生的改变为 ΔV，$\Delta V/V$ 称为体积磁致伸缩。图 2-7 给出了常见铁磁材料磁化过程中的磁致伸缩系数变化规律。从图中可以看出，在极高的外磁场作用下(此时磁化已经达到严重饱和)铁磁材料才会出现少量的体积磁致伸缩，故在一般情况下，正常激励下的铁磁材料磁致伸缩均可只考虑线磁致伸缩。

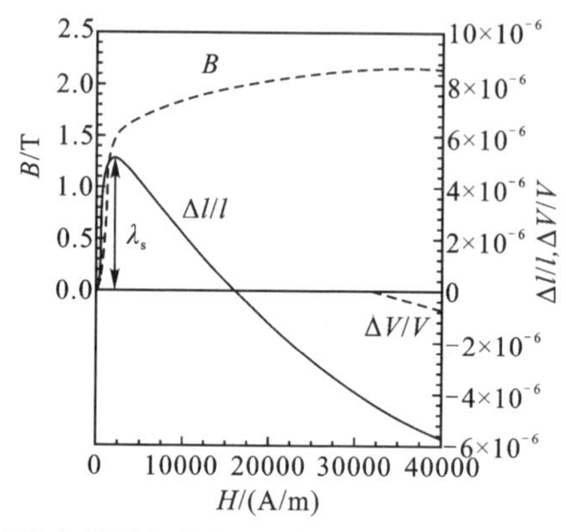

图 2-7　磁化过程中外磁场强度、磁感应强度和磁致伸缩系数变化示意图

对比图 2-7 与图 2-6 可以看到，磁致伸缩系数的最大值 λ_s 在材料的最大相对磁导率附近取得，称为饱和磁致伸缩系数。此后，材料随着磁场强度的升高开始收缩，磁致伸缩系数不断下降。

2.变压器空载下铁芯磁化特性

铁芯硅钢片磁致伸缩与外磁场大小直接相关，而对于实际运行电力变压器，运行电压基本恒定，负载变化时励磁电流在铁芯中产生的主磁通大小基本保持不变。故通常在空载下研究铁芯的振动特性，下面对空载下铁芯磁化特性进行简要分析。

变压器空载运行，副边绕组开路，空载电压作用下原边绕组流过空载励磁电流 $\boldsymbol{i}_0$ 并产生空载磁势($F_0 = I_0 N_1$)，在磁势 F_0 作用下铁芯内部产生磁通 Φ，分为两部分，即主磁通和漏磁通。由于硅钢片的饱和特性，当磁通密度较大，铁芯励磁进入饱和区时，若电压维持电网电压，主磁通依旧为标准正弦波，则励磁电流将畸变为尖顶波，包含三次谐波等分量，如图 2-8 所示。

以常见三相芯式变压器为例，正常励磁时磁通分布如图 2-9(a)所示，可以看出三相磁路系统不对称，中间 B 相磁路较 A、C 相稍短。在三相电压对称运行下，中间相的励磁电流较另外两项的小，考虑到励磁电流在变压器负载运行时所占比重较小，对变压器实际运行影响不大。对于原边星型连接的

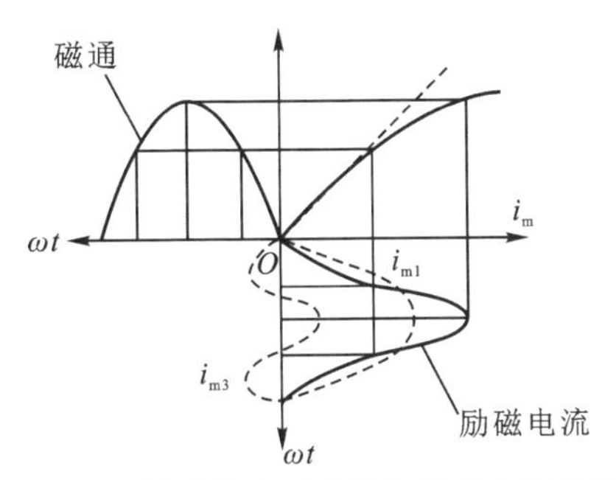

图 2-8　铁芯饱和时磁通与励磁电流波形

三相三柱芯式变压器铁芯，若励磁进入磁化曲线饱和区，由于三相铁芯相互关联，故方向相同的三次谐波磁通不能沿铁芯本体回路闭合，只能经非磁性介质(如变压器油或空气)及油箱壁形成回路，如图 2-9(b)所示。由于回路磁阻较大，Φ_{3a}、Φ_{3b}、Φ_{3c}被大大削弱，主磁通依然呈近似正弦。磁通泄漏位置正好位于铁芯接缝处，更加剧了接缝处磁通畸变程度，在夹紧力不足条件下，造成局部振动异常。

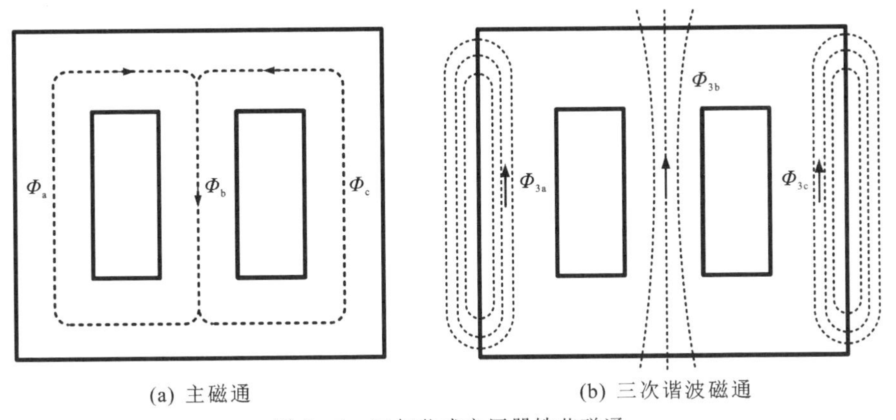

(a) 主磁通　　(b) 三次谐波磁通

图 2-9　三相芯式变压器铁芯磁通

B.Weiser 等人曾对比测量单级搭叠、多级搭叠硅钢片铁芯接缝处的振动及噪声，对接缝处的磁场分布进行分析，并采用麦克斯韦应力矢量表征片间的作用力：

$$\boldsymbol{p}=(\boldsymbol{B}_a\boldsymbol{n})\boldsymbol{H}_a-\frac{1}{2}(\boldsymbol{B}_a\boldsymbol{H}_a)\boldsymbol{n} \tag{2-2}$$

式中，$\boldsymbol{n}$ 代表硅钢片法向量；空气中的磁通密度以及磁场强度分别用 $\boldsymbol{B}_a$ 和 $\boldsymbol{H}_a$ 表示。其中第一项代表吸引力，第二项代表排斥力，接缝处磁通、受力及变形如图 2-10 所示。

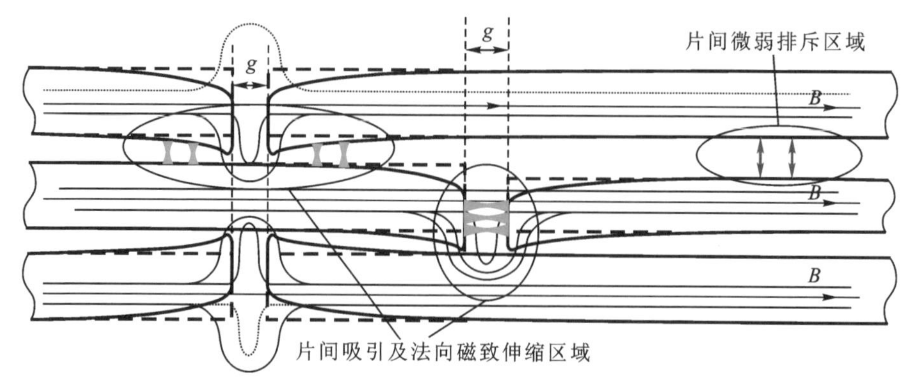

图 2－10　铁芯接缝处磁通、受力及振动示意图

可以看到，铁芯接缝处磁通畸变严重，主要包含两条路径：磁通主体部分经相邻桥接硅钢片而绕过空气间隙，产生垂直于硅钢片平面的法向磁通，引起相邻叠片在接缝处相互吸引；剩余一小部分则直接穿过所在层硅钢片的空气缝隙，导致同层相邻硅钢片间相互吸引，最终导致铁芯接缝处振动异常增大。

2.2　磁致伸缩及铁芯振动模型的建立

由 2.1 节可知，磁致伸缩是引起硅钢片振动的主要原因，接缝处异常的振动则由磁致伸缩及电磁力共同作用引起，对变压器铁芯振动特性进行分析，首先需要从磁致伸缩机理出发，建立硅钢片考虑磁致伸缩的应力应变关系，结合铁芯硅钢片力学特点，建立等效动力学模型。

2.2.1　考虑磁致伸缩的应力应变关系

国内外对磁致伸缩特性的实验结果表明，磁致伸缩应变不仅和外磁场直接相关，还受应力状态的影响。考虑预应力作用下的铁磁材料磁致伸缩应变包含两部分：第一部分只与预应力 σ 有关，为弹性力学中预应力作用下的材料应变，记为 ε_y；第二部分则与预应力以及磁化强度有关，表征考虑预应力作用的磁致伸缩应变，记为 ε_c。

而根据 M.Imumara 等人的观测结果，铁磁材料在预应力作用下，其内部将发生畴壁迁移等过程。故对于铁磁材料，其总的应变量除了包含预应力作用下的材料应变之外，还应包括预应力作用下的预磁致伸缩应变 $\lambda_0(\sigma)$。根据材料力学中的应力应变关系可得 ε_y：

$$\varepsilon_y(\sigma)=\frac{\sigma}{E}+\lambda_0(\sigma) \tag{2-3}$$

式中，E 为材料的杨氏模量。

分析磁致伸缩应变，由图 2-6 以及图 2-7 可知，铁磁材料整个磁化过程的四个阶段主要包含两部分内容，即畴壁迁移与磁畴转动，且以磁致伸缩取最大值处为界(图 2-7)。记考虑预应力作用下的磁致伸缩应变为 $\varepsilon_c(M,\sigma)$，显然 $\varepsilon_c(M,\sigma)$ 是以上述预应力作用下材料形变为基础的，在磁化达到饱和壁移磁化强度 $M_s(\sigma)$ 时，磁致伸缩应变量达到最大值 $\lambda_{max}(\sigma)$，称为饱和磁致伸缩应变量。一般无应力作用下的饱和磁致伸缩应变 λ_s 可由实验测得(图 2-7)，除去预磁致伸缩应变 $\lambda_0(\sigma)$ 即可得到饱和磁致伸缩应变量：

$$\lambda_{max}(\sigma)=\lambda_s-\lambda_0(\sigma) \tag{2-4}$$

饱和壁移磁化之前，磁感应强度与磁场强度呈近似线性关系，磁致伸缩引起的振动与 M^2 成正比。故图 2-6 所示第①②阶段对应的磁致伸缩应变与磁化强度的平方有关，其振动主要以 100 Hz 为主。而在饱和壁移磁化之后，铁磁材料进入磁化饱和区，畴壁迁移基本完成，微观上主要为磁畴的转动，此时磁致伸缩应变除了与磁化强度的二次方有关，还需要考虑磁化强度的四次方。故引入阶跃函数 θ：

$$\theta=\begin{cases}0, & M-M_0(\sigma)<0\\ -2, & M-M_0(\sigma)\geqslant 0\end{cases} \tag{2-5}$$

则考虑预应力作用的磁致伸缩应变 $\varepsilon_c(M,\sigma)$ 为

$$\varepsilon_c(M,\sigma)=\frac{\lambda_s-\lambda_0(\sigma)}{M_s(\sigma)^2}M^2+\theta\frac{\lambda_s-\lambda_0(\sigma)}{M_s(\sigma)^4}(M^4-M_s(\sigma)^4) \tag{2-6}$$

式(2-6)即为铁芯硅钢片的磁致伸缩本质模型，对于特定的铁磁材料，通过测量无应力以及应力 σ 作用下的磁致伸缩应变曲线即可得到 λ_s、$\lambda_0(\sigma)$、$M_s(\sigma)$ 等数据。

2.2.2　铁芯振动模型

如前所述，为减少磁路涡流损耗，电力变压器铁芯通常采用厚度 0.27～0.30 mm的硅钢片叠制而成。对于每一片硅钢片单元，其厚度相比长度及宽度方向，数量级通常可达 10^{-3}～10^{-4}，且属于弹性体。故对于铁芯硅

钢片结构，可采用结构力学中的弹性薄板弯曲振动模型进行分析，如图 2－11 所示。薄板的小挠度弯曲理论基于基尔霍夫（Kirchhoff G.）基本假设，即：

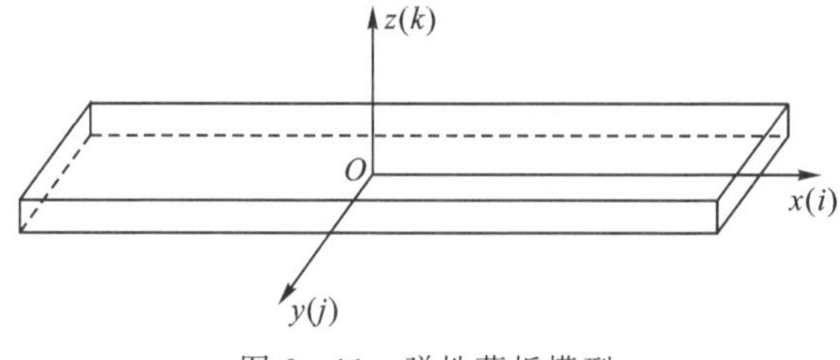

图 2－11　弹性薄板模型

（1）薄板的厚度（z 方向尺寸）远小于其他两个方向；

（2）薄板的挠度 $\bar{\omega}$ 比板的厚度 h 小得多；

（3）忽略厚度方向应力，薄板各点有平行于中面的位移，薄板中面的法线在变形后仍保持为法线。

以图 2－11 所示的弹性薄板的中面为 xy 平面，法向为 z 轴，取薄板的挠度 $\bar{\omega}$ 为基本未知函数，则由广义应力应变关系建立关于 $\bar{\omega}$ 的微分方程：

$$D_0\left(\frac{\partial^4 \bar{\omega}}{\partial x^4}+2\frac{\partial^4 \bar{\omega}}{\partial x^2 \partial y^2}+\frac{\partial^4 \bar{\omega}}{\partial y^4}\right)=q(x,y) \tag{2-7}$$

$$D_0=\frac{Eh^3}{12(1-\upsilon^2)} \tag{2-8}$$

式中，$q(x,y)$ 为作用在板表面 z 方向的分布载荷；E 为对应的弹性模量；υ 为泊松比；h 为薄板的厚度。

关于 $q(x,y)$ 的求解通常采用理论分析并结合实验测试结果的方法。基于能量守恒，以弹性力学中的应变能表征磁致伸缩引起能量变化，进而求得磁场力。具体地，弹性薄板发生形变时的单位体积应变能为

$$U(\boldsymbol{\lambda})=\frac{1}{2}\boldsymbol{\lambda D \lambda}^{\mathrm{T}} \tag{2-9}$$

其中，$\boldsymbol{\lambda}=[\lambda_x,\lambda_y,\lambda_z]$ 为 x、y、z 三方向的磁致伸缩应变，$\boldsymbol{D}$ 为弹性矩阵，即：

$$\boldsymbol{D}=\frac{E(1-\upsilon)}{(1+\upsilon)(1-2\upsilon)}\begin{bmatrix} 1 & \frac{\upsilon}{1-\upsilon} & \frac{\upsilon}{1-\upsilon} \\ \frac{\upsilon}{1-\upsilon} & 1 & \frac{\upsilon}{1-\upsilon} \\ \frac{\upsilon}{1-\upsilon} & \frac{\upsilon}{1-\upsilon} & 1 \end{bmatrix} \tag{2-10}$$

在正弦交变的电磁场作用下，磁致伸缩具有周期性，且其周期以磁场的

两倍为基频,故可假设表征磁致伸缩的等效磁场力 F_c 为

$$F_c = F_{cmax}(\sin 2\omega t + \sin 4\omega t + \sin 6\omega t + \cdots) \tag{2-11}$$

依据能量守恒定律,铁芯硅钢片内部正弦磁场从 0 变化到 $T/4$ 时,忽略磁滞效应,硅钢片磁致伸缩达到最大值 λ_{max},此过程等效磁场力 F_c 做功转换为材料内部应变能,即:

$$\begin{aligned}\int_V U(\boldsymbol{\lambda})\mathrm{d}V &= \int_V \frac{1}{2}\boldsymbol{\lambda}\boldsymbol{D}\boldsymbol{\lambda}^{\mathrm{T}}\mathrm{d}V \\ &= \int_0^{\frac{T}{4}}\int_0^{\lambda_{max}} F_{cx}\mathrm{d}\lambda_x \mathrm{d}t + \int_0^{\frac{T}{4}}\int_0^{\lambda_{max}} F_{cy}\mathrm{d}\lambda_y \mathrm{d}t + \int_0^{\frac{T}{4}}\int_0^{\lambda_{max}} F_{cz}\mathrm{d}\lambda_z \mathrm{d}t\end{aligned} \tag{2-12}$$

则对 z 方向(其他方向类似),有 $\mathrm{d}\lambda_z = \lambda_z \mathrm{d}x$,且取 $F_c = F_{cmax}\sin 2\omega t$,则磁致伸缩等效磁场力为

$$F_{cz} = F_{czmax}\sin 2\omega t = \frac{\omega \sin 2\omega t}{\lambda_{max}}\int_V U(\lambda)\mathrm{d}V = \frac{\omega \sin 2\omega t}{\lambda_{max}}\int_V \frac{1}{2}E\lambda_z^3 \mathrm{d}V \tag{2-13}$$

这里 λ_z 为磁致伸缩应变,可由磁致伸缩本质模型式(2-6)求得。进一步求解铁芯振动问题一般采用有限元法实现,用上述已经求得硅钢片磁致伸缩应变以及等效采用铁磁材料磁弹性弱耦合模型进行求解:

$$\begin{bmatrix}\boldsymbol{S} & \boldsymbol{0}\\ \boldsymbol{0} & \boldsymbol{K}\end{bmatrix}\begin{bmatrix}\boldsymbol{A}\\ \boldsymbol{X}\end{bmatrix} = \begin{bmatrix}\boldsymbol{J}\\ \boldsymbol{F}\end{bmatrix} \tag{2-14}$$

式中,$\boldsymbol{S}$、$\boldsymbol{K}$ 分别为磁场刚度矩阵和机械刚度矩阵;$\boldsymbol{J}$ 为电流密度;$\boldsymbol{F}$ 为总的受力(包括等效磁致伸缩力与电磁力等);$\boldsymbol{A}$、$\boldsymbol{X}$ 分别为待求的磁矢势和位移变形。

2.3 铁芯振动模态分析

振动模态是弹性结构固有而整体的特性。变压器铁芯振动是在以自身磁致伸缩为主要激励源作用下的振动,但相同激励源下,变压器铁芯振动特性受不同结构类型、不同尺寸大小等因素的影响而呈现明显差异,根本原因在于其固有振动特性的不同。通过模态分析,实现固有频率、阻尼比以及模态振型等模态参数的识别,是变压器铁芯的振动特性分析、振动故障诊断的基础,还可以为基于结构动力特性优化设计的变压器铁芯降噪实现提供依据。值得一提的是,铁芯振动与其结构模态是单向耦合的,即铁芯结构模态可以影响其振动,而振动引起的反作用则可以忽略。

模态分析可分为计算模态分析和试验模态分析。前者通过对特定的结构进行建模计算，得到各阶的模态参数，也称为仿真模态分析；后者则通过模态试验，对系统输入输出信号进行采集并通过模态分析、参数辨识得到模态参数。本小节对实验室一台三相三柱式变压器铁芯分别进行试验模态和计算模态分析并对比，旨在获得其固有振动特性，为后续铁芯振动特性研究以及基于振动的铁芯机械故障诊断提供理论依据，也是对铁芯振动产生机理的进一步补充。

2.3.1 试验模态分析

试验模态分析主要包括振动测量以及模态参数辨识两个过程。具体地，对静止状态下的待测结构物体人为施加宽频激励，测量系统输入（即激振力）以及输出响应（即振动信号），对输入、输出信号进行双通道快速傅里叶变换，得到输入、输出点对点之间的机械导纳函数，即传递函数。运用模态分析理论，对传递函数进行曲线拟合，识别相关模态参数，建立被测结构的模态振型。下面结合三相三柱式变压器铁芯展开详细讨论。

1.试验方案

采用锤击法进行试验模态分析，模态试验平台如图 2－12 所示。模态试验对象为一台 100 kV·A 的三相三柱芯式变压器铁芯，原高低压绕组均已拆除，仅绕以额定圈数的细导线为低压绕组提供励磁，铁芯相关参数如表2－1。被测结构的模态参数受其支承方式影响较大，本章采用地面支承方式。

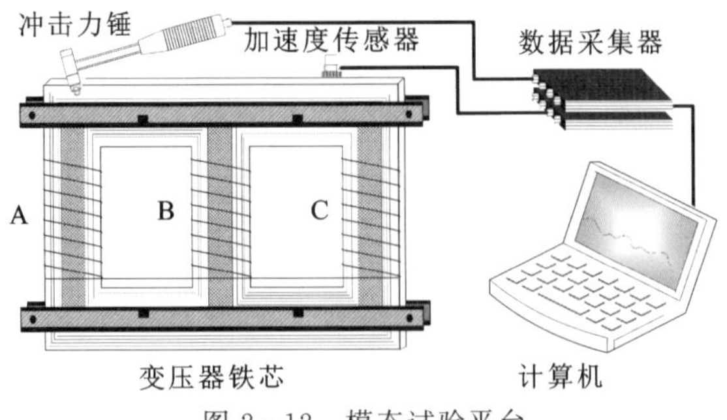

图 2－12 模态试验平台

表 2-1　10 kV/400 V 模型变压器铁芯主要参数

参数项	参数值	参数项	参数值
变压器型号	S11—M—100/10		
空载电流/%	1.1	铁芯净截面积/cm^2	134.1025
低压绕组匝数	46	总尺寸(长×宽×高)/mm	551×158×426
联结组	Dyn11	铁芯窗尺寸/mm	105×226
硅钢片型号	武钢 30RK105	铁芯损耗/(W/kg)	1.02
磁通密度/T	1.68	铁芯总质量/kg	175

脉冲激励下的模态试验方法通常包含单点激励多点响应(SIMO)以及多点激励单点响应(MISO)。前者求得的是频响函数矩阵的列,后者则是求得某一行。考虑到频响函数的对称性,得到的结果完全相同,本章采用单点激励多点响应的方法。采用冲击力锤(型号:PCB-086C03)作为锤击激励源对变压器铁芯施加宽频激振力,传递到铁芯上的激振力由力锤直接测量获得;同时采用压电式加速度传感器测量铁芯结构关键位置的振动响应。根据铁芯结构特点,共布置 35 个振动响应测点(三相铁芯柱以及上下铁轭分别均匀布置 7 个测点),单次测量包含 1 通道激振力和 7 通道加速度响应信号,由 8 通道同步数据采集卡采集并传输至 PC 端进行存储分析,保持锤击点位置不变(同时作为参考点),进行 5 组数据测量。此外,为降低信号中混入的随机噪声分量的干扰,考虑测量准确度同时提高效率,每组重复锤击 6 次并取平均。

锤击模态试验时激励点的位置应尽量远离所关注阶数模态的节点,本章重点关注前几阶模态,考虑铁芯结构并结合实际多点锤击试验结果,锤击点如图 2-13(a)所示。激振力(即锤击方向)为垂直于铁芯表面向内方向,测量 x、y、z 三方向的振动响应。利用 LMS TestLab 软件进行模态分析及参数辨识,按照实际测点位置参数,进行几何建模,得到测点位置及编号如图 2-13(b)所示。

2.变压器铁芯试验模态分析

进行模态分析,得到稳态响应函数及各阶模态振型。部分测点的频率响应函数(幅频曲线和相频曲线)如图 2-14 所示(图中 P1:X 表示 1 号测点 x 方向响应,其他类似)。

分析图 2-14 可知,在选取的 0～2000 Hz 频带范围内,变压器铁芯频率响应函数曲线包含较多共振峰,对应多个阶数的模态。随着频率升高,频率响应幅值增大,表现为对于相同大小的输入,更容易激励产生高频振动响应,

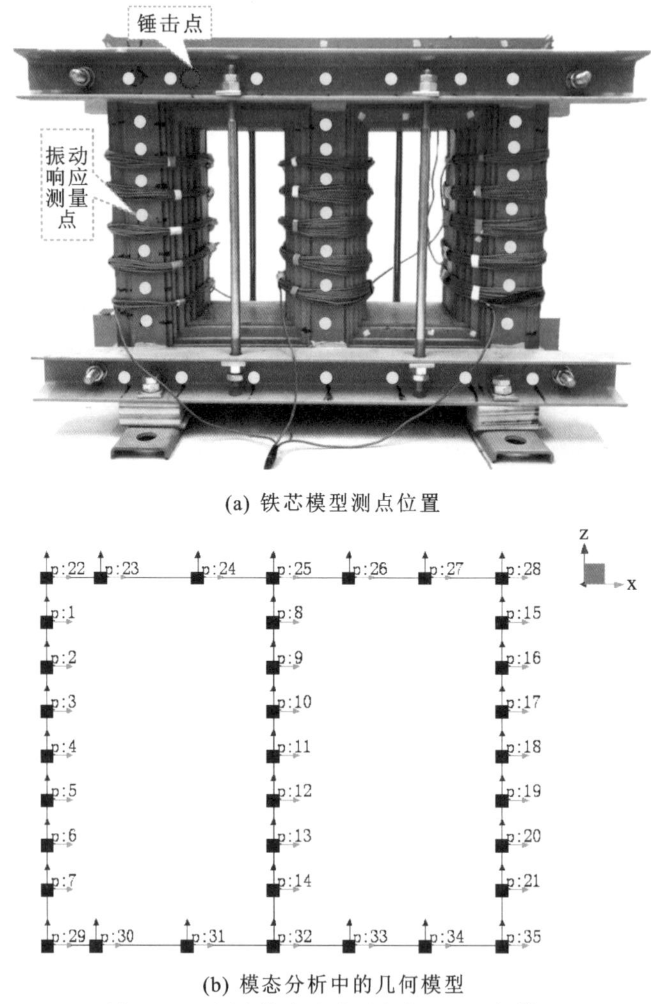

(a) 铁芯模型测点位置

(b) 模态分析中的几何模型

图 2-13 锤击模态试验测点位置及几何模型

低频范围内的共振峰较高频更为密集，且基本集中在 1000 Hz 以内。由于磁致伸缩是铁芯振动的主因，而其频率以 100 Hz 为基频，故这对于抑制铁芯振动噪声是不利的，可以预见，该铁芯模型在正常机理下的振动频率将包含较丰富的频率分量。同一个振动激励点在结构不同位置得到的频率响应曲线不完全相同，而对于同一测点，不同方向的频响曲线也存在一定差异。除频率响应幅值差异较大外，频响曲线之间包含的峰数亦有细微差别，这是由于某些振动响应测点的位置位于某些模态的极点。可见，若在进行试验模态分析时仅依据单个或者少数测点的频率响应函数来实现铁芯整体模态的判别，

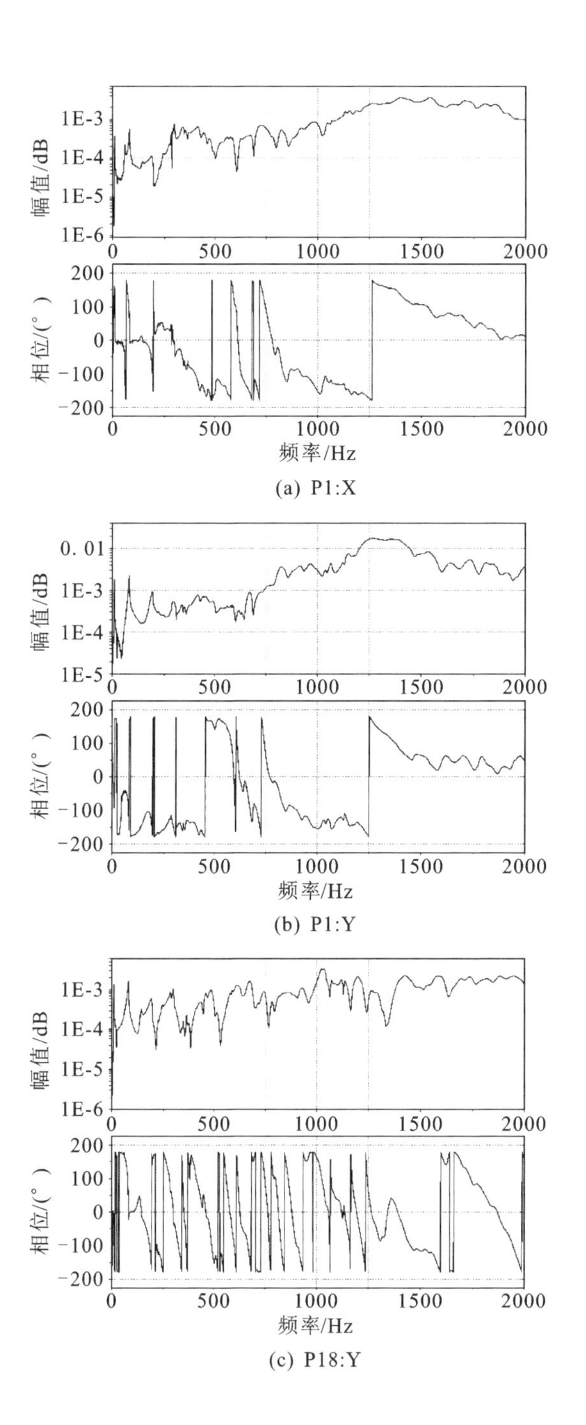

(a) P1:X

(b) P1:Y

(c) P18:Y

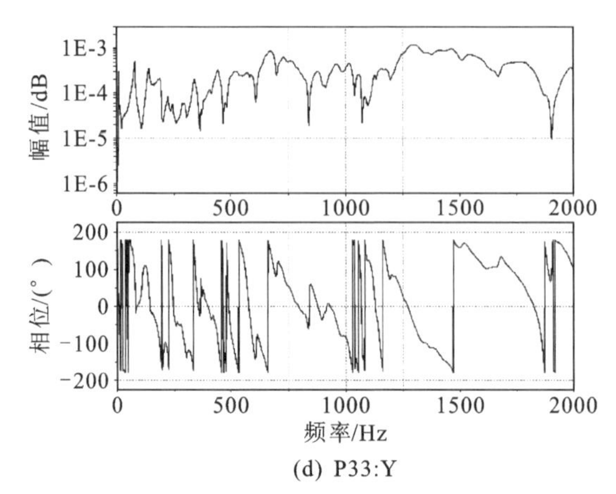

(d) P33:Y

图 2－14　部分测点的频率响应函数

即对数据进行局部拟合，则可能存在模态的漏选或者包含虚假的模态。为了提高分析结果的准确性，本章对所有 35 个测点的频响函数进行合成，采用全局拟合进行模态辨识。

铁芯振动激励主要频率分量为 100 Hz，集中在低频段，故这里借助模态截断选取 0～500 Hz 频率段进行数据拟合。系统总的频率响应函数及复模态指示函数(Complex Mode Indicator Function，CMIF)如图 2－15 所示。

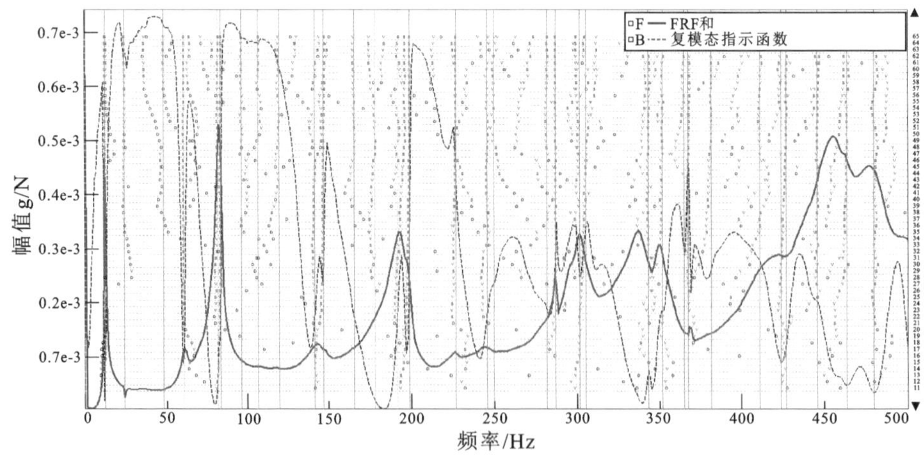

图 2－15　系统总的频率响应稳态图及 CMIF 曲线

根据复模态指示函数及频率响应函数估计频率、阻尼、参与因子并结合 CMIF 筛选，得到各阶模态频率及对应阻尼(前 6 阶模态参数见表 2－2)。可以看到，铁芯结构的阻尼比低于 0.05，故在进行振动分析时可忽略阻尼。

表 2-2　铁芯的固有频率(试验)

阶次	固有频率/Hz	阻尼比/%
1	12.243	2.27
2	26.727	2.45
3	60.278	2.95
4	83.033	3.09
5	140.341	4.97
6	145.408	1.28

使用最小二乘频域法(Least Square Frequency Domain Method,LSFD)来进行模态振型识别,计算并得到各阶模态振型。图 2-16 给出了前四阶的

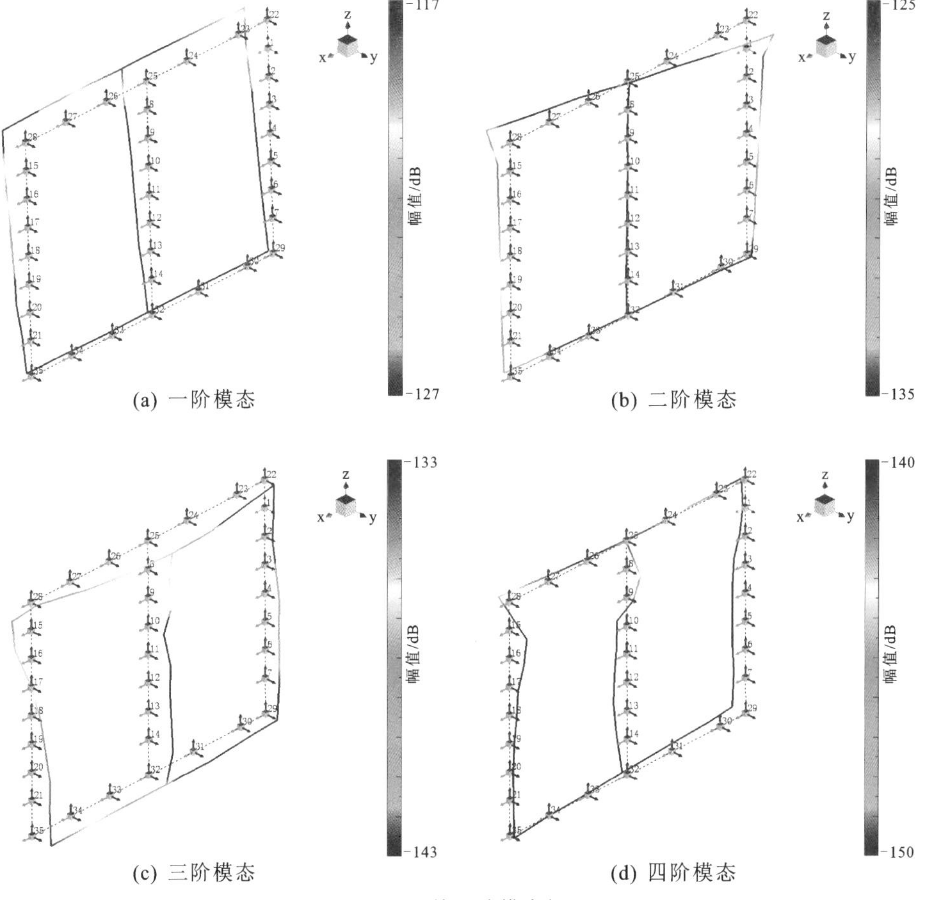

(a) 一阶模态　(b) 二阶模态

(c) 三阶模态　(d) 四阶模态

图 2-16　前四阶模态振型

模态振型，可以看出：一阶振型表现为铁芯整体结构在 y 方向上的前后摆动且受支撑影响，呈现一阶弯曲变形；二阶振型表现为左右柱的反向摆动，铁芯具有一阶扭转变形形式；对于三、四阶模态振型，变形形式更为复杂，如图 2-16(c)、(d)所示。

为了验证上述模态分析的准确性，首先评估基于最小二乘指数法的 FRF 曲线拟合效果。对测量得到的频率响应函数(FRF)与模态综合分析得到的 FRF 曲线进行相关性和误差量分析。给出部分测点的频率响应函数的对比结果如图 2-17 所示，可见模态综合分析得到的 FRF 曲线与实测相关性较好。

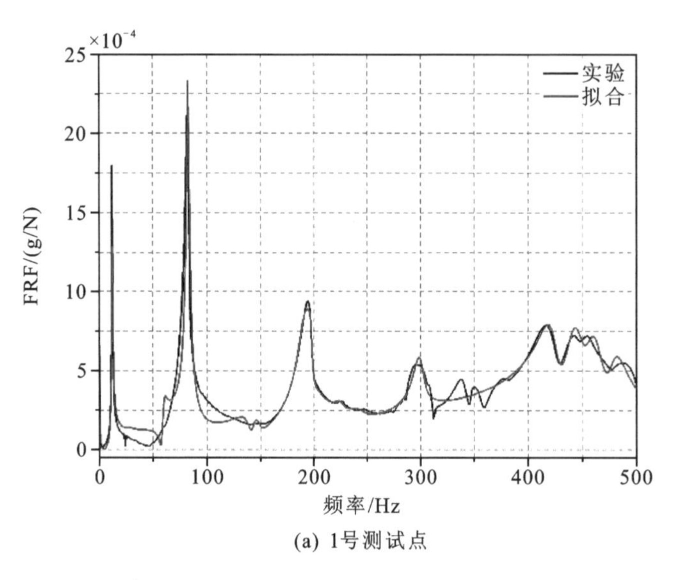

(a) 1号测试点

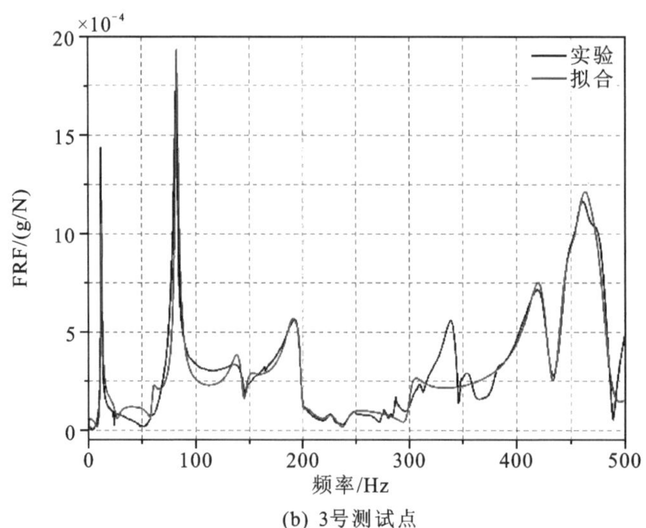

(b) 3号测试点

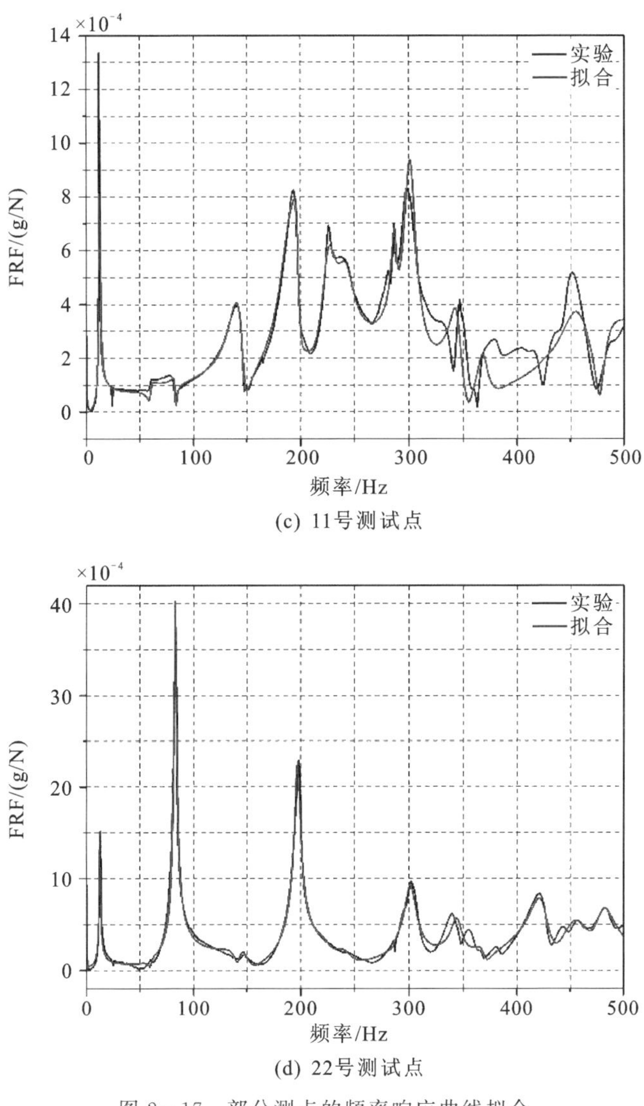

(c) 11号测试点

(d) 22号测试点

图 2-17　部分测点的频率响应曲线拟合

各阶模态的模态置信判据 MAC 验证结果如图 2-18 所示，可以看出除第五阶与第六阶模态的 MAC 值较高外，其余均在经验值 0.35 以下，模态结果可信度较高。

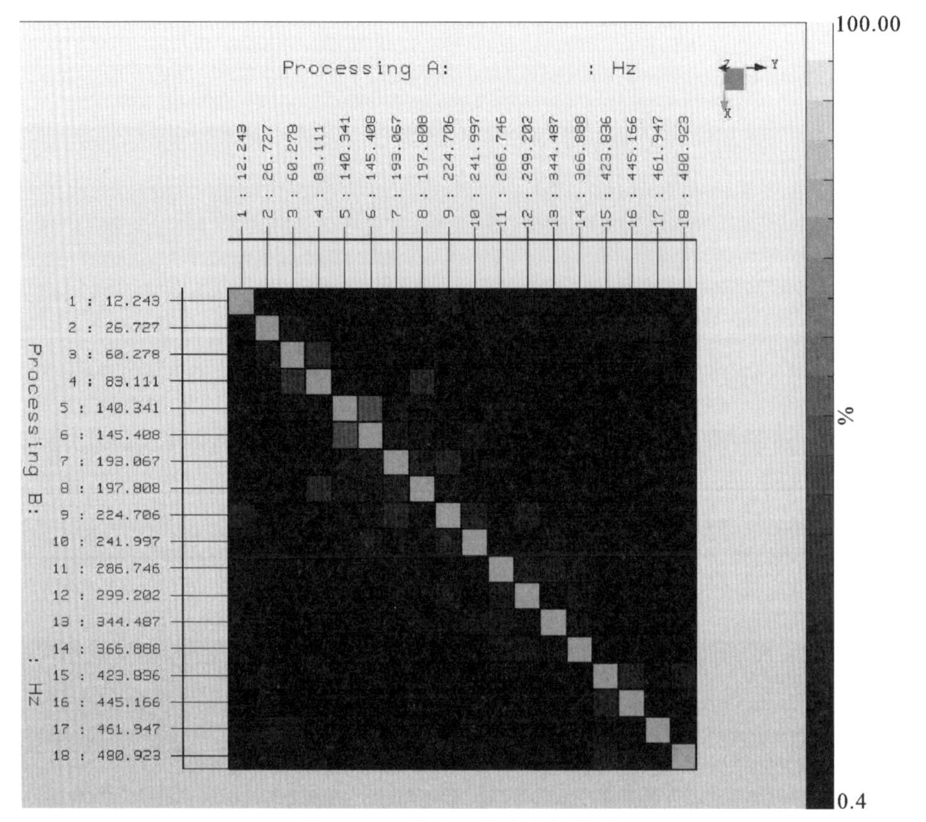

图 2-18 模态置信度分析结果

2.3.2 仿真模态分析

1.变压器铁芯模型的建立

基于有限元分析软件对上述三相三柱式铁芯模型进行振动模态分析，在三维笛卡尔坐标系下按照叠片式多级接缝铁芯模型的实际尺寸建模，为简化计算且方便建模，铁芯叠片以级为基本单元，共分为 7 级(除主级为单独单元外，其余铁芯级均包含两个单元，以主级为中心对称分布)，建立的几何模型如图 2-19 所示。

2.材料属性、边界条件设置及网格划分

对铁芯进行模态分析首先根据选用材料确定弹性模量、密度及泊松比参数。如夹件及底座材料选取为结构钢，杨氏模量取 200 GPa，泊松比 0.3，密度

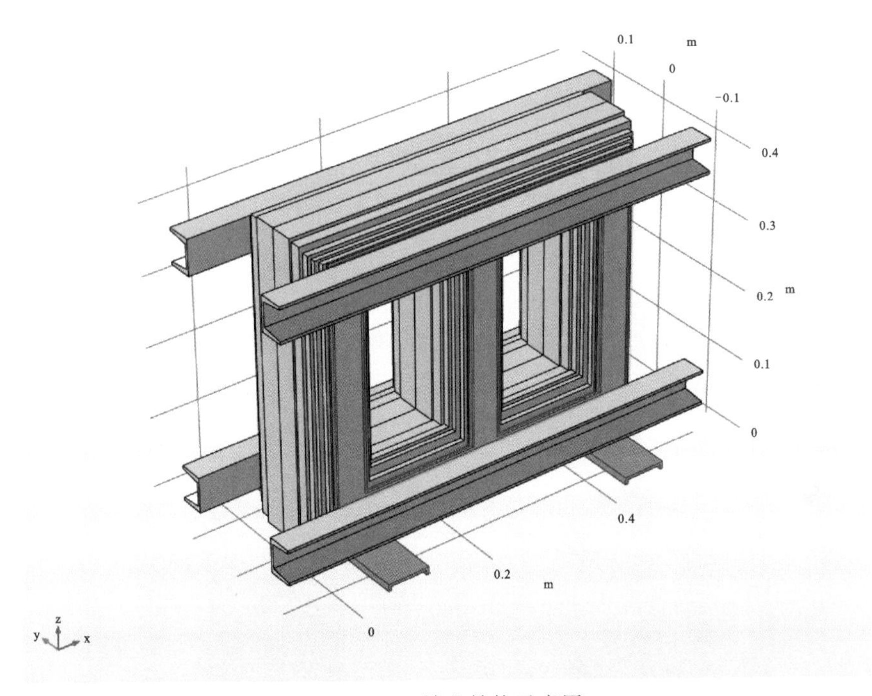

图 2－19　铁芯结构示意图

取 7850 kg/m³；铁芯材料在进行模态分析时选为硅钢，密度为 7650 kg/m³，考虑到铁芯各级由多片硅钢片叠装而成，设置铁芯等效杨氏模量 60 GPa。设定边界条件，由于铁芯采用地面支承，故底部近似为固定端，设置为固定约束，其他边界设置为自由端。

3.分析结果

求解得到铁芯前 10 阶固有频率，如表 2－3 所示，部分振型如图 2－20 所示。

表 2－3　铁芯的固有频率(仿真)

阶次	固有频率/Hz
1	105.8
2	401.5
3	418.66
4	983.58

与模态试验结果对比，仿真与实际相差较大，其主要原因为铁芯各级之

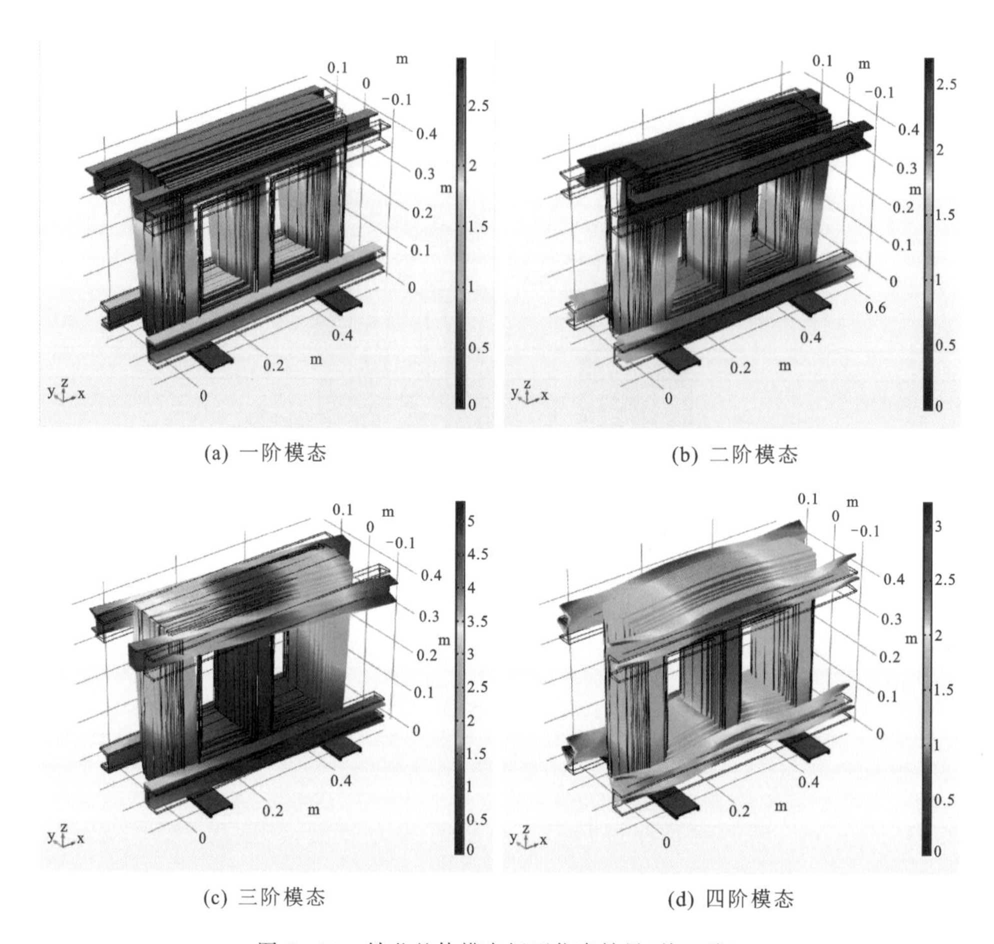

(a) 一阶模态　(b) 二阶模态

(c) 三阶模态　(d) 四阶模态

图 2-20　铁芯整体模态振型仿真结果(前四阶)

间贴合度较低。事实上,在实际测试中发现,由于铁芯柱未经拉板紧固,测点所在的表层硅钢片或最后一级硅钢片可能存在一定的拱起,因此仅选择最后一级铁芯重新进行模态计算,并根据欧拉-伯努利方程对杨氏模量进行修正:

$$\omega_n=(\beta_n L)^2\sqrt{\frac{EI}{\rho A_0 L^4}} \tag{2-15}$$

式中,ω_n 为自然频率;$\beta_n L$ 为确定的常数,仅与各阶模态有关;E 为杨氏模量;ρ 为材料密度;A_0 为截面积;I 为惯性矩。

得到前四阶振型固有频率并与试验结果对比(表 2-4),可见对单级铁芯进行模态仿真计算得到的前三阶模态与模态试验吻合较好,但因模型等效时存在的误差,以及等效后铁芯的杨氏模量、泊松比等参数估算误差的存在,更高阶模态的计算结果与试验相差较大。

表 2-4　铁芯的固有频率仿真与实验对比

阶次	固有频率/Hz		误差/%
	模态计算	模态试验	
1	12.34	12.243	0.79
2	27.132	26.727	1.52
3	64.203	60.278	6.51
4	100.41	83.033	20.93

2.4　铁芯振动的动力学仿真分析

基于前述铁芯模型,采用有限元方法对铁芯磁场分布及磁致伸缩进行求解分析。考虑到已知原边绕组两端的励磁电压,而励磁电流等参数未知,故首先采用场路耦合求解得到铁芯内部磁场分布,再结合固体力学模块进行磁致伸缩的多物理场耦合,求解得到磁致伸缩作用下的振动响应。

2.4.1　模型建立与网格划分

针对本章采用的三相三柱式铁芯,建立对应几何模型,与实际试验情况相同,舍弃高压绕组,仅保留低压绕组提供励磁,并采用均匀多匝的数值线圈进行模拟,场路耦合采用的电路模型及节点选取如图 2-21 所示。三相调压器采用 Y 型联结,提供 U_A、U_B、U_C 三相工频正弦励磁电压,幅值为 400 V(线电压有效值),绕组电阻 R_A、R_B、R_C 取 1 Ω,绕组匝数 N 为 46 匝。

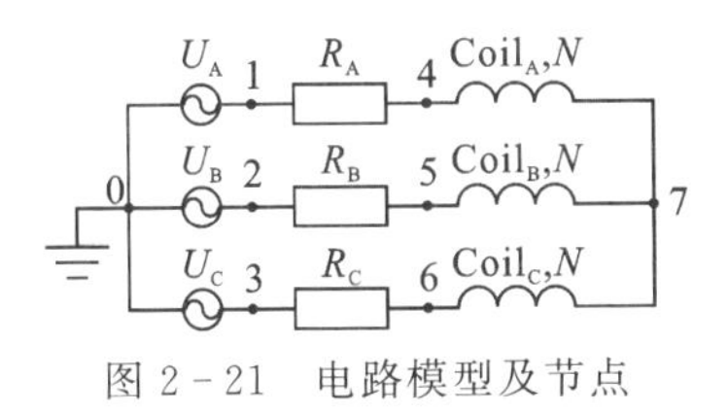

图 2-21　电路模型及节点

进行磁场、电路、固体力学等物理场的相关参数设置,其中在对铁芯应用安培定律时,磁场的本构关系选择由厂家提供并导入的硅钢片磁化曲线(图 2-22)。其他材料及参数参照仿真软件自带库并结合实际情况设定。

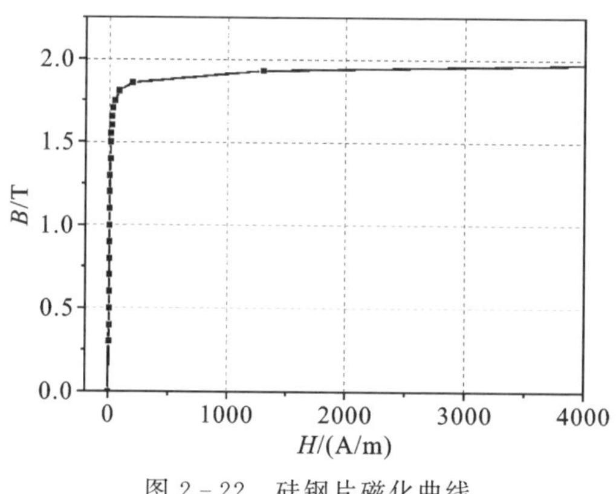

图 2-22 硅钢片磁化曲线

多级铁芯结构尺寸较为复杂,其网格划分对保证仿真计算效率及收敛性、准确性等方面显得至关重要。为获得较好的网格质量同时兼顾计算效率,对铁芯本体采用自由四面体网格并根据不同级的结构尺寸分别选取常规、细化、较细化、超细化的单元大小进行划分,并为较薄的区域进行单独网格划分,而对绕组线圈采用扫掠划分。此外,考虑铁芯的对称性,选取 1/2 模型进行磁场计算,铁芯磁场分布计算模型如图 2-23 所示。

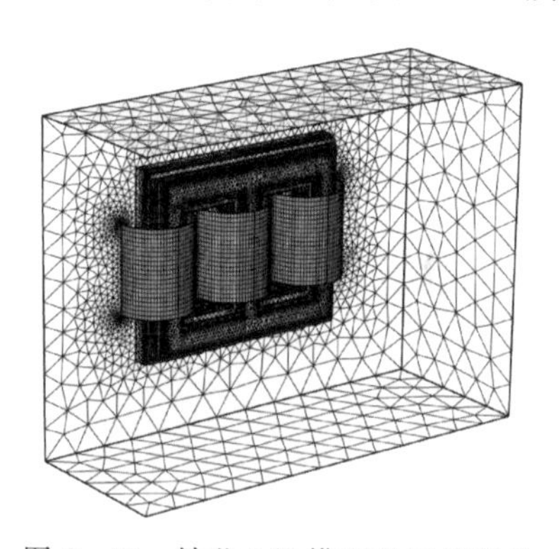

图 2-23 铁芯 1/2 模型及网格划分

2.4.2 铁芯内部磁通分布

由前面建立的铁芯振动模型可知,铁芯内部磁场分布是进一步计算磁致伸缩引起的振动变形的基础,故有必要首先对铁芯内部磁场进行求解分析。采用场路耦合计算得到三相三柱式变压器铁芯内部磁场分布,如图 2-24 所示(以 C 相励磁电流过零点为 0 时刻,切面为铁芯几何对称中心)。可以看出，铁芯内部三相磁通交替变化，$\omega t=0$ 时刻 C 相电流为 0，相应的 C 柱流过的磁通近似为 0(图 2－24(a)所示)；$\omega t=\pi/2$ 时刻对应 C 相电流最大，对应铁芯柱流过最大磁通密度，约为 1.5 T，与铁芯额定值 1.68 T 基本一致；$\omega t=2\pi/3$时刻对应 B 相绕组励磁电流为 0，主磁通经 A、C 柱及上下铁轭流通，B 柱磁通密度近似为 0；$\omega t=7\pi/6$ 时刻，B 相励磁电流达最大值，此时 B 柱磁通密度达到最大，约为 1.65 T。考虑到三相三柱式铁芯的对称性，A 柱对应的变化规律与 C 柱一致，这里不再赘述。通过对比(b)、(d)图可知，B 柱最大磁通密度较 C 柱大(A 柱也一样)，主要原因为 B 柱磁路较短，磁阻相应较小，故磁通密度较大。铁芯拐角处磁通密度较大，最大可达 2.55 T，其主要原因与

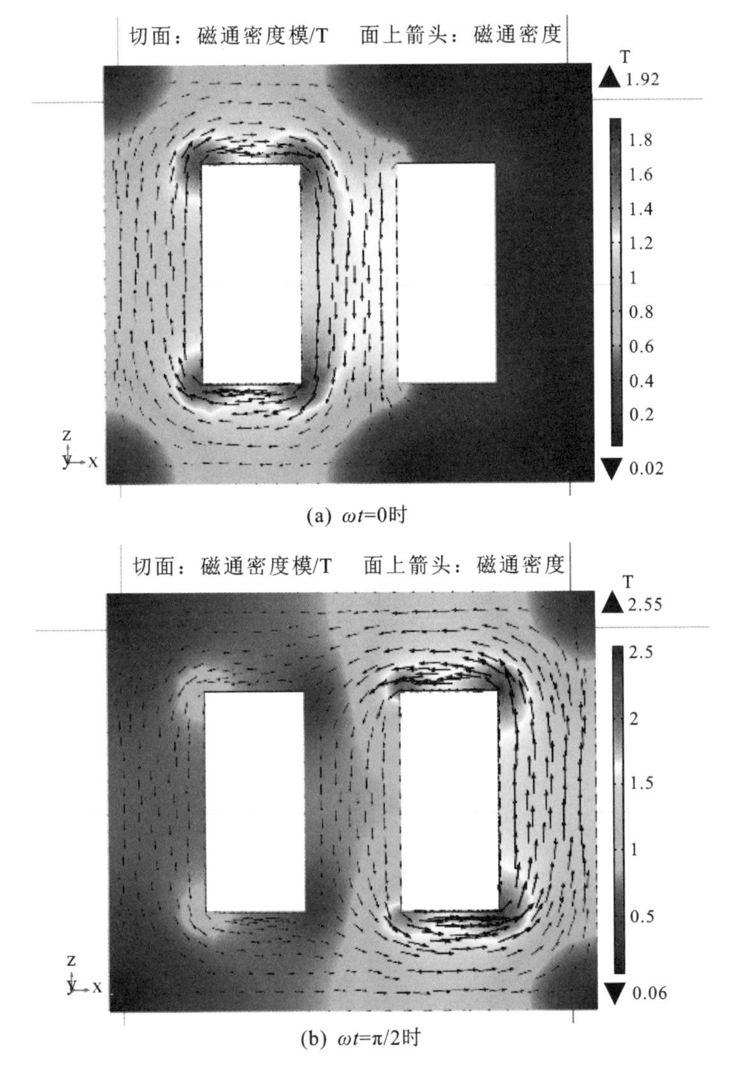

(a) ωt=0时

(b) $\omega t=\pi/2$时

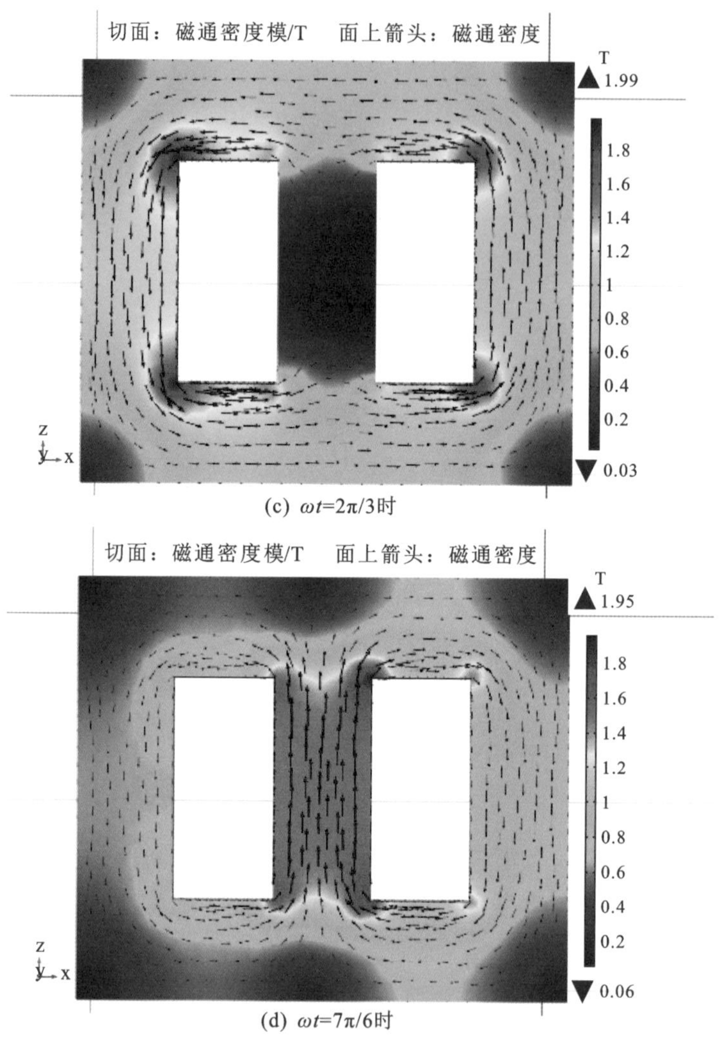

(c) $\omega t=2\pi/3$时

(d) $\omega t=7\pi/6$时

图 2-24　铁芯主级不同时刻磁通密度模分布情况

上述情况类似。

多级铁芯各级的结构尺寸不同，其磁通分布亦有所不同。以 $\omega t=7\pi/6$ 时刻为例，研究主磁通在不同铁芯级的分布规律，结果如图 2-25 所示。三维体磁通密度模分布表明，铁芯整体最大磁通密度位于心柱与上下铁轭相接的拐角处。对图 2-25(a)B、C 柱各级与上铁轭拐角处沿 y 轴的磁通密度模的数值进行统计，发现拐角处的最大磁通密度位于铁芯主级与第 2 级交界位置，分析其原因可能为主级与第 2 级之间的台阶宽度最小，仅 2.5 mm，进而导致磁场较为集中，各铁芯级在 zx 平面的切面磁通密度分布见图 2-25(c)。

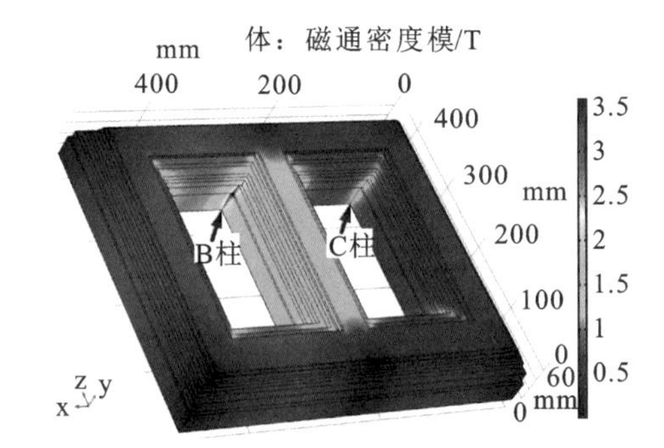

(a) 三维体磁通密度模

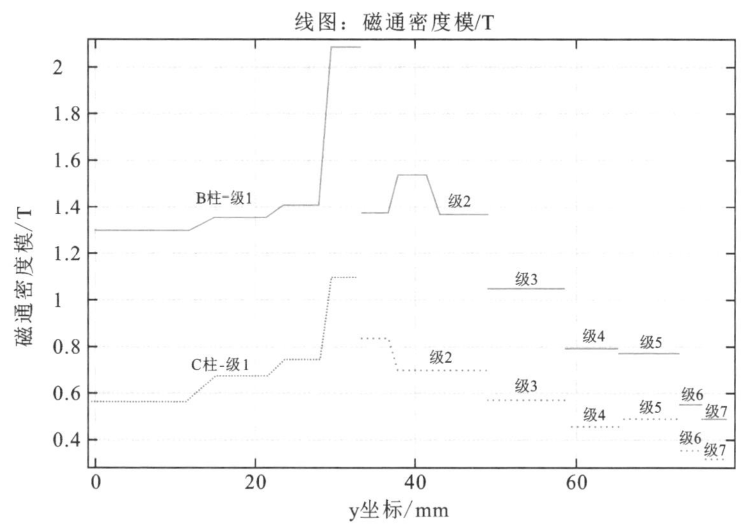

(b) 拐角处磁通密度沿y方向分布

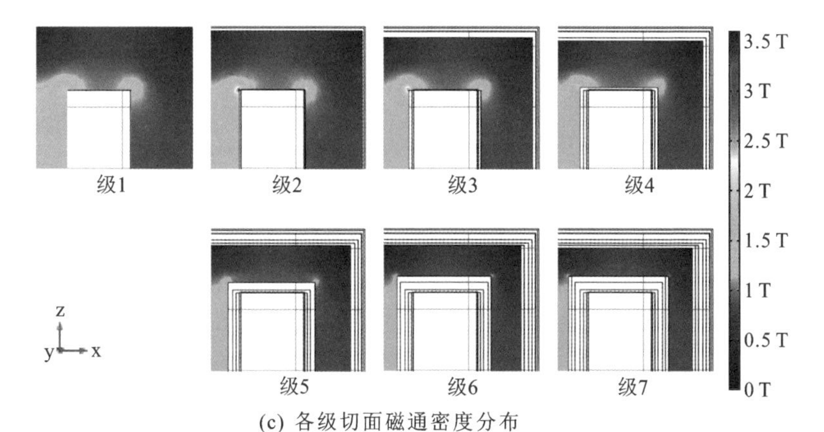

(c) 各级切面磁通密度分布

图 2 - 25　铁芯接缝处磁通密度分布规律

2.4.3 磁致伸缩下的振动

通过场路耦合求解得到铁芯内部磁场分布后，结合固体力学模块进行磁致伸缩的多物理场耦合，基于本章建立的模型求解得到磁致伸缩作用下的振动响应。还是以C相励磁电流过零点为0时刻，给出一个变化周期的不同时刻下硅钢片磁致伸缩引起的铁芯结构变形分布，如图2-26所示。对比图

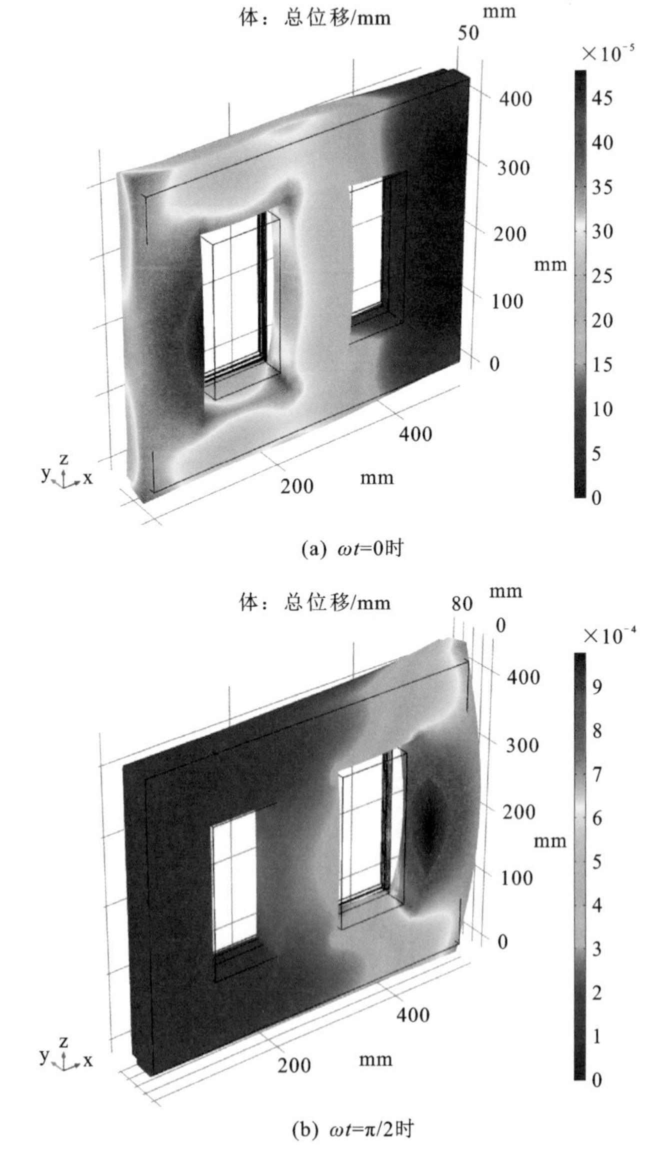

(a) ωt=0时

(b) ωt=π/2时

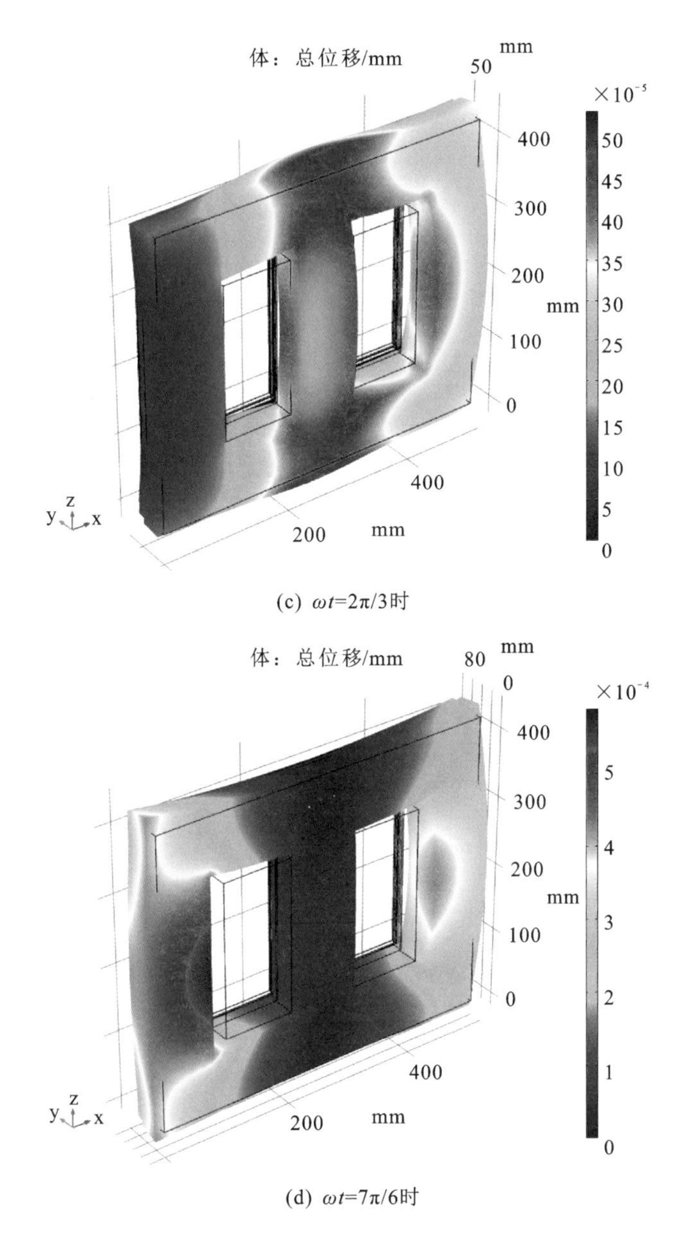

(c) ωt=2π/3时

(d) ωt=7π/6时

图 2-26　磁致伸缩作用下铁芯不同时刻位移变形

2-24磁通密度分布可知，磁致伸缩作用下，三相三柱式变压器铁芯的三个铁芯柱的位移变形依次达到最大值，且顺次间隔 2π/3，与磁通密度变化一致且同相位。受磁通分布及夹件紧固的影响，芯柱中部及其与上下铁轭接缝处变形较大。

此外，获取铁芯中柱三维节点(230 mm、15 mm、260 mm)的数据并绘制励磁周期内位移-磁化分布曲线，如图 2-27 所示。磁致伸缩引起的铁芯振动频率为电源频率的两倍，幅值与磁化强度的平方成正比。不同方向的振动大小不仅与硅钢片各向异性有关，还与各方向的磁场强度、铁芯紧固状态等密切相关。

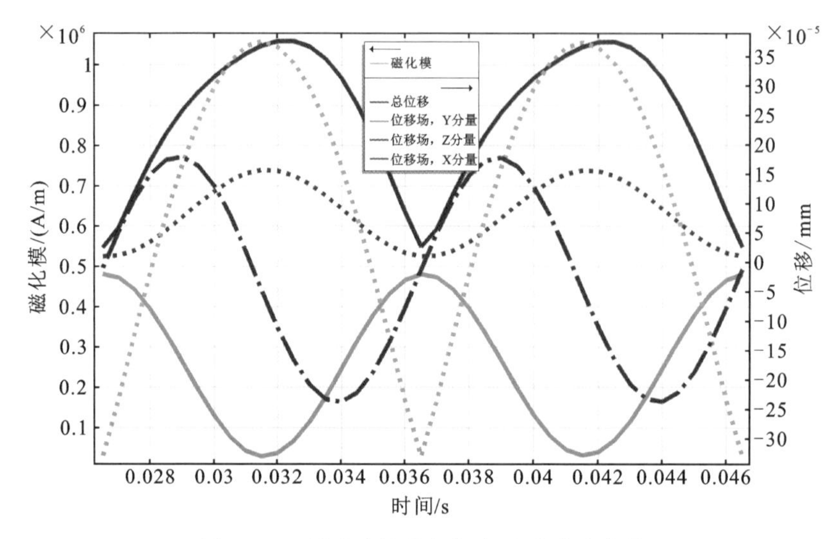

图 2-27　铁芯中柱节点位移-磁化分布曲线

第3章　绕组和铁芯振动的产生及向外传递过程

油箱振动特性与绕组和铁芯振动的传递、油箱中涡流产生的洛伦兹力及油箱自身的模态特性有关。本章从内而外研究洛伦兹力引起的绕组振动、绕组和铁芯振动传递机制，通过传递路径分析和“电磁-结构-声场”的多物理场耦合分析获得不同传递路径对油箱振动响应的贡献及绕组和油箱振动特征的关联。

3.1　洛伦兹力作用下的绕组振动特性

3.1.1　漏磁场及洛伦兹力计算

变压器同一相的低中高压及调压绕组一般由内而外同心套装在铁芯柱上。运行中的变压器绕组流过电流，在铁芯内部和外部的空间区域内分别建立交变的主磁通和漏磁通。变化的漏磁通与通有变化电流的导体相互作用，产生变化的洛伦兹力引起绕组的振动。

变压器内部漏磁场区域的求解方法主要有基于毕奥-萨伐尔(Biot-Savart)定理的解析法及有限元法。其中，解析法将绕组等效为独立的载流导体，计算空间中任意位置的磁场分布。在有限元法中，可采用场路耦合的方法首先在场中计算绕组电感，然后在电路中计算电流从而实现磁场和电流的交替迭代计算，精确获得铁芯中的磁通、励磁电流及漏磁场分布。但“场路耦合”方法的局限在于：①需要实现“场”和“路”的耦合迭代计算，求解时间长，难度大；②为了节约计算资源，通常在模型中将饼式绕组简化成圆筒式绕组。但上述方式，忽视了绕组的实际结构，过度简化了模型。当变压器的励磁电流远小于负载下的稳态电流时，可认为绕组的负载电流是完美的正弦激励，从而利用频域形式的 Maxwell 方程对漏磁场进行求解：

$$\begin{aligned} &\nabla\times \boldsymbol{H} = \boldsymbol{J} \\ &\nabla\times \boldsymbol{A} = \boldsymbol{B} \\ &\boldsymbol{B} = \mu\boldsymbol{H} \\ &\boldsymbol{E} = -\mathrm{j}\omega\boldsymbol{A} \\ &\boldsymbol{J} = \boldsymbol{J}_e \\ &\boldsymbol{J} = (\sigma + \mathrm{j}\varepsilon\,\omega)\boldsymbol{E} \end{aligned} \tag{3-1}$$

式中，$\boldsymbol{H}$、$\boldsymbol{A}$、$\boldsymbol{B}$ 和 $\boldsymbol{E}$ 分别为磁场强度、磁矢位、磁感应强度和电场强度；ω 为电流角频率；$\boldsymbol{J}$ 为电流密度；$\boldsymbol{J}_e$ 为绕组中的负载电流密度；$(\sigma+\mathrm{j}\varepsilon\omega)\boldsymbol{E}$ 为金属部件中的感应电流密度；μ、σ 和 ε 分别为磁导率，电导率和介电常数；j 为虚数单位。

洛伦兹力分布与绕组位置、安匝平衡、运行工况等因素密切相关。在无调压线圈且安匝平衡的双绕组变压器中，高低压绕组的反向电流使得两个绕组之间区域的漏磁场加强，其他区域的漏磁场减弱，如图 3-1(a)所示。反向电流使得两绕组的径向受力方向相反，高压绕组向外往复扩张，低压绕组向内往复收缩。受两绕组之间轴向磁感应强度分量的影响，除端部外绕组大部分区域所受的径向洛伦兹力的幅值基本相同，整体呈现出“梯形”分布，如图 3-1(b)所示。由于绕组间轴向漏磁通的幅值高于径向漏磁通，径向力的幅值一般高于轴向力。轴向洛伦兹力与径向漏磁通有关，因而仅存在于绕组端部和安匝不平衡的区域。安匝平衡条件下，轴向洛伦兹力的幅值从绕组端部至绕组中部依次减小至 0，呈现挤压绕组的趋势，如图 3-1(c)所示。

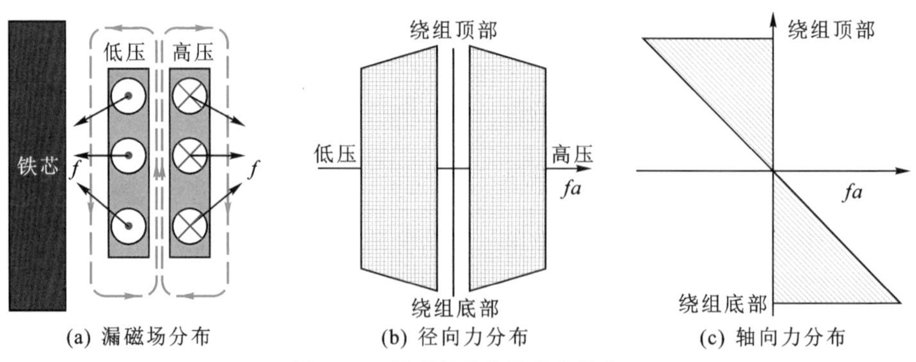

图 3-1 漏磁场及洛伦兹力分布

在周期洛伦兹力的作用下，绕组将围绕平衡位置振动。振动的载流导体将产生与振动同频率的扰动磁场，进而进一步与电流耦合产生多频振动现象，这种现象在变压器绕组遭受短路冲击时尤为显著。由于稳态运行下绕组中的电流及振动位移较小，该耦合现象在负载试验时不明显，后文计算的洛伦兹力及振动分析仅与绕组电流及绕组所处的静态位置有关。

3.1.2　双绕组变压器漏磁场及洛伦兹力分布

若进一步忽略涡流、铁芯窗对漏磁场的影响及励磁电流，可以建立绕组和铁芯柱的二维轴对称模型，将绕组的漏磁场视为准静态（准稳态）磁场进行求解。此时，漏磁场中磁感应强度 B 与绕组中的电流成正比：

$$B = kI_{\mathrm{m}}\sin(\omega_0 t + \varphi) \tag{3-2}$$

式中，k 为比例系数，与该点在空间中的位置有关；I_{m} 为电流幅值；ω_0 为电源的角频率；φ 为电流的初相角。

洛伦兹力可以表示为电流密度 J 和磁感应强度 B 的外积，即

$$f = kI_{\mathrm{m}}^2\sin^2(\omega_0 t + \varphi) = kI_{\mathrm{m}}^2(1 - \cos(2\omega_0 t + 2\varphi))/2 \tag{3-3}$$

由式可知，绕组所受洛伦兹力可分为静态分量和动态分量。动态分量的幅值与电流的平方成正比，频率为电源频率的 2 倍（100 Hz）。

根据上述假设及第 1 章中的单相双绕组变压器的参数，建立包含绕组各线圈和铁芯的二维轴对称模型以计算漏磁场和绕组洛伦兹力分布。为了精确获得绕组最外侧导线上的洛伦兹力分布从而计算其径向振动特性，在模型中对最外侧导线进行了单独建模。由于绝缘材料的相对磁导率为 1，不会影响磁场计算结果，因而在建模时忽略压板、纸板等绝缘材料组成的部件。简化后的模型如图 3-2(a)所示。对称轴处的边界条件为旋转对称边界（rotational symmetry boundary），其他边界条件为

$$\boldsymbol{n} \times \boldsymbol{A} = \boldsymbol{0} \tag{3-4}$$

式中，$\boldsymbol{n}$ 为边界的法向量；$\boldsymbol{A}$ 为磁矢量。该式的物理意义为磁矢量与边界垂直，磁感应强度 $\boldsymbol{B}$ 与边界平行。

根据变压器的额定负载电流，在高低压绕组的导线截面上分别施加幅值为 $5\sqrt{2}$ A 和 $125\sqrt{2}$ A、方向相反的直流电流。变压器铁芯硅钢片 30ZH120 的非线性磁化曲线如图 3-2(b)所示。计算获得额定电流下绕组所在漏磁场区域的分布如图 3-2(c)所示。最大磁感应强度约为 0.0213 T，位于两绕组之间的区域。由于高低压绕组的高度不同（安匝不平衡），低压绕组的内侧低磁感应强度与中等磁感应强度相互交替。低压绕组的端部和中部，磁感应强度较小，与高压绕组相同高度区域的磁感应强度较大。由于高压绕组径向尺寸较大，磁感应强度在径向上的分布并不均匀，自内而外依次减小。

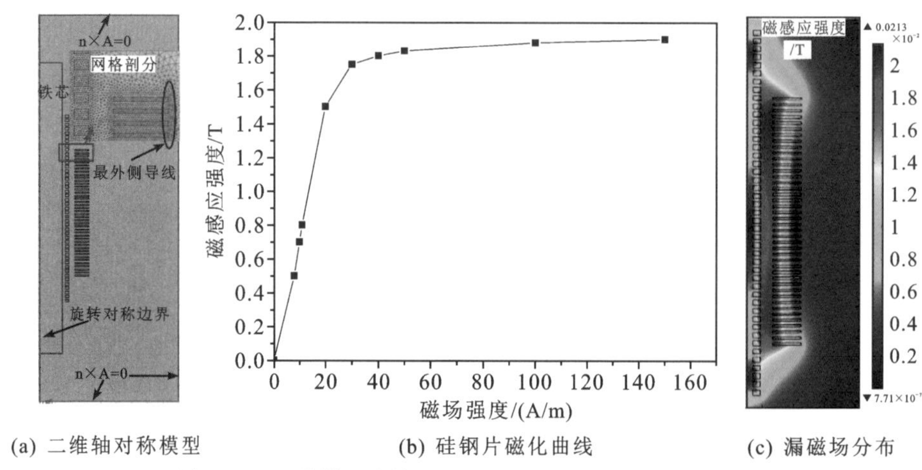

(a) 二维轴对称模型 (b) 硅钢片磁化曲线 (c) 漏磁场分布

图 3-2 二维轴对称模型、硅钢片磁化曲线及漏磁场分布

由式(3-3)可知,洛伦兹力密度的动态分量为

$$\boldsymbol{f}=\begin{pmatrix}f_r\\f_\varphi\\f_z\end{pmatrix}=\boldsymbol{B}_{dc}\times\boldsymbol{J}_{dc}/2=\begin{pmatrix}J_\varphi B_z\\0\\-J_\varphi B_r\end{pmatrix}/2 \tag{3-5}$$

式中,$\boldsymbol{B}_{dc}$ 和 $\boldsymbol{I}_{dc}$ 分别为静态磁场中的磁感应强度和电流密度。

为了方便后文叙述,将高压绕组线圈从绕组顶部至底部依次命名为 1 号线圈至 43 号线圈,将低压绕组自顶部至底部命名为 1 号线圈至 45 号线圈。计算获得的高低压绕组的轴向平均洛伦兹力密度和高压绕组最外侧导线的径向洛伦兹力密度如图 3-3 所示。高压(10 kV)绕组所受轴向力的幅值由绕组端部至中部依次减小,整体压缩绕组。由于绕组安匝不平衡,低压(0.4 kV)绕组所受轴向洛伦兹力呈现出 N 形的分布规律。根据高低压绕组的相对高度可将对应的 N 形分解为与高压绕组等高和不等高区域。在与高压绕组等高的区域,高压轴向力幅值由端部向中部依次减小。由于安匝不平衡,轴向洛伦兹力在与高压绕组等高区域拉伸低压绕组;在不等高的区域,低压绕组轴向力的分布符合洛伦兹力在单一线圈中的分布,压缩该部分绕组。

高压绕组最外侧导线所受的径向洛伦兹力密度呈现出 U 形分布特点,如图 3-3(b)所示。绕组中部的洛伦兹力密度最大,约为 2260 N/m^3,方向指向铁芯柱。造成径向力指向铁芯的原因是,高压绕组的径向尺寸较大,轴向磁通密度在绕组内、外层的方向相反。在靠近轴向油道区域,径向洛伦兹力的方向向外,远离铁芯柱;在靠近外部区域,径向洛伦兹力向内,指向铁芯柱。径向洛伦兹力密度在绕组中部的幅值基本相同,在端部则明显减小。

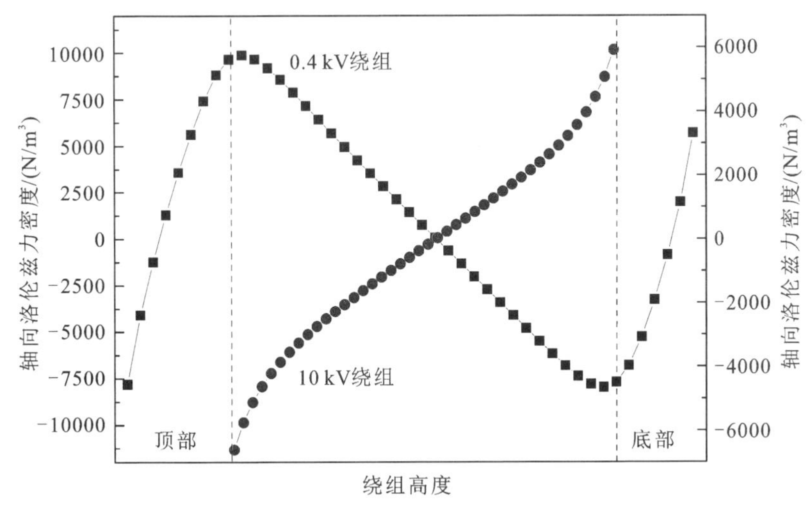

(a) 绕组线圈的平均轴向洛伦兹力密度

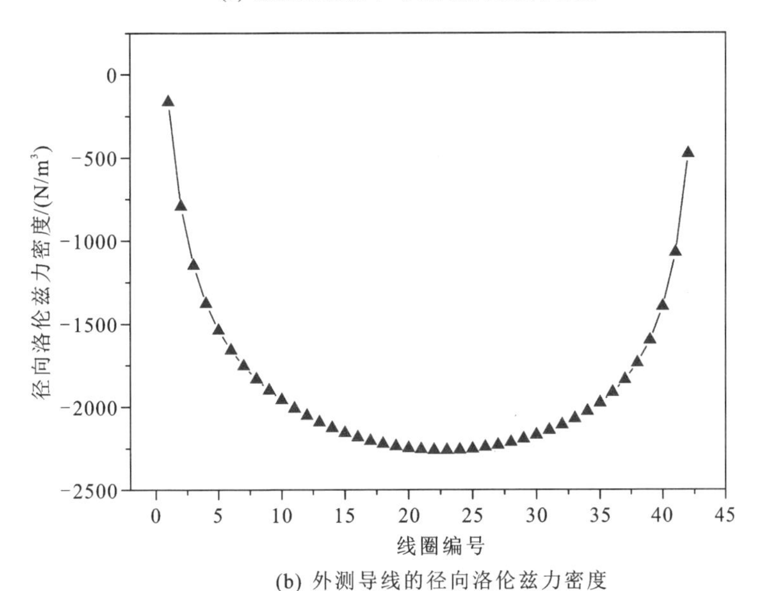

(b) 外测导线的径向洛伦兹力密度

图3-3 绕组洛伦兹力密度的分布特点

由于高压绕组的重心略低于低压绕组，洛伦兹力密度沿绕组高度呈现不对称分布。低压绕组顶部及与高压绕组等高位置的轴向洛伦兹力密度略大于底部与绕组等高区域的轴向洛伦兹力密度；高压绕组顶部的径向洛伦兹力密度的幅值略小于底部的径向洛伦兹力密度。

3.1.3 轴向振动特性

由 3.1.2 节可知，绕组所受洛伦兹力的频率为 100 Hz，幅值与电流平方成正比，因此仅需要获得绕组本体在额定电流下的振动幅值，便可以通过归一化计算获得绕组在任意负载电流下的振动加速度。

为了获得负载条件下的绕组振动特性，对单相双绕组变压器进行负载试验，试验回路如图 3-4(a)所示。试验中，将低压绕组短路，通过调压器向高压绕组的首末段施加激励。利用电能质量分析仪(FLUKE 43B)获取高压侧的短路电压、短路电流，NI9234 和 PCB352C65 采集高压绕组的振动信号。绕

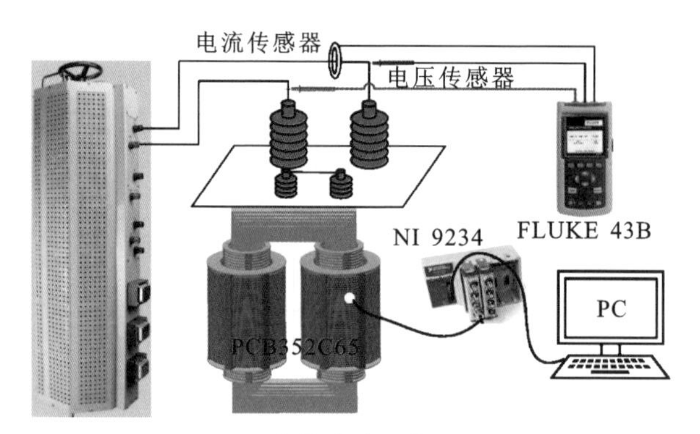

(a) 负载试验回路

(b) 振动测点

图 3-4 试验回路及绕组表面振动测点

组的振动测点如图3-4(b)所示。在每个线圈中，将传感器安装在最外侧导线弧长的四个五等分点上，分别获得绕组轴向和径向的振动加速度。

将图3-3所示的轴向洛伦兹力添加到绕组有限元模型的对应线圈中，进行谐响应分析获得绕组线圈的100 Hz轴向振动加速度，计算结果如图3-5(a)所示。高低压绕组的振动加速度幅值均呈现出了M形分布的特点，即绕组端部及中部振动幅值小，绕组1/4及3/4高度的振动幅值大。低压绕组的振动幅值沿绕组高度是基本对称的，两个峰值的振动加速度幅值基本一致，约为0.18 m/s^2；受高压绕组轴向洛伦兹力不对称分布的影响(图3-3)，高压绕组中两个峰值处的幅值分别为0.0687 m/s^{2}和0.0354 m/s^2。从振动方向上看，绕组上下两部分的振动加速度方向相反，绕组被同时压缩或拉伸。高低压绕组之间也具有反向振动的特点，即当高压绕组被拉伸(压缩)时，低压

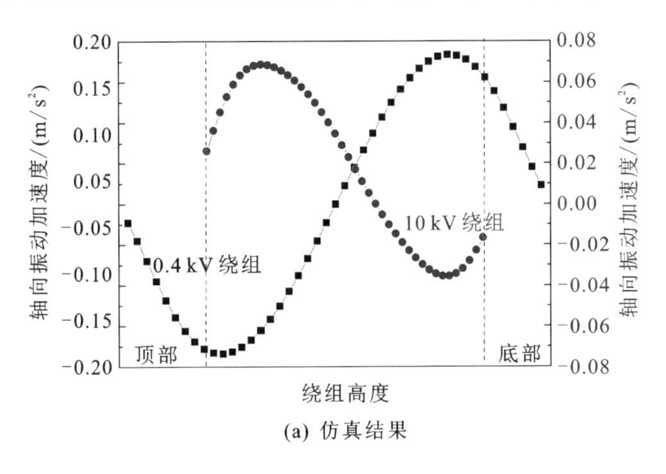

(a) 仿真结果

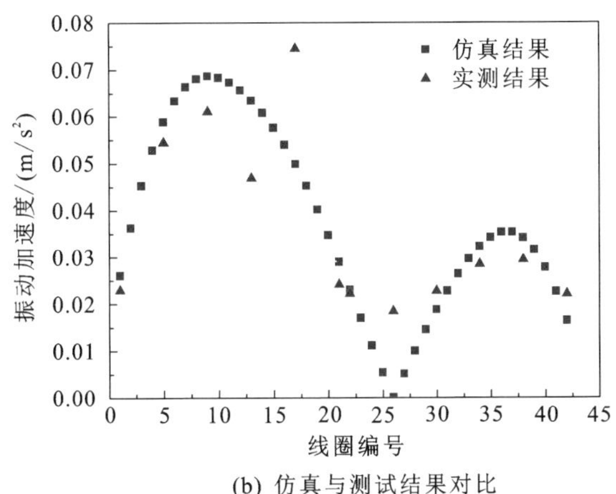

(b) 仿真与测试结果对比

图3-5　绕组的轴向振动加速度

绕组被压缩(拉伸)。

绕组的轴向加速度的实测结果如图 3-5(b)所示。由图可知,绕组轴向振动加速度的实测结果符合 M 形的分布特点,与仿真结果基本一致,最大误差 0.25 m/s^2,位于 19 号线圈。

3.1.4 径向振动特性

由第 2 章建立的导线径向振动的直梁模型可知,导线振幅与其所受径向洛伦兹力的幅值成正比,故加速度幅值沿绕组高度呈现出中部大、端部小的 U 形分布。由式计算获得 21 号线圈导线的最大振动加速度 a_{max} 为

$$a_{max}=\frac{-2260\times(100\pi)^2\times(0.1916)^4}{8\times7\times10^{10}\times(0.0016)^2}=-0.2097\ m/s^2 \qquad (3-6)$$

由式可知,导线上 1/5 和 2/5 等分点的振动加速度分别为导线中点振动加速度幅值的 40.96%和 92.16%。因此,导线上 4 个五等分点上的平均加速度约为最大加速度幅值的 66.56%(约−0.1396 m/s^2)。由试验和理论计算获得不同线圈平均径向振动加速度如图 3-6(a)所示。从图中可以看出,径向振动加速度与绕组径向洛伦兹力的分布规律一致,呈现出 U 形分布的特点,在电流峰值时刻向内压缩绕组。理论计算获得的最大平均加速度约为 0.13 m/s^2,位于 21 号线圈,而试验获得的最大加速度位于 17 号线圈,幅值约为 0.15 m/s^2。

由试验获得 13 号和 21 号线圈的 4 个测点的加速度幅值如图 3-6(b)所示。4 个测点的振动加速度幅值呈现出对称的特点,其中 2/5、3/5 等分点具有较大的振动加速度,1/5 和 4/5 等分点的振动加速度较小。绕组径向受力

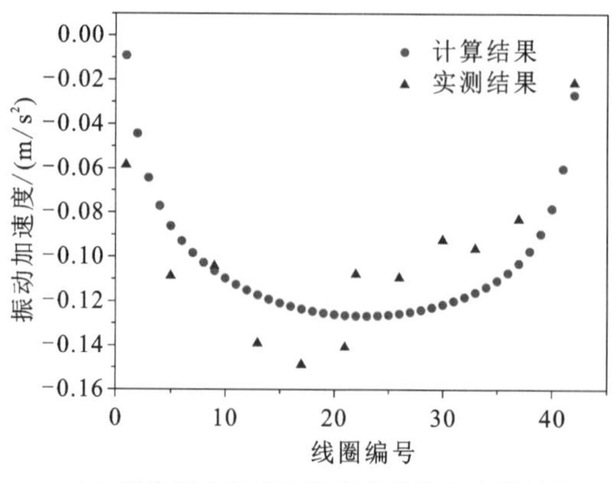

(a) 平均径向振动加速度的计算与实测结果

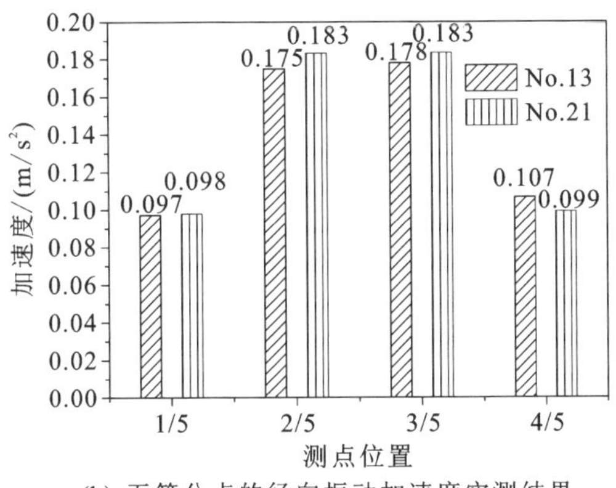

(b) 五等分点的径向振动加速度实测结果

图 3-6　绕组径向振动加速度

自绕组中部向端部减小，21 号线圈的各测点的振动加速度略高于 13 号线圈。计算的 21 号线圈 1/5、2/5 等分点最大振动幅值分别为 0.086 m/s^2 及 0.193 m/s^2，与如图 3-6 所示的测量结果基本相符。

3.2 铁芯振动特性

3.2.1 铁芯振动试验平台

对第 2 章中的三相三柱式变压器铁芯模型进行振动研究分析，低压绕组采用1.5 mm^2 细铜芯线，匝数为额定匝数 46 匝，采用星型联结方式，额定电压为 400 V，额定磁通密度为 1.68 T。试验平台如图 3-7 所示，包括采用三相自耦调压器(作为电源激励并实现电压调节)、变压器铁芯本体模型，基于激光测振仪和压电式加速度传感器的振动测试系统以及声学成像系统、计算机数据处理等。

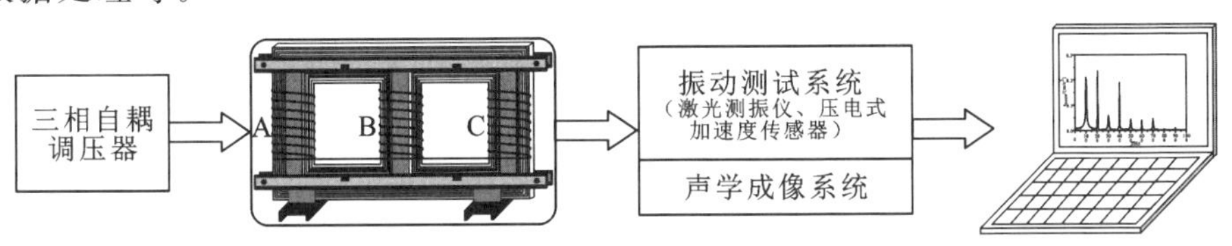

图 3-7　铁芯振动试验平台

3.2.2 振动测试系统及不同测试方案对比

对于电力变压振动信号的采集，国内外普遍采用激光多普勒测振仪或压电式振动加速度传感器对设备振动进行测量。

1.基于激光测振仪的铁芯表面振动测试系统

测试系统如图3-8所示。采用德国Polytec公司的PDV-100型非接触式单点激光测振仪，利用激光多普勒原理，经数字解调得到振动速度模拟量。振动测试频带范围0～22 kHz，振动速度分辨率为0.05 μm/s，测试距离范围为0.2～30 m。

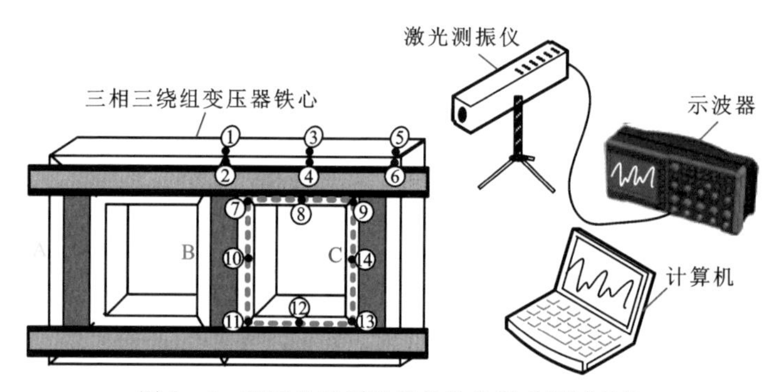

图3-8 基于激光测振仪的铁芯振动测试系统

铁芯采用硅钢片叠装而成，表面光滑平整，具有较高的反射系数，满足激光测振仪测试要求。此外，激光具有较好的汇聚性，测点的直径可达1 mm以内，能够实现较密集测点的测量；加之激光束的能量很低，可忽略其对被测物体振动的影响，这对于叠片式铁芯表面振动测量至关重要。故本章采用激光测振仪对铁芯表面振动及采用较密集测点的分布特性进行测量研究。

2.基于压电式加速度传感器的振动测试系统

通常用于变压器油箱表面振动测试的压电式加速度传感器体积及质量较大(如PCB的603C01型，仅传感器质量就达51 g)，大容量电力变压器油箱尺寸及质量较大，传感器对其机械结构的影响可以忽略。但是对于叠片式结构的变压器铁芯本体而言，受紧固等因素的影响，其一体性较差，铁芯硅钢片表面固定较大质量的传感器势必会影响其机械结构，导致测得的振动与实际有较大偏差。

传感器的粘贴固定方式也需要特别注意，常见的有磁座吸附和粘接剂

(如石蜡)粘接安装。而对于铁芯本体进行振动信号采集时应避免磁座吸附固定,因为永磁体的磁通密度(一般可达 0.4～0.7 T)与铁芯额定磁通密度相当(1.68 T),若直接吸附,将导致铁芯浅表面磁通畸变。此外,较大的磁吸力势必会改变铁芯的局部紧固状态,增大硅钢片表面应力,引起振动状态的改变。

综合以上因素,本章采用 PCB-352C65 微型单轴加速度传感器,其质量仅 2 g,采用石蜡粘接固定,数据采集则采用美国国家仪器公司的 NI-9234 型数据采集卡,经 USB 传输至计算机处理,如图 3-9 所示。

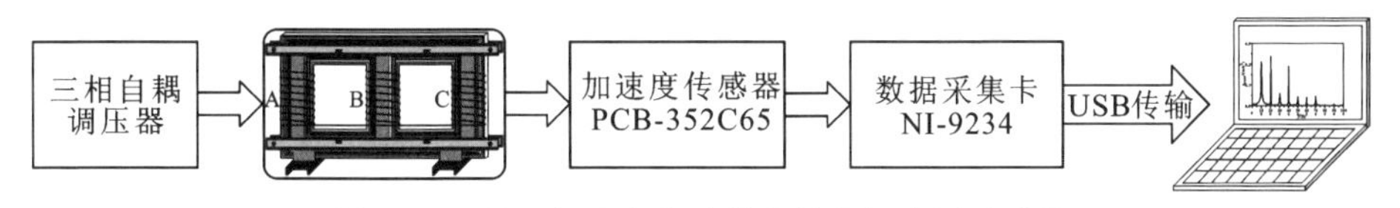

图 3-9 基于加速度传感器的铁芯振动测试系统

3.不同测试方式的对比

为比较分析激光测振仪和振动加速度传感器的测试性能,对变压器铁芯夹紧槽钢表面同一测点(图 3-10)进行法向振动测量,测试结果见图 3-11。压电式振动加速度传感器(PCB-352C65)测量得到振动频谱(图 3-11(a)),而激光测振仪直接测量得到的是振动速度频谱(图 3-11(b)),为了便于比较,经求导转换为振动加速度谱(图 3-11(c))。可以看出,两套系统均能准确测量得到铁芯振动信号,幅值较大频率点(100 Hz、300 Hz、600 Hz、2600 Hz、2900 Hz 等)也基本一致。对比图 3-11(a)、(c)可知,激光测振仪对低频振动测量效果较好,而高频部分辨识度较低,振动速度幅值在数值上较小,转换得到的加速度可能出现较大误差(如 4600 Hz 处);相反振动加速度

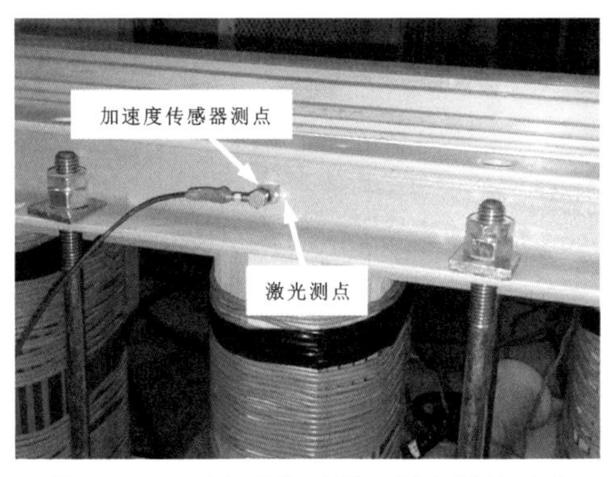

图 3-10 两套系统对同一测点测量对比

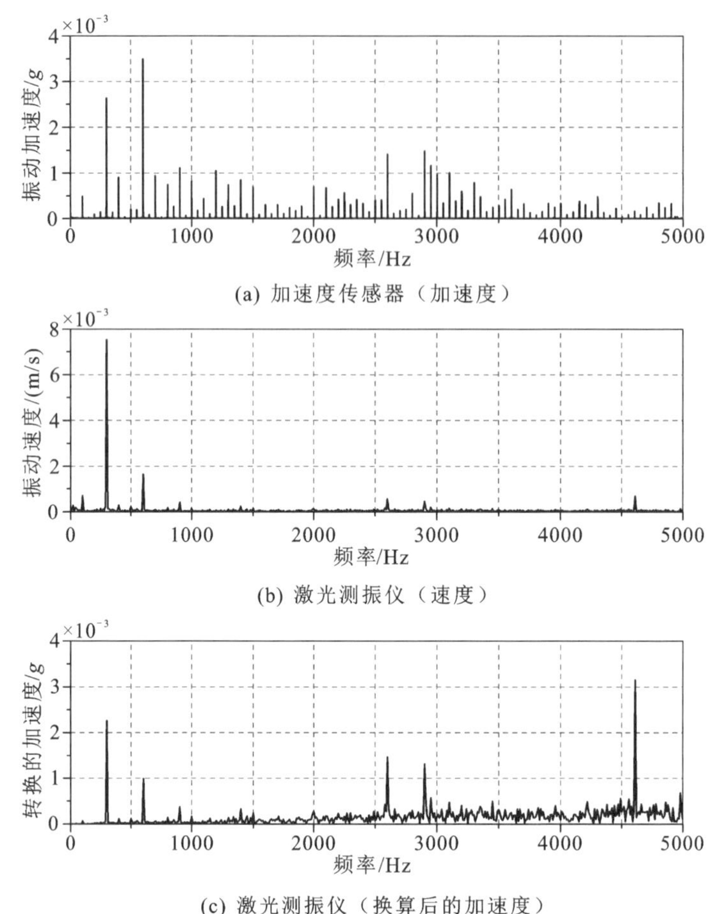

（注：图中g为重力加速度，$1\,g=9.8\,\mathrm{m/s^2}$，后同）

图 3－11 加速度传感器与激光测振仪测量对比

传感器对较宽频率范围内的振动都能准确地测量。此外，加速度传感器测得的振动幅值稍大于激光测振仪。

声成像(Acoustic imaging)是基于传感器阵列测量技术，通过测量一定空间内的声波到达各传声器的信号相位差异，依据相控阵原理确定声源位置，测量声源的幅值，并以图像的方式显示声源在空间的分布，即取得空间声场分布云图——声像图，其中以图像的颜色和亮度代表声音的强弱。相比传统噪声测量法，声学成像技术具有一定的抗干扰能力，在电力设备研发、故障的声学诊断等方面具有广阔的应用前景。

为了更直观地获得铁芯表面振动分布特征，采用 112 通道传声器阵列，采集获得各通道信号，利用波束形成技术进行分析，得到空间内声波到达各传声器的信号相位差，通过反求确定声源位置和声压幅值，生成空间声场分布云图，并与摄像头拍摄的视频图叠加形成铁芯振动声像图。整个声学成像系统如图 3 - 12 所示，包括传声器阵列、采集前端以及声源识别软件。

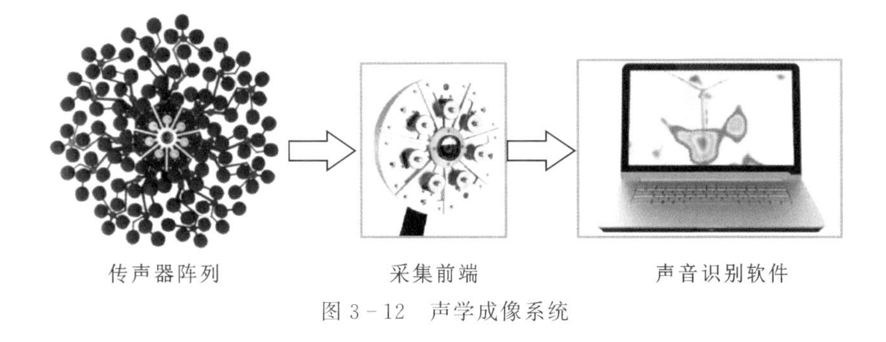

图 3 - 12　声学成像系统

3.3　铁芯振动及分布特性研究

变压器铁芯通常采用叠片式结构，受结构、安装工艺以及夹紧方式等的影响，铁芯本体振动较为复杂，准确把握铁芯振动特性及表面分布规律，对铁芯故障诊断的振动测点选择以及噪声控制等具有重要意义。本小节采用激光测振系统对铁芯表面振动开展较为详细的测试，得到表面振动分布规律，借助声场仿真和声学成像系统获得其振动噪声辐射特性。

3.3.1　铁芯振动特性

铁芯的基本振动噪声来源于磁致伸缩，过剩的振动噪声来源于叠片间的电磁力和其他因素。额定电压激励下，A 相励磁电流波形见图 3 - 13。可以看到，在 50 Hz 额定电压激励下，由于铁芯磁化进入饱和区，励磁电流除了以 50 Hz 为主要成分外，还包含了 3 次、5 次、7 次等奇次谐波分量。

铁芯不同位置的振动差异较大，考虑到三相三柱式变压器铁芯的对称性，为系统地对铁芯振动分布规律进行测量研究，采用图 3 - 8 所示的测点布置方法。测点选取时应注意铁芯夹件以及拉板，图中测点均选在铁芯第二级，其中第 1、3、5 测点为垂直磁力线且与硅钢片平面平行，其余测点均为垂直磁力线且沿硅钢片平面法向方向。对铁芯表面振动进行测量，经傅里叶变换得到振动频谱(部分测点)如图 3 - 14 所示。

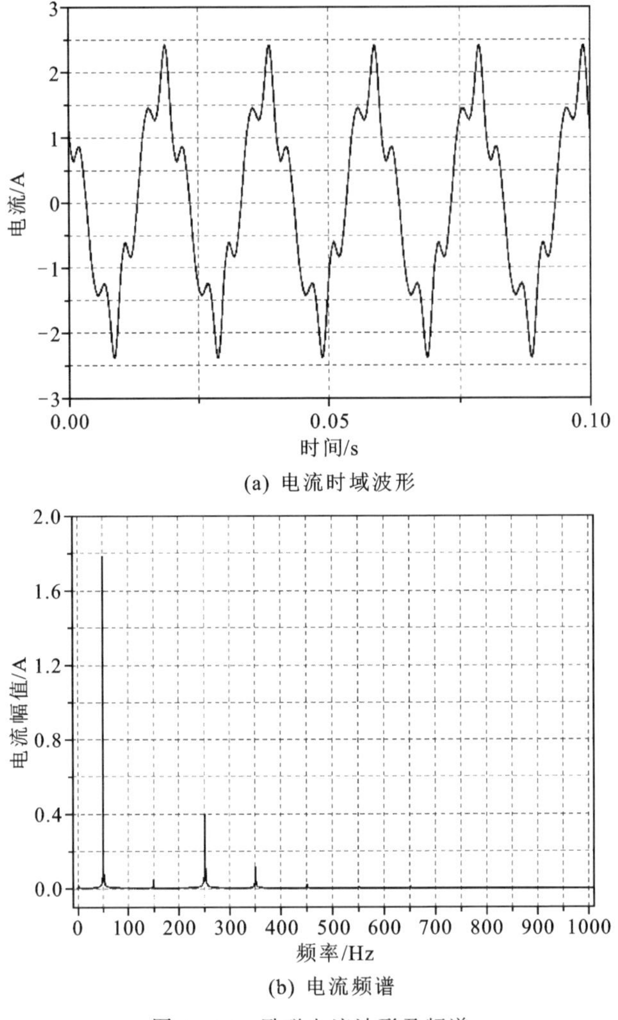

(a) 电流时域波形

(b) 电流频谱

图 3-13　励磁电流波形及频谱

从图 3-14 可以看到，铁芯振动主要包含 100 Hz 及其倍频，但不同位置测点的振动不同，其中 1、7 号测点振动的主频为基频(100 Hz)，频谱主要集中在 500 Hz 以内，2、10 号测点振动主频分别为 500 Hz、200 Hz，部分 1000 Hz 以上频率点振动幅值依然较大。对同一变压器的不同测点，谐波分量的分布不尽相同。对比硅钢片平面内(测点 1、3、5)及法向两个方向的振动可以看出，硅钢片平面法向(即正面)的振动明显高于平面内振动，可见，铁芯振动主要来源于硅钢片平面法向振动。为进一步研究铁芯不同位置的振动，有必要对铁芯正面沿窗的振动分布特性进行测量分析。

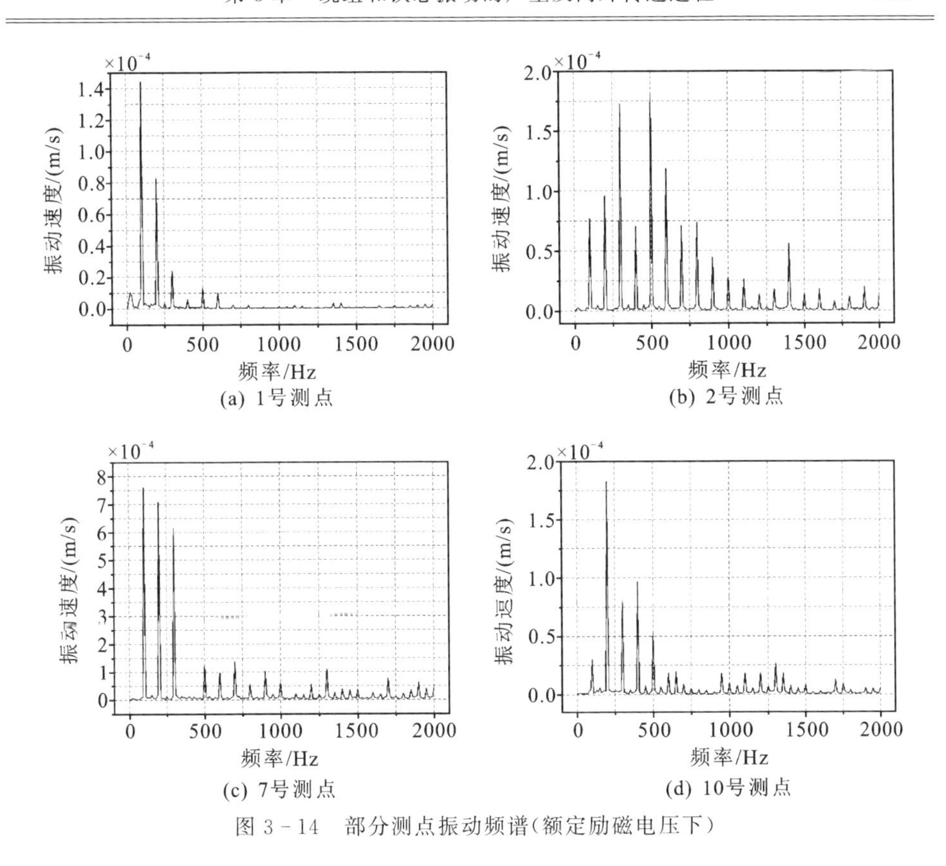

图3-14　部分测点振动频谱(额定励磁电压下)

3.3.2　铁芯振动分布研究

1.振动测试结果

为进一步研究铁芯表面振动分布规律,在额定空载电压(即400 V)下,观测沿铁芯窗的振动分布特征。同样,考虑到三相三柱式变压器铁芯的对称性,选取图3-8中右窗包含的上下铁轭及B、C铁芯柱,由于铁芯上下夹件及拉板的存在,为准确测量铁芯振动,测点选取在铁芯第二级位置,测量时测点间隔取2 cm,即图中虚线部分。得到额定空载电压下沿铁芯窗(包括上下铁轭以及B、C相铁芯柱)垂直硅钢片表面的振动分布曲线,如图3-15所示,其中纵轴为振动功率的标幺值。

从图3-15可以看出,铁芯中柱振动功率最大,下铁轭最小,振动功率在铁芯柱及上下铁轭上均呈两端大、中间小的近似U形分布规律,这主要与铁芯的结构有关。以三相三柱式铁芯为例,上下铁轭与铁芯柱的连接通常为叠

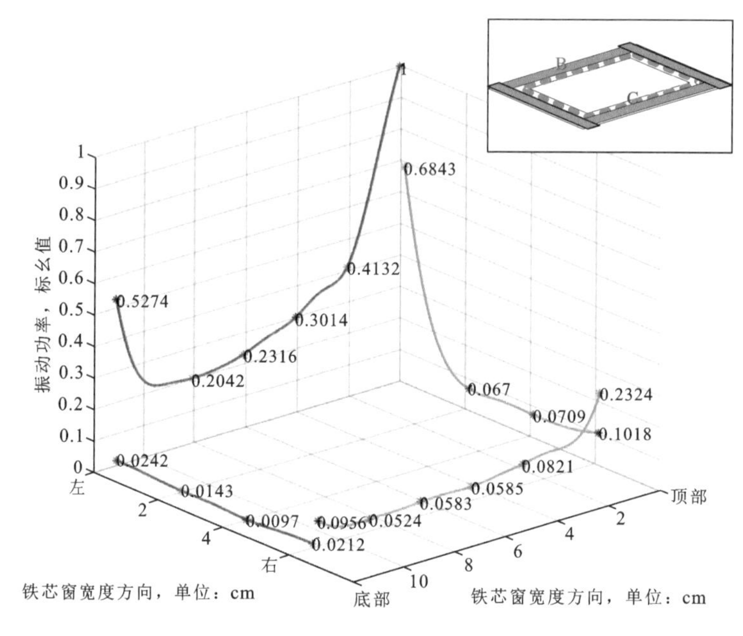

图 3-15　铁芯环窗振动分布曲线

片以45°接缝对接，前面已经提到，在接缝处将产生较大的电磁力，从而导致铁芯局部振动异常，接缝处振动明显增大。铁芯B柱与上铁轭接缝处的振动功率与电压的关系如图3-16所示，在接近额定电压时，振动功率由于铁芯的饱和而明显增大。

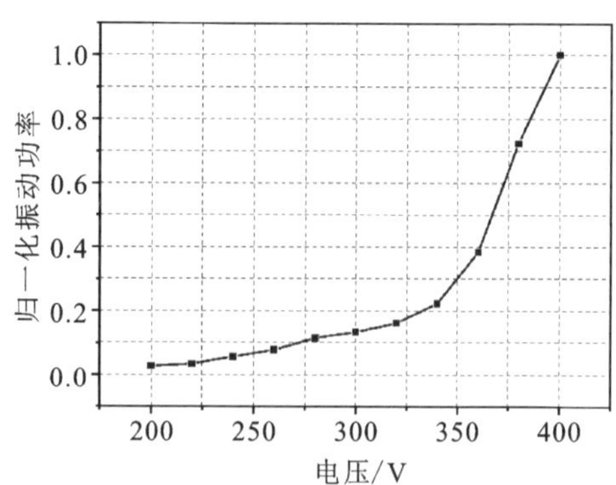

图 3-16　铁芯B柱与上铁轭接缝处的振动功率与电压的关系

对不同电压下沿B相铁芯柱的振动功率进行归一化，获得分布如图3-17所示。从图中可以看出，不同电压下铁芯中心柱上振动强弱分布均呈现两端大、中间小的分布规律。在电压较低，即铁芯磁通密度较小的时候，靠近接缝处的振动较柱中央增大不明显;随着电压的升高和磁通密度的增大,铁芯柱上下两端靠近与铁轭接缝部分的振动急剧增大,而铁芯柱中部的振动亦有所增大。分析其原因,可能有两点,一是随着磁通密度的增大,铁芯磁致伸缩加剧,且可能在较高的磁通密度时进入饱和区,故引起铁芯振动增大;原因之二,磁通密度较低时,铁芯接缝处的磁场畸变不明显,但随着磁通密度的增大,接缝处磁场畸变加剧,造成局部磁致伸缩应变及电磁力增大,从而导致靠近接缝处铁芯振动明显增强。

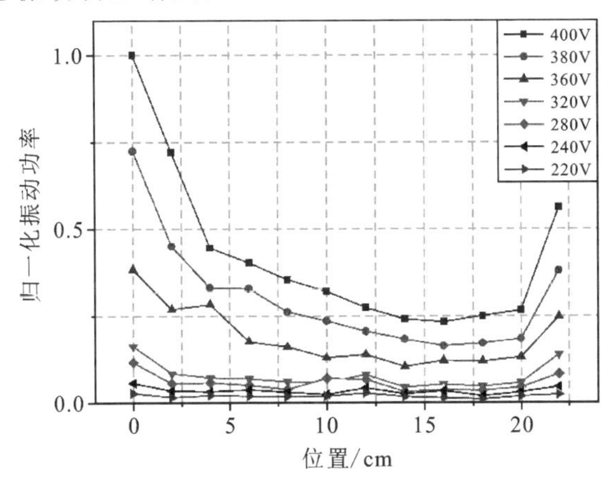

图3-17 不同电压下B相铁芯柱振动功率分布

2.声学成像定位

波束形成技术是一种利用传声器阵列获得高度方向性波束特征的方法。假设平面波声源入射到阵列,波束形成输出公式为

$$B(\boldsymbol{k},w)=P_0W(\boldsymbol{K}) \tag{3-7}$$

$$W(\boldsymbol{K})=\frac{1}{M}\sum_{j=1}^{M}\mathrm{e}^{\mathrm{j}(\boldsymbol{k}-\boldsymbol{k}_0)}\cdot\boldsymbol{r}_m \tag{3-8}$$

式中,$B(k,w)$是聚焦方向为$\boldsymbol{k}$时的输出;P_0为平面波幅值;M是传声器个数;$\boldsymbol{k}$为聚焦方向的波束向量;$\boldsymbol{k}_0$为平面波真实发生方向的波束向量;$\boldsymbol{K}$为$\boldsymbol{k}$与$\boldsymbol{k}_0$之差;$\boldsymbol{r}_m$为第m号传声器位置向量;$W(\boldsymbol{K})$为传声器阵列的阵列模式,是反映传声器阵列性能的一个重要参数。当聚焦方向$\boldsymbol{k}$与平面波传播方向$\boldsymbol{k}_0$一致时,阵列模式取得最大值,称为“主瓣”,否则结果衰减,称为“旁瓣”。旁瓣互相叠加形成“鬼影”,旁瓣鬼影影响波束形成声源识别的精度与准确性。

在实际应用中,为确定声源位置,用传声器阵列扫描声源所在平面,计算噪声传播阵列中各个传声器的延迟时间,然后将各个传声器的延迟时间相加作为阵列的输出，从而得到声源各个可能位置的输出幅值图。当假设位置为声源真实位置时，相加信号幅值最大，即幅值图中幅值最大的位置为声源的位置。

对三相三柱式铁芯进行声学成像测试，阵列距离铁芯正表面 1 m，在额定夹紧力及额定励磁电压激励下进行声成像测试，得到色谱时频图如图 3 - 18 所示。可以看出，铁芯振动频带较宽，除 2000 Hz 以内的主要频率分布外，在 6000 Hz 附近亦呈现较高振动幅值。

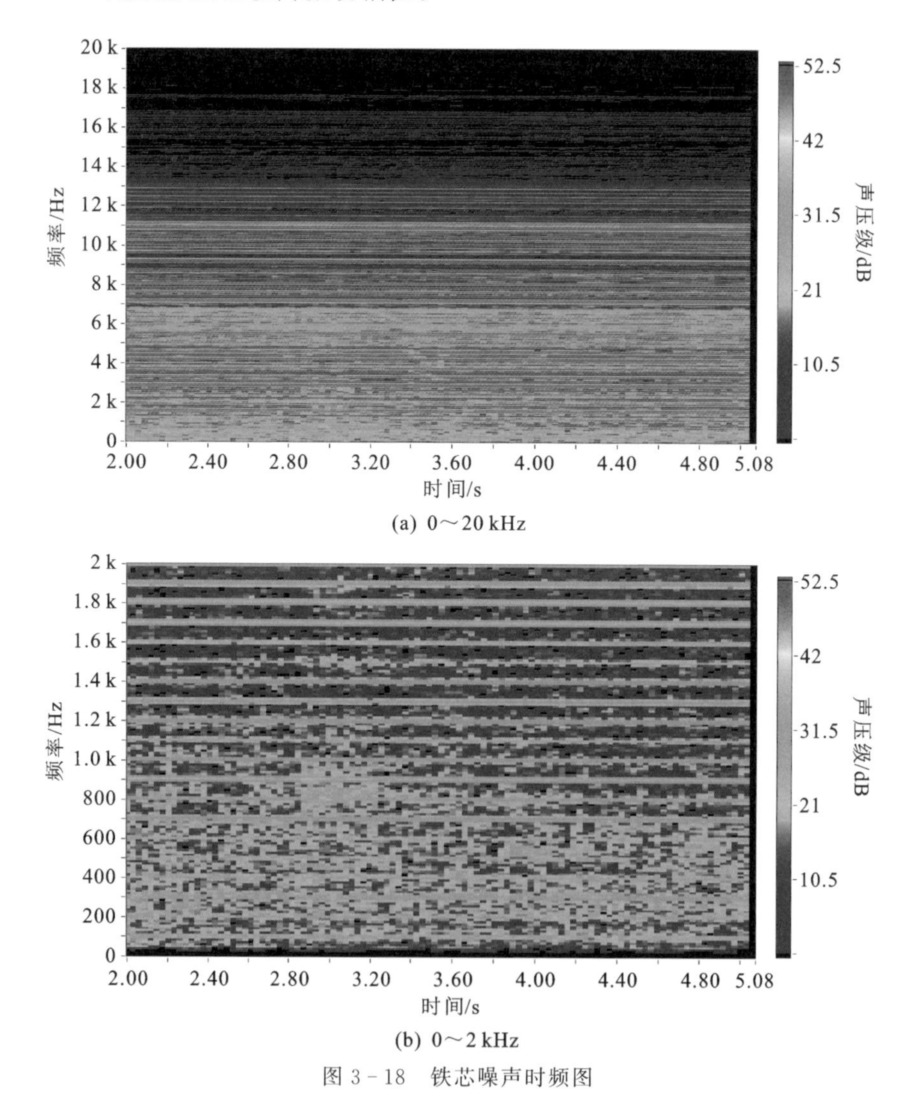

(a) 0～20 kHz

(b) 0～2 kHz

图 3 - 18　铁芯噪声时频图

基于波束形成算法(Beamforming)识别稳定工况过程中主要的声源位置,根据色谱图中声音数据各频段的特征提取计算使用的数据块,图 3-19 给出了几个典型频率的声像图。分析可知,对于三相三柱式变压器铁芯,其振动声源位置主要集中在 B 柱。不同频率下声源分布有所差异,频率不甚高时(如 2000 Hz 以内)主要能量位于 B 柱与上铁轭接缝处,而较高频率(如 6300 Hz)下 B 柱下铁轭处振动高于上铁轭。声学成像定位结果与铁芯表面振动分布测量结果相一致。

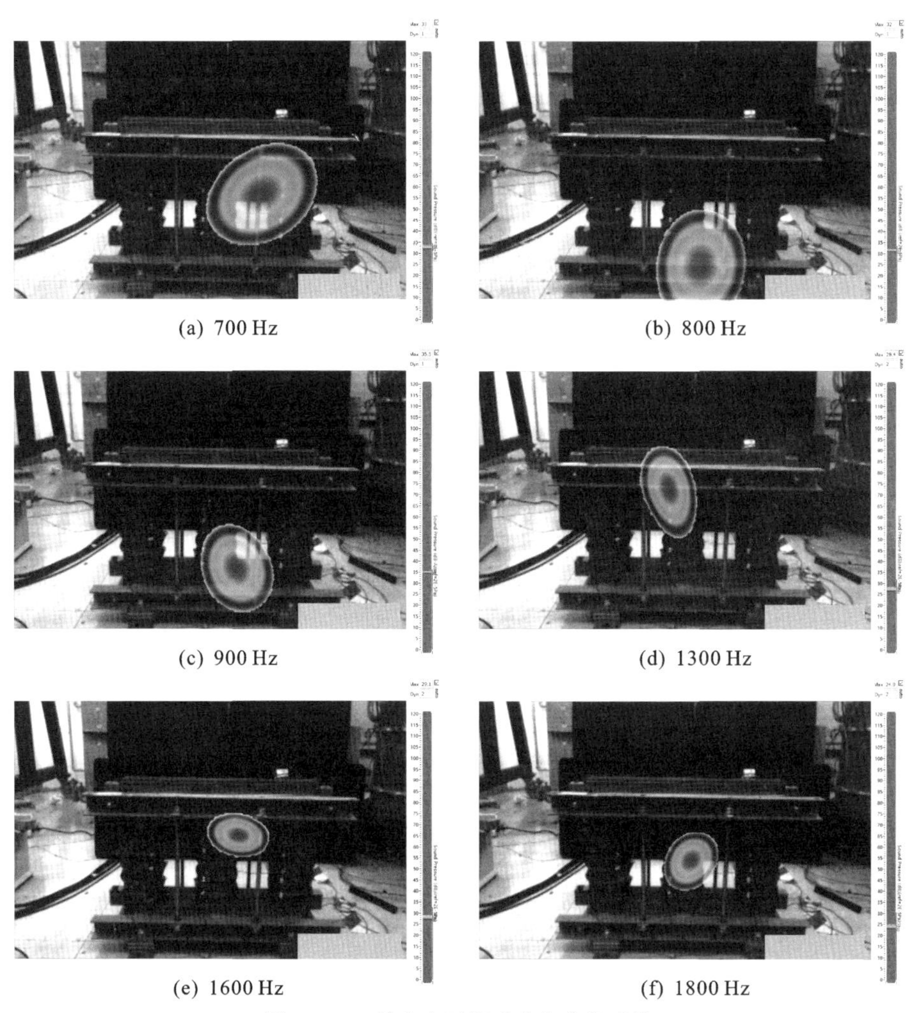

(a) 700 Hz　(b) 800 Hz　(c) 900 Hz　(d) 1300 Hz　(e) 1600 Hz　(f) 1800 Hz

图 3-19　铁芯表面振动分布声学成像

3.3.3 励磁电压的影响

为研究励磁电压对铁芯振动的影响，观测不同电压下铁芯的振动特性。对于图 3-8 中的 7 号测点，给出各频率振动幅值与电压的关系（图 3-20）。可以看出随着电压升高，各次谐波振动幅值均增大，在额定电压范围内，振动主频保持不变，恒为 100 Hz；高次谐波振动的增大趋势相对于基频更为明显，电压低于 380 V 时高频分量较低，在电压达到额定 400 V 附近时，高频部分显著增大。前 6 个频率点的振动速度与电压之间的关系如图 3-21 所示，其中横轴为施加电压与额定电压比值的平方。可见，铁芯振动与励磁电压有关，振动基频（100 Hz）幅值与电压的平方呈线性关系，但在额定电压附近出现上扬。其他倍频分量与电压的平方不一定呈线性关系，200 Hz 及 300 Hz 振动在电压较低时与其他高次谐波所占比重相当，但在额定励磁电压附近，其振动增幅显著，主要原因为额定励磁电压下，磁致伸缩回环畸变，高次谐波成分剧增。

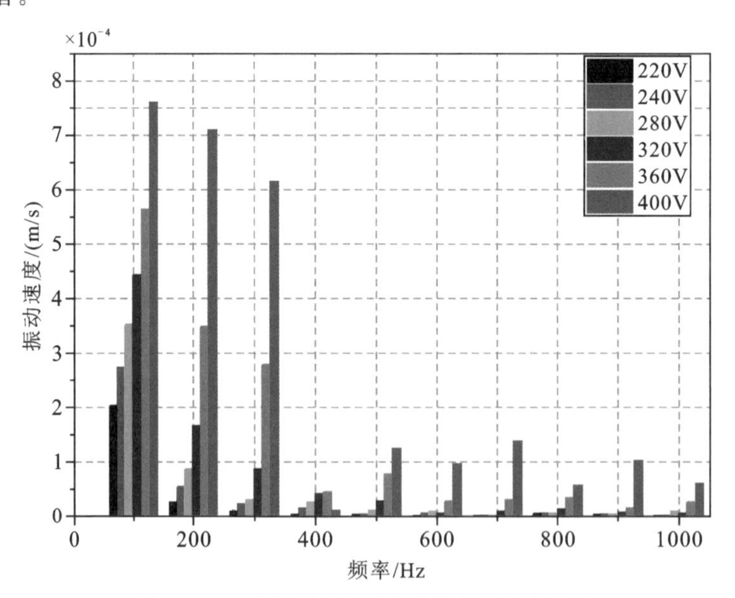

图 3-20 铁芯振动各频率分量与电压的关系

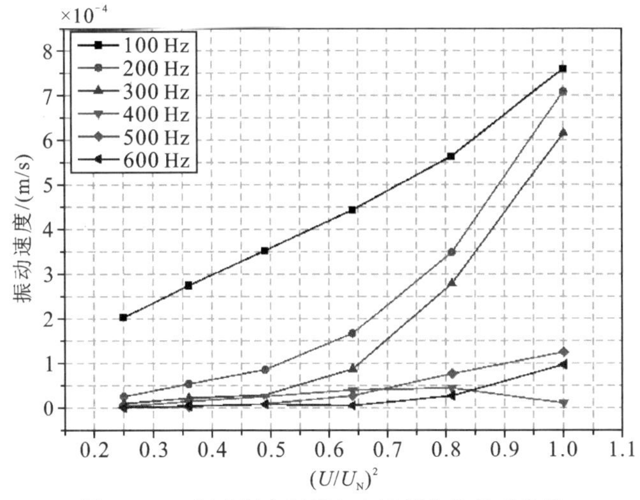

图 3-21　振动频率幅值与电压平方的关系曲线

3.3.4　运行温度的影响

电力变压器内部工作环境复杂，在运行过程中受负荷、环境条件等因素的影响，其温度变化较大，最高达 140 ℃。对用于超特高压工程的大容量、高电压的变压器，其温升效应更为显著。对于油浸式电力变压器，油温将对铁芯振动产生直接影响。试验表明，硅钢片磁致伸缩率 ε 随着温度升高而增大，其关系曲线如图 3-22 所示。

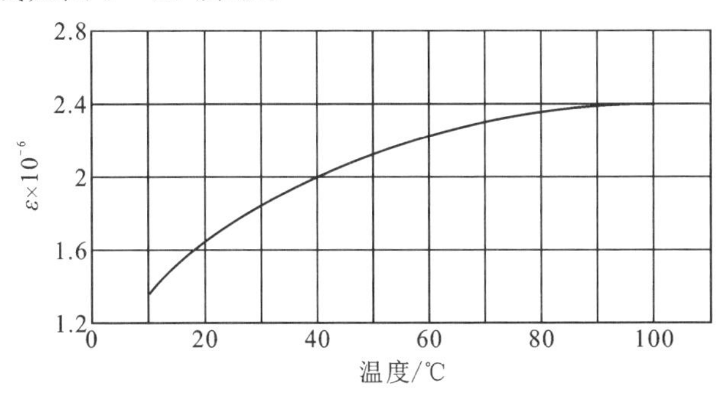

图 3-22　硅钢片磁致伸缩率随温度变化曲线

在实验室建立铁芯振动及温度影响测试平台，研究温度对铁芯振动的影响。整个测试系统及测点分布如图 3-23 所示，采用高低温试验箱实现铁芯温度控制，在上下夹件上安装磁吸式加速度传感器，而在铁芯本体上采用石蜡粘胶的微型加速度传感器，避免磁座对铁芯振动的影响。

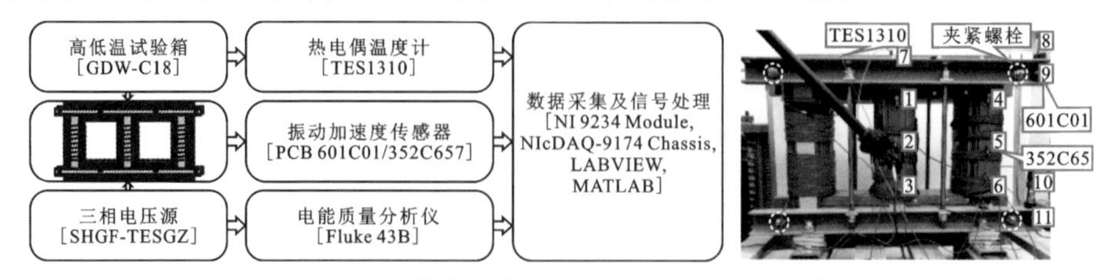

图 3-23 铁芯温度影响测试系统及测点分布

受高低温试验箱中加载测试条件限制，铁芯振动温度影响实验采用以下方案：高低温试验箱控制铁芯温度至 100 ℃后，于室温下自然冷却，采用热电偶温度计以及红外测温仪实时监测铁芯外表温度，冷却过程中加压并测量铁芯振动，间隔取 1～2 ℃，得到不同温度下的铁芯振动信号。由于铁芯硅钢片属于热的良导体，冷却过程中内外温差较小，且与实际铁芯运行过程中因散热导致温度分布较一致，故上述方案基本可满足实验要求。试验时铁芯的压紧力处于正常(紧固)状态，施加额定励磁电压，测量振动加速度并频谱分析，选取其中 5、7、9、11 号测点在 25 ℃、45 ℃、65 ℃下的振动频谱变化趋势对比如图 3-24 所示。分析频谱可知，不同温度下铁芯各位置振动频谱未见明显

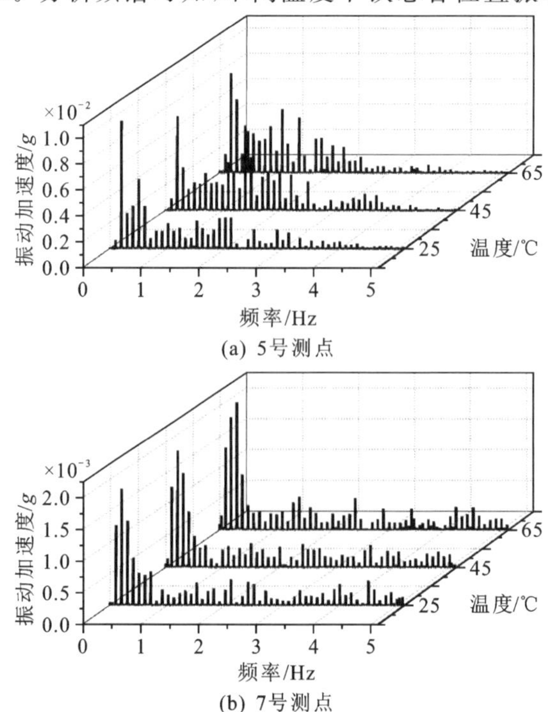

(a) 5号测点

(b) 7号测点

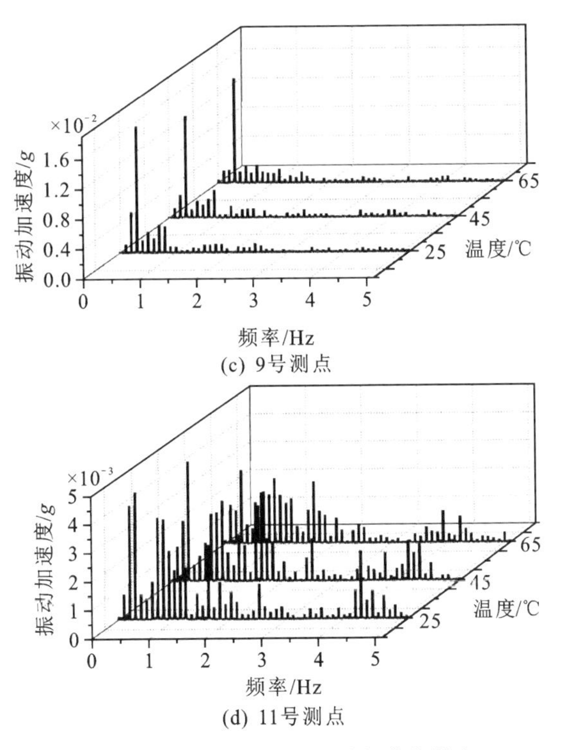

(c) 9号测点

(d) 11号测点

图 3 - 24　温度对铁芯振动频谱的影响

变化。各测点的振动功率随温度变化的趋势如图 3 - 25 所示，同样变化趋势不明显。

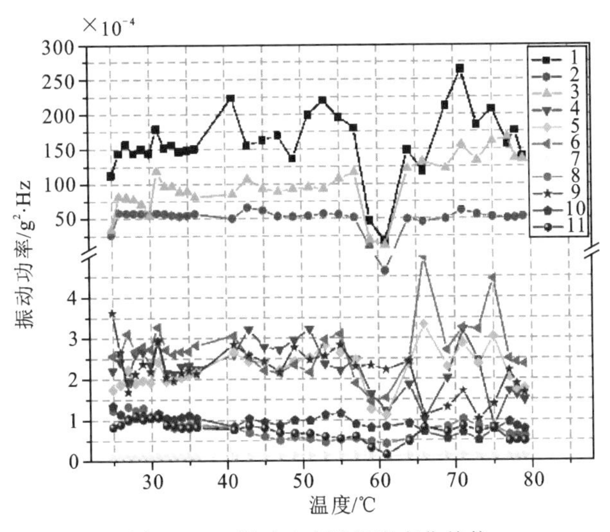

图 3 - 25　振动功率随温度变化趋势

铁芯振动主要来源于磁致伸缩，且以电压的 2 倍频为基频，由于硅钢片的磁致伸缩率随着温度的升高而增大，绘制不同测点的基频振动幅值随温度变化趋势，如图 3-26 所示。铁芯表面振动基频分量随温度上升呈现增长趋势，且铁芯硅钢片表面及夹件等位置处的趋势基本一致。对不同测点处基频振动幅值随温度升高变化曲线进行多项式拟合，拟合结果如图 3-26 实线，可以看出，在温度较低时，随着温度升高，基频振动幅值近似线性增大；而当温度高于 70 ℃后，增幅逐渐减小，呈现明显的饱和趋势。在铁芯温度较高时，加速度传感器粘接强度下降，可能导致图 3-26(a)温度较高时基频振幅出现

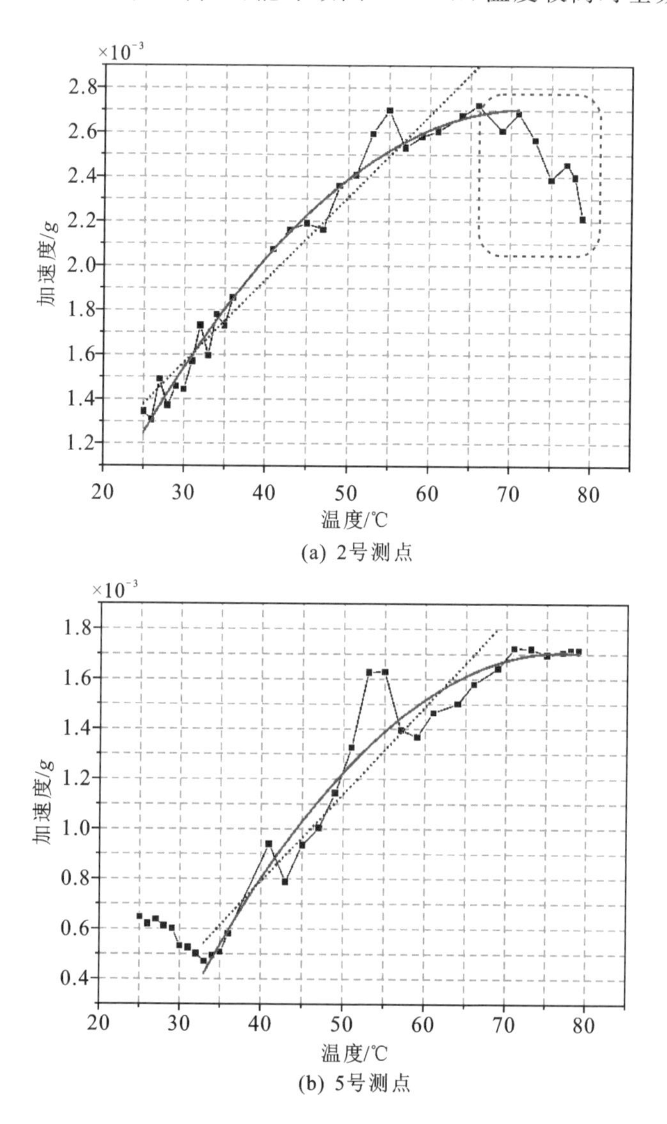

(a) 2号测点

(b) 5号测点

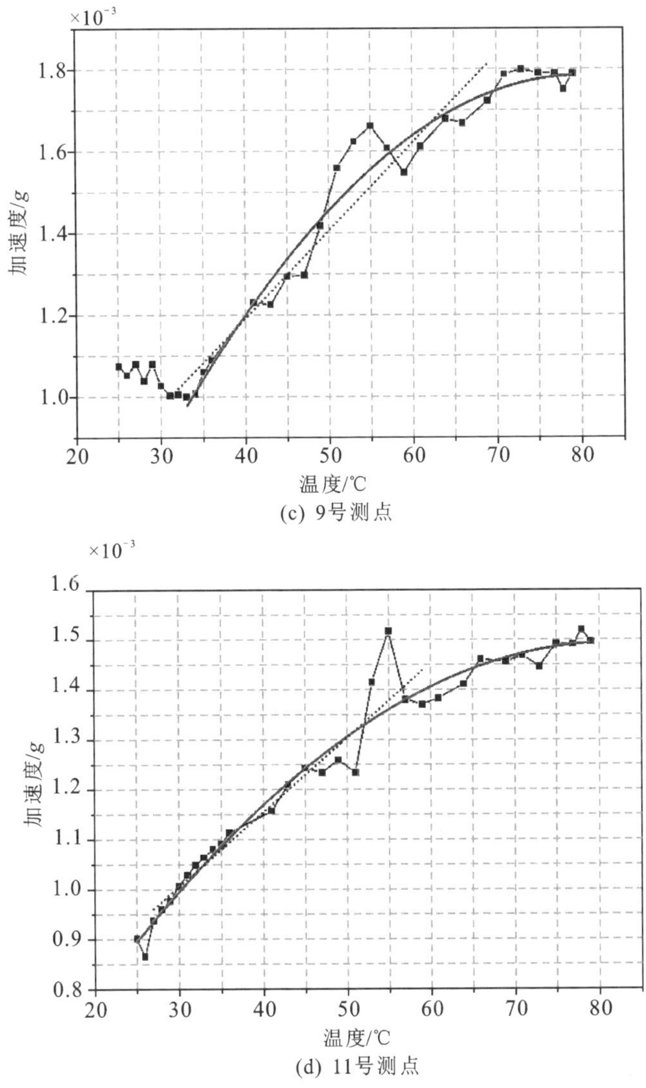

(c) 9号测点

(d) 11号测点

图 3-26　基频振动幅值随温度变化趋势及拟合结果

降低现象(虚线框部分)。对线性增长段进行斜率拟合(图 3-26 蓝色虚线部分),各测点拟合结果如表 3-1 所示。可见,不同测点位置基频振幅随温度的升高增幅不同,大致范围在 0.11～0.37 mm/(s^2・℃)。

表 3-1　铁芯基频振幅随温度变化斜率拟合结果

测点	斜率(10^{-5})	测点	斜率(10^{-5})
1	2.688	7	1.566

续表

测点	斜率(10^{-5})	测点	斜率(10^{-5})
2	3.710	8	2.745
3	2.164	9	2.148
4	1.602	10	1.273
5	3.493	11	1.453
6	2.143	12	1.115

3.3.5 变压器油的影响

对三相三柱式变压器铁芯开展空气中和变压器油中的振动对比测试，测点位置选取为各相铁芯柱与上铁轭接缝处并固定不变，施加额定励磁电压，采用龙门吊将铁芯放入定制的变压器油箱中，如图 3-27 所示，分析得到油中和空气中振动频谱变化规律。

图 3-27 变压器油对铁芯振动影响实验

对比铁芯油中和空气中同一测点振动频谱变化可知，变压器油对铁芯振动起到衰减作用，与流体加载效应理论基本一致。此外，不同频率振动幅值衰减差异较大，高频段(1000 Hz 以上)衰减明显，低频段(1000 Hz)以内衰减幅度相对较小，特别是 100 Hz、200 Hz、300 Hz 等分量，见图 3-28。

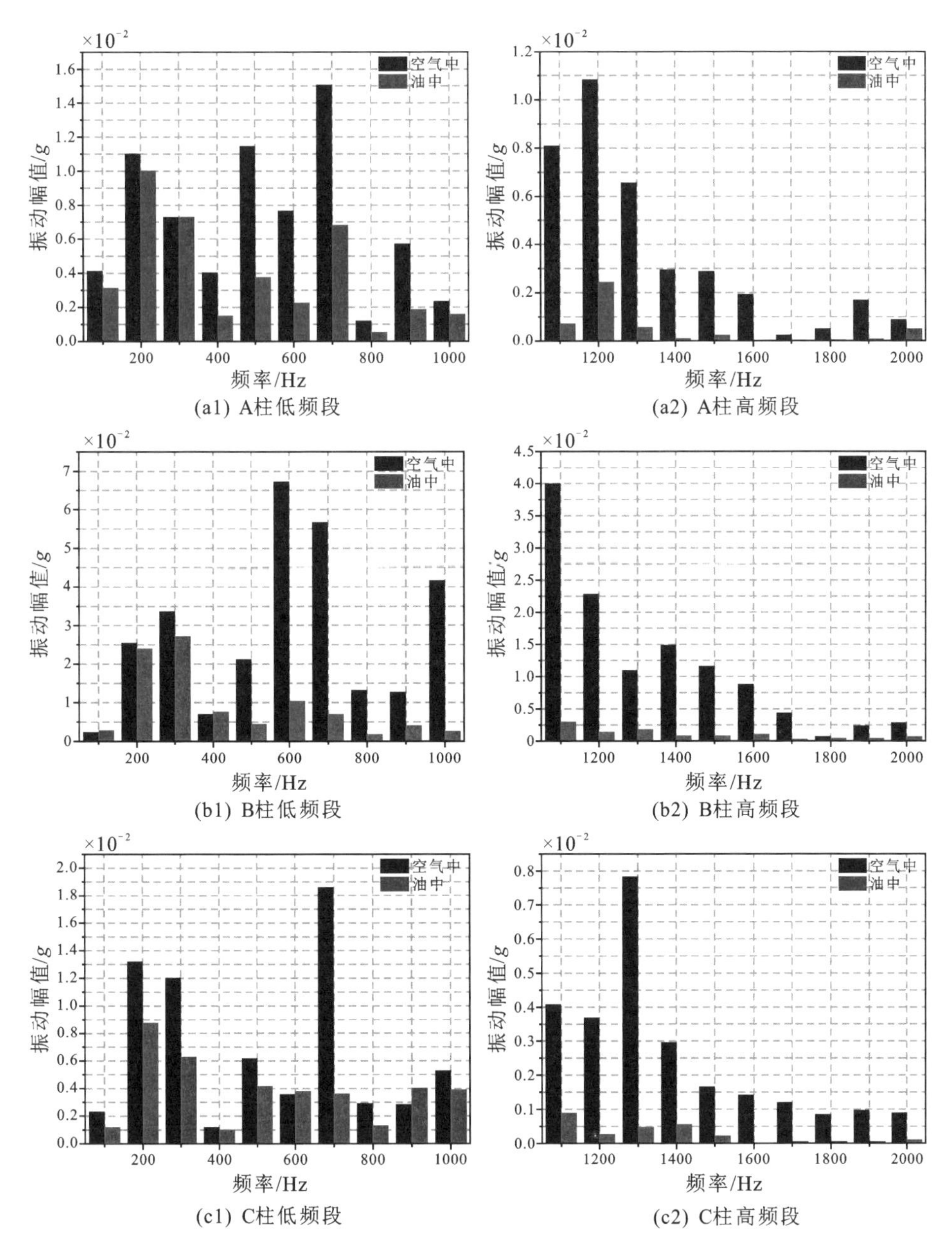

图3-28　变压器油对铁芯振动频谱的影响

可见,变压器油对铁芯表面振动高频分量具有明显的阻尼衰减作用,这也是实际运行的变压器,同等电压等级和容量下油浸式变压器的振动噪声远低于干式变压器的重要原因之一。需要说明,前面振动分布特性研究选取的点位于铁芯柱各级台阶上，其紧固状况较好，此处选取测点位置位于铁芯最外级中央，其紧固状况较差。但通过对比空气和油中振动频谱发现，500 Hz以内振动受油的衰减较小。

3.4 铁芯和绕组的耦合振动特性

以往认为绕组和铁芯的振动具有一定的独立性，即负载条件下仅存在绕组振动，空载条件下仅存在铁芯振动。实际变压器中，绕组整体套装在铁芯柱上并与铁芯通过夹件连接，两者的振动存在耦合。

3.4.1 绕组振动向铁芯的传递

铁芯振动通过夹件和变压器油向绕组传递并引起绕组振动。常规的压电式加速度传感器(如前文使用的 PCB352C65)难以满足带电绕组本体的绝缘要求，无法用于带电绕组本体的振动测量。本章采用光纤振动测量系统对绕组本体振动进行测量，系统结构如图 3 - 29 所示。该系统由位于前端的传感器 EVA1106A、后端的调制解调器及数据采集卡组成。系统工作时，调制解调器通过连接的光纤向传感器发射光强信号，光纤加速度传感器将接收到的光强信号调制成与加速度成正比的光强信号，并反射回调制解调器。调制解调器接收到反射的光强信号后，将其转变为电压信号以供后端的数据采集卡采集。解调器输出的电压信号幅值与前端传感器的加速度幅值成正比。

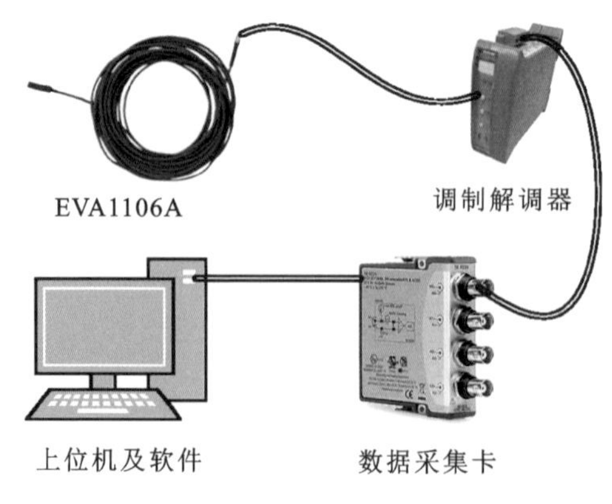

图 3 - 29 光纤振动测量系统

光纤加速度传感器在单相双绕组本体上的安装位置如图3-30所示。其中,1至4号测点位于铁芯左柱的高压绕组,5、6号测点位于右柱高压绕组。铁芯夹件上的7至9号测点采用压电式振动加速度传感器PCB601C01进行测量。其中,7号测点位于上铁轭的铁芯接缝处,8号测点位于上铁轭中部,9号测点位于铁芯夹件底部的垫脚上。两种振动加速度传感器的参数如表3-2所示。

图3-30　变压器内部振动测点

表3-2　加速度传感器参数

参数	EVA1106A	PCB601C01
质量/g	30	51
灵敏度/[mV/(m/s^2)]	10	10
量程/(m/s^2)	500	500
分辨率/(m/s^2)	＜0.07	＜0.0035
频响范围/Hz	5—1000	0.5—10000

不同负载电流下绕组和铁芯夹件的100 Hz振动加速度如图3-31所示。各测点的振动加速度的幅值与电流的平方基本成正比。对比图3-5(b)所示的绕组振动特性可知,由光纤传感器测量获得的绕组振动加速度偏大,造成差别的原因主要来自于光纤振动传感器和PCB352C65传感器的质量差异。固定传感器的3匝导线的总质量约为7 g(3×2700 kg/m^3×3.15 mm×1.5 mm×0.2 m),而前述研究采用的PCB352C65压电式传感器仅重2 g,小于导线质量,故安装该传感器不会增加导线的质量,不会对绕组模态产生显著影响。为了满足变压器油中测试的要求,光纤传感器的外部包裹了较厚的

封装材料，传感器连同线缆向绕组导线添加的实际总质量约为 50 g，约为导线质量的 7 倍。因此，光纤传感器的附加质量将改变导线的模态，从而与图 3-5(b)的测量结果产生差异。由图 3-5(b)和图 3-31 可知，绕组端部线饼的振动幅值与夹件基本相等，但其余线饼的振幅高于夹件测点的振幅，说明洛伦兹力引起的绕组振动不容易向铁芯夹件传递。

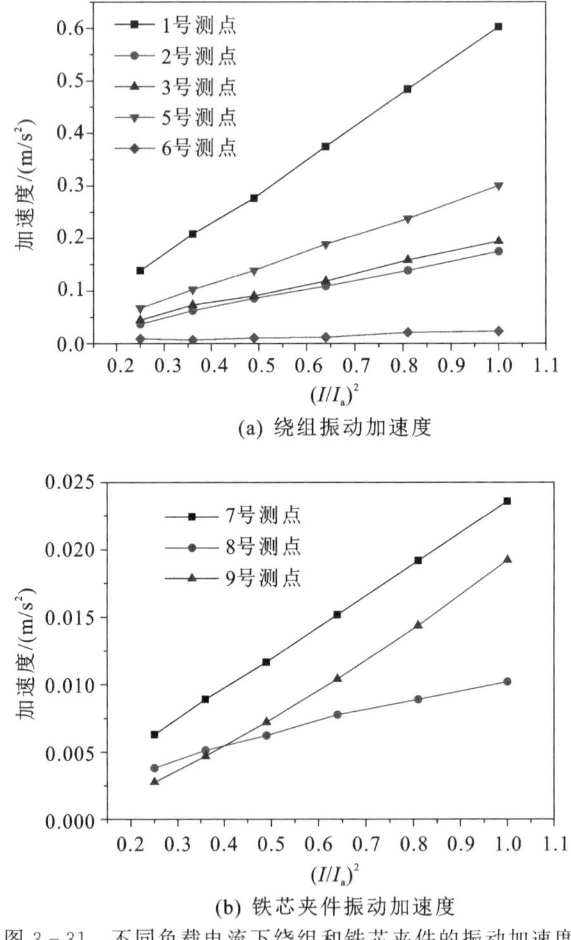

图 3-31　不同负载电流下绕组和铁芯夹件的振动加速度

3.4.2　铁芯振动向绕组的传递

空载条件下，低压绕组中的励磁电流幅值较小，洛伦兹力不足以引起绕组振动。试验获得额定空载电压下铁芯夹件的振动如图 3-32(a)所示。由图可知,8 号测点的 200 Hz 振幅最大,约为 0.26 m/s^2;100 Hz、300 Hz 及 400 Hz的振动幅值基本相等,约为 0.17 m/s^2;7 号测点和 9 号测点的各频率分量中,100 Hz 的振幅最大,分别为 0.18 m/s^2和 0.10 m/s^2;其余频率的振幅随频率的增加而减小。额定空载电压下,绕组各测点的振动加速度如图 3－32(b)所示。在铁芯的振动激励下,绕组展现了多频振动的特点,各频率分量的幅值均大于 0.01 m/s^2。由于浸油绕组的一阶轴向固有频率为 194.641 Hz,接近 200 Hz 的铁芯激励,除 3 号测点外绕组各测点的 200 Hz 加速度幅值高于其他频率分量。

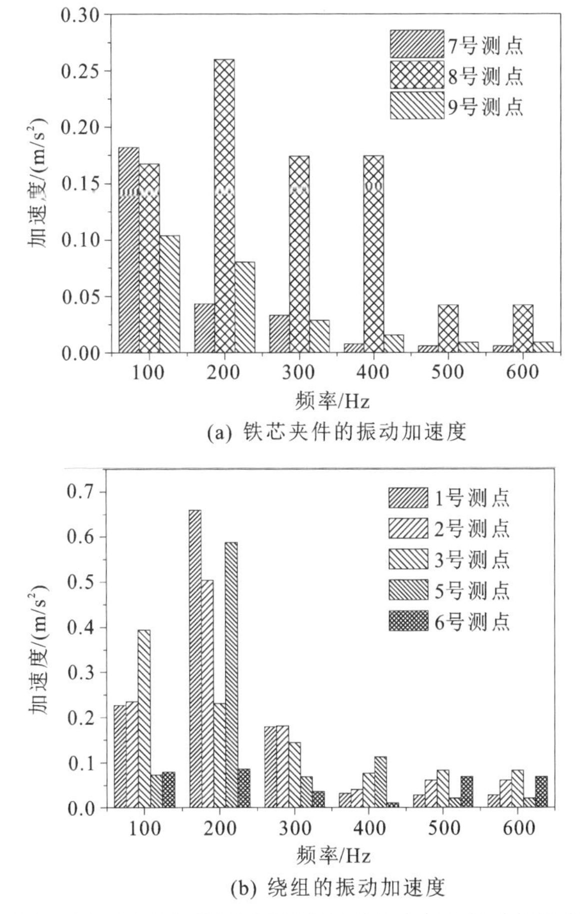

(a) 铁芯夹件的振动加速度

(b) 绕组的振动加速度

图 3－32　额定空载电压下绕组和铁芯夹件的振动加速度

不同空载电压下,低压绕组中的励磁电流如图 3－33 所示。随着空载电压的升高,50 Hz、150 Hz、250 Hz 励磁电流的幅值迅速增大。350 Hz 励磁电

流随空载电压的变化不明显，电流幅值在 400 V 时仅为 0.08 A。

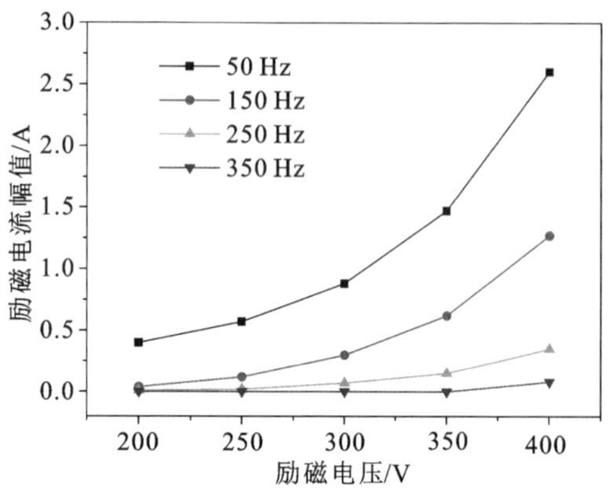

图 3－33　不同空载电压下的励磁电流

不同空载电压下，铁芯夹件 7 号测点和绕组 1 号测点的振动加速度如图 3－34 所示。由图可知，振动加速度的幅值随着空载电压的升高而迅速增大。受绕组固有频率的影响，1 号测点 200 Hz 振动幅值明显高于铁芯夹件上 7 号测点的振动幅值。

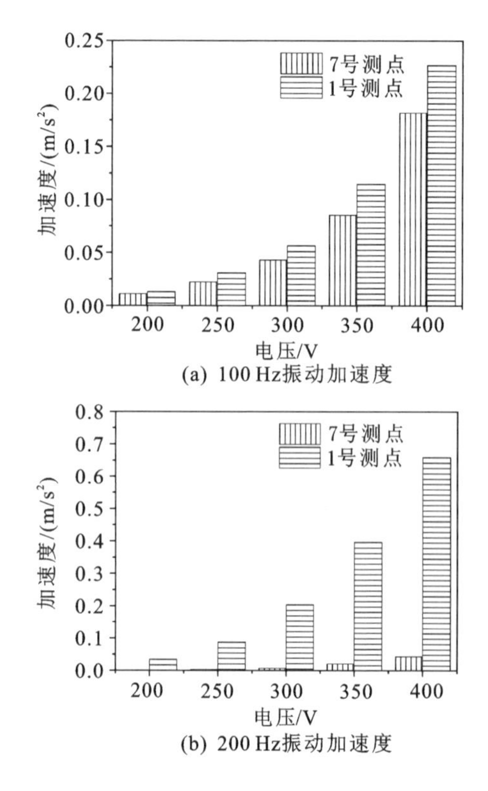

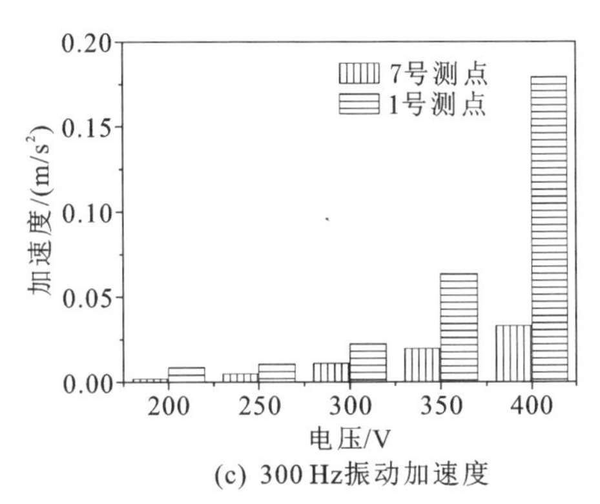

(c) 300 Hz振动加速度

图 3-34　不同空载电压下铁芯夹件和绕组的振动加速度

试验结果表明，绕组和铁芯存在耦合振动，绕组受铁芯振动的影响呈现出多频振动的特点，并不以 100 Hz 振动为主。绕组多频振动的幅值取决于受到铁芯振动的激励和绕组自身模态特性，当铁芯振动频率接近绕组的固有频率时，较小的铁芯振动依然可以引起绕组的大幅度振动。

3.5　内部振动传递特性的数学描述

变压器内部振动产生、传递、引起油箱振动的过程是多级串联滤波器系统的响应问题，如图 3-35 所示。其中，内部振动取决于施加的激励和内部结构的模态特性；内部振动产生的辐射声压与振源表面积、振动幅值、频率及油的声阻抗等有关；固体路径引起的振动响应主要取决于油箱模态特性。

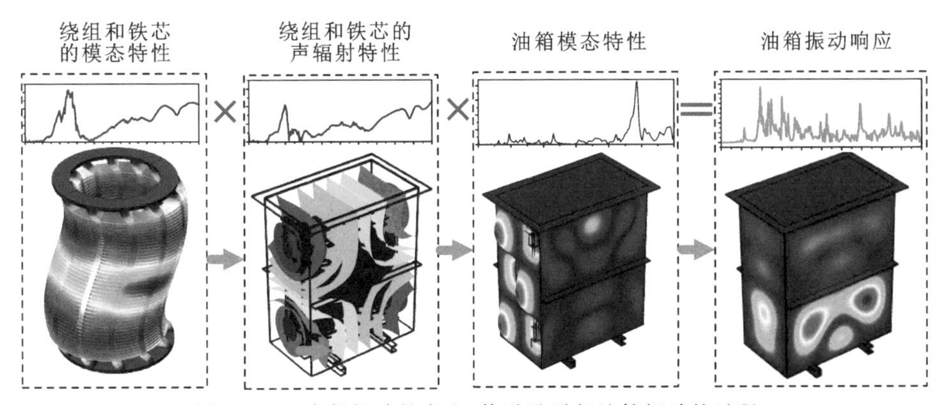

图 3-35　内部振动的产生、传递及引起油箱振动的过程

忽略油的黏性，油箱中辐射声压可以采用无黏声学的亥姆霍兹方程进行

描述,固体的振动响应满足胡克弹性定理及运动方程。上述方程虽然可以揭示振动的传递机理,但难以直观描述振动的传递特点。根据频响函数和传递路径分析的定义,将激励、内部结构和油箱分别离散为 K、N 和 M 个单元,则可以将内部振动产生、传递及油箱响应表示成一系列由传递函数和响应叠加的线性组合,如图 3－36 所示。其中,激励的形式可为洛伦兹力、磁致伸缩的应变及硅钢片叠片间的 Maxwell 应力,此时激励和内部振动的频响函数为载荷-响应型,反映内部结构的模态;内部结构和油箱的频响函数为响应-响应型,反映振动传递和油箱模态。

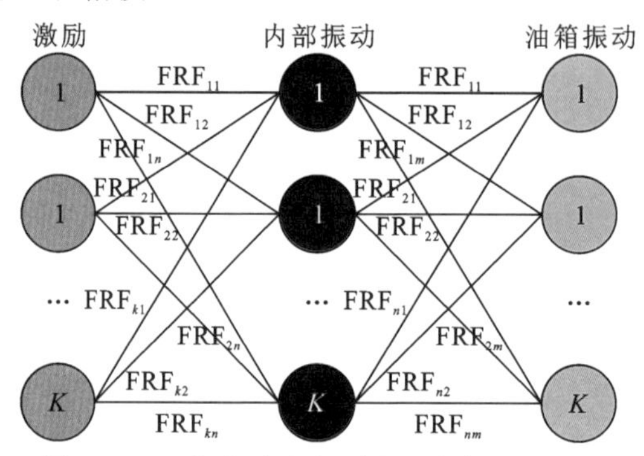

图 3－36 激励、内部振动与油箱振动的关系

根据线性系统假设,绕组和铁芯在单点力锤激励下的响应为

$$\boldsymbol{A}=[a_{\mathrm{w}1}\quad a_{\mathrm{w}2}\quad \cdots\quad a_{\mathrm{w}n}]=\boldsymbol{F}_{\mathrm{w}}\times[H_{\mathrm{w}1}\quad H_{\mathrm{w}2}\quad \cdots\quad H_{\mathrm{w}n}] \tag{3-9}$$

式中,$\boldsymbol{A}$ 为内部振动加速度矩阵,$a_{\mathrm{w}i}$ 为内部某点的振动加速度,$\boldsymbol{F}_{\mathrm{w}}$ 为力锤施加的载荷,$H_{\mathrm{w}i}$ 为激励点与结构上一点之间的频响函数。据此,油箱振动可表示为

$$\begin{bmatrix} a_{\mathrm{T}1} \\ a_{\mathrm{T}2} \\ \cdots \\ a_{\mathrm{T}m} \end{bmatrix}^{\mathrm{T}}=\boldsymbol{A}\times\boldsymbol{H}=\begin{bmatrix} a_{\mathrm{w}1} \\ a_{\mathrm{w}2} \\ \cdots \\ a_{\mathrm{w}n} \end{bmatrix}^{\mathrm{T}}\times\begin{bmatrix} H_{11} & H_{12} & \cdots & H_{1m} \\ H_{21} & H_{22} & \cdots & H_{2m} \\ \vdots & \vdots & & \vdots \\ H_{n1} & H_{n2} & \cdots & H_{nm} \end{bmatrix} \tag{3-10}$$

式中,$\boldsymbol{H}$ 为传递函数矩阵。传递函数 H_{ij} 可以表示为变压器油传递函数 $H_{\mathrm{F}ij}$ 和固体传递函数 $H_{\mathrm{S}ij}$ 的线性叠加:

$$H_{ij}=H_{\mathrm{F}ij}+H_{\mathrm{S}ij} \tag{3-11}$$

由式(3－9)至式(3－11)可得单点激励下油箱表面任意一点的振动为

$$a_{\mathrm{T}i}=\sum_{j=1}^{N}[(H_{\mathrm{S}ij}+H_{\mathrm{F}ij})\times H_{\mathrm{w}j}\times F_{\mathrm{w}}] \tag{3-12}$$

式(3－12)表明油箱表面任意一点的振动都来自于 N 个内部振源经两种传递路径的线性叠加。

式(3-12)可以进一步简化为

$$a_{Ti}=(H_S+H_F)\times H_w\times F_w \tag{3-13}$$

式中,$H_S\times H_w$为固体传递路径的频响函数;$H_F\times H_w$为变压器油传递路径的频响函数。

3.6 内部振动的传递及油箱振动响应

由 3.3 节可知,内部振动传递引起的油箱振动受油箱自身模态特性的影响。为了全面了解油箱的振动特点,本节首先建立变压器的三维有限元模型,对比分析空油箱和充油油箱的模态特性,然后分别研究内部振动在变压器油和固体路径中的传递特性,获得内部振动通过上述路径对油箱振动的贡献程度。

3.6.1 变压器的三维有限元模型

根据单相双绕组变压器模型的结构参数,建立包含铁芯、夹件和油箱的三维模型,如图 3-37 所示。在绕组单独的模态分析中,对上下压板设置了弹性边界条件,但在三维模型中,按照实际变压器结采用了压钉压紧上下压板。变压器顶部的套管被简化为总重为 8.9 kg 的分布载荷添加于油箱顶板,油箱底部的加强筋与地面的接触部分被设置为固定约束。绕组结构及材料参数和油箱结构参数及材料参数如表 3-3 所示。在变压器模型的外部建立

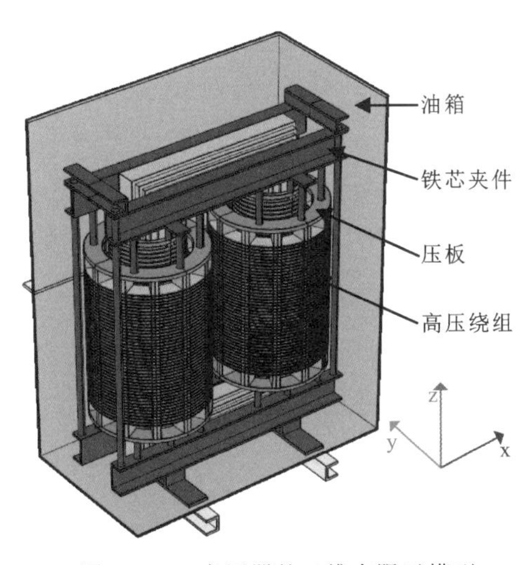

图 3-37　变压器的三维有限元模型

1500 mm×1000 mm×1500 mm 的六面体空气计算域，计算域的边界条件与式(3-4)相同，铁芯非线性磁化曲线如图 3-2(b)所示。

表 3-3　油箱的结构参数及仿真中的材料参数

参数名称	数值	参数名称	数值
油箱尺寸/mm	805×450×990	空气域尺寸/mm	1500×1000×1500
绕组的电导率/(S/m)	10	绕组的相对磁导率	1
油箱材料	结构钢	油箱钢板厚度/mm	3
油箱材料弹性模量/GPa	200	油箱材料密度/(kg/m^3)	7850
油箱的相对磁导率	10	油箱钢板的电导率/(S/m)	5×10^6
油的相对磁导率	1	空气的相对磁导率	1
空气的电导率/(S/m)	10	空气的电导率/(S/m)	10
空气的声速/(m/s)	340	空气的密度/(kg/m^3)	1.29

为了满足后文计算涡流的精度要求，需要根据集肤深度划分网格。集肤深度 δ 为

$$\delta=\sqrt{2/(\omega_0\mu\sigma)} \tag{3-14}$$

式中，ω_0为电源角频率；μ 和 σ 分别为油箱材料的磁导率和电导率。50 Hz 时，油箱材料的集肤深度为 10.1 mm，约为油箱钢板厚度的 3 倍，因此感应电流在油箱钢板厚度方向上基本呈均匀分布。采用六面体的扫略剖分方法对油箱钢板进行网格剖分，将油箱钢板剖分为厚度为 1 mm 的 3 层网格，油箱钢板整体剖分结果如图 3-38(a)所示，油箱壁剖面网格如图 3-38(b)所示。模型中的其余区域采用自由四面体网格剖分，剖分结果如图 3-38(c)所示。

(a) 油箱钢板剖分结果

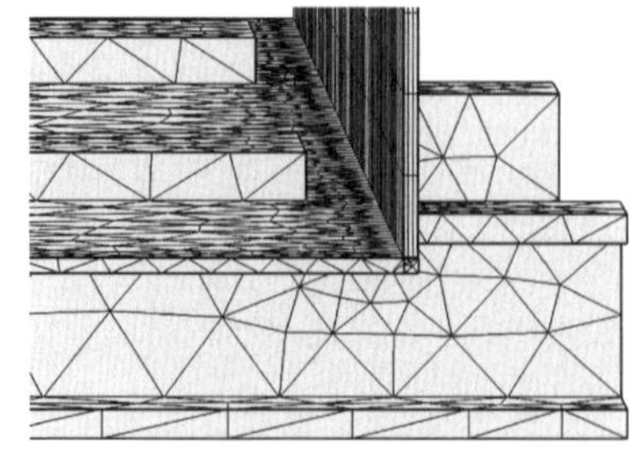

(b) 油箱壁的扫略剖分

(c) 绕组剖分结果

图 3-38　三维有限元模型的剖分结果

3.6.2 空油箱的模态分析

根据声固耦合的质量阻尼效应,充油油箱的固有频率和阻尼比较于空油箱将分别降低和增大。为了获得质量阻尼效应对充油油箱模态特性的影响,首先对空油箱的模态特性进行分析,再研究空油箱充油后模态特性的变化特点。

仿真获得的空油箱在 100 Hz 附近的模态振型如图 3-39 所示。91.404 Hz 对应的模态振型为油箱侧面的 21 振型,即油箱侧面在长边(高度方向)具有一个模态节线,在短边(深度方向)无模态节线。102.676 Hz 对应油箱正面的 22 振型,131.96 Hz 对应油箱侧面的 31 振型。

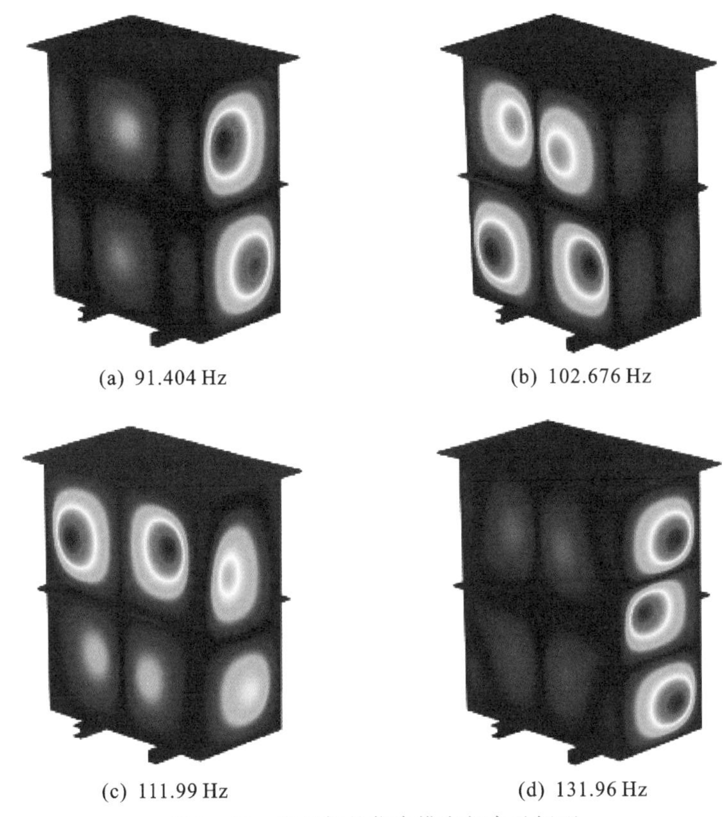

图 3-39　空油箱的仿真模态频率及振型

为了验证空油箱模态仿真结果,对空油箱进行试验模态分析。将油箱正面和一个侧面按边长 100 mm 的正方形划分网格,如图 3-40 所示。油箱正面有 9 行 7 列,共计 63 个测点,油箱侧面有 9 行 5 列,共计 45 个测点。以测

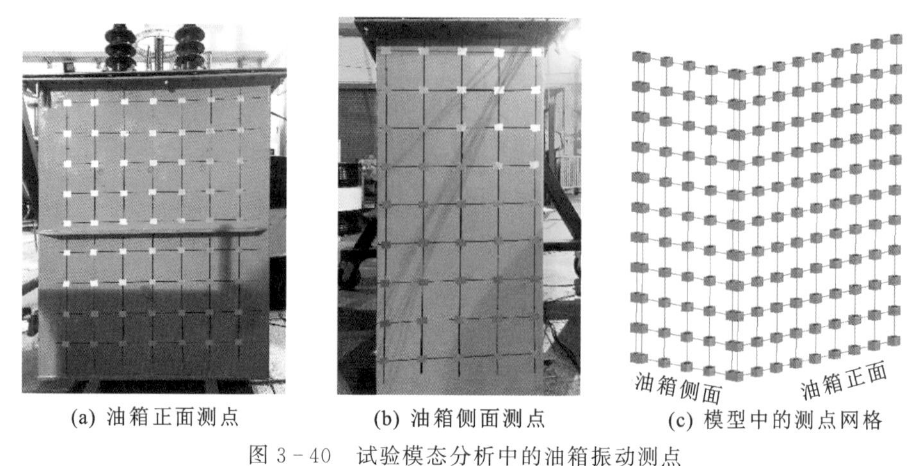

(a) 油箱正面测点　(b) 油箱侧面测点　(c) 模型中的测点网格

图 3-40　试验模态分析中的油箱振动测点

点所在的行和列命名油箱表面的测点。例如，正(侧)面 73 号测点代表测点位于油箱正(侧)面的第 7 行第 3 列。

利用冲击力锤 PCB086C03 在油箱侧面 42 号测点施加激励，PCB352C65 拾取各测点的振动信号。获得的油箱正面 12 号测点的频响函数如图 3-41(a)所示。

由图可知，幅频曲线在 50 Hz 至 150 Hz 之间具有多个近乎独立的谐振峰，说明空油箱各振型对应的阻尼比较小，模态密度较低。试验获得的 0 Hz 至 300 Hz 范围内各阶振型对应的阻尼比如图 3-41(b)所示。在该频率范围内，各阶振型对应的阻尼比均小于 1.4%，平均阻尼仅为 0.69%，小于第 2 章中绕组干模态的阻尼比(0.98%)。

试验获得的 90 Hz 至 140 Hz 之间的四阶模态振型如图 3-42 所示。

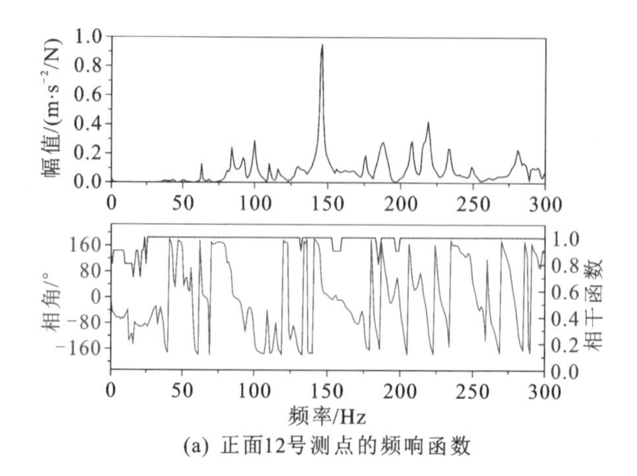

(a) 正面12号测点的频响函数

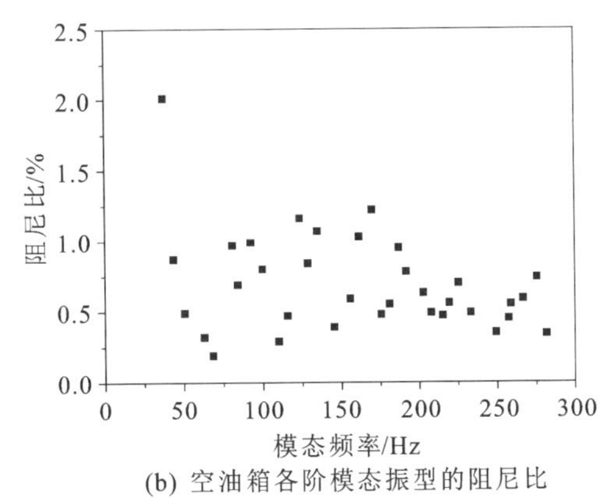

(b) 空油箱各阶模态振型的阻尼比

图3-41　空油箱的频响函数及阻尼比

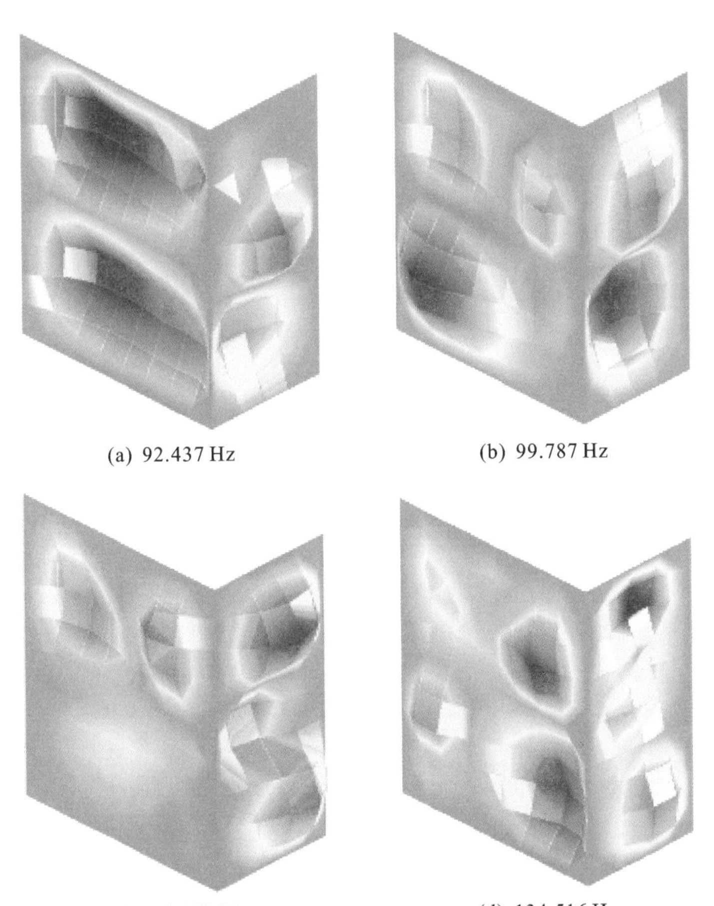

(a) 92.437 Hz　(b) 99.787 Hz

(c) 110.153 Hz　(d) 134.516 Hz

图3-42　空油箱的试验模态频率及振型

92.437 Hz 对应的模态振型在油箱的正面和侧面均为 21 振型。99.787 Hz 对应的振型为油箱正面的 22 振型及侧面的 21 振型,但正面下半部分更倾向于整体的振动。110.153 Hz 对应的振型为油箱侧面的 31 振型及正面近似的 22 振型。134.516 Hz 对应的振型为油箱正面的 22 振型及侧面的 31 振型。

3.6.3 充油油箱的模态分析

试验获得的充油油箱正面 12 号测点的频响函数如图 3-43(a)所示。与图 3-41(a)所示的空油箱对应的该点的频响曲线相比,油箱充油后振动响应的幅值下降,原空油箱中各阶孤立的谐振峰变平缓。试验获得的充油油箱和空油箱的阻尼比如图 3-43(b)所示。0 Hz 至 300 Hz 范围内,空油箱和充油

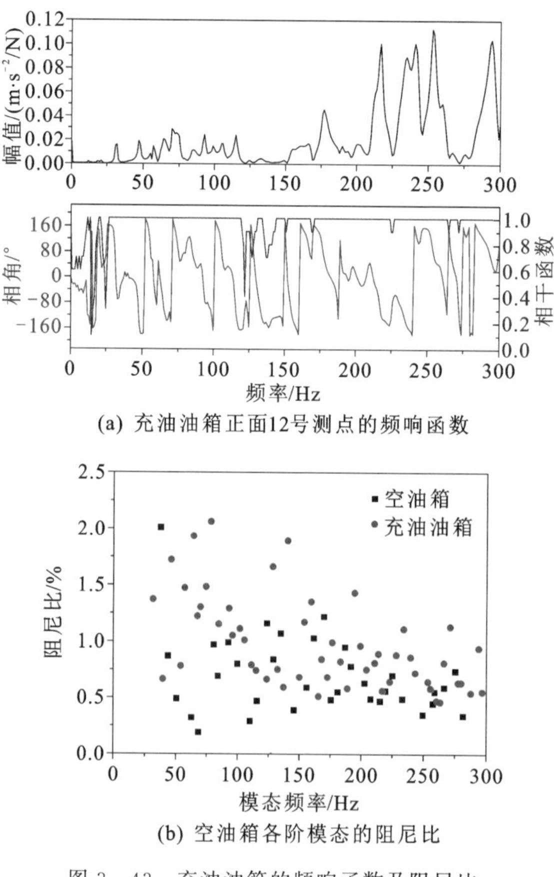

(a) 充油油箱正面12号测点的频响函数

(b) 空油箱各阶模态的阻尼比

图 3-43 充油油箱的频响函数及阻尼比

油箱分别存在34阶和55阶振型，平均阻尼比分别为0.69%和1.039%；充油油箱的阻尼比随频率升高而减小。空油箱和充油油箱的模态试验结果表明，空油箱充油后，固有频率降低，阻尼效应尤其是对低频振动的阻尼作用增强。因此，结构相同的空油箱和充油油箱具有不同的振动响应，必须视为两个不同的个体。

试验模态分析获得的84.042 Hz及111.557 Hz对应的油箱振型如图3-44所示。其中，84.042 Hz对应的振型为油箱正面上半部分的31振型及侧面微弱的32振型。111.557 Hz对应的振型为油箱侧面的32振型。

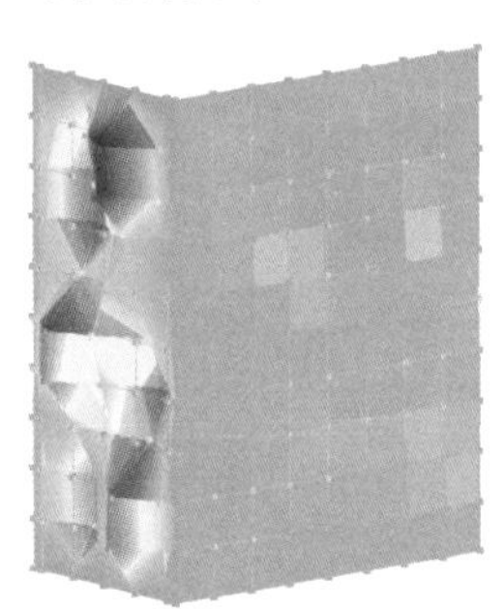

(a) 84.042 Hz　　(b) 111.557 Hz

图3-44　充油油箱的试验模态频率及振型

尽管油箱在高度上结构对称，但对比图3-42所示空油箱的模态振型可知，充油油箱的模态振型在高度上并不对称。该现象与变压器油作用在油箱内表面的压力有关，单位面积上因重力施加的压力为

$$F_s = \rho_{oil} g h \tag{3-15}$$

式中，ρ_{oil}为变压器油的密度；g为重力加速度；h为油箱中某处距油面顶部的距离。由式(3-15)可知，该压力与油箱深度成正比，油箱下部受到的压力大于油箱上部。

油箱内表面除受到与重力有关的压力外，还会受到油箱振动产生声压的反作用力。据此，将由重力引起的压力称为静压F_s，由振动引起的声压称为动压F_d，则模态分析中施加在油箱内表面的压力为

$$F = F_s + F_d \tag{3-16}$$

静压和动压同时作用，存在耦合，难以试验研究两种因素独自对油箱的影响。为了解决上述难题，通过控制有限元模型的边界条件对两种压力的影响进行研究。研究分为以下四种情形：

(1)空油箱，即不考虑两种压力的作用，反映油箱在空气或真空中的模态

特性；

(2)静压 F_s对油箱模态的影响；

(3)动压 F_d对油箱模态的影响；

(4)动压 F_d和静压 F_s共同存在时对油箱模态的影响。

仿真获得四种条件下油箱固有频率如图 3－45(a)所示。由图可知，两种作用力对油箱固有频率的变化具有相反的影响作用，其中静压使得油箱产生了如图 3－45(b)所示的变形，引起油箱固有频率升高；动压带来的质量阻尼效应则使得油箱的固有频率降低。由于静态压力与油箱深度成正相关，油箱下半部分受影响较大，正面最大形变量为 2.16 mm，油箱侧面因深度小，刚度较大，故形变量仅为 1.2 mm。油箱在静压作用下产生的在高度方向不对称的变形是模态试验振型不对称的原因之一。在静压的长期作用下，油箱下半部分出现了明显的向外凸出的永久变形，使得试验模态分析获得的空油箱下半部分的模态振型倾向于整体的振动。

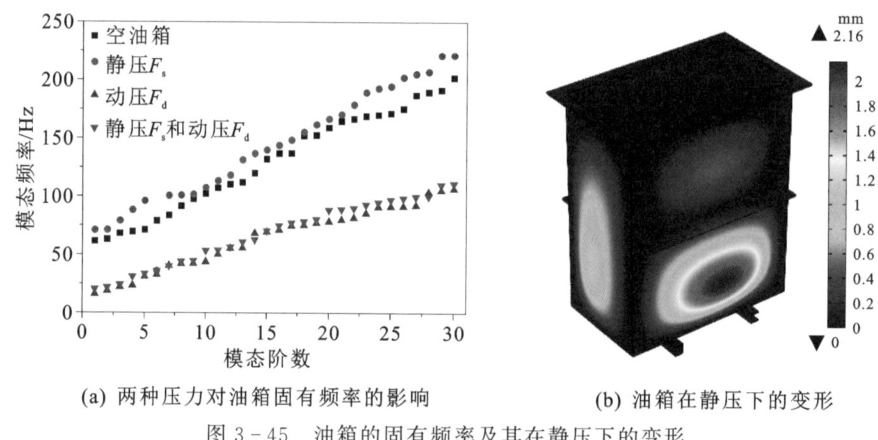

(a) 两种压力对油箱固有频率的影响 (b) 油箱在静压下的变形

图 3－45 油箱的固有频率及其在静压下的变形

当两种压力共同作用时，充油油箱的固有频率略高于仅考虑动压影响的计算结果，说明固有频率主要受动压的影响。在大型电力变压器中，油箱的加强筋结构和较高的刚度确保了油箱在静压作用下不发生显著变形，因而静压作用引起的固有频率变化不明显。另一方面，油箱内表面与变压器油的大面积接触为油箱带来了显著的质量阻尼效应，因此充油油箱的固有频率主要受动压的影响。

仿真获得的充油油箱的模态振型如图 3－46 所示。80.233 Hz 对应的振型为油箱正面上半部分的 31 振型，126.15 Hz 对应的振型为油箱侧面的 32 振型。仿真与试验获得的模态振型具有较高的相似度，但频率存在一定的差异。

(a) 80.233 Hz

(b) 126.15 Hz

图 3-46　充油油箱的仿真模态频率及振型

为进一步验证有限元模型的有效性，在油箱模型侧面的 42 号测点施加 1 N的载荷，以 1 Hz 为步长计算 0～300 Hz 范围内油箱的幅频特性。试验模态分析获得的阻尼比可进一步表示为质量阻尼系数 α、刚度阻尼系数 β 和频率 ω 的组合：

$$\alpha/2\omega+\beta\omega/2=\zeta \tag{3-17}$$

假设瑞利阻尼系数 α 和 β 在一定的频率范围内不变，可得：

$$\begin{cases}\alpha/2\omega_1+\beta\omega_1/2=\zeta\\ \alpha/2\omega_2+\beta\omega_2/2=\zeta\end{cases} \tag{3-18}$$

式中，ω_1 和 ω_2 分别为计算频率范围的上下限范围。由平均阻尼比（0.69%）计算获得 50 Hz 至 300 Hz 范围内对应的 α 和 β 的值分别为 3.587 s^{-1} 和 6.057×10^{-6} s。

仿真中，根据空油箱的阻尼比设置油箱的瑞利阻尼系数。仿真获得的空油箱和充油油箱上正面 12 号测点的幅频特性如图 3-47 所示。试验和仿真获得的空油箱的幅频曲线具有相同的数量级，在频率范围内具有很好的一致性，尤其是在 175 Hz 附近，两条曲线完全重合。但试验和仿真获得的充油油箱的幅频曲线存在一定的误差。误差原因在于：由图 3-43 可知，充油油箱的阻尼比随频率升高而减小，而在仿真中采用了固定的阻尼比计算瑞利阻尼，因而使得充油油箱 150 Hz 以上的幅频曲线出现了明显误差。

采用频域评价准则（Frequency domain assurance criterion，FDAC）对仿真与试验频响曲线的相关性进行评价。FDAC 的定义为

$$\mathrm{FDAC}=\frac{\left|\boldsymbol{H}_1(\omega)^{\mathrm{T}}\boldsymbol{H}_2(\omega)\right|^2}{[\boldsymbol{H}_1(\omega)^{\mathrm{T}}\boldsymbol{H}_1(\omega)][\boldsymbol{H}_2(\omega)^{\mathrm{T}}\boldsymbol{H}_2(\omega)]} \tag{3-19}$$

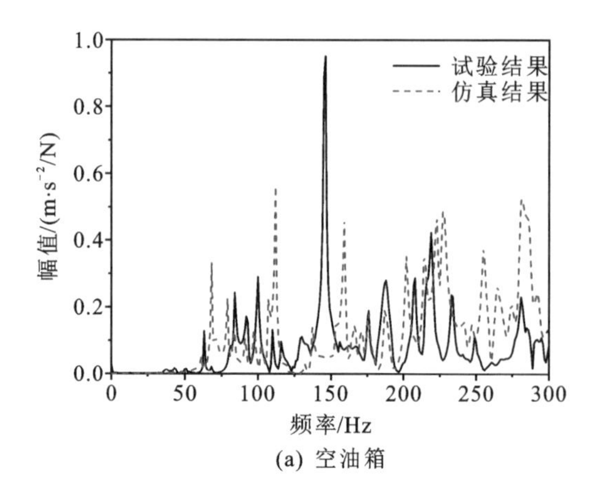

(a) 空油箱

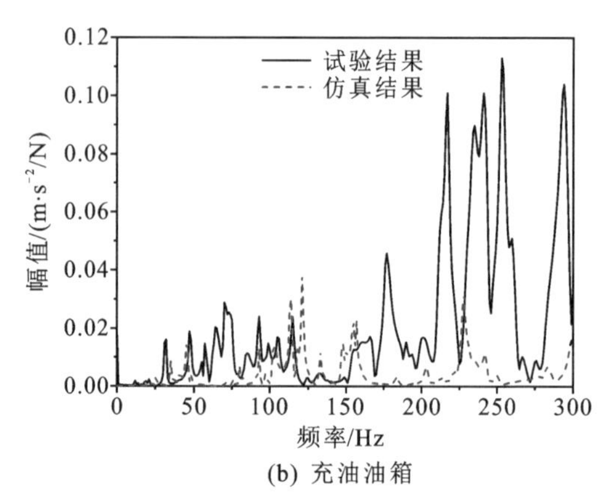

(b) 充油油箱

图 3-47 仿真和试验的幅频曲线对比

式中，$\boldsymbol{H}_1(\omega)$和$\boldsymbol{H}_2(\omega)$分别为仿真和试验获得的频响函数。与模态评价准则(MAC)相比，FDAC的计算中包含了每个频率的信息，因而更为严苛。计算获得图3-47(a)对应的FDAC为0.5244，图3-47(b)对应的FDAC为0.4255。

3.6.4 内部振动在油中的传递特性

为了研究变压器油在振动传递中的作用，将充油油箱中的绕组和铁芯等内部结构通过龙门吊悬置，使其与油箱底部无接触。利用冲击力锤在绕组顶部压钉施加激励，同时采集绕组本体的振动和紧靠绕组的油箱正面测点的响应，测点如图3-48所示。

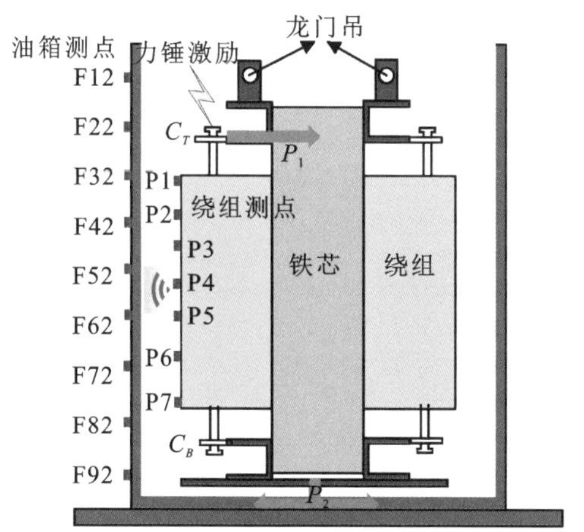

图3-48 内部结构悬浮状态下的振动测点

试验获得的油箱振动的幅频特性如图3-49所示。由图可知,与绕组平

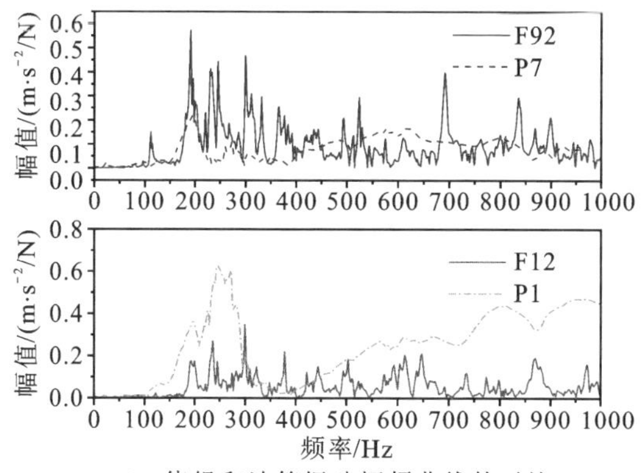

(a) 绕组和油箱振动幅频曲线的对比

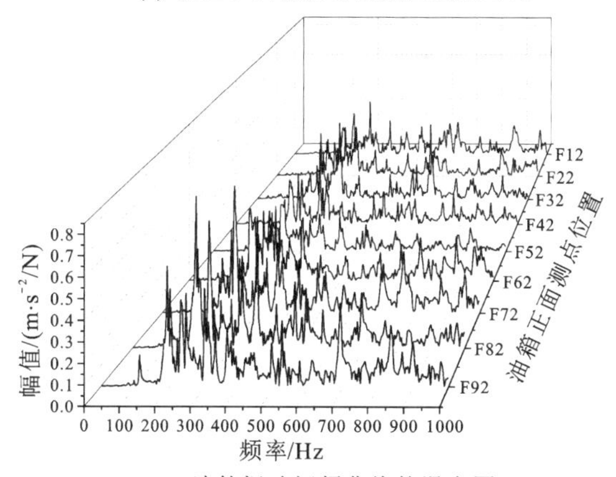

(b) 油箱振动幅频曲线的瀑布图

图3-49 油箱振动的幅频特性

滑的幅频曲线不同，油箱幅频曲线中出现了大量谐振峰，与充油油箱模态试验中获得的幅频曲线相似。由分析可知，振动由内部产生向外传递的过程取决于绕组模态、声辐射特性及油箱模态，因此油箱幅频曲线中谐振峰对应绕组和油箱的固有频率。由绕组和油箱的试验模态分析可知，在图 3－49 所示油箱的幅频曲线中，200 Hz 和 230 Hz 附近的共振峰反映了绕组的一阶轴向振型（194.641 Hz）和三阶倾斜振型（230.310 Hz）的模态频率，112 Hz 及 400 Hz至 1000 Hz 范围内的谐振峰则反映了充油油箱的模态频率。对比绕组和油箱的幅频曲线，绕组和油箱响应的峰值处于同一个数量级，说明内部振动能够有效地通过变压器油传递至油箱表面。

试验获得不同负载电流和额定空载电压下，油箱正面振动加速度如图 3－50所示。负载条件下，充油油箱的振动来源主要来自于经变压器油传递的绕组振动及油箱涡流产生的洛伦兹力。由图 3－50(a)可知，油箱 100Hz 振

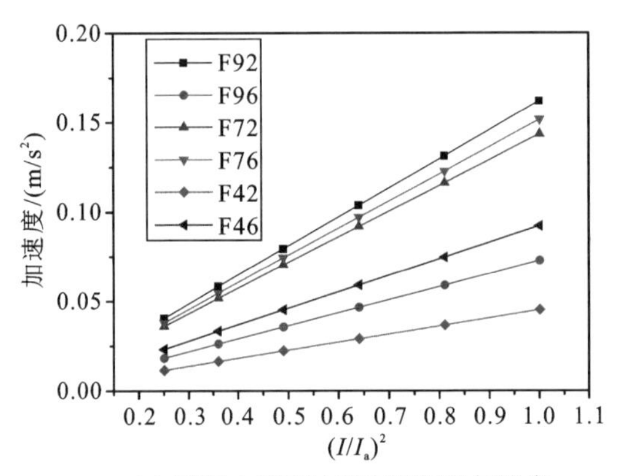

(a) 不同电流下油箱表面振动加速度

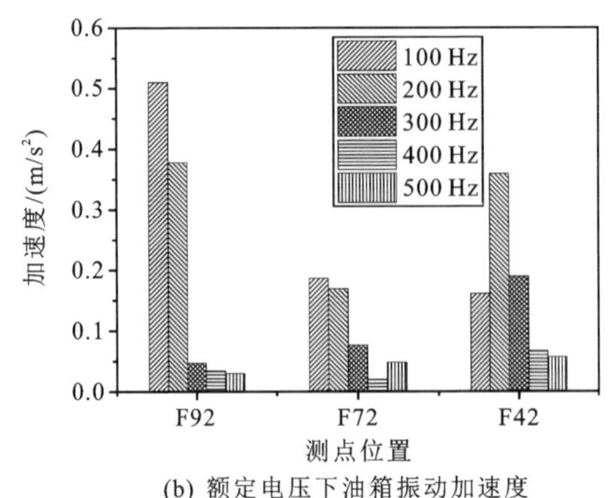

(b) 额定电压下油箱振动加速度

图 3－50 负载和空载时油箱表面的振动加速度

动加速度的幅值与电流的平方成正比。额定电流下，6 个测点的振幅从大到小依次为 0.162 m/s^2、0.151 m/s^2、0.143 m/s^2、0.092 m/s^2、0.072 m/s^2 和 0.045 m/s^2。这 6 个测点的平均加速度幅值为 0.111 m/s^2。由图 3-50(b)可知，额定空载电压下，油箱正面 92 号和 72 号测点以 100 Hz 和 200 Hz 的振动为主，且 100 Hz 振幅高于 200 Hz。正面 42 号测点以 200 Hz 振动为主，300 Hz 的振幅高于 100 Hz。空载时油箱振幅与图 3-32(b)所示绕组振幅接近，高于铁芯和夹件的振幅。

由油箱和绕组在空载条件下的振动加速度及声辐射理论可猜测：由于绕组的表面积远大于铁芯表面积，铁芯振动在引起绕组振动的同时增大了铁芯的声辐射面积。可将铁芯和绕组分别类比为"打鼓棒"与"鼓"，如图 3-51 所示。铁芯"敲击"鼓面(绕组)引起鼓面振动，在变压器油中产生了较强的声压，并最终引起油箱的强烈振动。

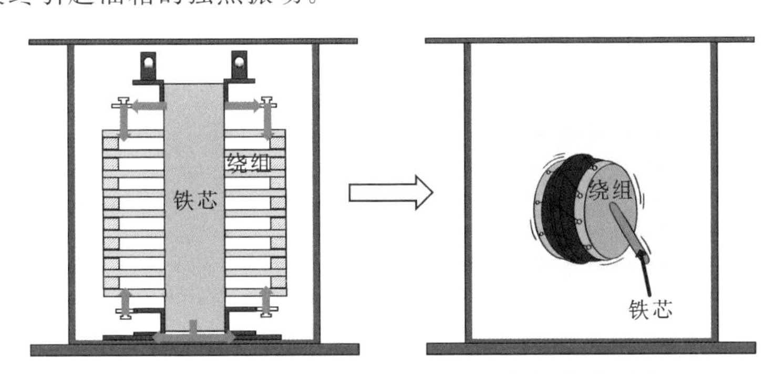

图 3-51　铁芯振动向绕组传递的"击鼓"等效说明

3.6.5　绕组振动在固体中的传递特性

变压器内部振动除通过变压器油传递至油箱外，还可以经过压紧部件(压钉、压板和铁芯夹件)及固定装置(垫脚、油箱底部的定位孔)等固体路径传递至油箱。为了研究振动在固体传递路径的特点及对油箱振动特性的影响，将变压器内部结构放置在油箱底板上，保证铁芯夹件的垫脚与油箱底面接触。试验时，采用力锤向绕组顶部压钉施加激励，采集油箱正面振动信号，获得有固体传递路径参与时的油箱振动频响函数，如图 3-52 所示。

与仅有变压器油参与传递的频响曲线(黑色曲线)相比，经固体传递的振动并没有对油箱振动产生显著影响。两种振动传递对应的幅频曲线的 FDAC 如图 3-53 所示。9 个测点的 FDAC 均超过 0.6，表明两种振动传递状

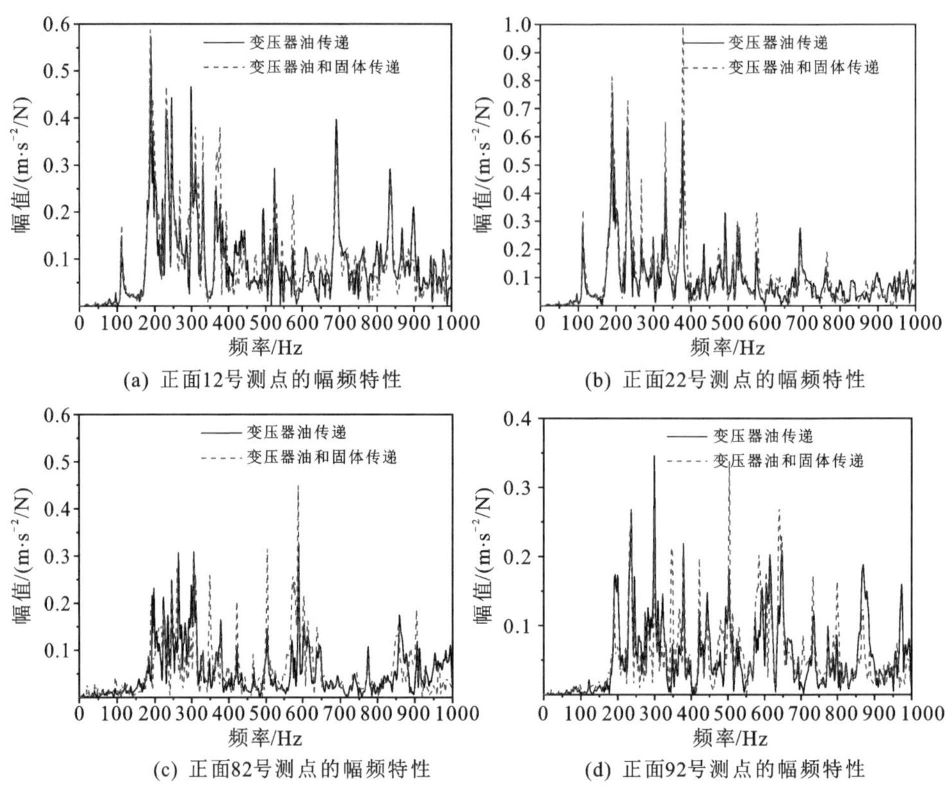

(a) 正面12号测点的幅频特性

(b) 正面22号测点的幅频特性

(c) 正面82号测点的幅频特性

(d) 正面92号测点的幅频特性

图 3-52 振动传递路径的频响函数对比

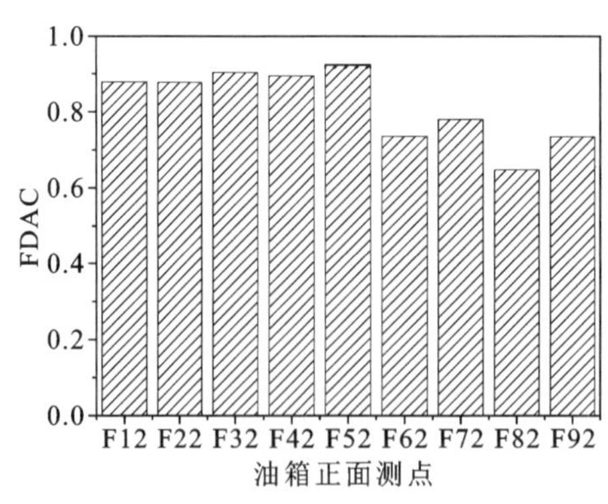

图 3-53 两种接触状态下的 FDAC

态对应的油箱响应几乎完全相同,故在绕组顶部压钉施加的激励下,固体传播对油箱响应的影响较小,变压器油是内部振动传递的主要路径。上述试验中,敲击压钉引起了绕组振动,增大了经油传递至油箱表面的能量,因而无法单独获得振动在固体中的传递特点。

根据变压器的内部结构，变压器绕组的压板和压钉是绕组振动经固体传递至油箱的唯一路径，经该路径传递至油箱的振动取决于压板振动加速度和压板至油箱的振动频响函数。采用图3-37所示的有限元模型计算压钉和油箱之间的频响函数。将1 N的激励施加在绕组上下端部的压钉上，以10 Hz为步长求解结构在10～300 Hz范围内的响应。为了避免绕组振动产生的声辐射，设置绕组和变压器油不发生耦合，但考虑油与其他结构（铁芯、夹件和油箱）的耦合作用。计算获得绕组端部压钉和油箱正面各测点之间的幅频特性如图3-54所示。

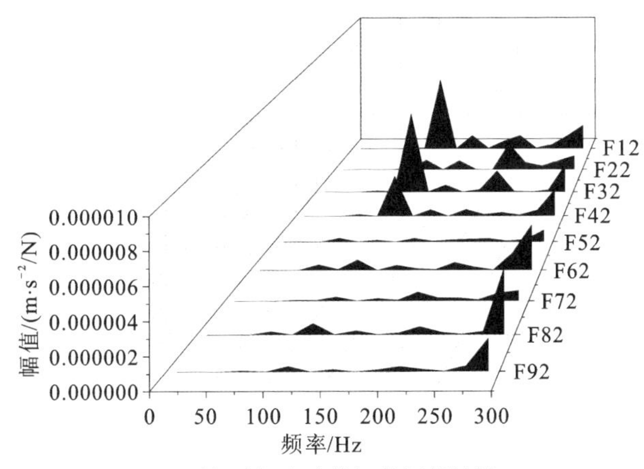

(a) 顶部压钉和油箱间的幅频特性

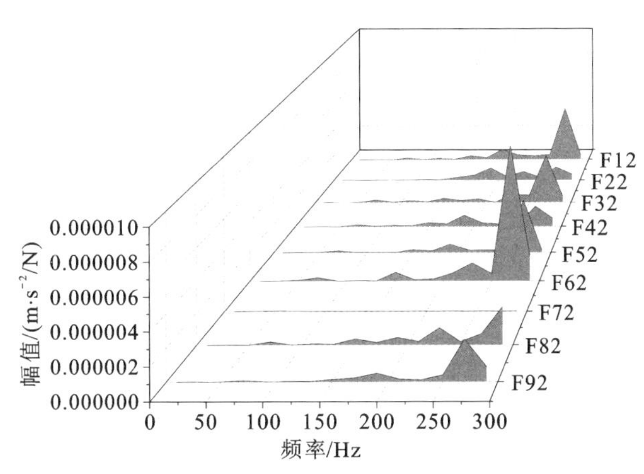

(b) 底部压钉和油箱间的幅频特性

图3-54 振动在固体中传递的幅频特性

由图 3－54 可知，各幅频曲线具有相同频率不同幅值的谐振峰，但最大幅值小于 $1\times10^{-5}\,\mathrm{m\cdot s^{-2}/N}$，远小于图 3－49 所示的仅由变压器油传递振动引起的油箱振动响应。此外，由绕组模态振型可知，绕组压板具有极小的振动位移，因而其振动加速度幅值也小于绕组线圈的振动加速度幅值，故绕组端部振动不容易通过固体路径传递至油箱表面，变压器油是绕组振动的主要传递途径。

3.6.6　油箱表面振动贡献量研究

为进一步计算内部振动通过变压器油和固体传递路径对油箱振动的贡献量，采用传递路径分析和工作路径分析对不同传递路径上施加的载荷及引起的响应进行分析。上述分析方法的核心步骤为：①识别激振点的载荷；②获得激振点和测量点之间的频响曲线；③识别不同传递路径对最终结果的贡献。假设内部结构的垫脚具有相同的振动加速度幅值和相位，则可将油箱振动表示为如图 3－55 所示的矢量组合形式。设垫脚上的加速度为参考加速度，则固体传递的加速度为频响函数与垫脚振动加速度的乘积，相位与频响函数的相位相同。忽略铁芯和绕组对油箱模态的影响，经变压器油传递的振动为内部结构在与油箱没有固体接触时的油箱振动。

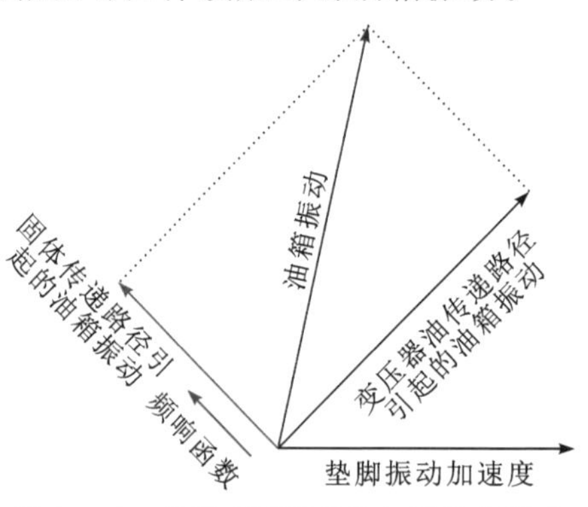

图 3－55　油箱表面振动的矢量组合形式

在有限元模型中，向垫脚添加 1 $\mathrm{m/s^2}$ 的加速度，仿真获得的垫脚和油箱正面各测点之间的频响函数如图 3－56 所示，谐波频率对应的幅值和相位如表 3－4 所示。幅值大于（小于）1，说明油箱对该频率的垫脚振动具有放大（衰减）的作用。

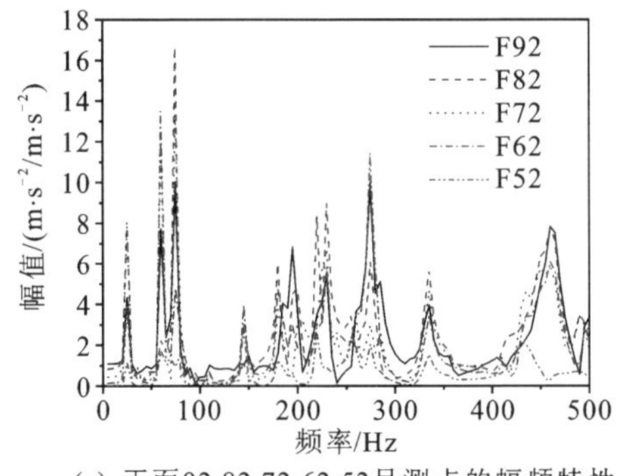

(a) 正面92,82,72,62,52号测点的幅频特性

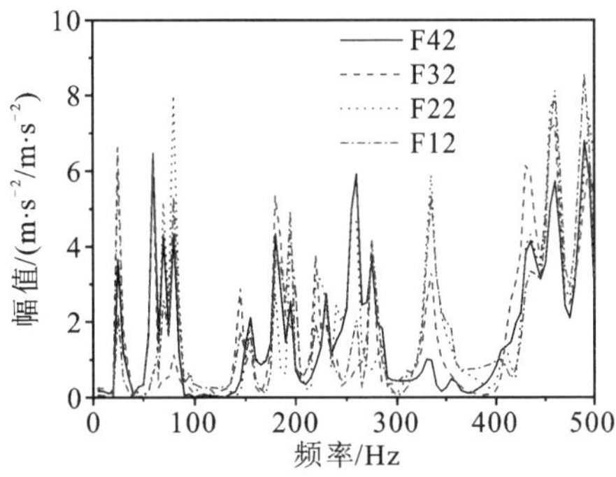

(b) 正面42,32,22,12号测点的幅频特性

图3-56　油箱正面各测点的幅频特性

表3-4　振动传递函数中谐波频率对应的幅值和相角

测点	幅值/($m \cdot s^{-2}/m \cdot s^{-2}$)∠相角/(°)				
	100 Hz	200 Hz	300 Hz	400 Hz	500 Hz
92	0.43∠177.10	3.59∠135.85	1.58∠8.03	1.24∠172.17	3.37∠66.60
82	0.27∠4.45	4.84∠127.64	0.36∠174.49	0.75∠19.11	2.06∠196.61
72	0.12∠356.46	3.22∠119.29	0.49∠198.23	1.22∠170.74	1.63∠6.22
62	0.26∠183.23	1.87∠120.75	0.52∠13.13	0.61∠10.12	2.83∠255.13
52	0.12∠179.10	0.19∠141.98	0.22∠194.08	0.47∠172.55	0.42∠277.18
42	0.01∠138.69	0.71∠163.56	0.44∠1.31	0.83∠333.26	2.84∠301.59
32	0.09∠186.65	2.98∠154.25	0.42∠172.57	0.18∠191.14	5.18∠249.81
22	0.28∠185.00	2.81∠160.28	0.13∠306.61	0.42∠286.70	6.28∠70.45
12	0.37∠182.08	0.81∠181.19	0.07∠93.28	0.98∠349.28	2.99∠165.56

根据额定电压下垫脚(图3-32(a)中9号测点)、油箱在接触和悬浮状态(图3-50(b))下的振动加速度,由图3-56计算获得变压器油和固体途径对油箱表面的贡献,结果如表3-5所示。

表3-5中的误差为计算获得的油箱振动加速度与试验获得的油箱振动加速度之间的误差。由计算结果可知,除了油箱正面92号测点的100 Hz和500 Hz分量、油箱正面72号的200 Hz分量、42号测点的300 Hz分量外,其余测点各频率分量的误差小于30%。

表3-5中的贡献比例为由固体传递和变压器油引起的油箱振动幅值的比值。比值大于100%,说明油箱上该点的振动主要来自于固体传递途径;反

表 3－5　油传递和固体传递路径对油箱振动的贡献

测点	f/Hz	试验结果		计算结果			误差/%	贡献比例/%
		油传递（悬浮）	油箱振动（接触）	频响函数	固体传递	油箱振动		
F92	100	0.51∠4.59	0.35∠7.15	0.43∠177.10	0.04∠177.10	0.47∠5.31	34.48	7.8
	200	0.38∠319.30	0.1∠207.18	3.59∠135.85	0.29∠135.85	0.09∠330.07	−8.43	76.3
	300	0.05∠212.95	0.02∠291.98	1.58∠8.03	0.05∠8.03	0.02∠284.76	−4.10	100
	400	0.03∠26.25	0.02∠91.46	1.24∠172.17	0.02∠172.17	0.02∠57.16	18.98	66.7
	500	0.03∠226.26	0.006∠98.45	3.37∠66.60	0.03∠66.60	0.01∠146.02	76.99	100.0
F72	100	0.19∠79.45	0.18∠75.20	0.12∠356.46	0.01∠356.46	0.19∠75.83	4.35	5.3
	200	0.17∠296.37	0.06∠146.97	3.22∠119.29	0.26∠119.29	0.09∠124.87	46.76	152.9
	300	0.08∠164.74	0.09∠176.23	0.49∠198.23	0.01∠198.23	0.09∠169.75	1.40	12.5
	400	0.02∠150.47	0.04∠154.55	1.22∠170.74	0.02∠170.74	0.04∠160.29	−3.77	100.0
	500	0.05∠142.69	0.03∠138.71	1.63∠6.22	0.01∠6.22	0.04∠127.64	23.05	20.0
F42	100	0.16∠174.78	0.18∠175.13	0.01∠138.69	0.001∠138.69	0.16∠174.53	−10.95	0.6
	200	0.36∠334.02	0.28∠351.57	0.71∠163.56	0.06∠163.56	0.30∠332.23	7.78	16.7
	300	0.19∠269.66	0.09∠277.38	0.44∠1.31	0.01∠1.31	0.19∠273.49	111.05	5.3
	400	0.07∠140.52	0.06∠147.65	0.83∠333.26	0.01∠333.26	0.05∠137.45	−8.33	14.3
	500	0.06∠167.87	0.04∠188.84	2.84∠301.59	0.03∠301.59	0.04∠193.04	14.98	50

之，则说明该测点主要受经变压器油传递的振动的影响。由贡献比例可知，两种传递途径对正面92号测点的300 Hz和500 Hz分量、72号测点的400 Hz分量的贡献比例相同。正面92测点和42号测点的100 Hz分量主要受油传递振动的影响，72号测点的200 Hz分量主要取决于经固体路径传递而来的振动。上述结果表明，对于油箱不同位置的不同频率分量，两种传递路径具有不同的贡献程度。

为进一步说明绕组振动在固体中的传递特性，对油箱正面测点在内部结构悬浮和接触状态下的负载振动加速度进行对比，结果如图3-57所示。接触状态下，正面92号、76号测点和42号测点的振幅较悬浮状态出现小幅度下降，仅为悬浮状态下油箱表面振幅的96.10%、73.58%、77.70%。96号测点、72号测点、46号测点的振动加速度较悬浮状态出现小幅度增加。上述现象说明，内部绕组与油箱底部的接触基本不会对油箱表面振动产生显著影响，绕组振动通过固体传递对油箱表面的贡献比例较小。

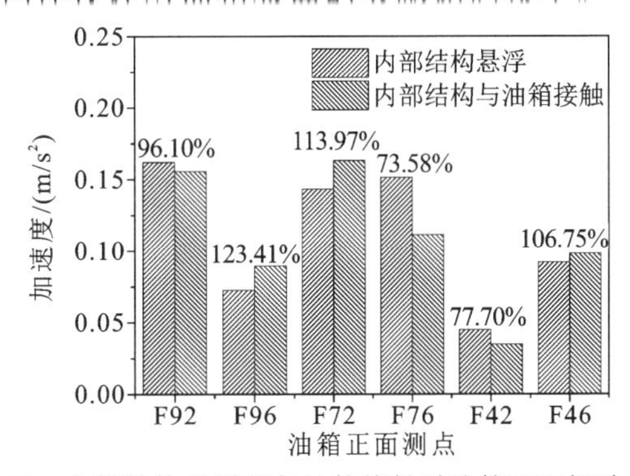

图3-57　内部结构悬浮和与油箱接触时油箱正面振动加速度

由图3-57可知，额定负载电流下垫脚的振动加速度为0.019 m/s^2，由表3-4可知100 Hz的频响幅值小于0.43，则绕组振动由固体传递路径引起的油箱振动的幅值小于0.008 m/s^2，仅为油箱表面6个测点中最小振幅的27%。由上述的分析可知，绕组振动主要经变压器油传递至油箱，经垫脚、油箱底部传递至油箱表面的能量较小。

在上述负载电流试验中，油箱的振动也一定程度上受涡流产生的洛伦兹力的影响。下一节将利用三维有限元模型仿真计算油箱中的涡流，综合研究负载电流引起绕组振动、油箱内部辐射声压及油箱振动特性。

3.7　负载电流引起的油箱振动研究

3.7.1　油箱中的感应电流及洛伦兹力

负载电流产生变化的磁场，在变压器铁芯、油箱及夹件等部位引起感应电流。感应电流与变化的磁场进一步作用产生洛伦兹力引起上述部件的振动。忽略非线性电导率、介电常数的影响，则漏磁场及感应电流的频率与负载电流频率相同，均为 50 Hz。根据感应电流的复频域特性，可以将磁感应强度 $\boldsymbol{B}$ 和电流密度 $\boldsymbol{J}$ 分别表示为

$$\boldsymbol{J} = J_0 e^{j\beta} \tag{3-20}$$

$$\boldsymbol{B} = B_0 e^{j\theta} \tag{3-21}$$

式中，J_0 和 B_0 分别为电流密度和磁感应强度的模；β 和 θ 分别为电流密度和磁感应强度的初相角。

为进一步获得洛伦兹力随时间的变化特点，根据式(3-20)和式(3-21)定义磁感应强度某一分量 B 和电流密度 J 具有如下的时域形式：

$$\begin{aligned} J &= J_0 \cos(\omega_0 t + \beta) \\ B &= B_0 \cos(\omega_0 t + \theta) \end{aligned} \tag{3-22}$$

其中，B_0 和 J_0 分别为磁感应强度和电流密度在某两个正交方向上的分量。

由式可得涡流引起的洛伦兹力密度：

$$\begin{aligned} f &= J_0 \cos(\omega_0 t + \beta) \times B_0 \cos(\omega_0 t + \theta) \\ &= J_0 B_0 (\cos(2\omega_0 t + \beta + \theta) + \cos(\beta - \theta))/2 \\ &= f_d + f_s \end{aligned} \tag{3-23}$$

由式可知，涡流引起的洛伦兹力由频率为 $2\omega_0$ 的时变量 f_d 和恒定量 f_s 组成。其中，交流分量是引起油箱振动的主要原因，其复频域形式为

$$f_d = J_0 \times B_0 e^{j(\beta+\theta)}/2 \tag{3-24}$$

则感应电流引起油箱振动的洛伦兹力为

$$\boldsymbol{f} = \boldsymbol{J} \times \boldsymbol{B}/2 \tag{3-25}$$

为了进一步研究涡流引起的油箱振动，采用如图 3-58 所示的仿真流程计算涡流分布及油箱振动。仿真流程分为电磁分析和模态分析两部分，其中电磁分析计算磁场、感应电流及洛伦兹力分布，模态分析获得油箱的模态特性，最终的油箱响应由模态叠加法计算获得。

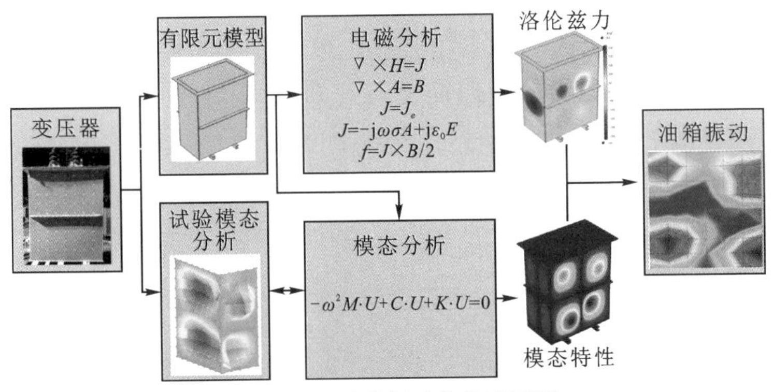

图 3-58　油箱振动的仿真流程

在电磁分析中，向高低压绕组中分别施加幅值为 $5\sqrt{2}$ A 和 $125\sqrt{2}$ A，频率为 50 Hz 的电流激励。同一铁芯柱的高低压绕组电流反向，左右铁芯柱高(低)压绕组的电流方向相反，以满足两个铁芯柱上的高(低)压绕组在铁芯中产生的磁势顺向叠加。设置模型中绕组和铁芯的电导率为 10 S/m，以忽略上述两个部件中的涡流。

仿真获得的绕组表面及油箱内部的磁感应强度分别如图 3-59(a)和图 3-59(b)所示。铁芯窗外磁感应强度与二维轴对称的计算结果(0.0213 T)相同。铁芯的高磁导率使得窗内的磁场向铁轭集中，增大了窗内绕组端部的磁感应强度。窗内最大磁感应强度约为 0.024 T，略高于窗外的磁感应强度。油箱表面磁感应强度如图 3-59(c)所示，最大磁感应强度位于油箱的侧面，约为 0.033 T，是绕组表面最大磁感应强度的 1.5 倍。由于左右铁芯柱上绕组产生磁场方向相反且油箱正面较侧面远离绕组，油箱正面的磁感应强度略小

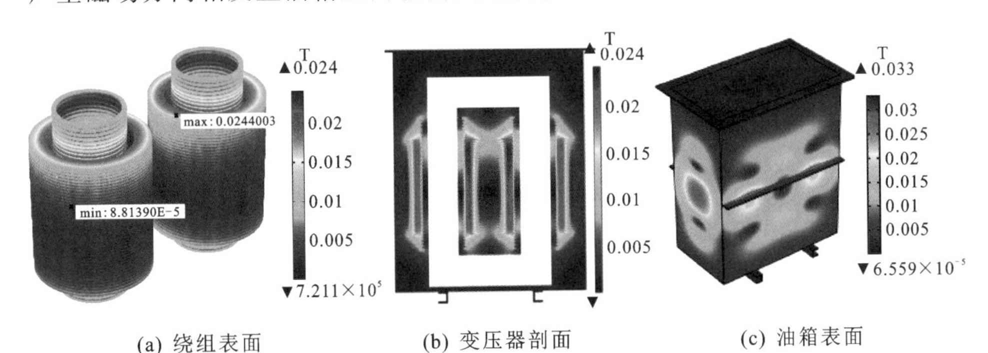

图 3-59　漏磁场及油箱中的磁感应强度分布

于油箱侧面。

仿真获得的感应电流的实部和虚部如图 3－60 所示。由仿真结果可得，感应电流的实部和虚部具有相似的分布特性，两者在油箱侧面的幅值较大，虚部幅值总体大于实部，说明油箱中的感应电流与绕组电流存在 90°相角差。

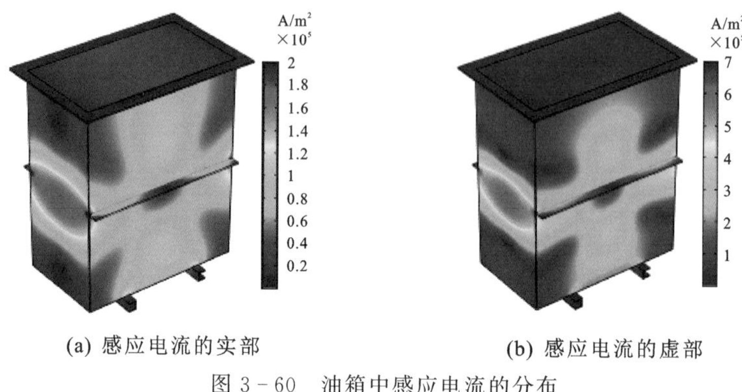

(a) 感应电流的实部　　(b) 感应电流的虚部

图 3－60　油箱中感应电流的分布

由式(3－25)得油箱内外表面洛伦兹力实部和虚部的分布特点如图3－61 所示。洛伦兹力在油箱正面内外表面上的分布特点近似，但内表面洛伦兹力幅值高于外表面。油箱内外表面上的洛伦兹力均以虚部为主。结合绕组所受洛伦兹力与电流同初相位的特点可知，涡流引起的洛伦兹力与绕组洛伦兹力也存在 90°的相角差。

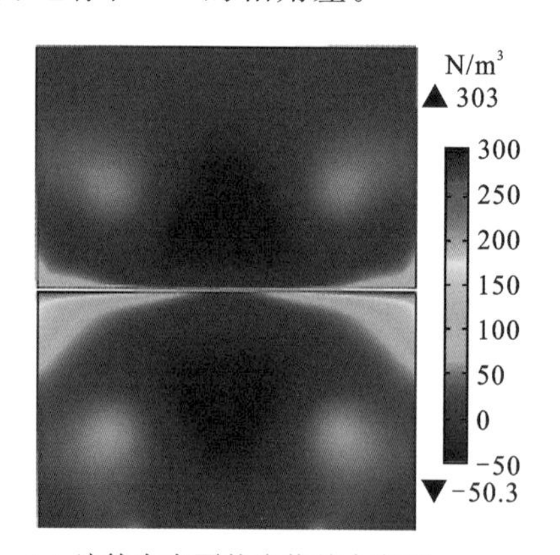

(a) 油箱内表面的洛伦兹力实部

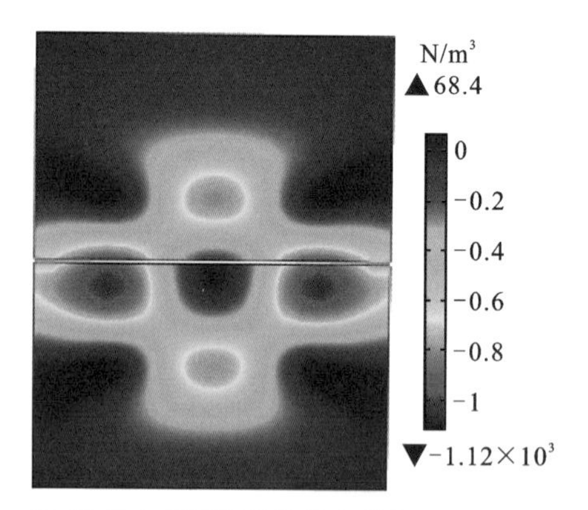

(b) 油箱内表面的洛伦兹力虚部

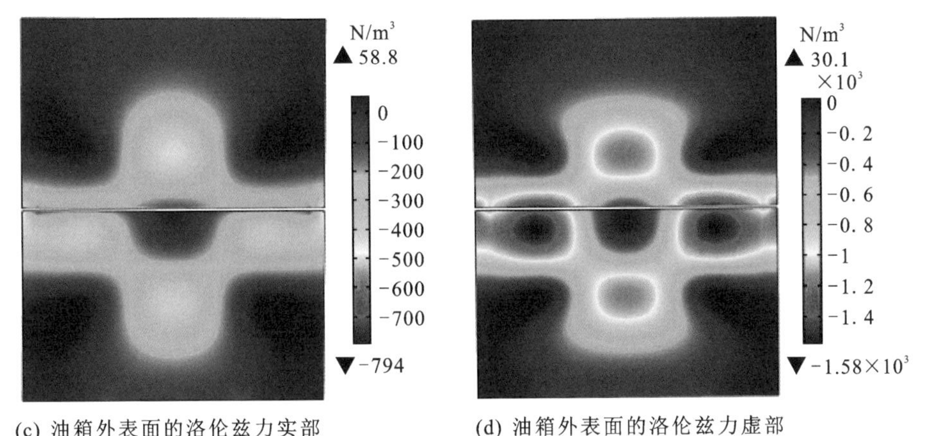

(c) 油箱外表面的洛伦兹力实部　　(d) 油箱外表面的洛伦兹力虚部

图3-61　垂直于油箱正面的洛伦兹力分布

3.7.2　涡流引起的空油箱振动

涡流幅值与负载电流的幅值成正比，故涡流引起的油箱振动也与负载电流平方成正比。在油浸式变压器中，传递而来的内部振动与涡流产生的洛伦兹力一起驱动油箱振动。这两种作用同时产生、消失、相互耦合、难以分离，尤其是变压器油因具有较高的声阻抗，起到了增强内部振动向外传递的作用。

为了试验验证涡流对油箱振动的影响，分别测量绕组直接暴露在空气中和外部罩有空油箱时的辐射声压。若绕组外部存在油箱时的声压级高于绕组直接暴露在空气中的声压级，说明涡流引起了油箱的振动并增大了与负载电流相关的声辐射水平。根据IEC60076-10变压器声压级的测试方法，将6个传声器布置在距离油箱顶板高度550 mm距油箱本体300 mm的矩形轮廓线上，如图3-62所示。试验中，将变压器绕组和铁芯悬置，使得内部结构与油箱不存在固体连接，因而油箱表面的振动仅取决于经空气传递的绕组振动及油箱中涡流产生的洛伦兹力。在无油箱的条件下，绕组本体直接暴露在空气中并保持与地面无接触。

试验获得6个测点分别在无油箱和有油箱时的100 Hz声压级如表3-6所示。声压级(sound pressure level，SPL)的定义为

$$\mathrm{SPL}=20\lg(p_{\mathrm{m}}/p_{\mathrm{ref}}) \tag{3-26}$$

式中，p_{m}为试验测得的100 Hz声压；p_{ref}为参考声压，其值为2×10^{-5} Pa。

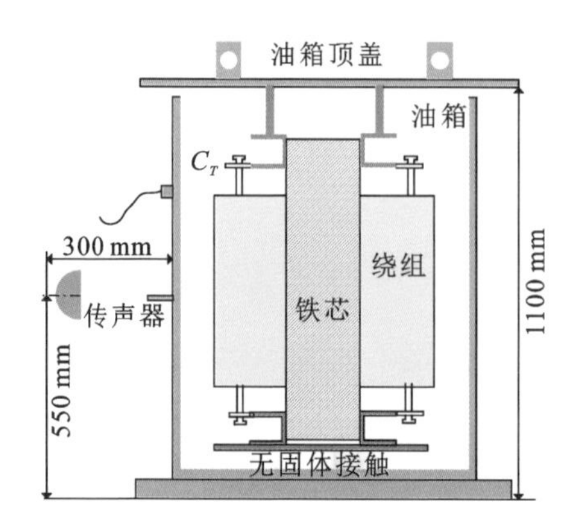

(a) 声压传感器沿高度方向的布置

(b) 声压传感器沿轮廓线的布置

(c) 有油箱的声压测试

(d) 无油箱的声压测试

图 3－62　声压传感器的测点位置

当绕组直接暴露在空气中时，6 个测点的声压级分别为 24.28 dB、40.07 dB、39.62 dB、31.40 dB、35.62 dB 和 29.81 dB。绕组放入空油箱后，绕组与油箱没有固体接触，但声压级分别增大至 62.25 dB、57.78 dB、59.77 dB、51.42 dB、58.12 dB 和 59.43 dB，比绕组直接暴露在空气中的声压增大了约 23 dB。上述试验结果说明，油箱中的感应电流也会产生洛伦兹力进而引起油箱的振动并向外辐射声压。

表 3－6　有无油箱的变压器声压级测量结果

频率/ Hz		声压级/ dB					
		测点 1	测点 2	测点 3	测点 4	测点 5	测点 6
100	无油箱	24.28	40.07	39.62	31.40	35.62	29.81
	有油箱	63.25	57.78	59.76	51.42	58.12	59.43

根据空油箱阻尼比向油箱添加瑞利阻尼，仿真获得的油箱表面振动如图3-63所示。由仿真结果可知，油箱表面振动加速度的虚部大于实部，说明涡流引起的油箱振动加速度的初相角与电流初相角也存在90°相角差；油箱正面上下半部的中间位置具有较大的振动加速度，约为0.9 m/s²。试验测得绕组与油箱无固体接触时，油箱表面100 Hz振动加速度的幅值如图3-64所示。油箱上半部分最大振动加速度为0.602 m/s²，下半部分振动加速度的最大值为0.402 m/s²。由于油箱正面存在水平的加强筋，仿真和试验得到加强筋附近的振动幅值均较小。

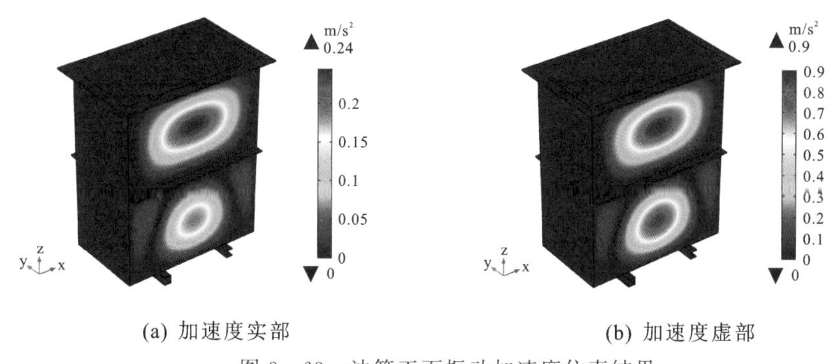

(a) 加速度实部　　(b) 加速度虚部

图3-63　油箱正面振动加速度仿真结果

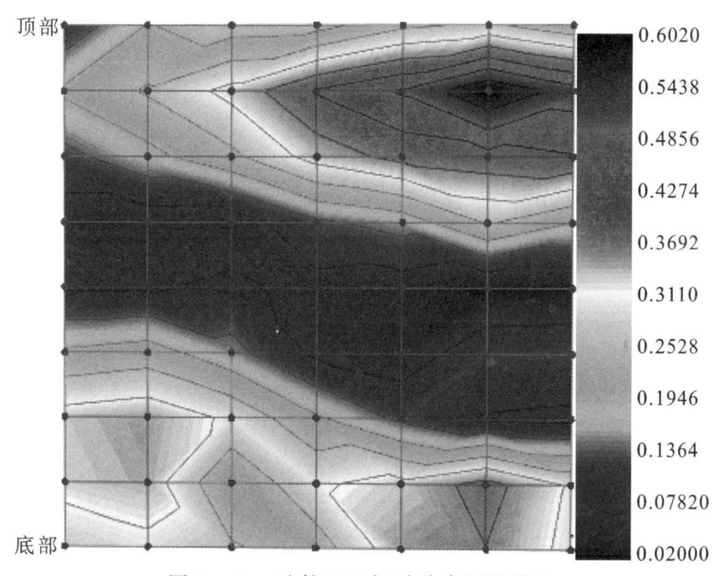

图3-64　油箱正面振动分布测量结果

试验和仿真测得油箱正面具有相似的加速度分布，但存在一定的误差。造成误差的主要原因有：

(1)仿真中采用的油箱的材料参数可能与油箱实际的材料参数存在不同，造成涡流和洛伦兹力计算的误差；

(2)油箱在变压器油压的长期作用下，存在一定的永久变形，使得模态仿真结果存在误差，进而影响了振动的仿真结果。

3.7.3　变压器负载振动特性的仿真研究

本节建立了三维模型，仿真研究了绕组的磁感应强度分布、充油油箱中的洛伦兹力分布和模态特性。在上述分析步骤的基础上，计算施加在绕组上的洛伦兹力，并向高压绕组的外侧施加图 3－6(a)所示的径向加速度以模拟绕组径向振动对油箱内部声压的贡献。添加的平均径向加速度为 0.12 m/s^2，方向指向铁芯。

仿真获得的绕组轴向洛伦兹力的分布如图 3－65(a)所示。受铁芯窗内绕组端部较强的磁感应强度的影响，施加在铁芯窗内绕组端部的洛伦兹力幅值比窗外部分高约 20%。与图 3－3 对比可知，三维模型比二维轴对称模型

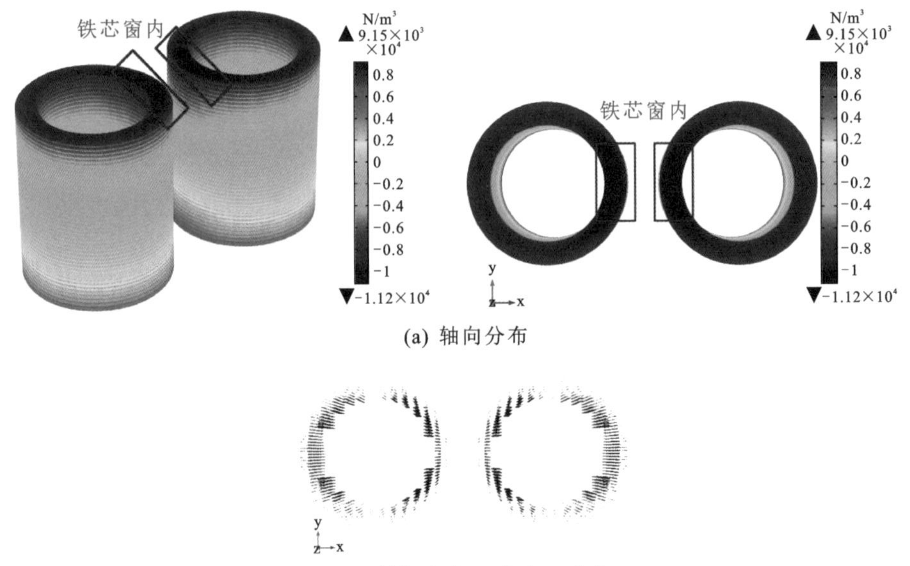

(a) 轴向分布

(b) 沿铁轭方向（x方向）分布

图 3－65　绕组上的洛伦兹力分布

计算获得的最大洛伦兹力密度高约4000 N/m^3。此外,洛伦兹力沿铁轭方向(x方向)的分布也呈现出了不对称的特点,如图3-65(b)所示。铁芯窗内两绕组紧邻的区域具有较高的洛伦兹力密度,这种不均匀分布使得绕组在x方向的受力不平衡,可引起绕组整体沿x方向的振动。

仿真获得高压绕组在x、y、z方向的振动加速度如图3-66所示。高压绕组在x方向的最大振动加速度约为0.15 m/s^2,沿绕组中部向端部振动加速度递减。与导线的径向振动加速度不同,高压绕组在x方向的振动加速度表明两个绕组具有靠近的趋势,符合图3-65(b)中所示的洛伦兹力分布及分析结果。y方向的振动加速度较小,最大加速度仅为1.8×10^{-3} m/s^2。受不对称分布的轴向洛伦兹力的影响,铁芯窗内的最大振动加速度为0.15 m/s^2,铁芯窗外约为0.08 m/s^2。

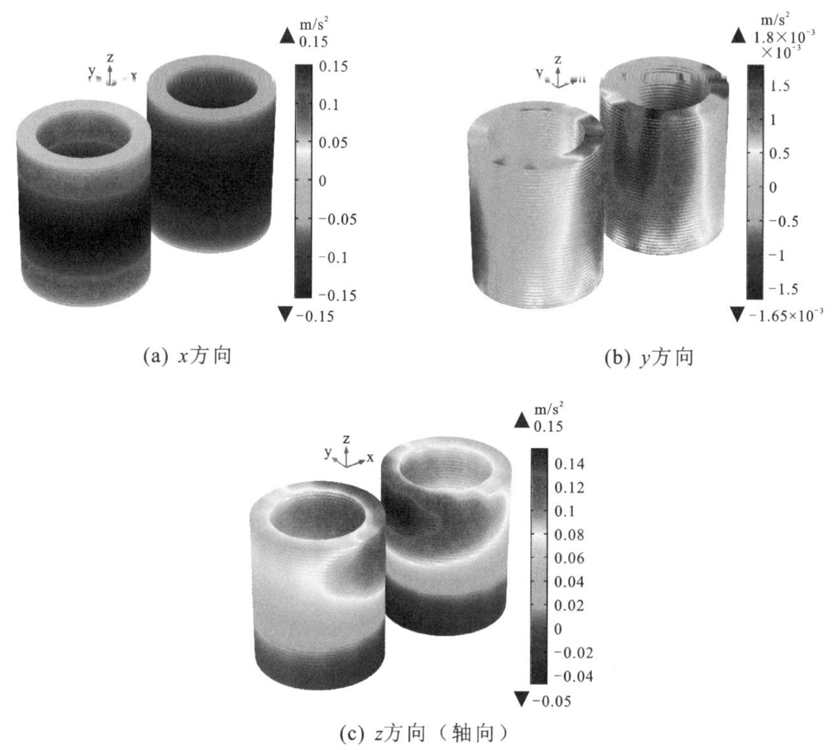

(a) x方向　(b) y方向

(c) z方向(轴向)

图3-66　高压绕组三个方向的振动加速度

仿真获得无涡流和有涡流参与时,油箱中声压及油箱振动加速度如图3-67和图3-68所示。

由仿真结果可知,两种状态下,油中声压的等值面基本未发生变化;高压

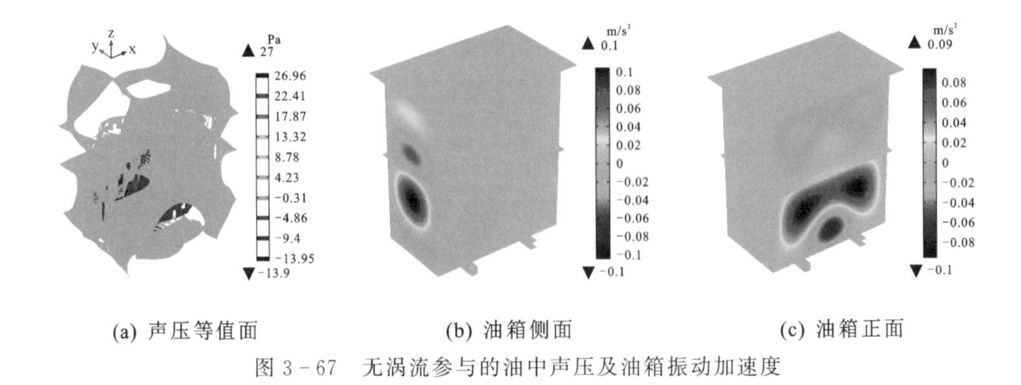

(a) 声压等值面　　(b) 油箱侧面　　(c) 油箱正面

图 3-67　无涡流参与的油中声压及油箱振动加速度

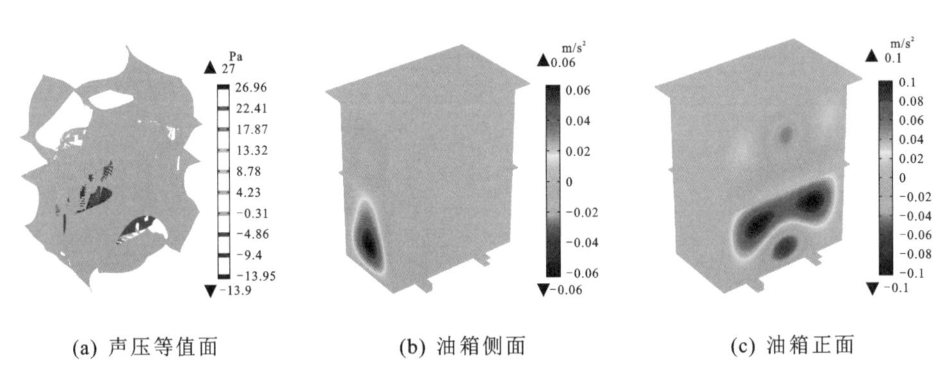

(a) 声压等值面　　(b) 油箱侧面　　(c) 油箱正面

图 3-68　有涡流参与的油中声压及油箱振动加速度

绕组下半部的声压为负值，上半部的声压为正值；最大声压值 26.96 Pa 位于油箱底部，最小声压值－13.95 Pa 位于绕组内部；声压幅值从绕组内部向外部迅速减小，油箱附近的声压小于 5 Pa。涡流的参与改变了油箱表面的振动幅值和分布，油箱正面的最大振动幅值增大了 0.01 m/s^2，侧面的振动幅值减小了 0.04 m/s^2。

第 4 章　变压器油箱表面振动特性及影响因素

电力变压器内部机械及电气结构复杂，工作环境严酷，运行条件不断变化，变压器振动机理显示，其铁芯及绕组的本体振动同运行电压及负载电流关系密切，而本体振动信号的传递以及合成途径有多种，因此可能受到的干扰更为复杂和多变。针对可能对变压器箱体振动产生影响的干扰因素进行试验研究，寻找规律，排除其在基于振动信号分析法的变压器状态监测中的干扰，对于防止误判，提高监测以及诊断精度至关重要。本章搭建了变压器箱体振动测试平台，针对 10 kV 模型变压器以及多台大型电力变压器进行了振动特性试验，研究了振动测试方案以及运行工况对变压器振动特性的影响规律。

4.1　油箱振动特性

4.1.1　振动信号的特征值

对于振动信号的处理，主要通过时域以及频域波形上提取特征值的方式来进行，由于实际运行的电力变压器振动信号中，除基频 100 Hz 分量外，还复合有多种高次频率的谐波，时域波形较为复杂，因而在针对其振动信号进行分析时，主要对频域波形进行研究。在对振动频域信号进行分析时，主要提取以下五个特征值：

(1)基频：在电源频率为 50 Hz 的系统内，振动基频为 100 Hz；

(2)幅值 S_f：振动频谱中频率 f 处所对应的振幅；

(3)主频率：振动频谱中振幅最高的频率；

(4)频率比重 p_f：

$$p_f = S_f^2 / \sum_{f=100}^{1200} S_f^2 \tag{4-1}$$

频率比重主要表征频率 f 处的谐波分量占总能量的比重(从能量的角度计算),一般认为变压器箱体振动频率以电源频率的两倍为基频,根据变压器振动信号的特性,其频率范围基本处于 100～1200 Hz 的频率区间内。

(5)振动熵:

$$H = \left| \sum_{f=100}^{1200} p_f \log_2 p_f \right| \tag{4-2}$$

振动熵主要表征频谱中频率成分的复杂性,该值越低时,频谱中能量越集中在某些特征频率,该值越高则表明频谱中的能量越分散。当所有频率分量相同时,振动熵取得最大值。

4.1.2 抗干扰措施

变压器振动测试现场存在大量的电磁干扰,因此进行振动测试时做好抗干扰措施是保证测试结果准确性的关键所在,主要抗干扰措施有:

(1)传感器与变压器金属外壳一定要绝缘,保持“浮地”状态,可以有效避免金属外壳中因涡流作用而流过感应电流时引入较大的工频干扰;

(2)压电式加速度传感器是电容性的,低频时内阻抗极高,因此传输振动信号所用的电缆内部噪声信号衰减得较慢,进入放大器并被放大,对振动信号本身产生干扰。为了抑制电缆噪声的干扰,选择挠度好、较为柔软的低噪声电缆,并且将电缆本体固定在地,防止其晃动时由于静电感应而产生噪声;

(3)确保电缆屏蔽可靠接地,另外还可以采用在电缆外部套以金属屏蔽管,管壁接地,即采用双层屏蔽的方法,以抑制电磁干扰。

(4)合理布置信号放大器的电源线,使其与采集卡之间保持一定距离或者两根电源线呈十字交叉。

4.2 振动测试方案的影响

考虑到变压器箱体振动是一个复杂的综合反映,且变压器油箱的附件也会存在谐振,因此不同的变压器测试方案(尤其是传感器安装位置)对测试结果存在巨大影响,本小节将主要针对传感器安装位置、小幅位移、不同相以及油箱附件等因素对变压器振动信号的影响规律进行探究。

4.2.1　传感器安装位置的影响

在变压器振动测试方案中，最关键的是确定传感器的安装位置，选择依据是能够最直接地反映变压器铁芯及绕组的振动并且所受到的干扰最小。由于变压器本体振动的传递途径有固体以及液体两种，考虑到变压器箱体上还有多种附件，箱体表面上各点的振动信号应各有区别，为了研究箱体不同位置上变压器振动信号的变化规律，在试验变压器箱体表面不同位置处布置传感器采集振动信号，测点分布如图4-1所示。变压器稳定运行时各测试点处振动信号对比如图4-2所示。针对各测试点频谱进行了数据分析，结果如表4-1所示。结合图4-2以及表4-1结果可知，该台模型变压器除了100 Hz基频外，在200 Hz频率处振幅幅值也较高，因此认为该台变压器的振动信号主频率为200 Hz。

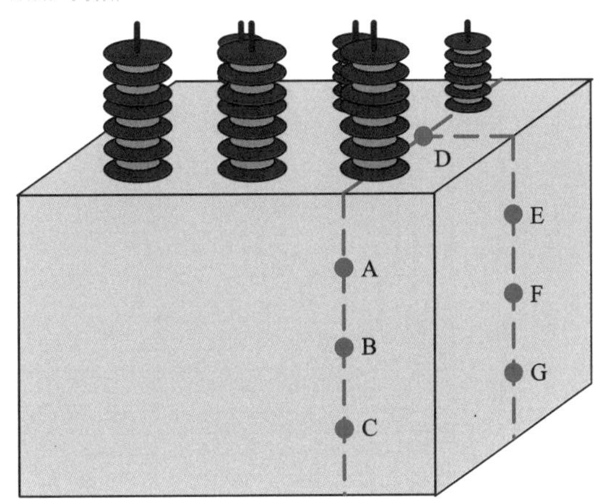

图4-1　变压器箱体表面传感器分布

表4-1　箱体表面各测试点频域特征值

测试点编号	A	B	C	D	E	F	G
基频比重/%	41.96	50.39	3.65	8.47	67.29	68.98	36.18
主频/Hz	100	100	200	200	100	100	200
主频比重/%	41.96	50.39	95.83	90.44	67.29	68.98	62.59
振动熵	1.3879	1.1801	0.2749	0.5219	0.9533	0.9289	1.0629

根据图4-2(a)可得，F点处基频处振动加速度分量值最高，B、D、E点其

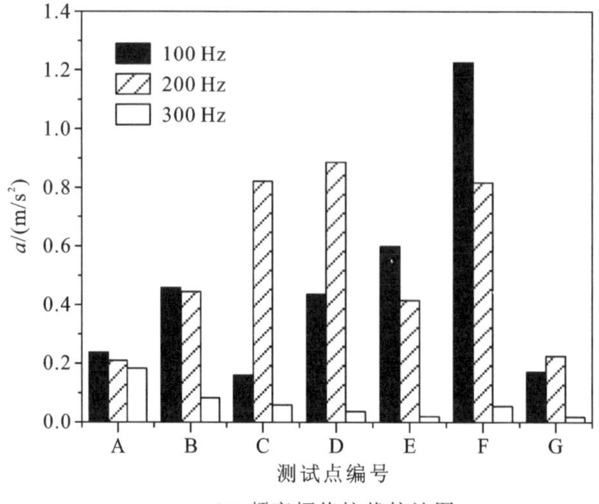

(a) 频率幅值柱状统计图

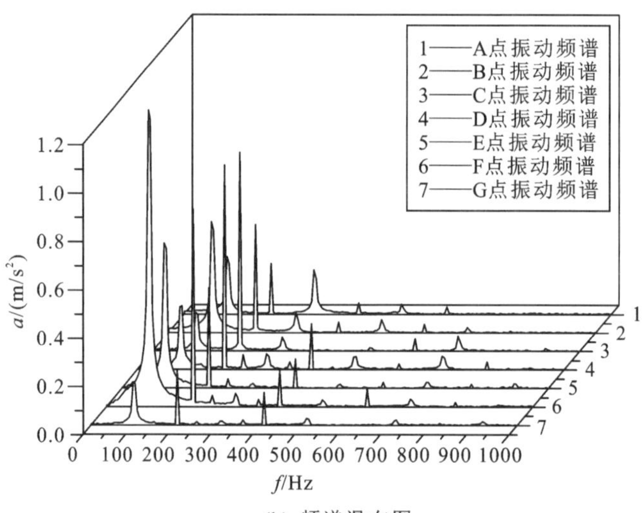

(b) 频谱瀑布图

图 4-2　变压器箱体表面各测试点振动信号

次,若在测试时考虑传递衰减最小点优先则应选择此类测试点。根据图 4-2(b)可得,油箱顶部以及右侧测试位置的振动频谱中均出现奇次谐波,其中 250 Hz 及 350 Hz 分量较明显不能忽略,考虑到奇次谐波对变压器本体振动信号的干扰,测试时应尽量避免选择此类测试点;根据表 4-1 中数据可知,A、B、E、F 点处基频即为主频,振动能量较为集中于 100 Hz 处,C、D、G 点处则是以 200 Hz 为主频;同时,C、D 点振动熵较低,能量集中在主频 200 Hz,其余 5 点振动熵均在 1 左右，考虑基频分量对研究变压器振动特性的重要性，应优先选择基频占优且频谱能量相对集中的点进行测试，如 B、E、F 点。综上所述，对该台模型变压器而言，若只能采集一路振动信号，B 点为最优振动信号采集测点；但是，考虑到实际电力变压器结构不尽相同，在现场进行振动测试时应根据实际情况布置加速度传感器。

4.2.2　传感器小幅“错位”的影响

由于油箱不同位置的响应特性不同，各个测点之间具有不同振动特性。基于变压器振动信号分析的变压器状态监测技术需要对同一台变压器定期进行监测，结合历史数据分析其运行状态，但是在现场的传感器布置中，保证加速度传感器的粘贴位置同历史测试时完全一致是很难的，研究传感器小幅度偏移对所采集振动信号的影响，能够在保证历史数据对比可靠性的基础上最大程度地降低布置传感器的难度。

因此，本小节对模型变压器进行了传感器小幅“错位”时的振动特性测试，当传感器位置产生微小错位时，振动频谱的变化如图 4－3 所示，图中“＋、－”代表偏离基准点的方向。针对各测试点频谱进行了数据分析，结果如表 4－2 所示。

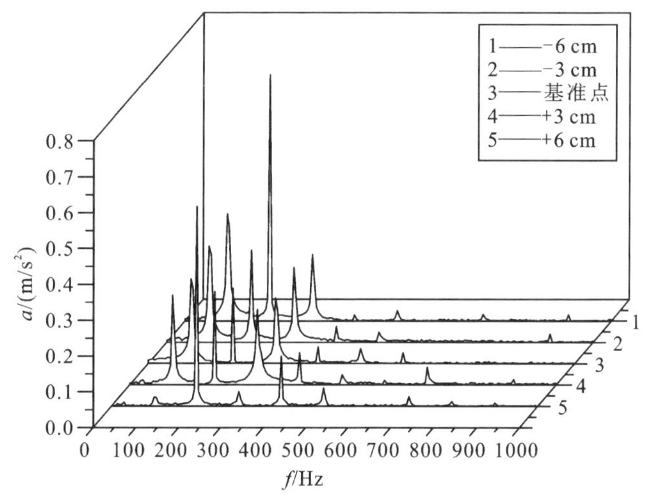

图 4－3　传感器小幅“错位”时振动频谱

表 4-2　小幅“错位”各测试点频谱特征值

测试点位置	+6 cm	+3 cm	基准	-3 cm	-6 cm
基频比重/%	0.27	34.52	41.99	38.13	16.46
主频率/Hz	200	200	100	100	200
主频比重/%	91.06	35.35	41.99	38.13	77.67
振动熵	0.5598	1.8507	1.8096	1.6835	0.9628

由图 4-3 及表 4-2 结论可知，距离基准点±3 cm 处测点的振动频谱的基频分量、基频比重以及振动熵均与基准点相近，虽 3 cm 测点处主频由 100 Hz变为 200 Hz，但比重较为接近；而在距离基准点±6 cm 处测点的振动频谱不管是从频谱幅值、频谱形状还是各频谱特征值来看，已与基准点相关数据出现明显差异，相对于基准点位置对称的两测点处振动频谱相似度不高。因此，需要对同一台变压器进行多次振动测试时，建议给传感器粘贴位置进行标记，一般多次测试时不允许离开标记位置，如存在特殊情况，传感器安装位置离标记点也不应位移超过±3 cm，否则历史数据对比的可靠性存疑。

4.2.3　不同相的影响

由于试验的模型变压器为三相变压器，为了研究不同相间振动特性的区别，对三相相同高度测试点处的振动频谱进行对比，测试在空载条件下进行，如图 4-4 所示，而三相测点频谱特征值如表 4-3 所示。

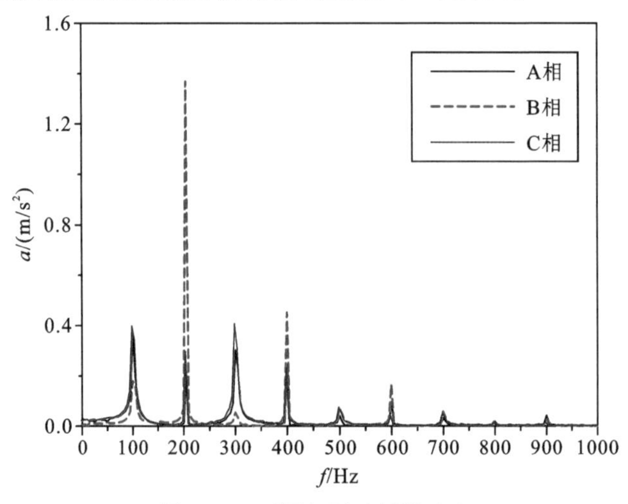

图 4-4　不同相振动频谱对比

由图 4-4 中结果可知，A 相和 C 相的振动频谱相似度高，基频 100 Hz 处 A、C 相的振幅大于 B 相振幅，A、C 相均以 300 Hz 为主频，而 B 相则以 200 Hz为主频。而由表 4-3 可得结论，对于同一台三相式变压器，A、C 两相的各种振动频谱特征参数较为接近，相对于此两相，B 相基频比重较小，同时振动熵也较低，振动能量集中在主频。

表 4-3　不同相测点频谱特征值

测试点	A 相	B 相	C 相
基频比重/%	43.14	1.78	34.93
主频率/Hz	300	200	300
主频比重/%	23.94	86.43	19.25
振动熵	1.9311	0.8172	2.2288

对不同相别处油箱表面振动信号的差异进行简单的理论分析，铁芯振动基频分量同负载电压的平方呈正比，在三相铁芯状况一致的情况下，施加相同电压时各相铁芯所产生的振动是一致的。设 z'_A、z'_B、z'_C分别为三相铁芯本体振动传递到对应相油箱表面的振动，z''_A、z''_B、z''_C则分别为三相铁芯本体振动信号传递到相邻相油箱表面的振动，z'''_A和 z'''_C分别为 A 相和 C 相的本体振动传递到更远相油箱表面的振动，则每相传递到油箱表面的振动 Z_A、Z_B、Z_C为

$$\begin{cases} Z_A = z'_A + z''_B + z'''_C \\ Z_B = z''_A + z'_B + z''_C \\ Z_C = z'''_A + z''_B + z'_C \end{cases} \tag{4-3}$$

由于振动波的传播速度是一定的，因此认为振动信号在传播过程中的衰减仅由传播路程决定，不难推出，由振动源传递到相邻相的衰减是相等的，由振动源传递到更远相的油箱表面时振动信号衰减程度加深，因此，结合式(4-3)可得，A、C 两相的振动情况基本对称，而 B 相受到来自相邻相的影响，在基频振幅上应略低。

4.2.4　油箱附件的影响

根据变压器振动理论，风扇及变压器冷却系统是导致变压器箱体振动的原因之一。在以往的研究中，普遍认为由变压器风扇、油泵振动引起的制冷系统振动的频率在 100 Hz 以下，同以 100 Hz 为基频的变压器本体振动区别明显。在对一台运行中的电力变压器进行振动测试时，箱体上正对各相绕组

的位置处均布置有传感器，而当 4 号风扇组（靠近 C 相）开启后，C 相绕组处传感器所采集的振动信号出现畸变，如图 4-5 所示。由图可得，风扇组开启后，变压器 C 相振动信号 100 Hz 基频以及 600 Hz 主频附近频段内出现谐波畸变，在 50 Hz、150 Hz 以及 550 Hz 频率附近出现大量毛刺。风扇组的自身振动主要是其风扇叶片通过频率、箱体共振容积激振以及宽带湍流等产生的。

包括风扇组在内的各油箱附件对变压器箱体振动信号的“污染”致使所采集信号中出现谐波畸变。为了保证变压器振动测试结果的可靠性，布置传感器时应尽可能远离风扇组，有条件的可选择在风扇组未开启的情况下对电力变压器进行振动监测。

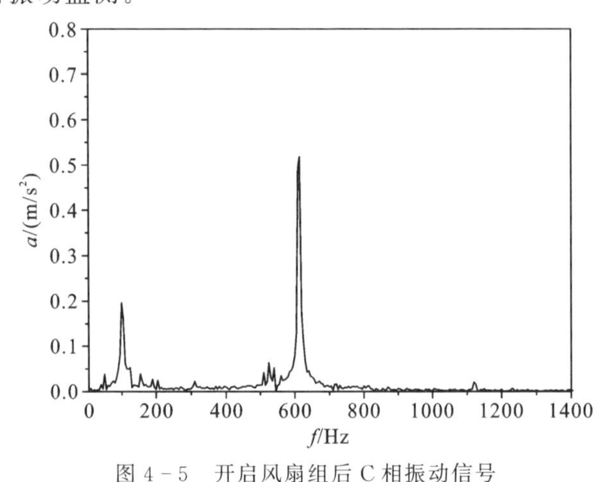

图 4-5　开启风扇组后 C 相振动信号

4.3　变压器运行条件的影响

电力变压器振动产生机理与其电气因素以及机械结构关系密切，实际运行中的电力变压器的各项运行参数，如运行电压、负载电流等均为变化而非固定的，伴随着这些运行参数的变化，变压器箱体振动信号也会发生变化。

4.3.1　运行电压的影响

根据变压器振动产生机理，铁芯因磁致伸缩引起的振动同运行电压的平方成正比。模型变压器进行空载试验时，由于绕组并没有负载电流流过，因此变压器的振动仅由铁芯产生。空载试验中不同运行电压下变压器箱体振动特性变化如图 4-6 所示。

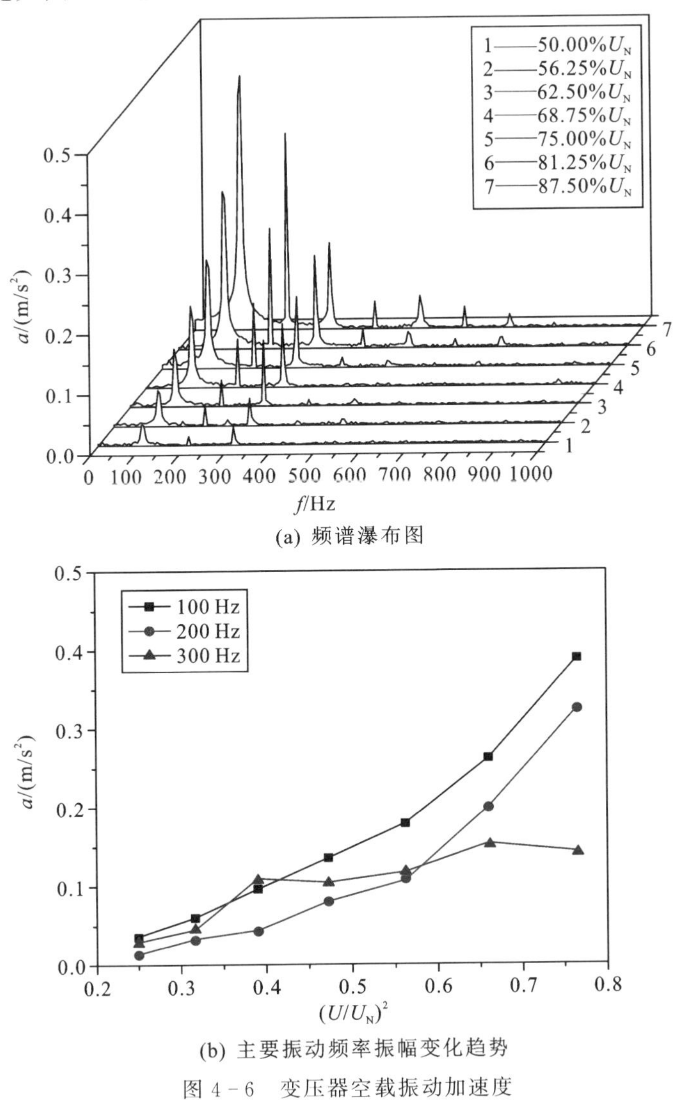

(a) 频谱瀑布图

(b) 主要振动频率振幅变化趋势

图 4-6　变压器空载振动加速度

由图 4-6 可知，振动信号频谱中，基频分量的幅值同所施加电压的平方成近似正比例关系，而 200 Hz、300 Hz 和 400 Hz 等高次谐振频率处振幅变化趋势并不规律，这是由铁芯硅钢片材料的非线性引起的。表 4-4 所示为空载振动试验时变压器振动信号频谱特征值，由其中数据可知，除测试电压为 62.50%额定电压时振动信号主频率为 300 Hz 外，空载试验时变压器振动信号基本以基频 100 Hz 为主频；随着施加电压的增长，振动频谱中基频比重呈现较大幅度的增长趋势，而振动熵则有所下降，可以认为，所施加电压越接近额定电压时，变压器箱体表面的振动能量就越集中于基频 100 Hz 频率处。由于振动熵随运行电压的升高而呈近似线性下降的趋势，对其进行拟合（由于 62.5％额定电压时振动信号存在明显的差异，在拟合过程中将此特殊点的结果抹去），得到如图 4－7 所示的结果，运行电压每增加 10％额定电压振动熵下降 0.12。

表 4－4　空载试验中变压器振动信号特征值

测试电压百分比	50.00％	56.25％	62.50％	68.75％	75.00％	81.25％	87.50％
基频比重/％	37.86	48.34	36.77	53.07	56.82	51.25	57.43
主频率/Hz	100	100	300	100	100	100	100
主频比重/％	37.86	48.34	52.08	53.07	56.82	51.25	57.43
振动熵	1.9363	1.8128	1.5066	1.4629	1.5192	1.6283	1.3982

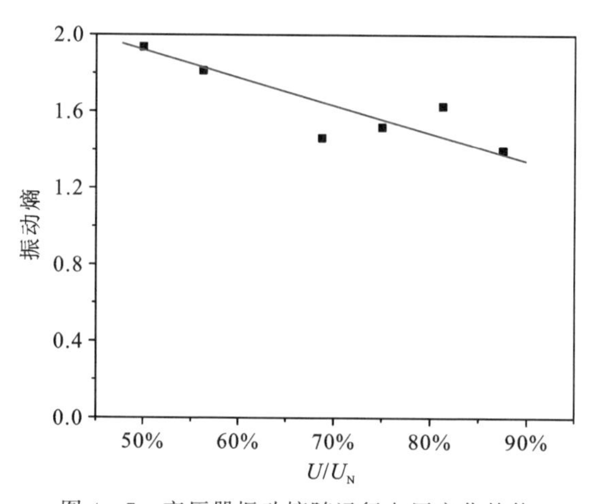

图 4－7　变压器振动熵随运行电压变化趋势

4.3.2　负载电流的影响

据 2.1 节中理论分析可知，带负载运行的变压器绕组振动频谱中，基频振幅与负载电流平方成正比，对模型变压器进行负载试验下的振动测试，试验结果如图 4－8 所示。

由图 4－8(a)可得，该台变压器除基频分量以外，主要振动频率为

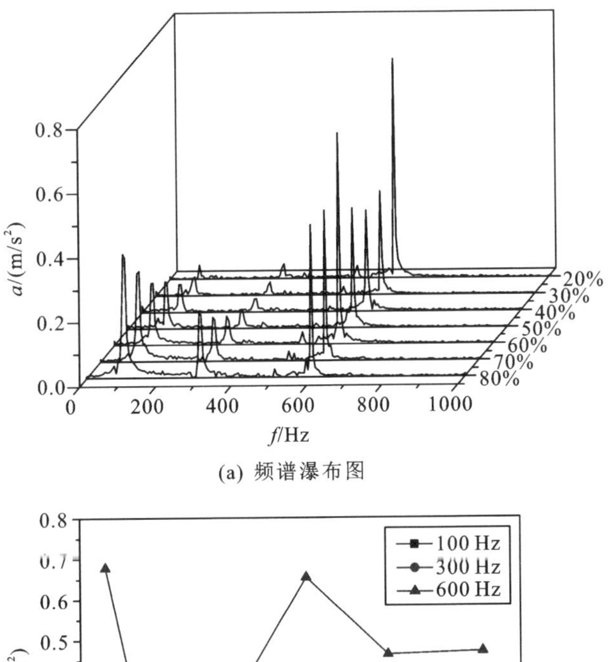

(a) 频谱瀑布图

(b) 振幅对比图

图 4 - 8　变压器负载试验中箱体振动特性

600 Hz,而随着负载电流值的升高,振动频谱中出现较为明显的 300 Hz 振动分量。而根据图 4 - 8(b)可得,基频 100 Hz 振幅同负载电流的平方呈线性关系,300 Hz 处振幅同负载电流平方呈近似线性关系,而主频 600 Hz 处振幅的变化趋势则是非线性的。

振动测试频谱特征值如表 4 - 5 所示。由表 4 - 5 可得,变压器箱体表面相同位置处所测得的振动信号,基频比重以及振动熵均随着负载电流百分比的升高而上升,主要振动频率为 600 Hz,主频比重随着负载电流百分比的升高而降低。

表 4-5 负载试验中变压器振动信号特征值

测试电压百分比	20%	30%	40%	50%	60%	70%	80%
基频比重/%	0.93	1.54	5.27	8.03	9.98	22.06	32.23
主频率/Hz	600	600	600	600	600	600	600
主频比重/%	98.37	97.29	84.52	86.58	81.43	65.97	64.21
振动熵	0.1548	0.2361	0.9907	0.8281	1.1177	1.5661	1.2065

当负载电流很小时，振动信号频谱中基频分量非常小，振动能量几乎都集中在 600 Hz 频率处。对振动熵随负载电流变化趋势进行分析可得，变压器油箱振动熵随负载电流的增加而上升，为便于后期信号处理中的数据对比，认为该变化趋势为近似线性的，斜率拟合结果如图 4-9 所示，由图可得，每增加 10%负载电流水平振动熵增加 0.15。

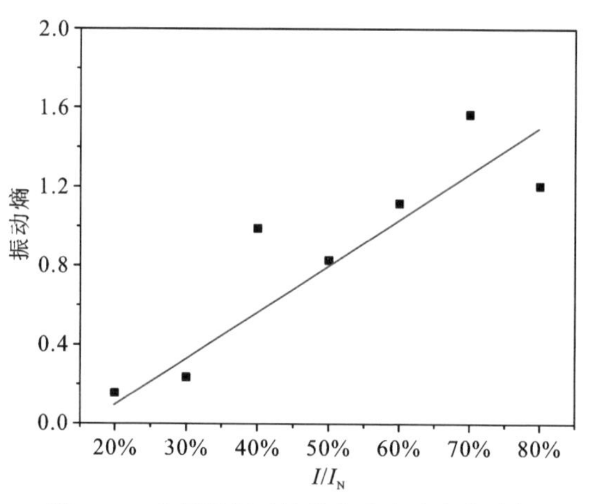

图 4-9 变压器振动熵随负载电流变化趋势

4.3.3 分接开关位置的影响

考虑到实际运行中的电力变压器都具有调压开关，通过分接开关改变分接头的连接，以改变高压线圈的匝数，从而调节变压器的输出电压。对某台具有可调分接开关的变压器进行了振动测试，调节分接开关位置前后振动基频分量对比如图 4-10 所示。由图 4-10 可知，在相同的负载电流下，处于最大分接运行模式下的变压器箱体振动基频分量要高于处于额定分接运行模式下的，但振动基频分量随负载电流变化趋势基本一致。

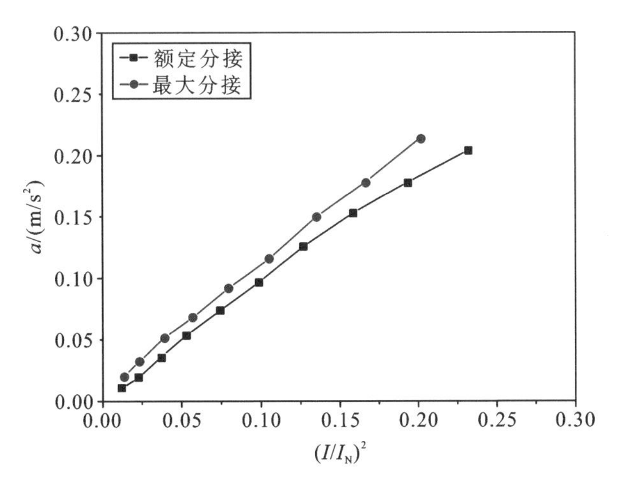

图 4-10　不同分接开关位置时振动基频分量对比

而调节分接开关位置前后，该台电力变压器箱体振动信号的频谱特征值如表 4-6 所示（仅举一个测试点的例子），该台变压器的振动频谱中基本仅有 100 Hz 基频分量，基频即主频。由表 4-6 数据可知，最大分接运行时，振动信号中基频比重更大，振动能量也更集中在基频。

表 4-6　分接位置振动信号特征值

分接位置	最大分接	额定分接
基频比重/%	97.57	95.40
振动熵	0.2264	0.3552

4.3.4　功率因数的影响

在以往对变压器振动信号的研究中，认为由铁芯和绕组产生的振动信号中基频分量在传递到油箱表面后为线性叠加：

$$a_0 = k_c a_c + k_w a_w = k_c \alpha u^2 + k_w \beta i^2 \tag{4-4}$$

式中，k_c 为铁芯振动传递到油箱表面的传递系数；k_w 为绕组振动传递到油箱表面的传递系数；α 为铁芯振动加速度基频分量同运行电压平方的关系系数；β 为绕组振动加速度基频分量同负载电流平方的关系系数。

而在电力变压器的实际运行过程中，其功率因数不为 1，因此，实际运行中的电力变压器的运行电压及负载电流之间存在相位差，根据振动理论，两不相干信号可线性叠加的前提是不存在相位差，因此认为对于实际的电力变压器来说，由铁芯和绕组所产生的振动在箱体上的合成是非线性的。假设变压器铁芯及绕组所产生的振动加速度的相位差为 φ，则根据相关理论，由绕组和铁芯产生的两列振动信号合成后的量可由下式来表示：

$$a=\sqrt{k_c^2a_c^2+k_w^2a_w^2+2k_ck_wa_c\cdot a_w\cos\varphi} \tag{4-5}$$

可推得铁芯振动及绕组振动合成的振动加速度的数值满足：

$$|k_ca_c|-|k_wa_w|\leqslant a\leqslant |k_ca_c|+|k_wa_w| \tag{4-6}$$

所以当电力变压器处于不同的运行条件下时，其由铁芯和绕组分别产生的振动信号的合成方式是变化的。为了研究功率因数对变压器振动特性的影响规律，首先针对变压器箱体振动特性同负载属性的关系进行了试验研究。给模型变压器分别带相同容量的纯阻性、容性及感性负载运行，试验结果如图 4－11 所示。

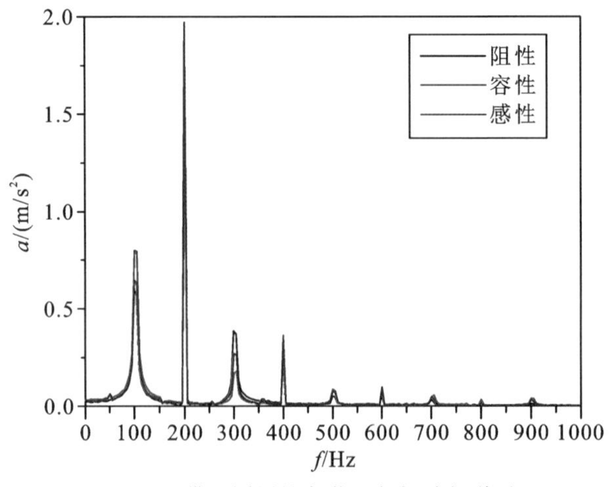

图 4－11　带不同属性负载运行振动频谱对比

由图 4－11 可得，带不同属性负载时，变压器箱体振动频谱形状类似，容性负载时箱体振动 100 Hz 基频分量最高，阻性负载时最低。针对频谱各特征值进行计算，结果如表 4－7 所示。由表 4－7 数据可得，带不同属性负载运行时，变压器箱体振动信号中主频率相同，都为 200 Hz；当变压器带容性负载时，基频所占比重更高，主频比重较阻性以及感性负载条件时更低，且振动熵较高；而带阻性以及感性负载运行时，振动信号的振动熵较低。

表 4－7　带不同属性负载运行时振动信号特征值

负载属性	阻性	容性	感性
基频比重/%	9.17	20.70	11.34
主频率/Hz	200	200	200
主频比重/%	84.45	73.28	84.08
振动熵	0.8788	1.056	0.8587

结合图 4－11 和表 4－7 数据可知，带不同属性负载运行时，变压器振动信号不仅在频谱形状上存在明显的差异，各项振动信号特征值也存在不同，因此，认为变压器绕组和铁芯产生的振动在传递过程中并不是纯粹线性叠加的。

利用实验室内可调负载，在保证所施加电压以及负载阻抗不变的前提下，调节负载模拟实际电力系统运行中的不同功率因数，结果如图 4－12 所示。考虑到实际运行中系统功率因数是接近理想值 1 的，试验过程中所模拟功率因数的取值均在 0.9～1 的区间内。由图 4－12 可得，功率因数的变化对箱体振动频谱的形状改变不大，而频谱中的基频 100 Hz 分量则随着试验功率因数的增大而存在小幅度上涨趋势。

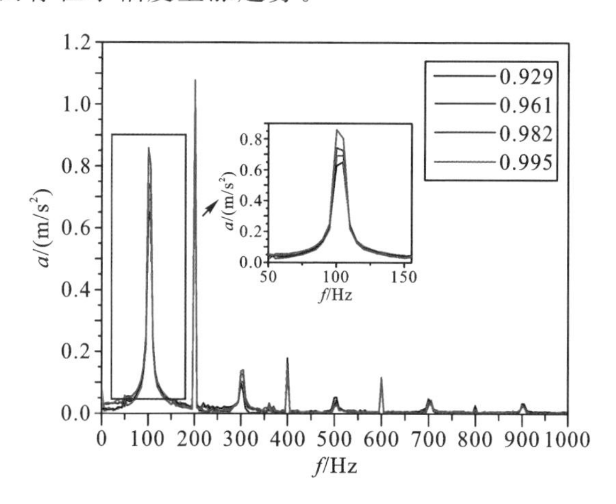

图 4－12　不同功率因数运行时振动频谱对比

频谱特征值数据如表 4－8 所示。由表 4－8 可得，随着功率因数的升高，变压器的箱体振动中，基频比重增长，主频比重下降，振动熵略有增长，可以理解为，在这个过程中，振动能量从功率因数较低时的集中在主频 200 Hz 转移向了基频 100 Hz。根据式(4－5)，在功率因数从 0.929 增长到 0.995 的过程中，变压器油箱表面振动基频分量呈现增长趋势，同试验结果一致。

表 4-8 不同功率因数运行时振动信号特征值

功率因数	0.929	0.961	0.982	0.995
基频比重/%	26.14	28.93	31.56	37.87
主频率/Hz	200	200	200	200
主频比重/%	70.82	67.14	64.76	59.28
振动熵	1.0768	1.1649	1.1704	1.1890

4.3.5 油温的影响

作为变压器本体振动的主要传播途径之一，变压器油的阻尼系数以及膨胀效应对最终表现在变压器箱体上的振动信号存在影响。油温变化对变压器箱体振动的影响究其根源是来自于温度对振动源（铁芯磁致伸缩率和绕组绝缘垫块力学特性）以及变压器油本身黏滞力的影响，其中，绕组绝缘垫块的力学特性随温度变化规律已在上一章节进行试验。根据分子运动理论，当油温升高时，分子运动加快，分子间隙增大，相互间的作用力有所减弱，因此变压器油黏滞力有所下降，直接表现为对以其为传播途径传播的振动信号的阻尼作用减弱，外在表现即为变压器箱体表面振动有所增长。

对一台 220 kV 的电力变压器进行了温升试验时的振动特性测试，结果如图 4-13 所示。由图 4-13(a)可知，温度的升高并不会改变变压器箱体振动频谱的形状，而此台变压器振动能量主要集中在基频 100 Hz 处，主频即基

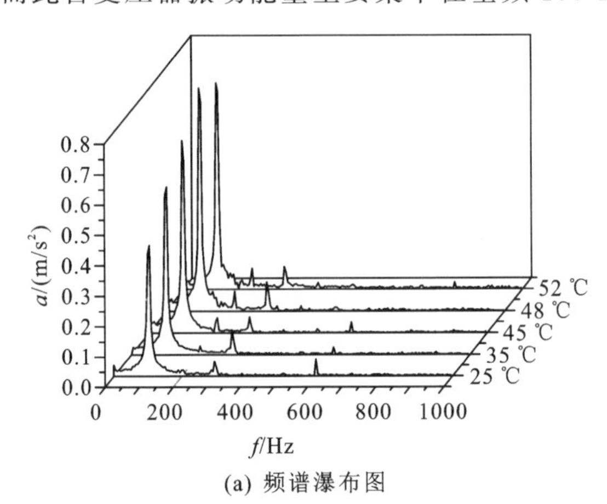

(a) 频谱瀑布图

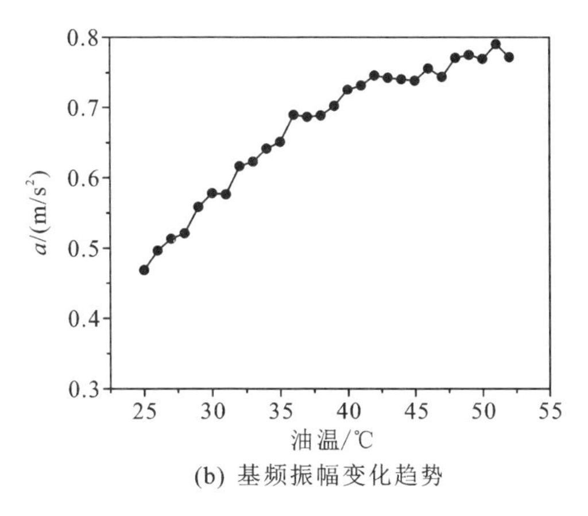

(b) 基频振幅变化趋势

图 4 - 13　温升试验时变压器振动特性

频，高次谐波分量不明显，但 200 Hz 和 300 Hz 处振幅随油温的上升存在非线性和非单调增长的趋势。由图 4 - 13(b)可知，变压器振动频谱中，基频振幅随油温升高而呈近似线性增长，经拟合，斜率为 0.011。

温升试验中，振动信号的频谱特征值如表 4 - 9 所示，各特征值随油温变化趋势如图 4 - 14 所示。由表 4 - 9 数据可得，该台变压器油箱振动中，基频即为主频，振动能量集中在 100 Hz 处，而各项特征参数数值随油温的上升存在小幅度变化。由图 4 - 14 可得，在 25～52 ℃的温度区间内，变压器振动信号的主要特征值随油温的变化都是非线性和非单调的。其中，变压器振动基频/主频比重随油温的增长呈现 W 形曲线，而振动熵随油温增长的变化趋势则为 U 形曲线。

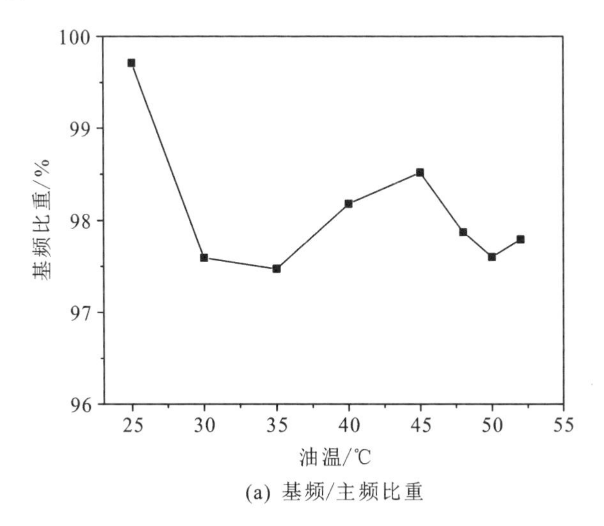

(a) 基频/主频比重

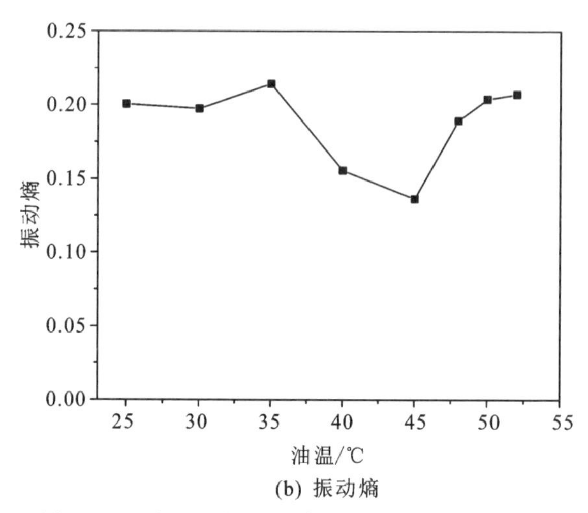

(b) 振动熵

图 4-14　变压器振动频谱特征值随油温变化规律

表 4-9　温升试验中振动信号特征值

油温/℃	25	30	35	40	45	48	50	52
基频比重/%	99.71	97.59	97.47	98.18	98.52	97.87	97.60	97.76
主频率/Hz	100	100	100	100	100	100	100	100
主频比重/%	99.71	97.59	97.47	98.18	98.52	97.87	97.60	97.76
振动熵	0.2005	0.1974	0.2141	0.1557	0.1364	0.1892	0.2038	0.2071

4.3.6　在运变压器的振动特性

对某 330 kV 变压器进行了 24 h 振动噪声在线监测，现场测量方式如图 4-15 所示，该变压器散热器位于变压器窄面两侧，将压电式加速度传感器分别布置于低压套管侧的 A、B、C 三相绕组对应位置处并避开加强筋，位置位于本体的 1/4 高度处，同时在距离本体 1 m 的位置处测量本体噪声。对变压器的振动声学信号进行定间隔采集，每隔 5 min，采集 2 s 信号，采样率 10 kHz。

提取某天 24 h 每个整点的振动声学信号，以 A、B 相声振信号为例，其频谱信息如图 4-16 所示。可以发现：

(1)现场变压器振动以 100 Hz 的倍频为主，含有少量的 50 Hz 的奇次倍频，其频谱远比绕组稳态短路情况下的振动频谱复杂，高频振动成分甚至远

图 4-15　某 330 kV 变压器振动噪声在线监测测点分布

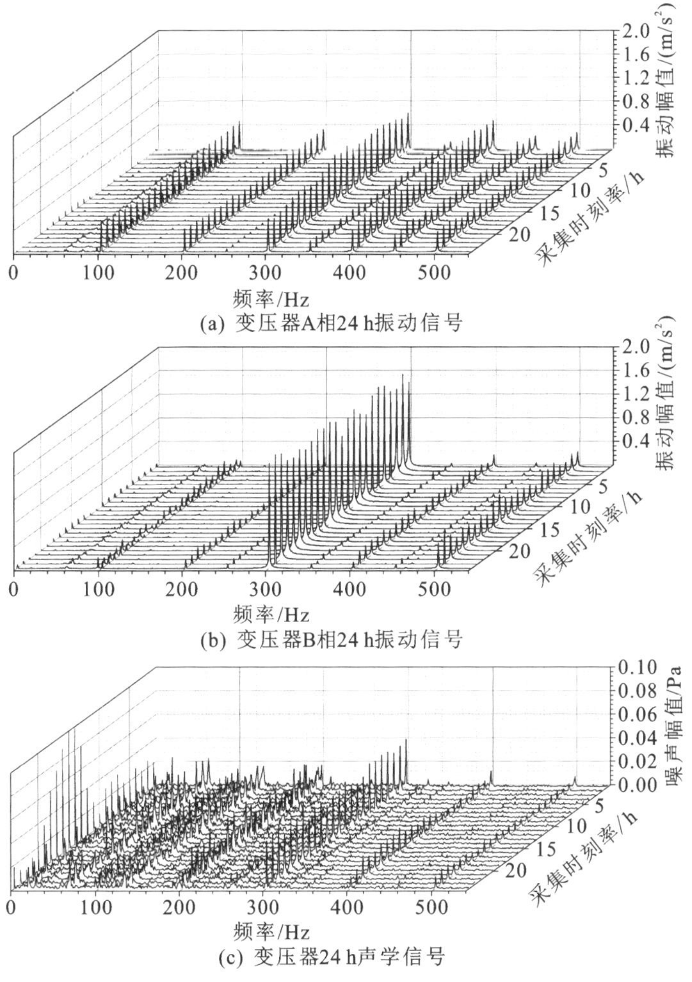

图 4-16　某 330 kV 变压器声振信号

高于基频振动。这是因为在运变压器振动信号中不仅包含绕组振动,同样包含铁芯振动。铁芯振动主要由磁致伸缩及 Maxwell 力导致,其振动复杂,高频成分占比高,绕组振动信号往往与铁芯振动相互耦合,难以区分。因此利用油箱振动信号判断绕组机械状态时必须将铁芯振动的影响排除或找到绕组振动与铁芯振动的区别。

(2)变压器声学信号如图 4-16(c)所示,相比于振动信号,声学信号包含的频率分量更为丰富,这是因为声学信号可以收集到油箱表面各点振动辐射出的声波。另外,声学信号在现场容易受到环境噪声干扰,无论是宽频的风扇噪声还是其他电力设备的噪声,都会被传声器收集,导致难以分离被测变压器声学信号。

(3)对比图 4-16(a)和(b),发现不同测点的振动信号相差很大,无论是频率成分还是幅值大小都有很大差异,这是因为变压器内部振动传递路径十分复杂,不同位置的测点受到的激励各不相同,因此变压器振动测点的选择至今未形成统一标准,制约了振动信号分析法的发展。另外,即使是同一测点,振动信号随着时间的变化也会有不同程度的波动。

为更加直观反映振动信号随时间的变化规律,分别从 1 天 24 h 和 1 周 7 天两个维度观察振动信号的变化趋势,以 A 相测点 100 Hz、200 Hz、300 Hz 振动分量为例,可得如图 4-17 所示变化趋势。从中可以看出:

(1)振动信号的不同分量在 1 天 24 h 中有明显的波动,其中 100 Hz 及 200 Hz 大致呈现出两头大、中间小的规律,即早晚时刻较大,中午时刻较小,而 300 Hz 大致呈现相反的规律。值得注意的是,该规律仅针对该变压器的该测点在这一时段的变化规律,不具有普适规律。但是振动信号随时间的波

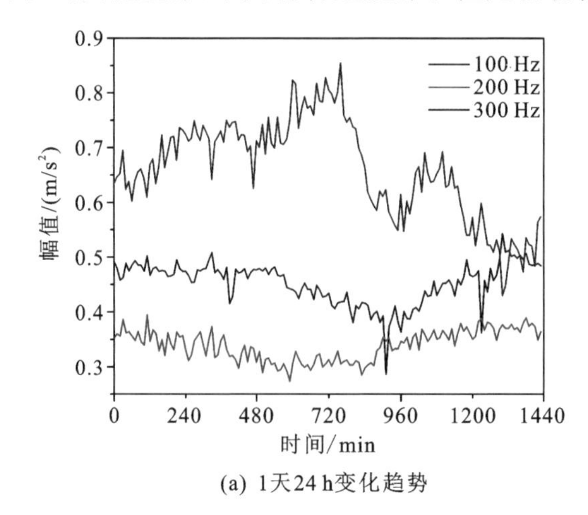

(a) 1天24 h变化趋势

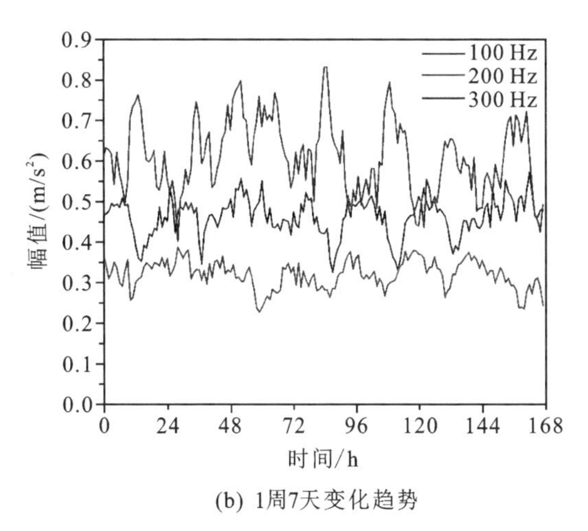

(b) 1周7天变化趋势

图 4-17　油箱 A 相测点振动随时间变化

动现象是显而易见并具有普适性的，这主要是受一天中变压器所带负荷波动的影响。负荷的波动会使负载电压、负载电流产生波动，进而影响绕组及铁芯的振动。

(2)振动信号的不同分量在 1 周 7 天中的波动更加明显且具有一定规律性，各分量皆大致以一天为周期上下波动，其中 100 Hz 及 200 Hz 大致波动较为一致，而 300 Hz 大致呈现相反的规律。然而，用户的用电负荷虽然有一定的波动规律，但仍然存在随机情况，导致振动时刻在变化并难以预测。

该变压器 11 月份电压、电流的波动情况如图 4-18 所示。

从图 4-18 中可以发现变压器电压比较稳定，变化基本在 1%以内，几乎不发生波动，由此可以推断变压器铁芯振动波动较小。而电流负荷率变化十分频繁，且在 40%到 80%之间大范围波动，这种负荷变化的情况使得绕组振动信号复杂多变。另外，负载的变化以及环境温度的变化会导致变压器油温的波动。这些影响因素成为了基于单点振动信号的变压器绕组机械故障诊断方法现场应用的又一阻碍，因此有必要提出一种可以不受负荷波动影响的特征参量。

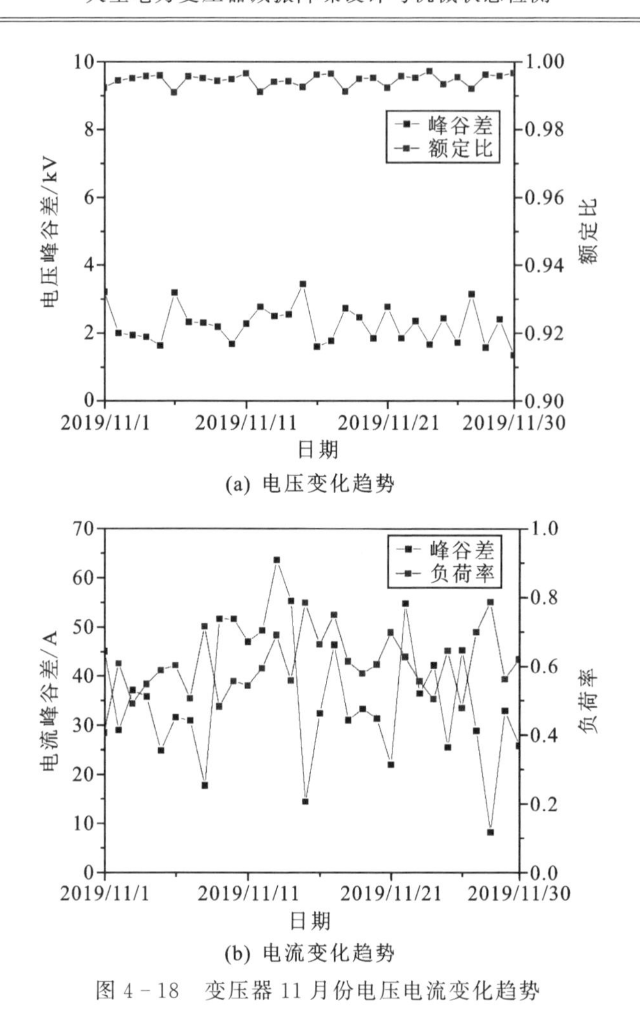

(a) 电压变化趋势

(b) 电流变化趋势

图 4-18　变压器 11 月份电压电流变化趋势

4.4　运行变形振型理论

4.4.1　运行变形振型简介

前述章节中,绕组及变压器的试验模态分析是在实验室条件下,输入和响应都可测,从而获得频响函数最终得出结构的模态频率、阻尼比、模态振型等模态参数。但在实际运行的电力变压器上,由于无法对其施加特定激励或激励难以准确测量,因此难以实现传统的模态分析技术。这种情况下,由于结构工作状态的响应容易测量，催生了只测量输出响应的模态参数识别方法——运行模态分析(Operational Modal Analysis，OMA)和振动形态分析的方法——运行变形振型(Operating Deflection Shapes，ODS)。

OMA 又称为环境激励模态分析，由于变压器质量大，所受环境激励小，很难激励起宽频振动，再加上自身运行过程中存在高幅值离散振动，因此很难利用 OMA 方法从运行的变压器中提取到模态参数。ODS 是结构在自身运行工况下的振动形态，简称为工作变形，其与模态振型的区别在于：

(1)结构的模态振型是其固有的属性，只与结构本身的质量、刚度、阻尼以及边界条件有关，与外部激励无关。而 ODS 不仅与上述属性有关，还与外部激励密切相关。

(2)模态振型表现的是结构在某一阶模态频率处的运动状态；ODS 为结构在某一工况下任意频率或任意时刻的受迫运动状态。两者的关系为：某一频率的 ODS 是相邻频率多阶模态振型的加权线性叠加，如式(4－7)所示，当模态参数发生改变时，ODS 也会随之改变：

$$\mathrm{ODS}_i = a_1 v_1 + a_2 v_2 + \cdots + a_n v_n + \mathrm{Rest} \tag{4-7}$$

式中，ODS_i 为某一频率的工作变形；a_i 为加权系数；v_i 为 i 阶模态振型；Rest 为分析频带外的模态贡献。

(3)模态振型是结构各点的相对振动，一般是无量纲的；ODS 由于跟激励密切相关，因此变形有具体大小，可以用位移、速度、加速度来表达，根据表达域不同可分为时域 ODS 和频域 ODS。

时域 ODS 是以时间为变量来展现结构工作状态下某一时刻的振动形态，是所有频率振动的矢量总和。为了测得时域 ODS，必须保证各个测点同时测量，但往往运行中的设备巨大，而测量系统采集通道有限，难以实现同时覆盖所有测点。频域 ODS 是工作的结构在某一确定频率处的振动形态，是各个测点在这一频率处的幅值相位关系。可以通过选取参考点进行相位校准以实现同时测量的目的。因此相比于时域 ODS，频域 ODS 有更加广泛的应用。变压器振动有明显的离散特征，且振动主要集中在 50 Hz 的倍频处，因此本文主要研究变压器的频域 ODS 特征，并将其应用于绕组的机械故障诊断。

4.4.2　变压器 ODS 测量方法

有多种算法可以获得频域 ODS，如线性谱、频响函数、传递率函数以及

ODS 频响函数等。其中 ODS 频响函数具有只测量响应即可获得 ODS 的优点而被广泛采用。从理论上讲，获得变压器油箱整体的 ODS，应该同时测量所有测点的振动加速度，但测量通道有限，在同一时间只能采集有限数量测点的振动信号。另外，即使测点数量够多，但大量的传感器会影响到油箱的模态，因此需要对不同的测点分多次进行测量。为了获得所有测点振动加速度的同步关系，固定一个测点作为基准信号，对其他测点的振动信号进行相位校正，校正方法如图 4-19 所示。由于参考点振动信号与测点振动信号同步测量，因此两者间的相位差固定，保持每次测量的基准信号相位一致，则相当于实现了每个点的同步测量。

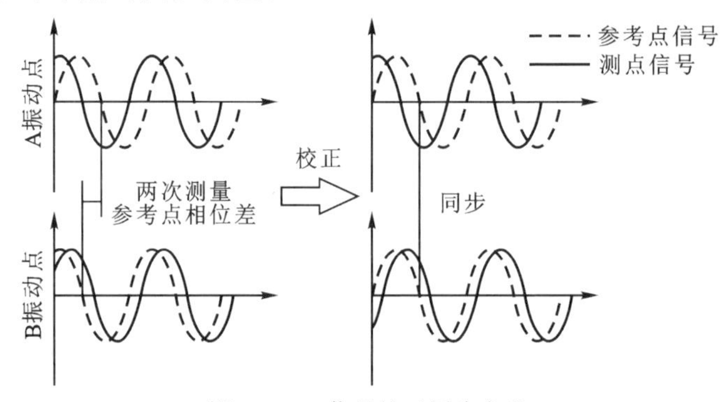

图 4-19　信号校正同步方法

计算各个测点与参考点之间的相位差，对响应信号进行相位校准，则频域 ODS 的计算公式为

$$\mathrm{ODS}(\omega)=|F_x(\omega)|\frac{G_{xy}(\omega)}{|G_{xy}(\omega)|} \tag{4-8}$$

式中，$|F_x(\omega)|$ 为响应的幅频函数；$G_{xy}(\omega)$ 为测点响应与参考点响应的互功率谱。

结构中的振动通过机械波的形式传递，为了确定 ODS 测点的密集程度，需要对机械波在结构中的传递波长进行分析研究。在噪声和振动中最重要的两种波型为纵向波和纯弯曲波。其中准纵向波的微粒移动大致与波的传递方向一致，其速度只与杨氏模量、密度以及泊松比有关，与频率无关。准纵向波具有很快的波速，为高阻抗波，其振动能量传递效率很高，但无法辐射噪声，纵向波波速 c_{L} 为

$$c_{\mathrm{L}}=\left[\frac{E}{\rho(1-v^2)}\right]^{1/2} \tag{4-9}$$

式中，E、ρ、v 分别为板结构材料的杨氏模量、密度以及泊松比，钢材料的纵向

波速为 5200 m/s。

纯弯曲波一般存在于弯曲波长比结构横截面尺寸大很多的情况，如板结构。其波速为频率的函数，明显低于纵向波，5 mm 厚的钢板弯曲波速在 500 Hz时为 150 m/s。弯曲波为低阻抗波，容易与相邻的流体声阻抗相匹配，从而有利于结构与流体的能量交换，最终导致声辐射。变压器油箱作为板结构，其振动传递特性符合板的弯曲波振动。弯曲波波速 c_{B} 为

$$c_{\mathrm{B}} = (1.8tfc_{\mathrm{L}})^{1/2} = \left\{1.8tf\left[\frac{E}{\rho(1-v^2)}\right]^{1/2}\right\}^{1/2} \tag{4-10}$$

式中，t 为板结构厚度；f 为所关注弯曲波的频率。根据弯曲波波速可求得其波长，为直观准确地反映油箱表面 ODS 形态，在完整的正弦波形上至少需要取 5 个点进行测量。

4.4.3　变压器 ODS 特性试验平台

根据模态叠加原理可知，结构 ODS 为各个模态加权叠加的结果，当结构的模态不变时，某一频率激励大小的变化仅仅会影响 ODS 的幅值，而对其整体形态并无影响，由此提出利用 ODS 来反映变压器机械状态，从而规避电压、电流等因素波动的影响。为此，本章搭建了如图 4－20 所示的变压器 ODS 特性试验平台电路图，试验验证不同因素对变压器 ODS 的影响。其中可调负载箱最大容量为 100 kW，可满足试验模型变压器满负荷运行。试验时，K_1 及 K_2 同时断开，可以进行空载试验，研究电压波动对 ODS 的影响；K_1 闭合，K_2 断开，可以进行稳态短路试验，研究电流波动对 ODS 的影响；K_1 断开，K_2 闭合，可以进行变负载试验，模拟真实变压器运行工况，研究负载波动对 ODS 的影响。

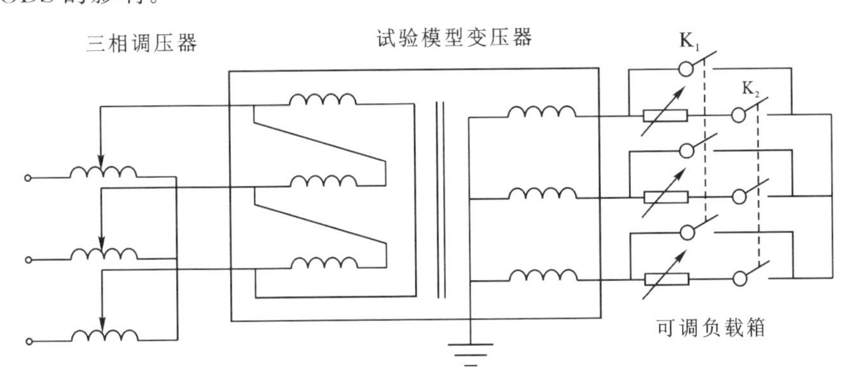

图 4－20　变压器 ODS 特性试验平台电路图

本试验所用的模型变压器如图 4－21 所示，为更为直观地展现其 ODS 特性，油箱未安装散热片及加强筋等结构。

(a) 变压器整体结构

(b) 内部绕组结构

图 4－21　三相变压器绕组实物模型

对于实际电力变压器，可以避开加强筋、散热器等结构，在油箱表面局部平整的区域测量其局部 ODS，例如将图 4－21(a)中的油箱均分为 6 个子区域。变压器具体参数如表 4－10 所示。

表 4－10　变压器参数

参数类型	参数值	参数类型	参数值
额定容量/kV・A	50	绕组结构	连续饼式
额定电压(高压)/kV	0.693	线圈高度/mm	420
额定电压(低压)/kV	0.4	线圈幅向尺寸/mm	13.5
短路阻抗/%	4.5	油箱尺寸/mm	800×320×920
连接组	YNd11	铁芯结构	叠铁芯

变压器油箱的各材料参数为：$E=205$ GPa、$\rho=7850$ kg/m^3、$v=0.29$、$t=3$ mm，根据式(4－10)可得不同频率的波速、波长($\lambda=c_B/f$)如表 4－11 所示。

表4-11 油箱各频率振动波长

频率 f/Hz	50	100	150	200	250	300	350	400	…
波速 c_B/(m/s)	37.97	53.70	65.77	75.94	84.90	93.01	100.46	107.40	…
波长 λ/cm	75.94	53.70	43.84	37.97	33.96	31.00	28.70	26.85	…

由表4-11可以发现频率越高、波速越快、波长越短,而随着频率上升,波长减小幅度变小。由第3章结论可知,当变压器激励电流为工频50 Hz时,绕组振动信号中即便是出现非线性振动,其能量依旧主要集中在300 Hz以内,因此本章主要研究300 Hz以下的油箱ODS特性。因为在完整的一个波形上需要取5个点,所以将油箱表面划分为8 cm×8 cm的小网格,如图4-21(a)所示。

4.5 油箱表面ODS的影响因素及规律

4.5.1 电压波动对ODS的影响

在空载试验中,由于变压器绕组中只流过很小的励磁电流,而铁芯中磁通密度较大,因此变压器内部绕组振动可以忽略,振动激励源主要为铁芯。由理论分析可知,变压器铁芯振动频率主要分布在100 Hz及其倍频处,且限于所提到的传感器布置密度要求,因此试验主要研究其100 Hz、200 Hz、300 Hz的ODS。为直观展示变压器ODS,将其形态以加速度等值云图方式进行展示。由于测点为离散测点,测点之间的振动信号使用三次样条插值方式进行数据补充,插值时边界条件为固定边界,该方法能通过测点信息有效扩充非测点振动信息,且可以使ODS变得更加平滑。如图4-22所示为额定电压加载下变压器空载振动加速度ODS云图的等轴侧视图及俯视图,由于振动形态为一个动态的过程,因此统一选取变压器油箱在各频率最大振动点处于最高幅值时刻的ODS进行对比分析。从图中可以发现:

(1)变压器油箱的ODS呈现明显的波动形态,振动在油箱表面主要以弯曲波形式进行传递,其频率越高波长越短,半波数量越多,该结果与表4-11中的弯曲波波长一致。

(2)油箱表面振动存在波节点,即该点的振动幅值极小甚至为零,且不同频率波节点位置并不相同,频率越高波节点越多。油箱表面不同测点的振动信号完全不同,波峰、波谷、波节点处的振动差异尤为明显,频率越高,相邻测

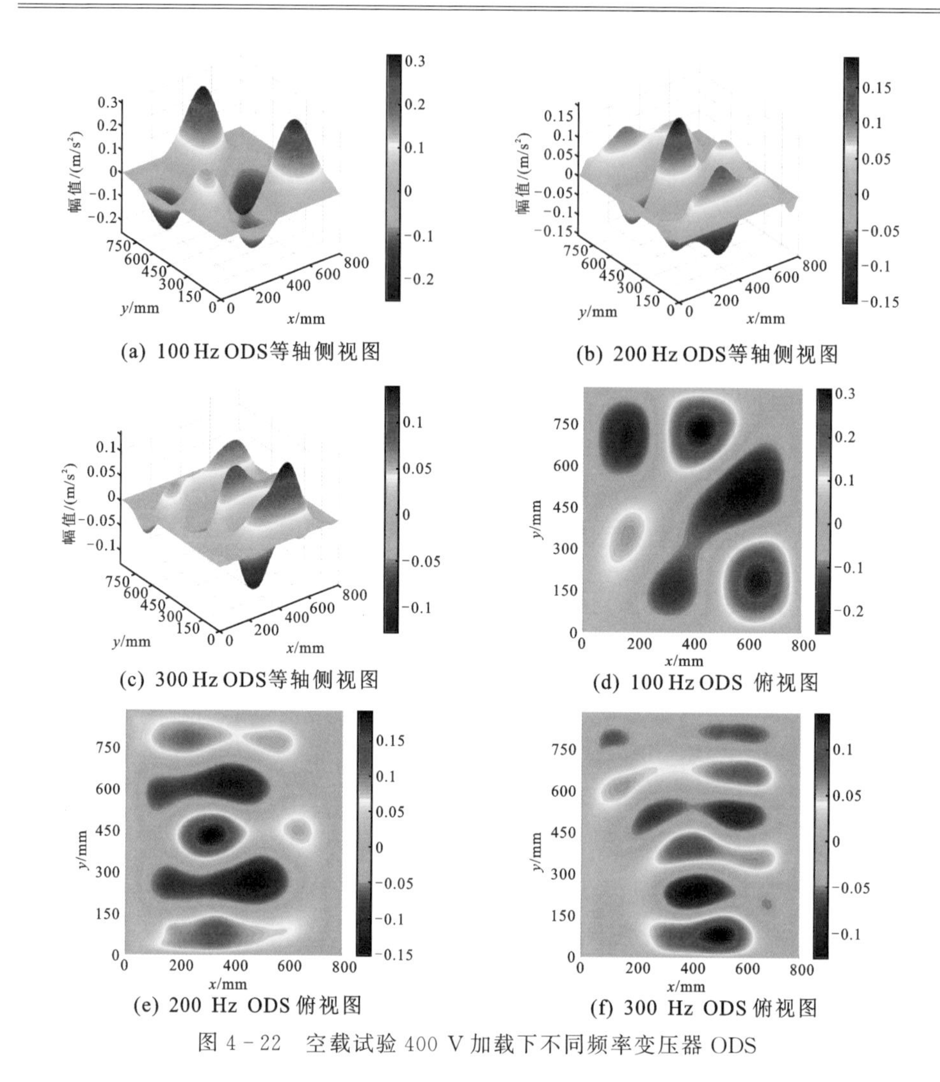

(a) 100 Hz ODS等轴侧视图

(b) 200 Hz ODS等轴侧视图

(c) 300 Hz ODS等轴侧视图

(d) 100 Hz ODS 俯视图

(e) 200 Hz ODS 俯视图

(f) 300 Hz ODS 俯视图

图 4-22 空载试验 400 V 加载下不同频率变压器 ODS

点的差异越大，由此可知传统基于单点的振动信号分析法的测点选择尤为困难，如果布置在某一频率振动的波节点处，则无论激励多大，都可能丢失该频率的振动信息。

由于变压器 ODS 为油箱某一频率某一时刻下的振动形态，因此其同时包含不同测点的幅值信息以及点与点之间的相位差信息，信息比单点振动信号丰富许多。但这种 ODS 呈现方式存在一个问题：当结构的振动为非同步振动时，则不同测点并不会同时达到最大值或最小值。这一问题会导致出现某一时刻某些点已经达到极值，而另外某些点幅值并未同时达到极值，甚至恰好为零的现象。为规避这一现象，本文提出一种新的 ODS 呈现方式：用

ODS 幅频特性及相频特性来分别展示 ODS 的幅值信息和相位信息。ODS 幅频特性如图4－23所示，为油箱表面各频率加速度幅值分布云图，不考虑不同时刻振动相位的变化。油箱上不同频率的振动幅值分布各不相同，存在大量振动幅值为 0 的测点。

ODS 相频特性如图4－24所示，为各测点初相位的幅值归一化分布云图，这样会使不同点之间的相位关系更加明显且直观。归一化后值域为[－1,1]，＋1 代表初相位为 180°，－1 代表初相位为 －180°，而 0 值恰好为油箱 ODS 的节点位置。不同频率的节点位置分布并不相同，也存在某些测点在不同频率下皆为振动节点。另外从幅值及相位的分布来看，变压器表面的振动大致为准同步振动，但在比较靠近振动节点的位置存在非同步振动点。

在低压侧施加不同幅值的电压，同时高压侧保持在开路状态，来研究电压波动对 ODS 的影响，由于电网中电压波动较小，因此试验电压从 380 V 逐步升至 420 V（额定电压 105％），步长 10 V。如图4－25所示为变压器油箱不同频率

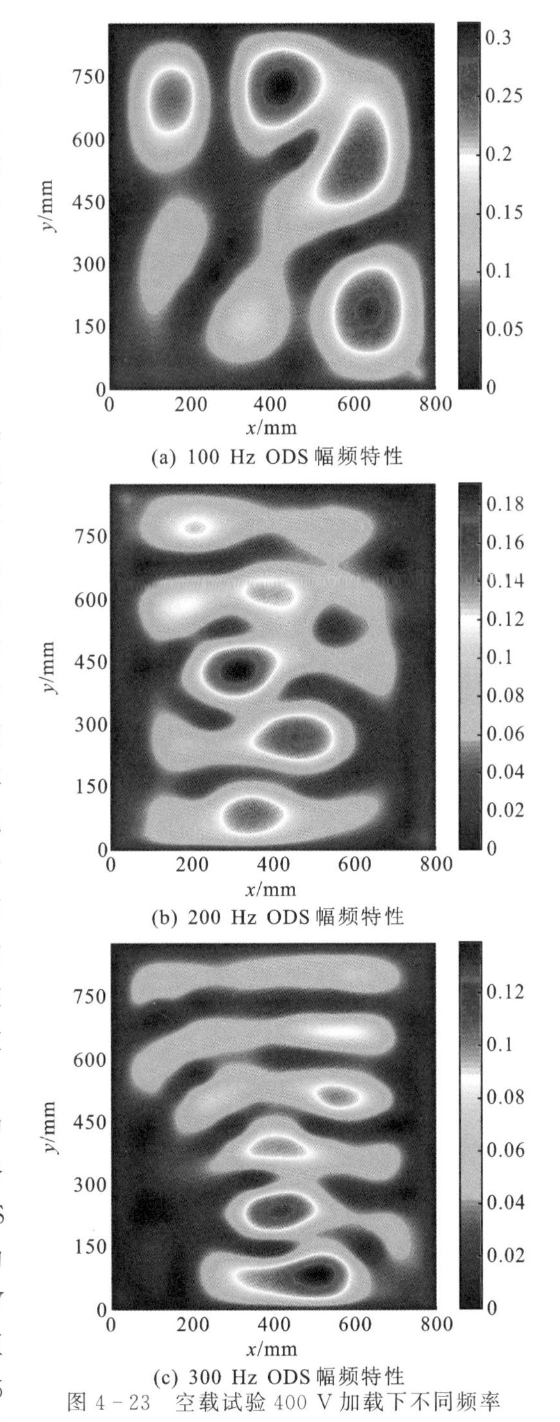

(a) 100 Hz ODS 幅频特性

(b) 200 Hz ODS 幅频特性

(c) 300 Hz ODS 幅频特性

图 4－23 空载试验 400 V 加载下不同频率变压器 ODS 幅频特性

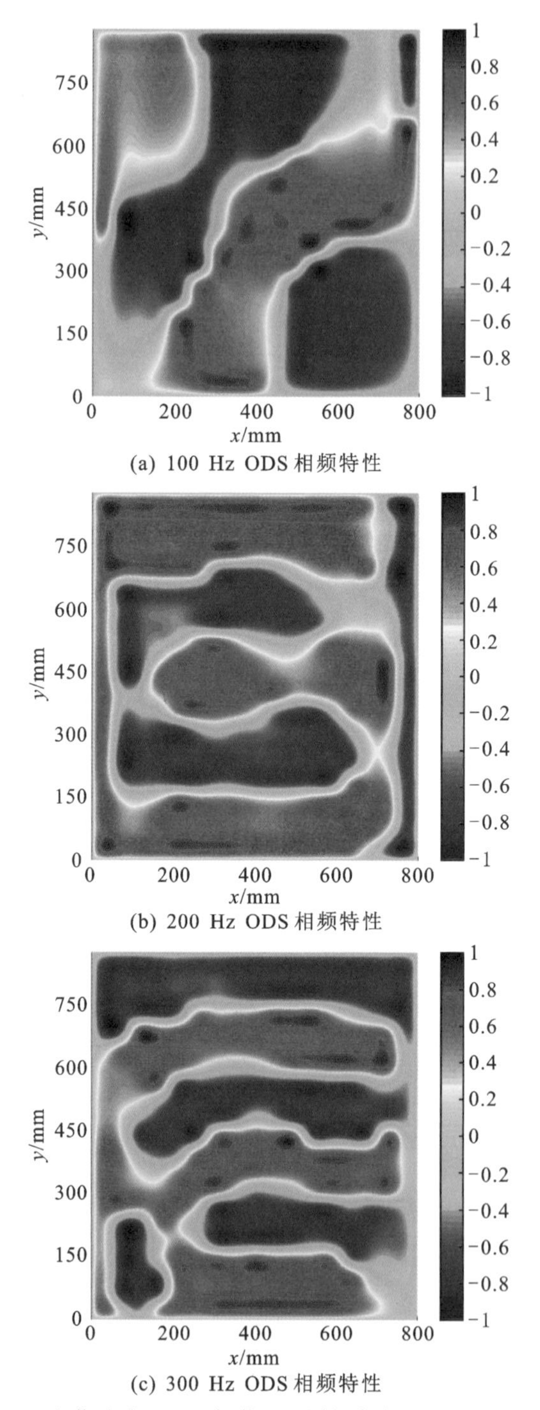

(a) 100 Hz ODS 相频特性

(b) 200 Hz ODS 相频特性

(c) 300 Hz ODS 相频特性

图 4-24　空载试验 400 V 加载下不同频率变压器 ODS 相频特性

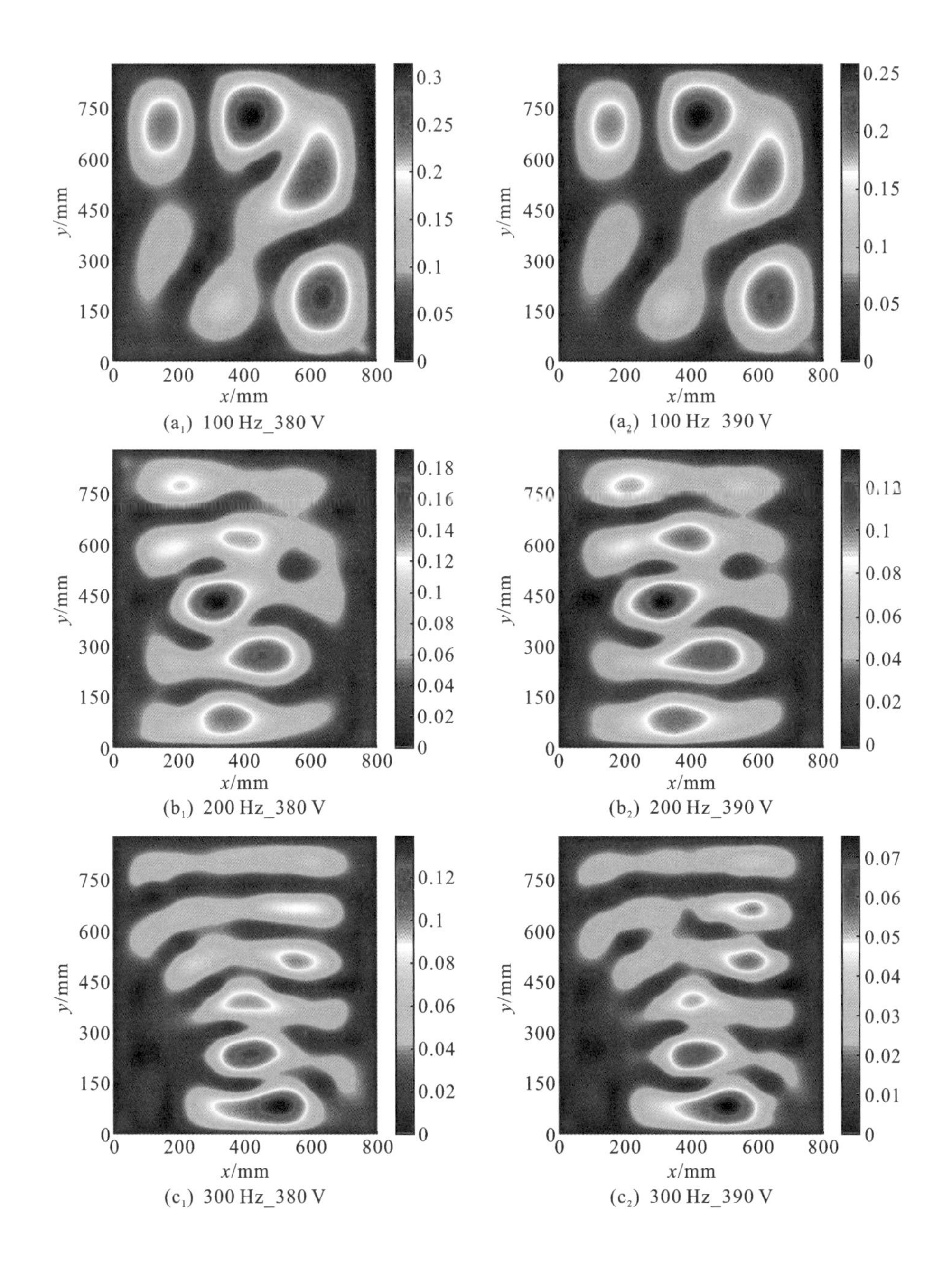
750
600
450
300
150
0
y/mm
0
200
400
600
800
x/mm
0.3
0.25
0.2
0.15
0.1
0.05
0
(a₁) 100 Hz_380 V
0.25
0.2
0.15
0.1
0.05
0
(a₂) 100 Hz 390 V
0.18
0.16
0.14
0.12
0.1
0.08
0.06
0.04
0.02
0
(b₁) 200 Hz_380 V
0.12
0.1
0.08
0.06
0.04
0.02
0
(b₂) 200 Hz_390 V
0.12
0.1
0.08
0.06
0.04
0.02
0
(c₁) 300 Hz_380 V
0.07
0.06
0.05
0.04
0.03
0.02
0.01
0
(c₂) 300 Hz_390 V

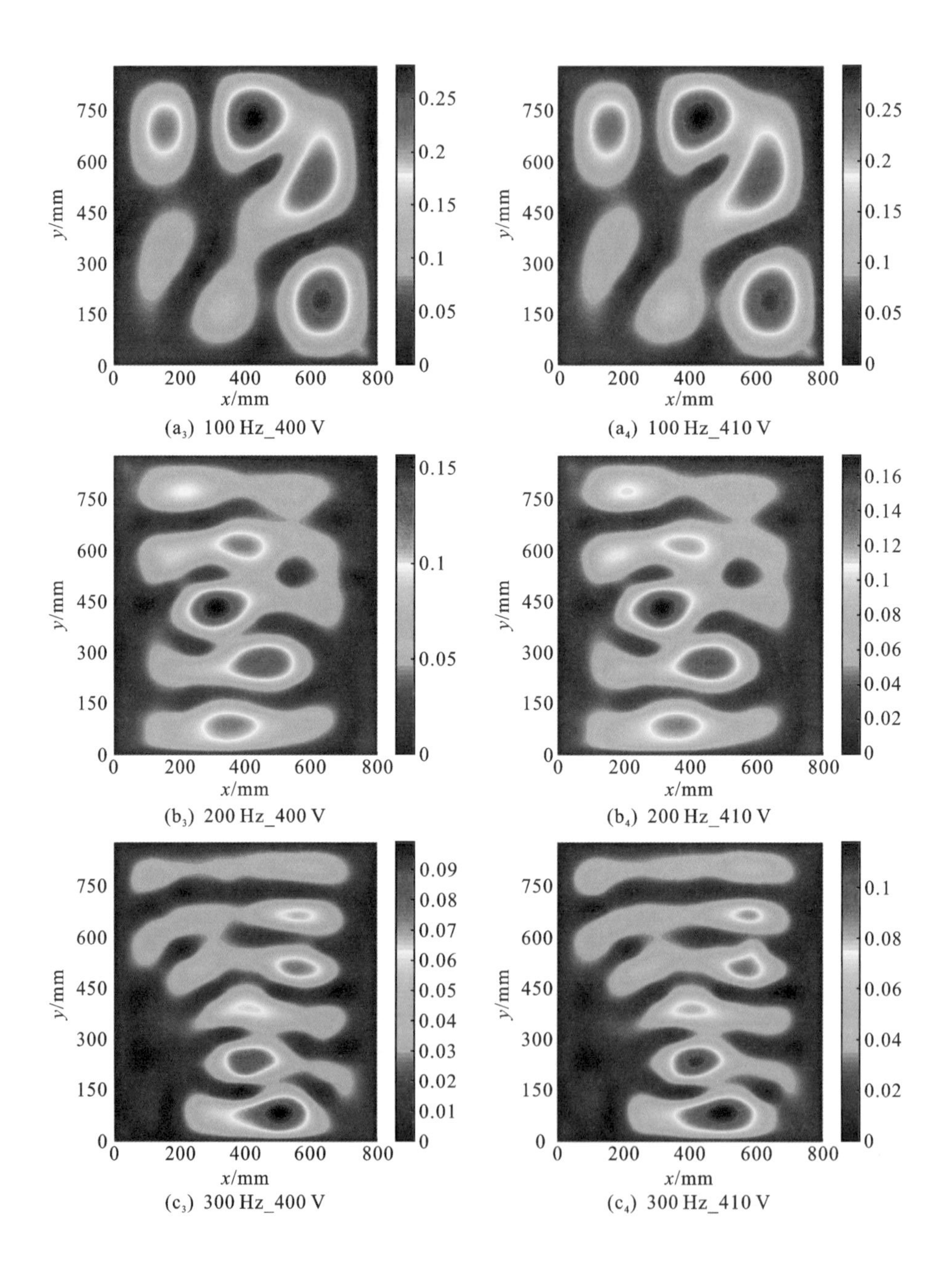

(a_3) 100 Hz_400 V (a_4) 100 Hz_410 V

(b_3) 200 Hz_400 V (b_4) 200 Hz_410 V

(c_3) 300 Hz_400 V (c_4) 300 Hz_410 V

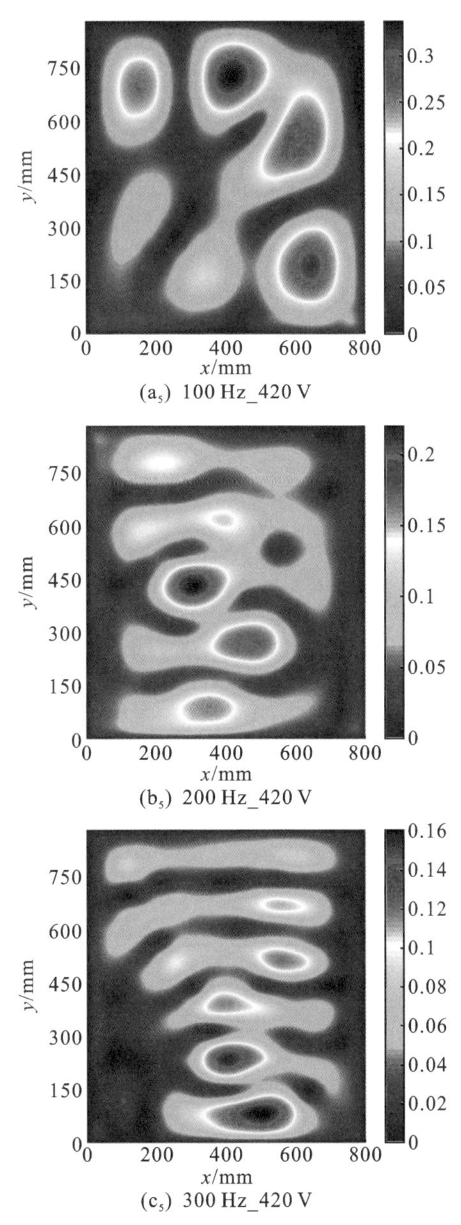

(a_5) 100 Hz_420 V

(b_5) 200 Hz_420 V

(c_5) 300 Hz_420 V

图 4-25　空载试验不同电压不同频率变压器 ODS 幅频特性

ODS幅频特性随电压波动的结果，可以看出各频率的ODS整体幅值分布并未发生明显变化，只有其幅值大小随电压增大。这说明变压器ODS整体形态并不会随电压波动而产生变化，不同测点同一频率下的振动幅值按相同的比例随电压波动而变化。

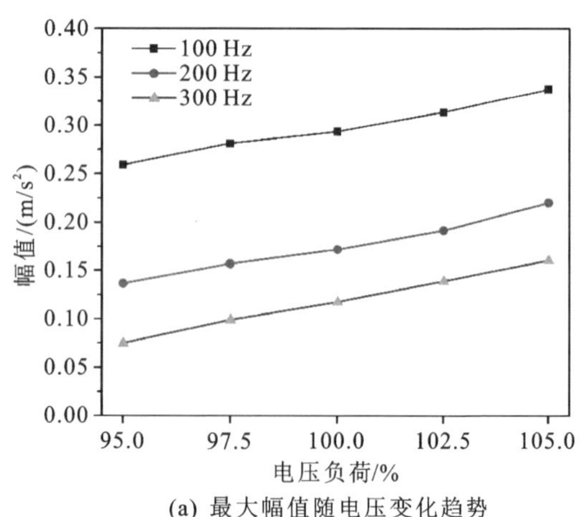

(a) 最大幅值随电压变化趋势

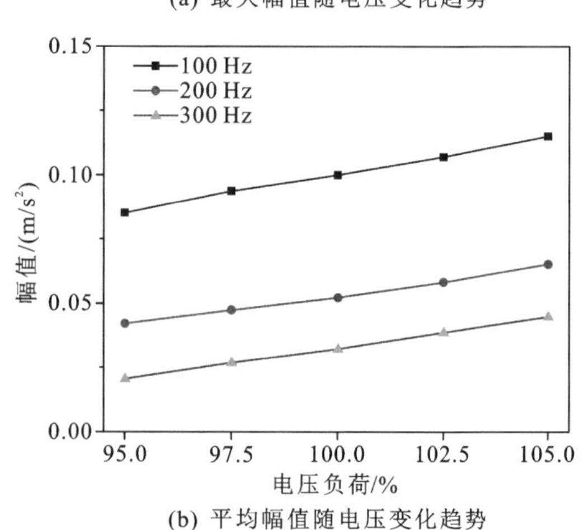

(b) 平均幅值随电压变化趋势

图 4-26 变压器ODS幅值随电压变化趋势

变压器整体ODS最大的幅值以及所有点幅值的平均值随电压变化如图4-26所示，可以发现在额定电压附近小幅波动时，不同测点不同频率的振动与电压呈近似线性关系，具体线性拟合结果如表4-12所示。另外，不同频率的斜率有细微差距，由此可知单点的振动频谱分布会随电压波动而变化。其中最大幅值和平均幅值的斜率不一致是由于ODS中存在较多的0幅值点，导致平均幅值斜率下降。

表 4-12 线性拟合参数

频率	最大幅值		平均幅值	
	斜率	校正决定系数	斜率	校正决定系数
100 Hz	0.753	0.98745	0.299	0.99712
200 Hz	0.808	0.9839	0.234	0.99294
300 Hz	0.844	0.99837	0.247	0.99918

变压器ODS的相频特性如图4-27所示，可以发现油箱上除了个别测点会有一定变化，其余大多数测点的振动相位关系基本不会随电压波动而发生变化，能明显观察到各频率的振动节点的位置同样也保持不变，具体量化指标将于第9章中具体描述。

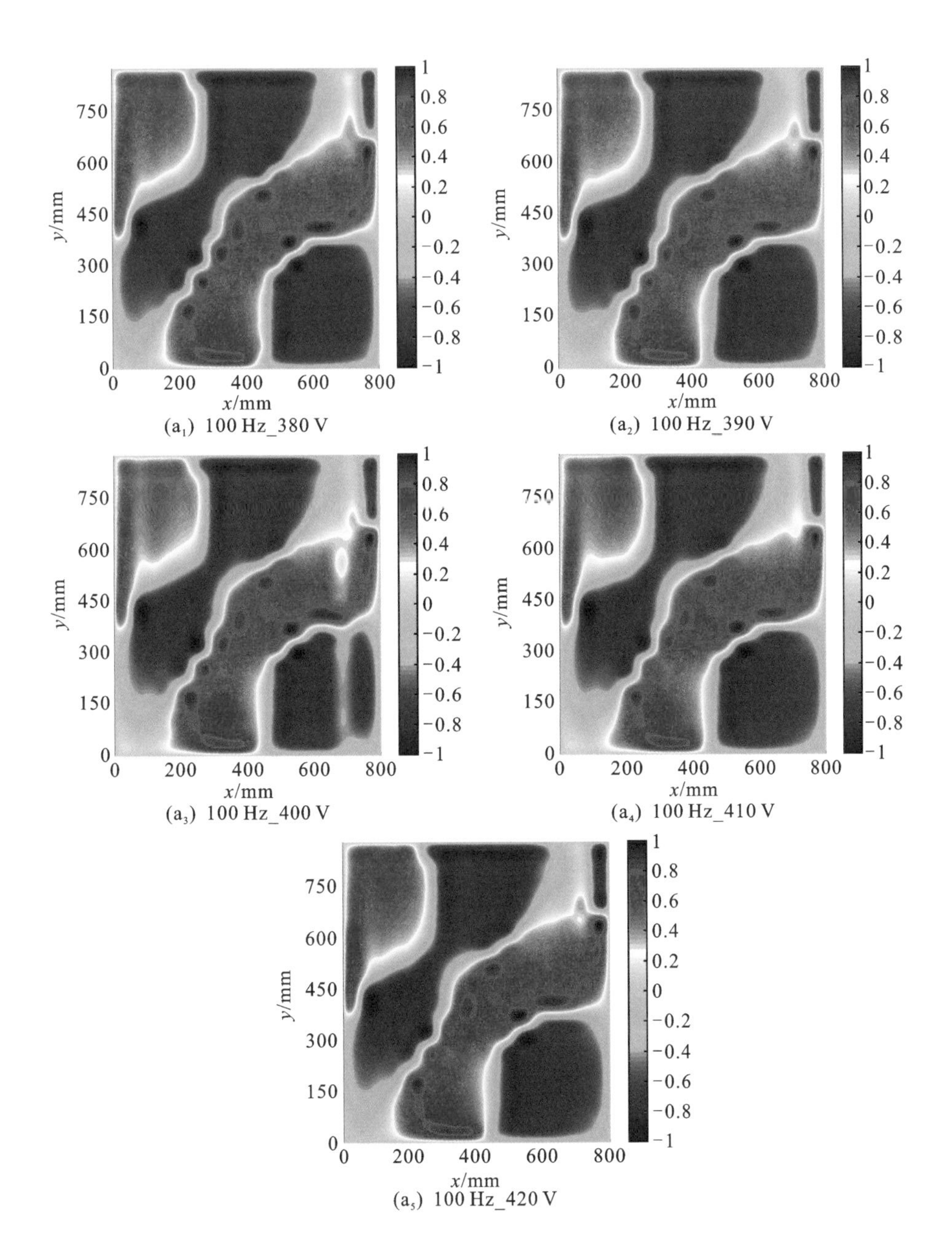

(a$_1$) 100 Hz_380 V

(a$_2$) 100 Hz_390 V

(a$_3$) 100 Hz_400 V

(a$_4$) 100 Hz_410 V

(a$_5$) 100 Hz_420 V

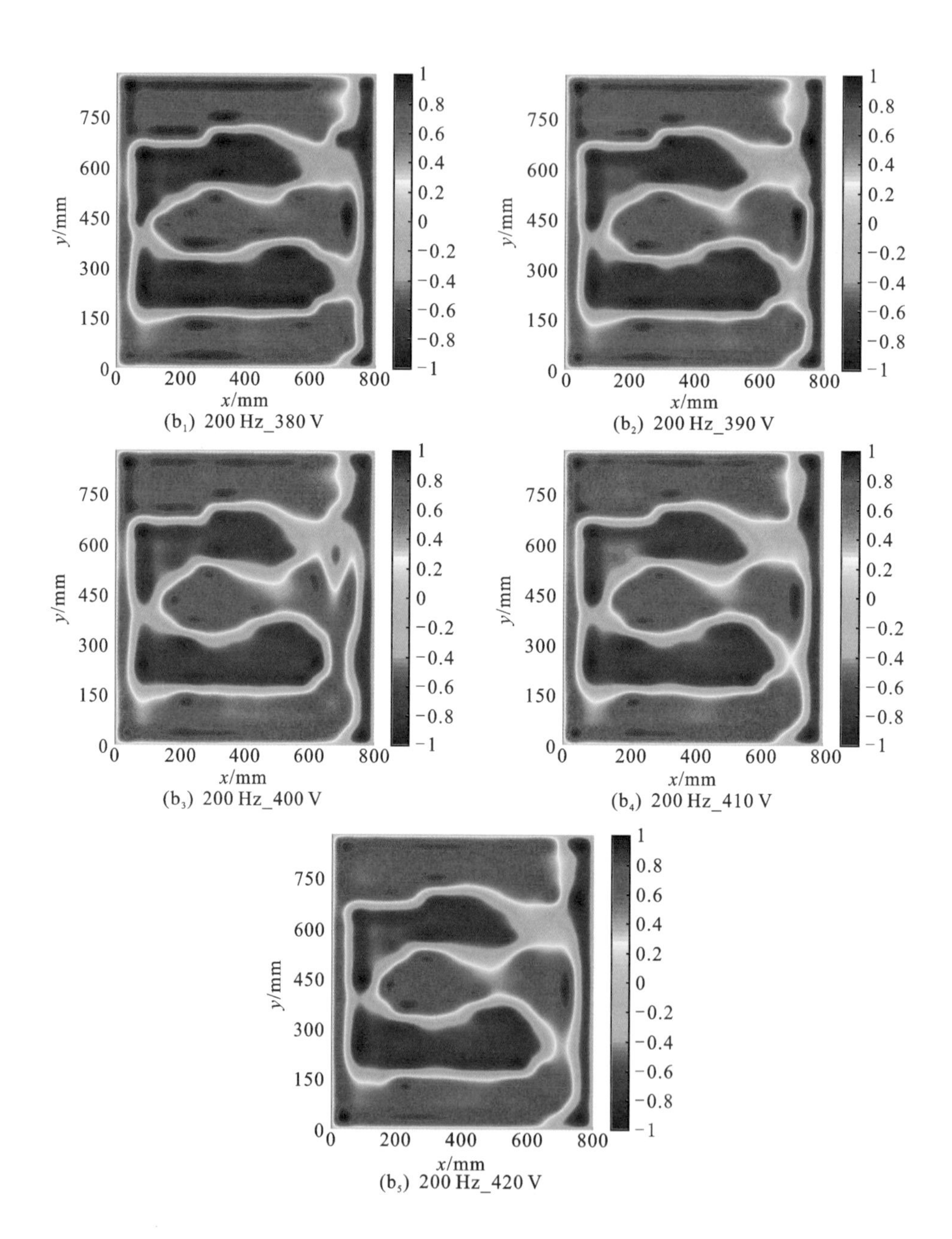

(b_1) 200 Hz_380 V

(b_2) 200 Hz_390 V

(b_3) 200 Hz_400 V

(b_4) 200 Hz_410 V

(b_5) 200 Hz_420 V

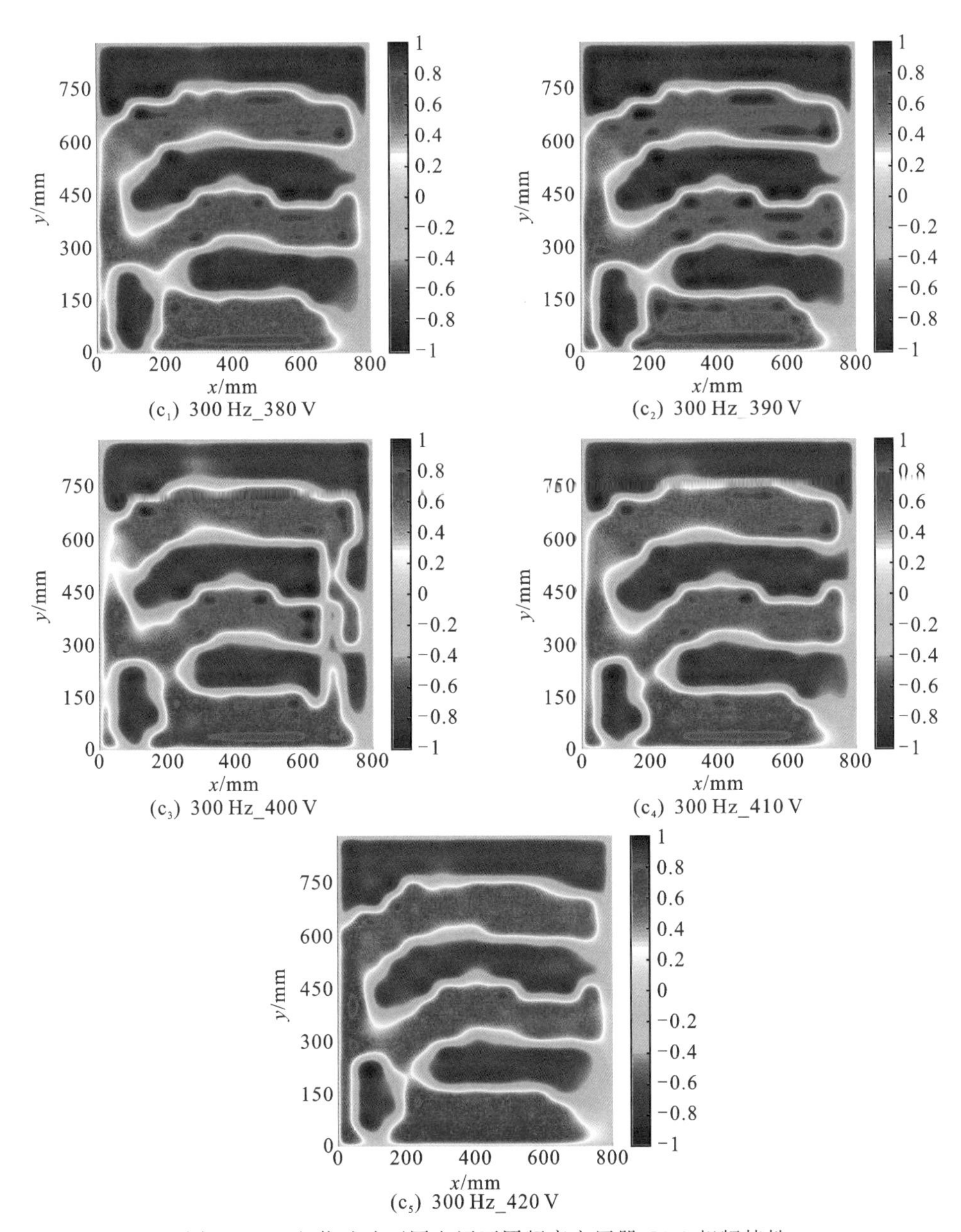

(c_1) 300 Hz_380 V

(c_2) 300 Hz_390 V

(c_3) 300 Hz_400 V

(c_4) 300 Hz_410 V

(c_5) 300 Hz_420 V

图 4-27 空载试验不同电压不同频率变压器 ODS 相频特性

4.5.2 电流波动对 ODS 的影响

在稳态短路试验中，由于副边绕组短路，两侧电压很低，励磁电流很小，铁芯中磁通较小，因此变压器内部铁芯振动可以忽略不计，振源主要为绕组。由多倍频振动理论分析及试验结果可知，变压器绕组稳态振动频率主要分布在 50 Hz 及其倍频处，且能量主要集中在 6 倍电流频率(300 Hz)以内，因此试验主要研究其 50 Hz 至 300 Hz 的 ODS。在低压侧施加不同大小的电流，同时高压侧保持在短路状态，来研究电流波动对 ODS 的影响。由于电网中电流波动较大，因此试验电流从 49 A(70%额定电流)逐步升至 77 A(110%额定电流)，步长 7 A。如图 4-28 所示为变压器油箱不同频率 ODS 幅频特性随电流波动的结果，可以发现除了 250 Hz 的 ODS 外，其余各频率的 ODS 整体幅值分布均未发生明显变化。这说明变压器 ODS 整体形态并不会随电流波动而产生变化。有别于空载试验的铁芯振动，稳态短路试验中的绕组振动中存在特殊的 50 Hz 奇次倍频振动，这些频率处振动分量 ODS 幅频特性同样不受电流波动影响，该特性有利于 ODS 在实际应用中避开铁芯振动的影响。

变压器整体 ODS 最大的幅值以及所有点幅值的平均值随电流变化如图 4-29 所示，可以发现大幅度的电流波动情况下，除了 250 Hz 振动(5 倍频振动)幅值过小外，其余不同频率的振动与电流呈近似二次关系，这与两体模型及弹性体模型中得到的理论一致，具体拟合结果如表 4-13 所示。另外，不同频率的变化趋势明显不同，因此单点振动信号的频谱分布随电流波动会存在明显变化。

表 4-13 线性拟合参数

频率	最大幅值			平均幅值		
	二次系数	一次系数	校正决定系数	二次系数	一次系数	校正决定系数
50 Hz	0.27326	−0.385	0.99481	0.00791	−0.07059	0.99505
100 Hz	0.576619	−0.807	0.98175	0.02793	−0.21405	0.99299
150 Hz	0.238188	−0.288	0.99796	0.00939	−0.07882	0.99671
200 Hz	0.153801	−0.233	0.96996	0.00488	−0.06169	0.99492
250 Hz	−0.00418	0.009374	0.60399	7.4506E−4	0.00126	0.92179
300 Hz	0.106145	−0.16	0.96977	0.00491	−0.04653	0.98904

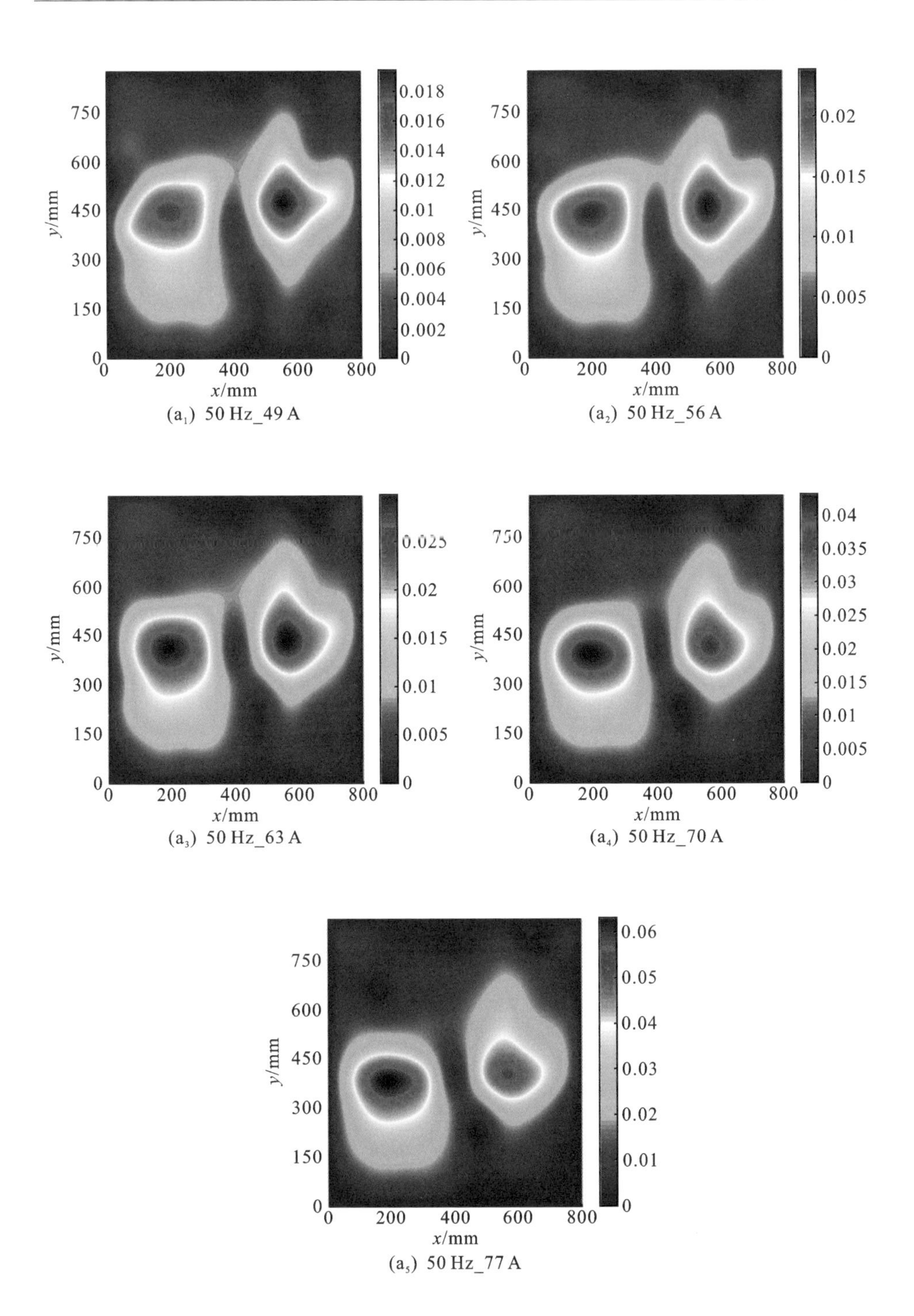

(a_1) 50 Hz_49 A

(a_2) 50 Hz_56 A

(a_3) 50 Hz_63 A

(a_4) 50 Hz_70 A

(a_5) 50 Hz_77 A

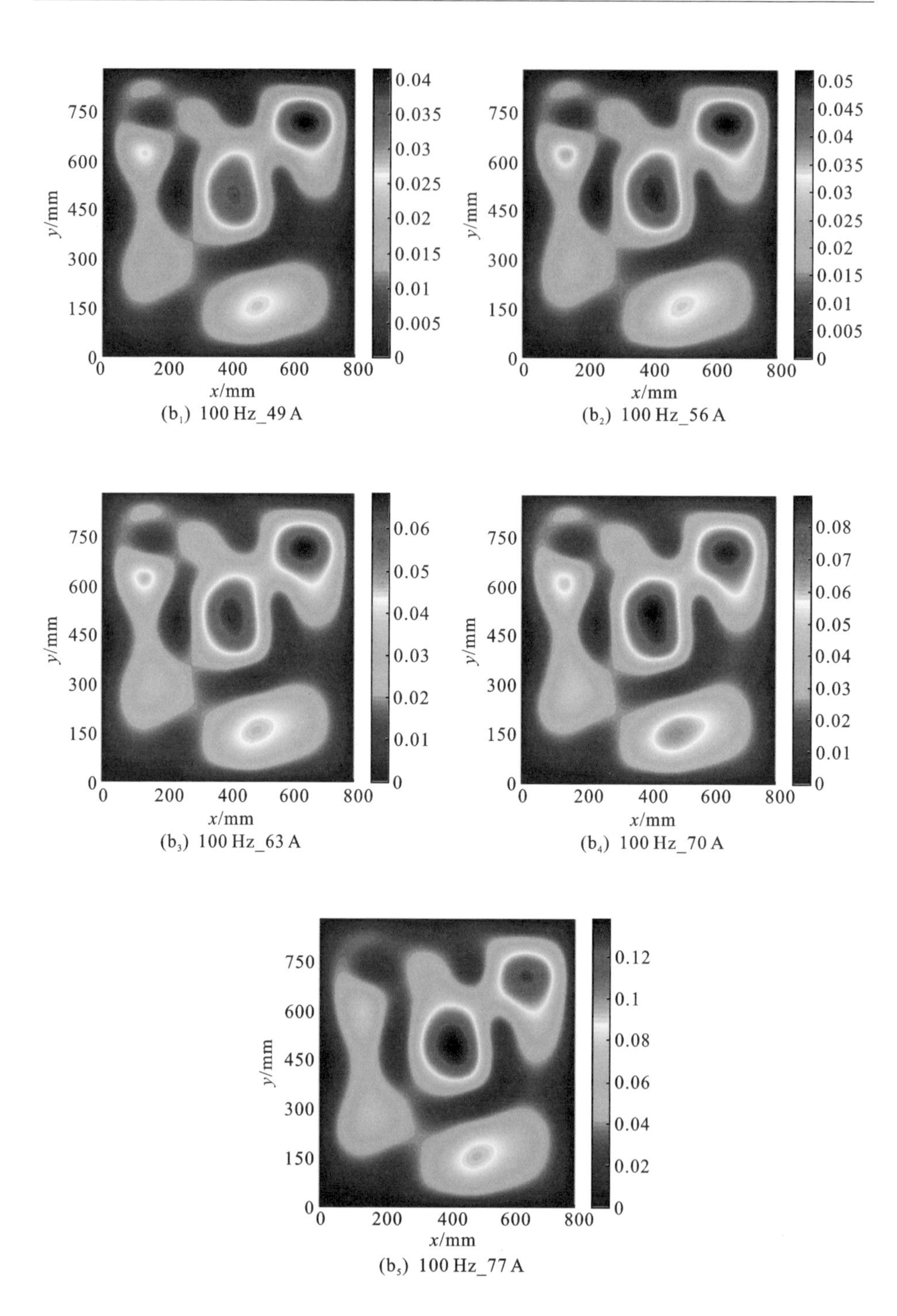

(b_1) 100 Hz_49 A

(b_2) 100 Hz_56 A

(b_3) 100 Hz_63 A

(b_4) 100 Hz_70 A

(b_5) 100 Hz_77 A

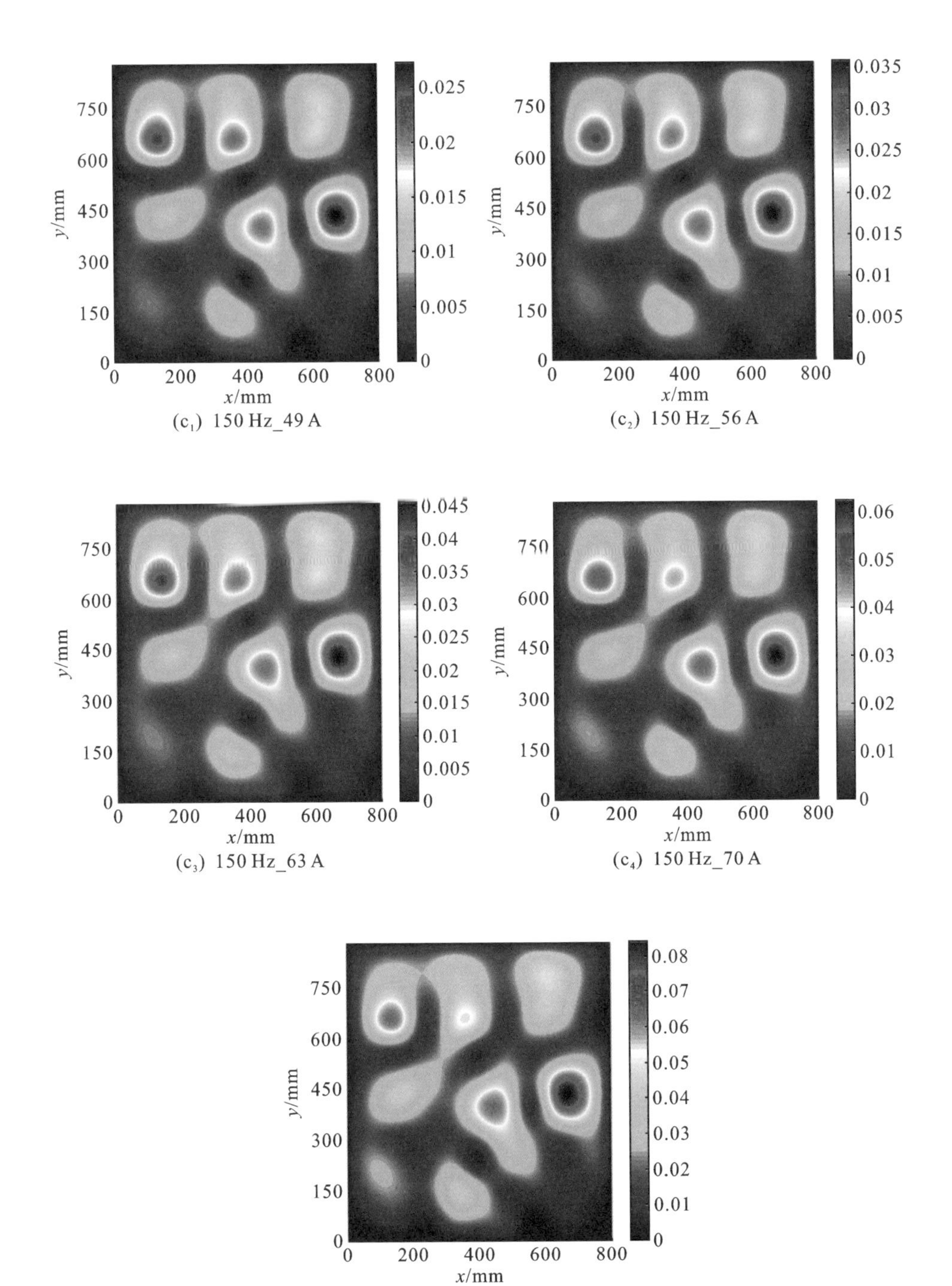

(c_1) 150 Hz_49 A

(c_2) 150 Hz_56 A

(c_3) 150 Hz_63 A

(c_4) 150 Hz_70 A

(c_5) 150 Hz_77 A

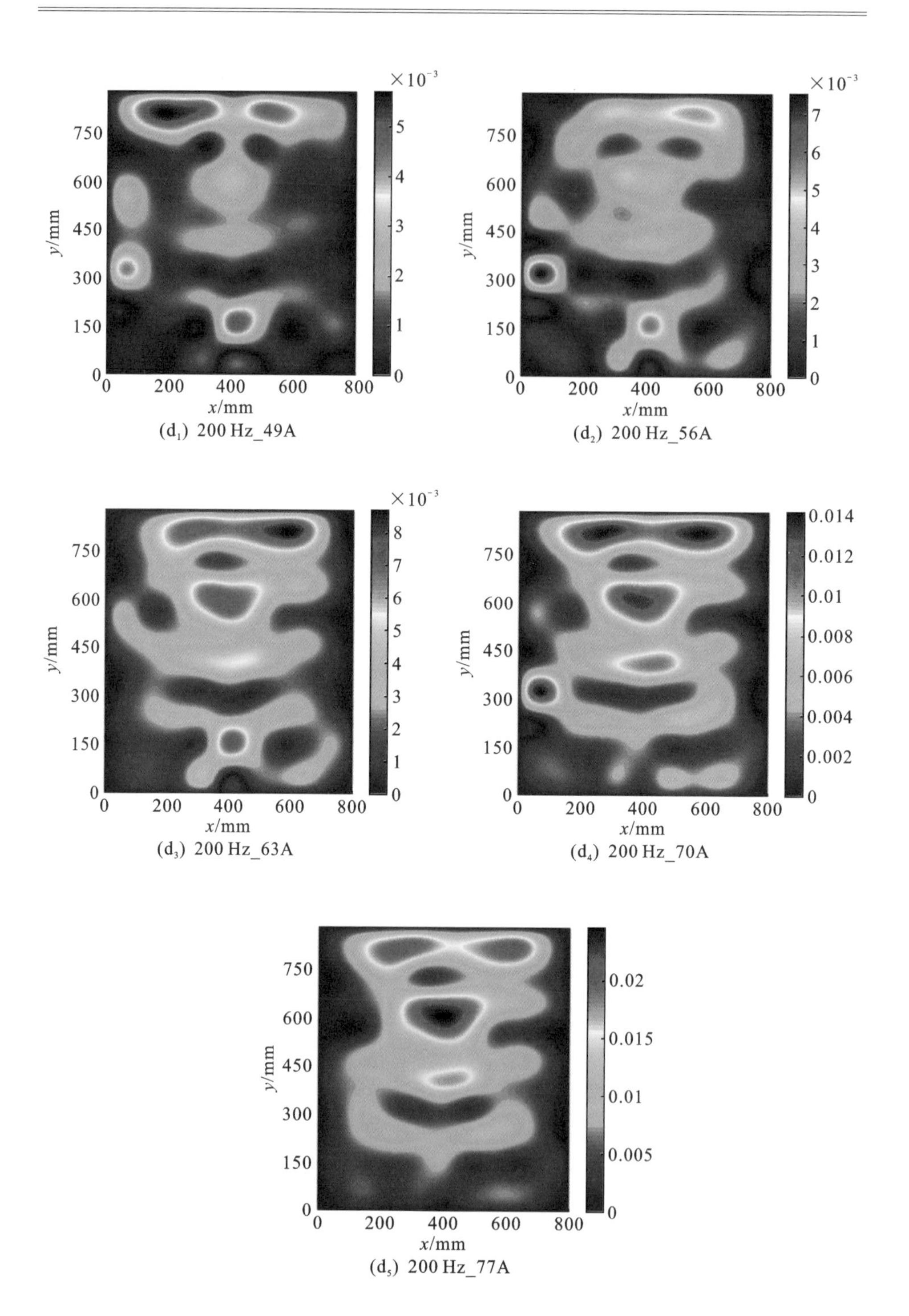

(d₁) 200 Hz_49A

(d₂) 200 Hz_56A

(d₃) 200 Hz_63A

(d₄) 200 Hz_70A

(d₅) 200 Hz_77A

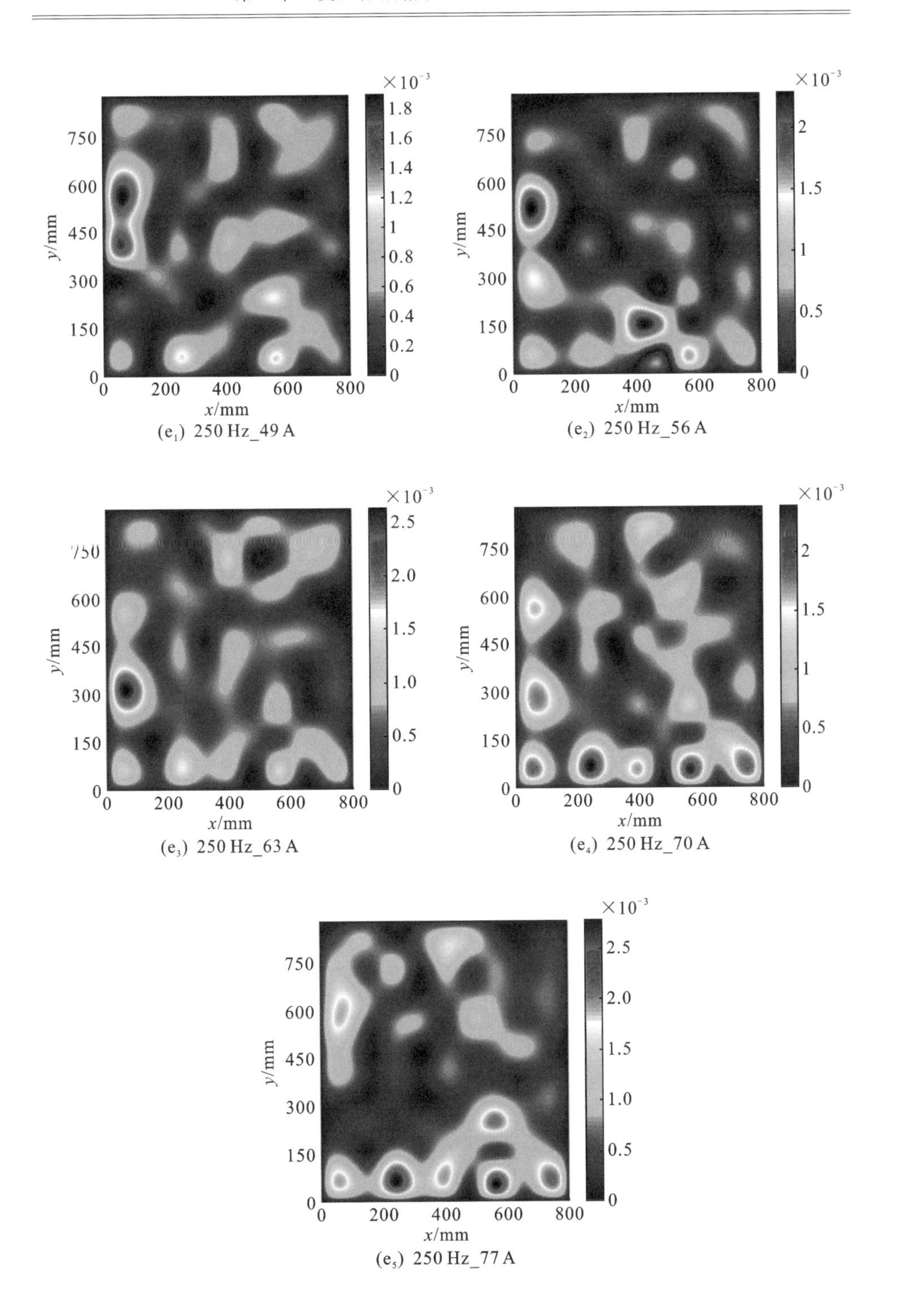

(e₁) 250 Hz_49 A

(e₂) 250 Hz_56 A

(e₃) 250 Hz_63 A

(e₄) 250 Hz_70 A

(e₅) 250 Hz_77 A

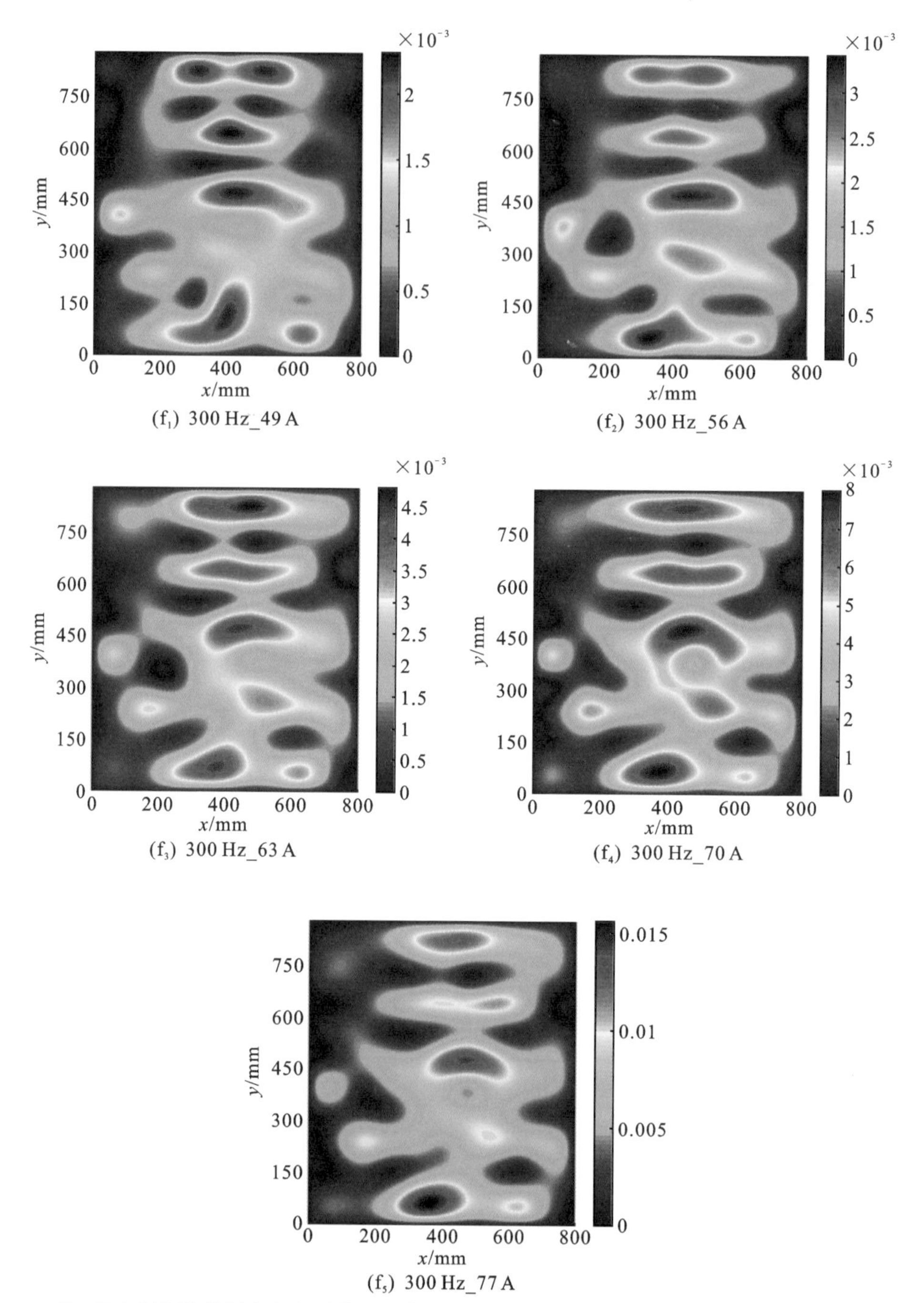

(f_1) 300 Hz_49 A

(f_2) 300 Hz_56 A

(f_3) 300 Hz_63 A

(f_4) 300 Hz_70 A

(f_5) 300 Hz_77 A

注:ODS幅频特性研究中主要关注幅值分布变化,不关注幅值大小,因此略去了色棒。

图4-28 稳态短路试验不同电流时不同频率变压器ODS幅频特性

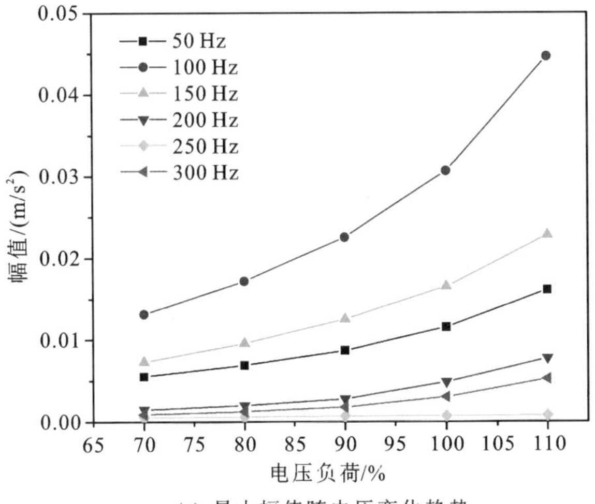

(a) 最大幅值随电压变化趋势

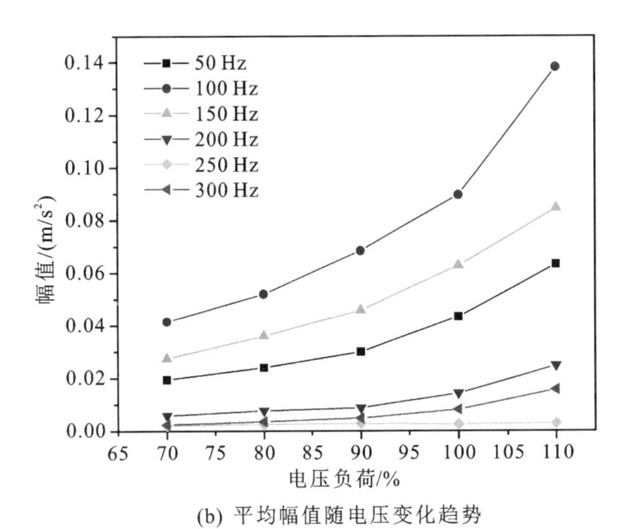

(b) 平均幅值随电压变化趋势

图4-29　变压器ODS幅值随电流变化趋势

变压器ODS的相频特性如图4-30所示，可以发现油箱上除了250 Hz振动量级过小导致相位分布存在明显变化，其余频率大多数测点的振动相位关系基本不会随电流波动而发生变化，能明显观察到各频率的振动节点的位置同样也保持不变。

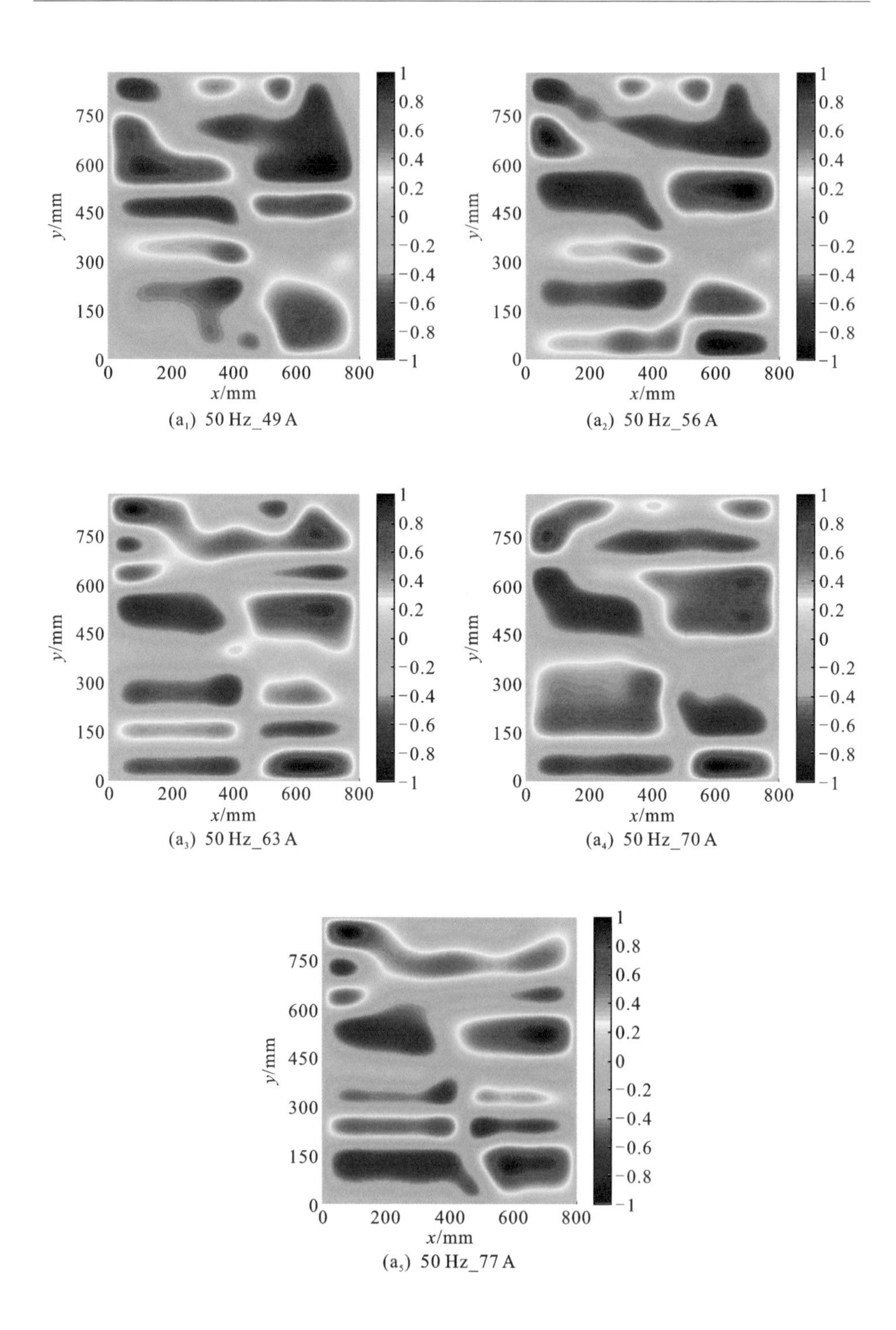

(a_1) 50 Hz_49 A

(a_2) 50 Hz_56 A

(a_3) 50 Hz_63 A

(a_4) 50 Hz_70 A

(a_5) 50 Hz_77 A

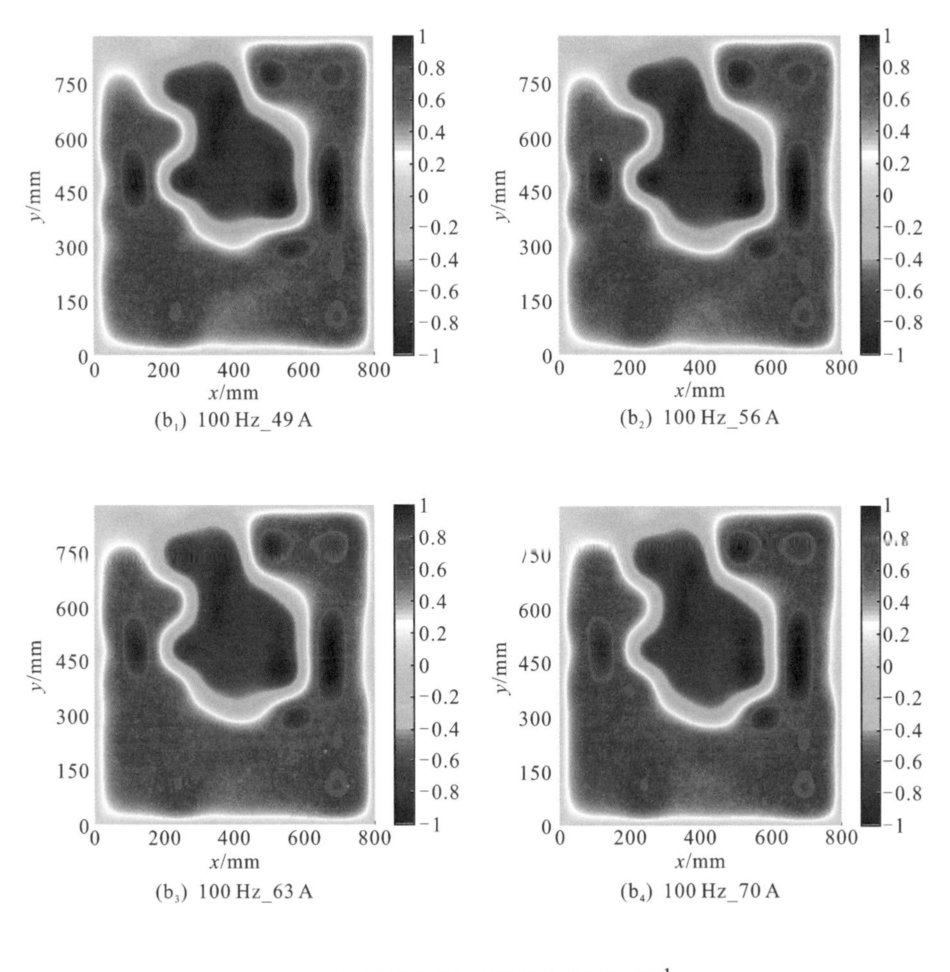

(b$_1$) 100 Hz_49 A

(b$_2$) 100 Hz_56 A

(b$_3$) 100 Hz_63 A

(b$_4$) 100 Hz_70 A

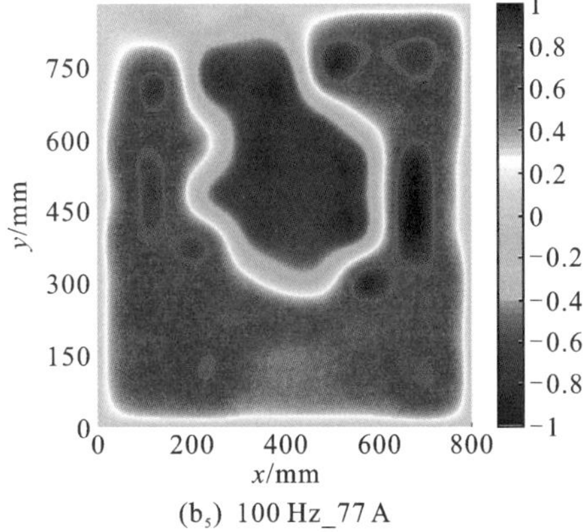

(b$_5$) 100 Hz_77 A

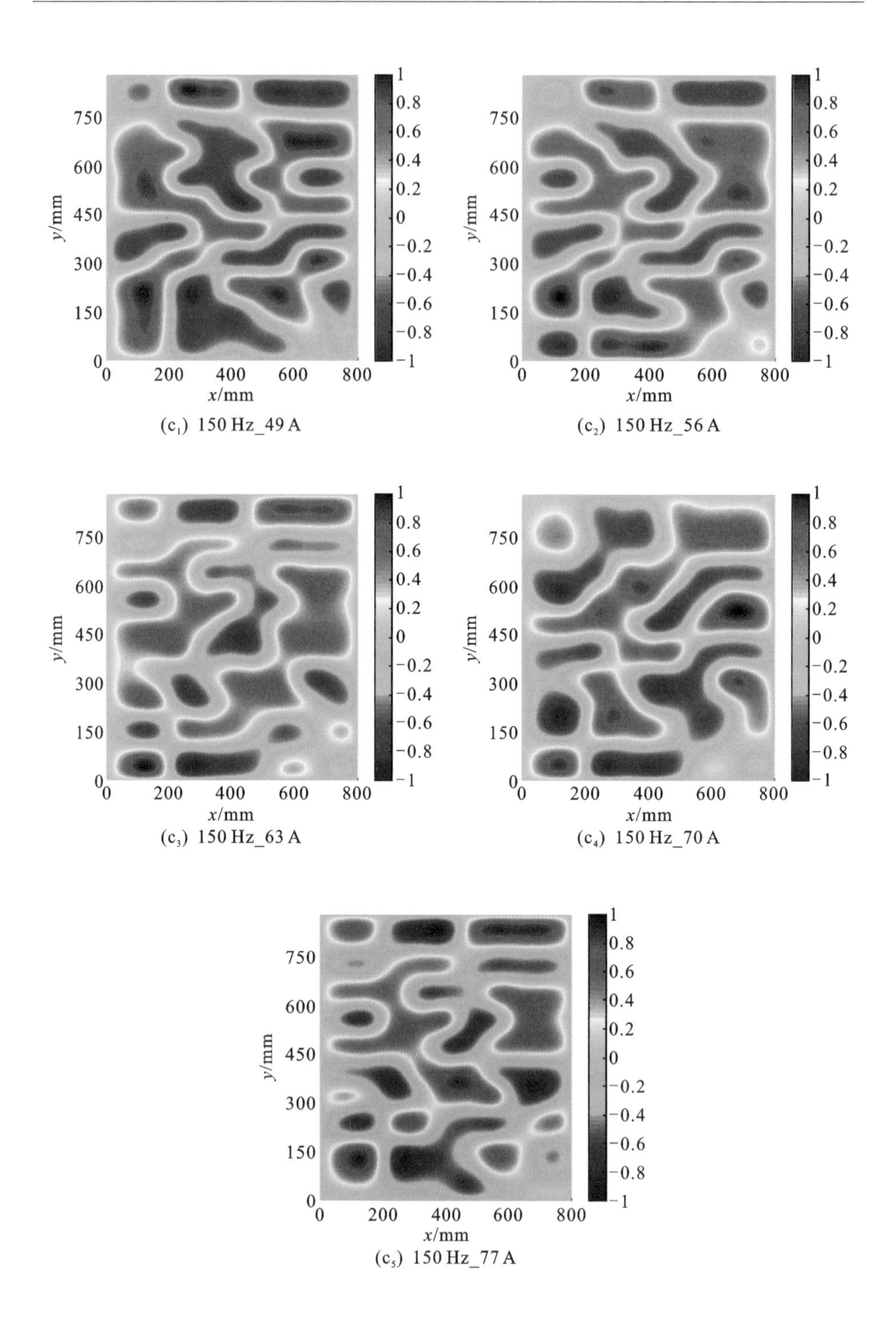

(c_1) 150 Hz_49 A

(c_2) 150 Hz_56 A

(c_3) 150 Hz_63 A

(c_4) 150 Hz_70 A

(c_5) 150 Hz_77 A

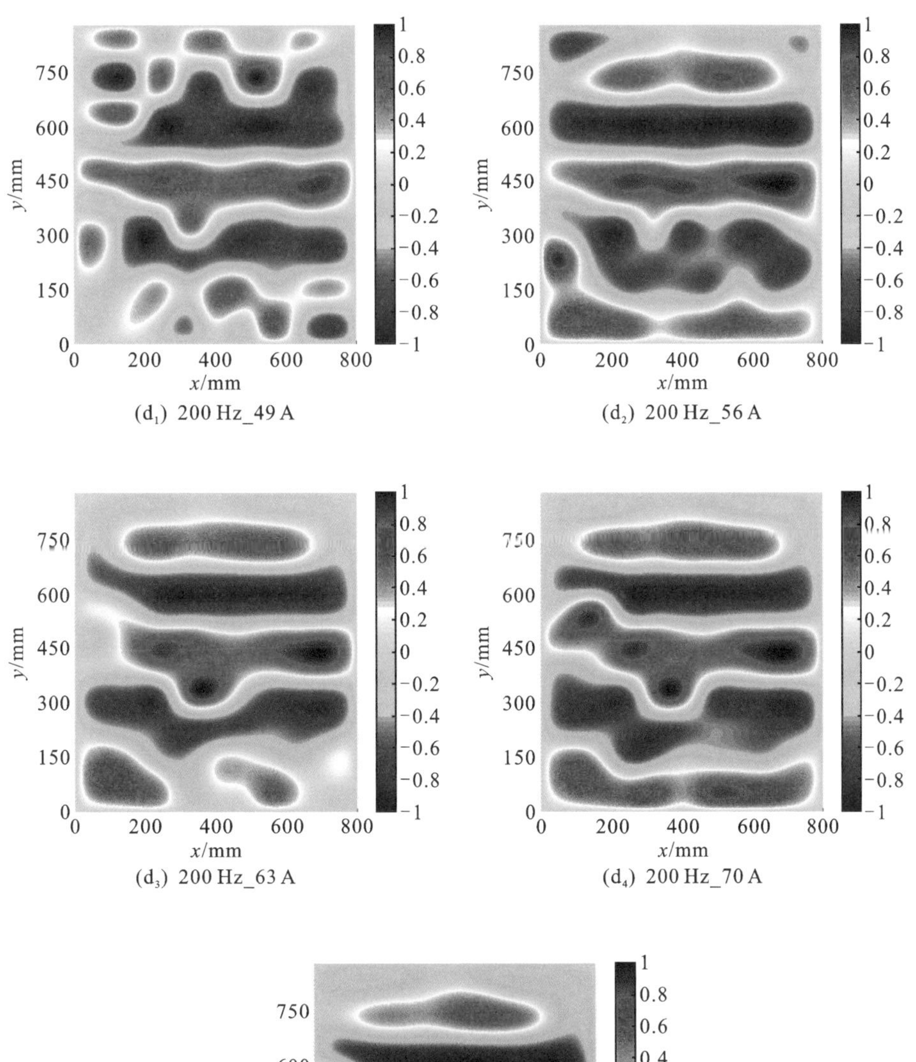

(d_1) 200 Hz_49 A　　(d_2) 200 Hz_56 A

(d_3) 200 Hz_63 A　　(d_4) 200 Hz_70 A

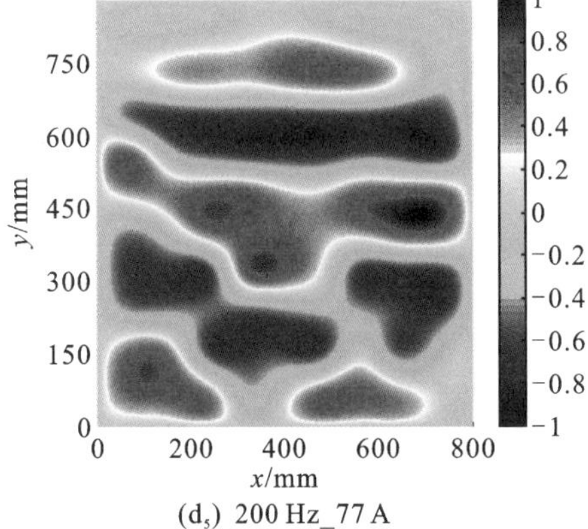

(d_5) 200 Hz_77 A

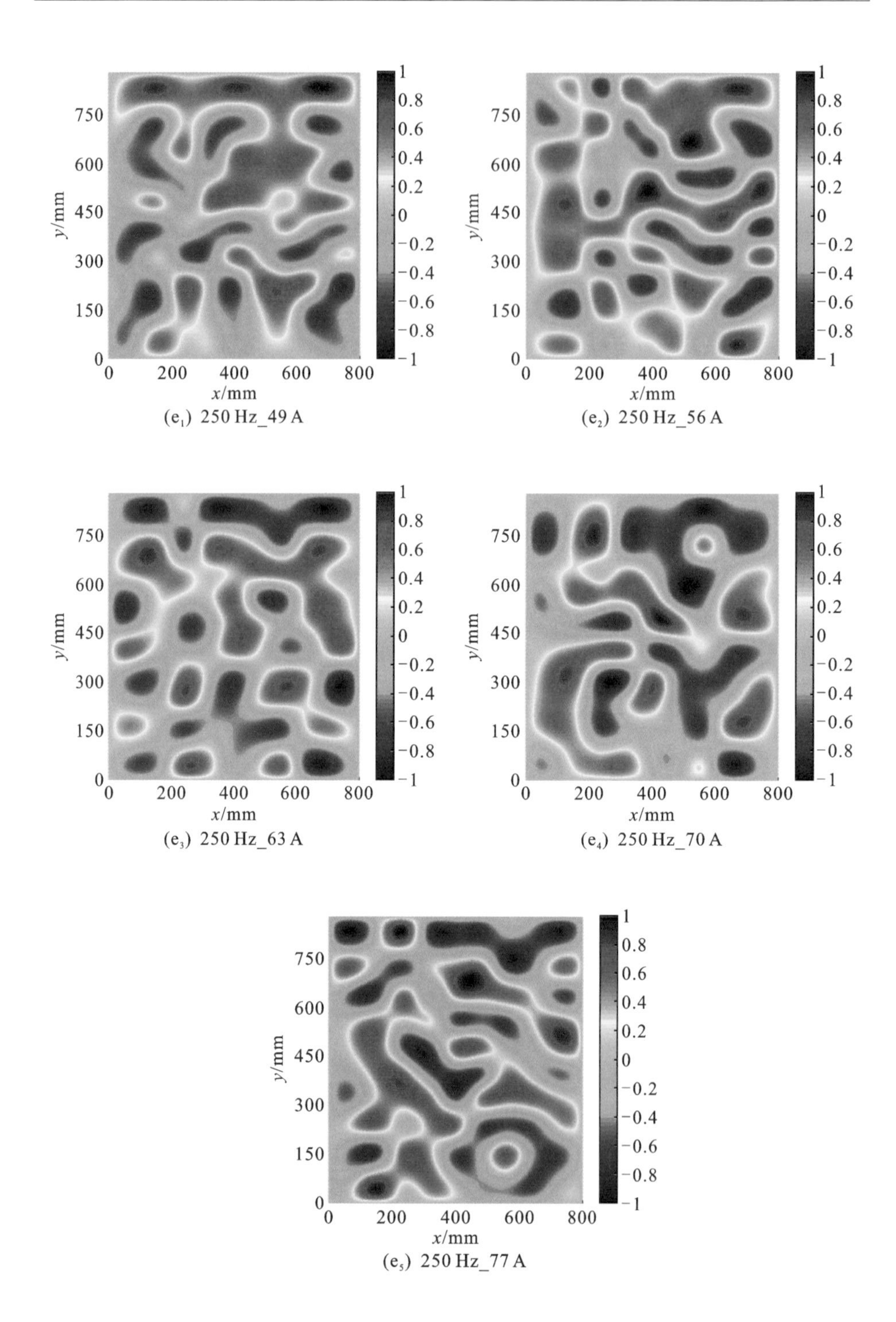

(e_1) 250 Hz_49 A

(e_2) 250 Hz_56 A

(e_3) 250 Hz_63 A

(e_4) 250 Hz_70 A

(e_5) 250 Hz_77 A

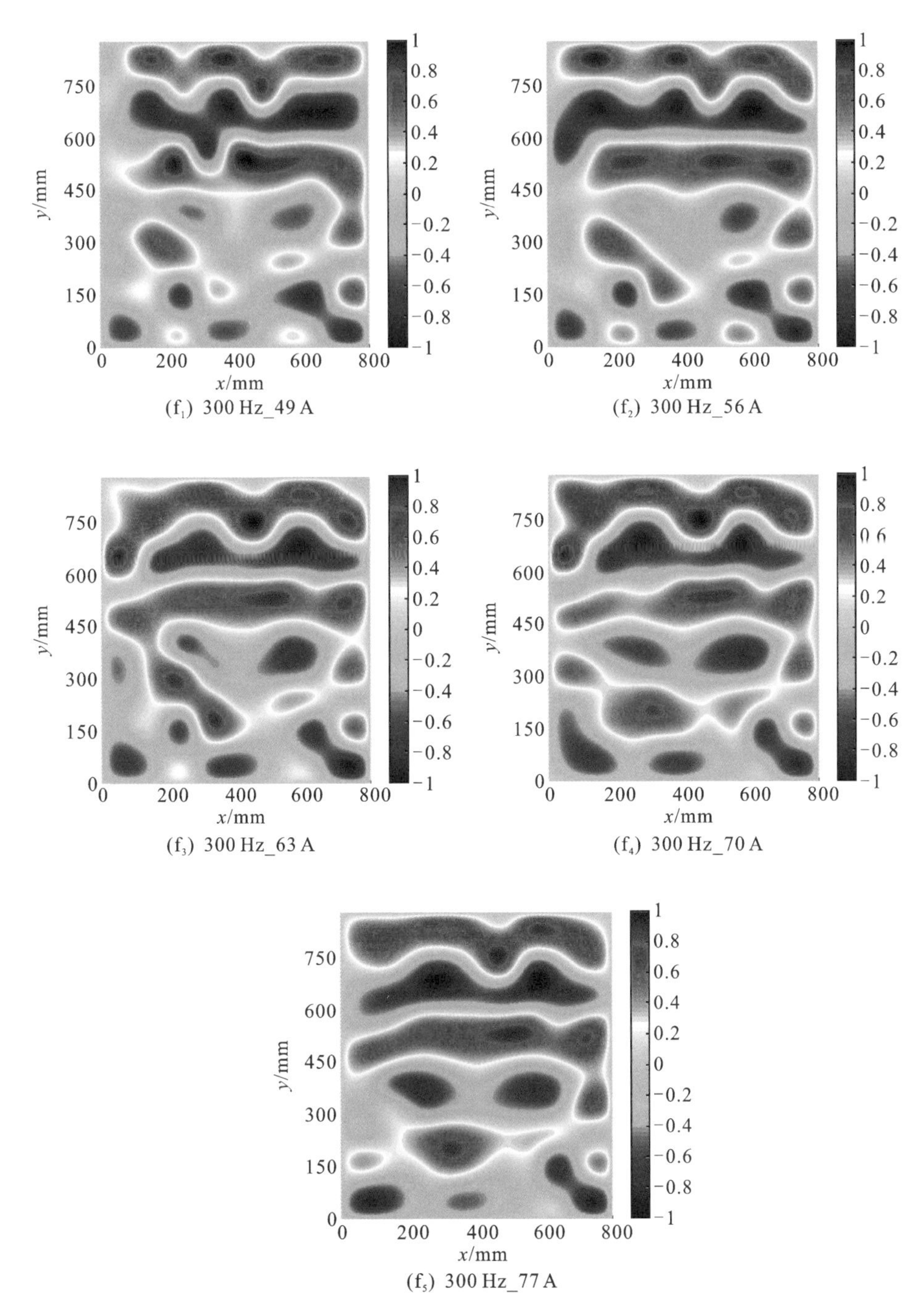

(f_1) 300 Hz_49 A

(f_2) 300 Hz_56 A

(f_3) 300 Hz_63 A

(f_4) 300 Hz_70 A

(f_5) 300 Hz_77 A

注：ODS相频特性研究中主要关注相位关系变化，值域统一为[−1,1]，因此略去了色棒。

图4-30　稳态短路试验不同电流时不同频率变压器ODS相频特性

4.5.3 负载功率波动对 ODS 的影响

在实际工况中，变压器电压较为稳定，电流因为由负载大小决定，因此波动较大，为了真实模拟这一工况，对变压器进行变负载试验。试验中变压器二次侧接入负载，负载从 30 kW 至 50 kW，步长 5 kW。另外，实际变压器功率变化总是伴随着变压器铁芯、绕组以及油温的变化，因此在不同功率下使变压器长时间运行，模拟由铁耗及铜耗引起的温升。使用红外测温枪测量油箱上、中、下位置的温度并取均值，令油箱表面温度从 30 ℃ 至 50 ℃，步长 5 ℃，从低到高分别对应 30 kW 至 50 kW。由于同时存在铁芯及绕组的振动，因此主要研究 300 Hz 以内的 50 Hz 倍频振动。如图 4－31 所示为变压器油箱不同频率 ODS 幅频特性随负载及温度波动的结果，可以发现除了整体振幅较小的 250 Hz ODS 外，其余各频率的 ODS 整体幅值分布均未发生明显变化，只有其幅值大小随负载波动。这说明变压器 ODS 整体形态并不会随负载波动而产生变化，不同测点的同一频率下的振动幅值按相同的比率随负载波动而变化。另外，对比空载及稳态短路试验可以发现，变负载条件下 50 Hz奇次倍频 ODS 与稳态短路试验 ODS 相近，而 50 Hz 的偶次倍频 ODS 与空载试验 ODS 相近，这说明了奇次倍频 ODS 可以更好地反映绕组机械结构的变化。

变压器整体 ODS 最大的幅值以及所有点幅值的平均值随功率变化如图 4－32 所示，大幅度的功率波动情况下，所有频率分量的振动并无明显规律，这说明在实际运行的变压器内，铁芯振动和绕组振动的叠加过程十分复杂，进一步说明了单点振动信号的不确定性。但油箱 ODS 最大幅值和平均幅值变化趋势一致，说明油箱上各点振动变化趋势一致。

变压器 ODS 的相频特性如图 4－33 所示。由于不存在幅值大小的影响，各频率大多数测点的振动相位关系基本不会随负载波动而发生变化，能明显观察到各频率的振动节点的位置同样也保持不变。

综上所述，在变压器电压、电流、负载、温度波动时，其油箱 ODS 整体形态（幅频特性和相频特性）不发生变化。利用上述特性对变压器绕组机械故障进行诊断具有单点振动法所不具有的优势：ODS 特性既具有传统单点振动信息的频谱分析功能，还能将变压器油箱的整体振动可视化，获得最大的振动位置、振动分布情况，且抗干扰性能强，不受正常工况影响，从而可以为机械故障诊断提供新的思路与应用。

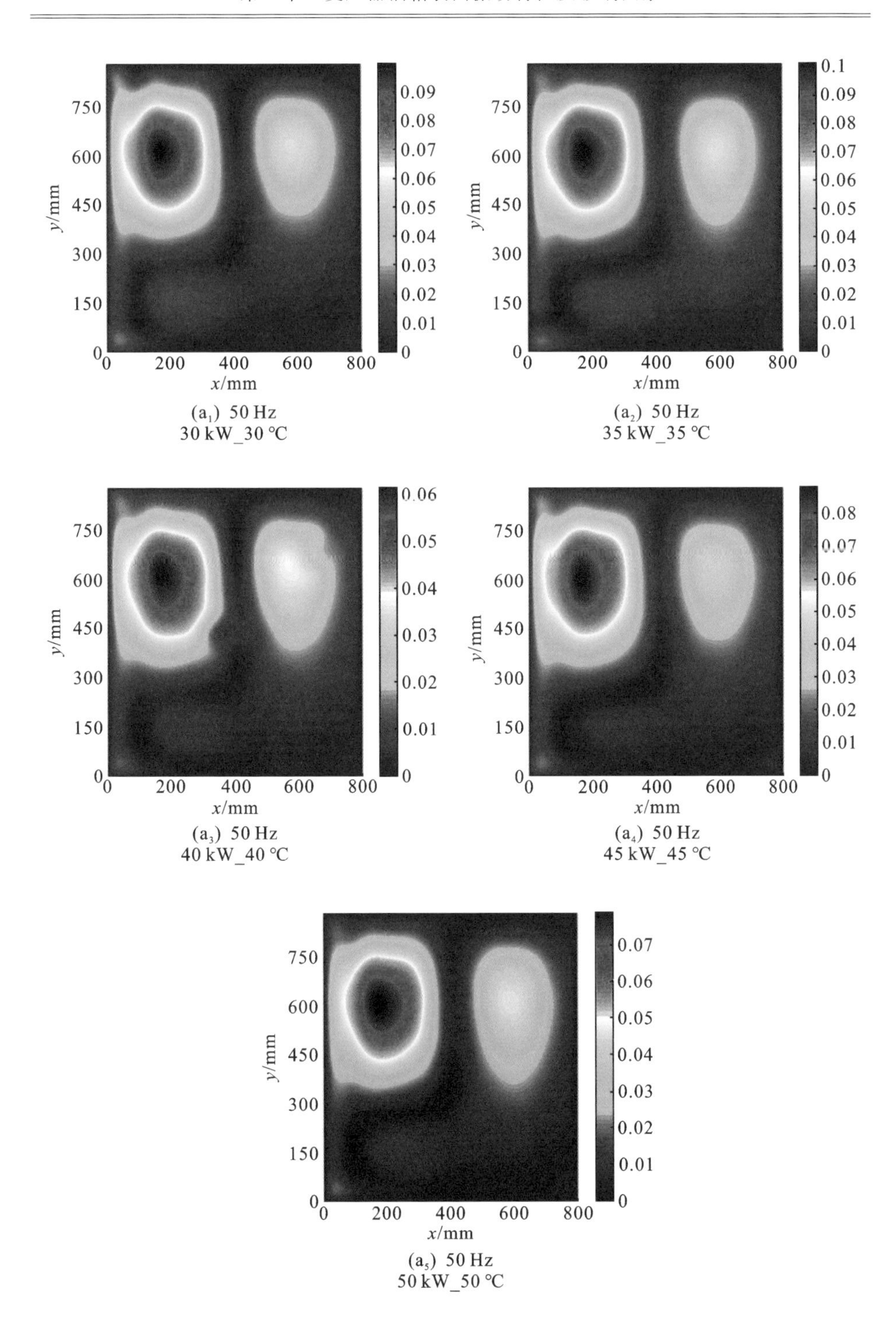

(a_1) 50 Hz
30 kW_30 ℃

(a_2) 50 Hz
35 kW_35 ℃

(a_3) 50 Hz
40 kW_40 ℃

(a_4) 50 Hz
45 kW_45 ℃

(a_5) 50 Hz
50 kW_50 ℃

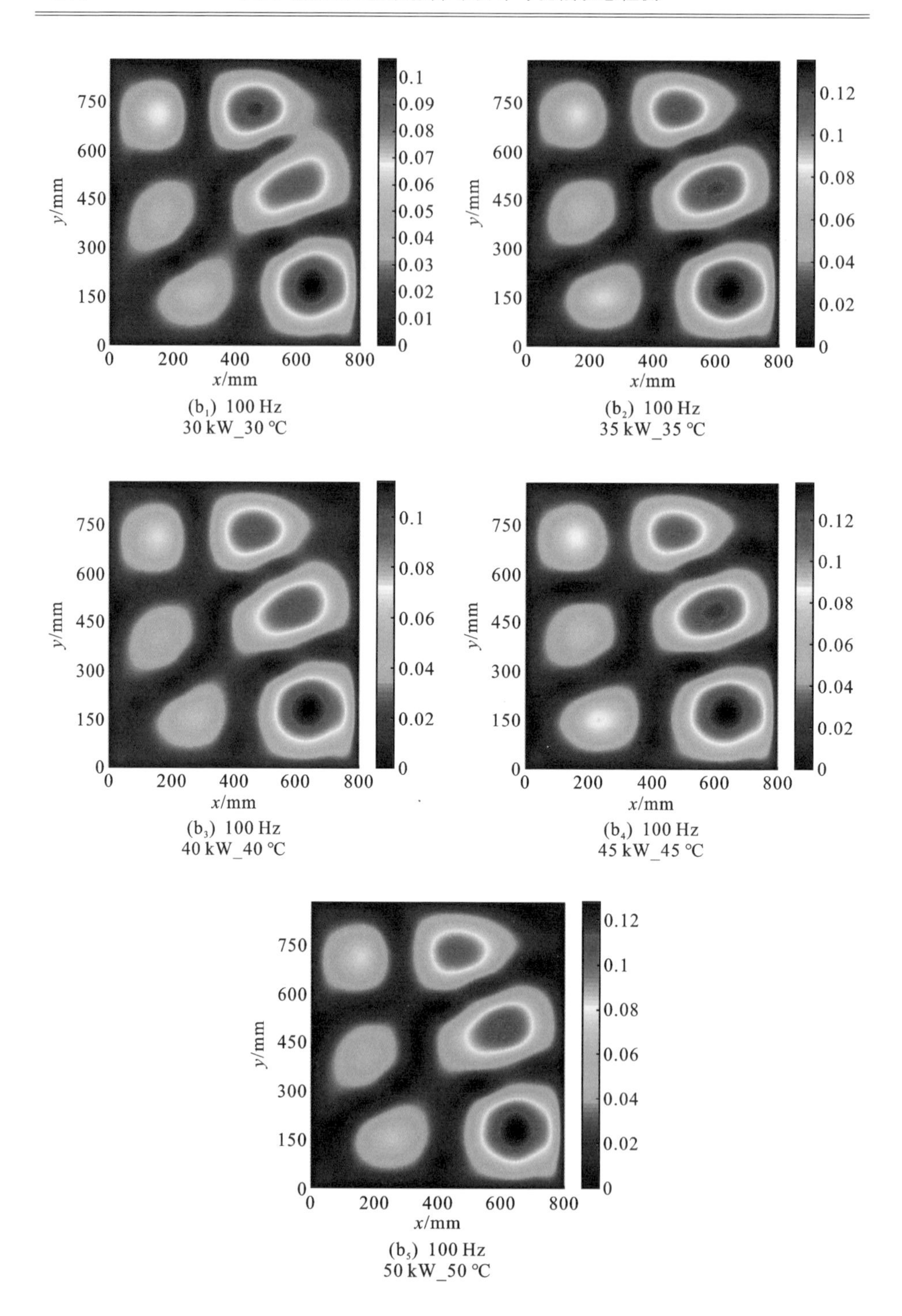

(b$_1$) 100 Hz
30 kW_30 ℃

(b$_2$) 100 Hz
35 kW_35 ℃

(b$_3$) 100 Hz
40 kW_40 ℃

(b$_4$) 100 Hz
45 kW_45 ℃

(b$_5$) 100 Hz
50 kW_50 ℃

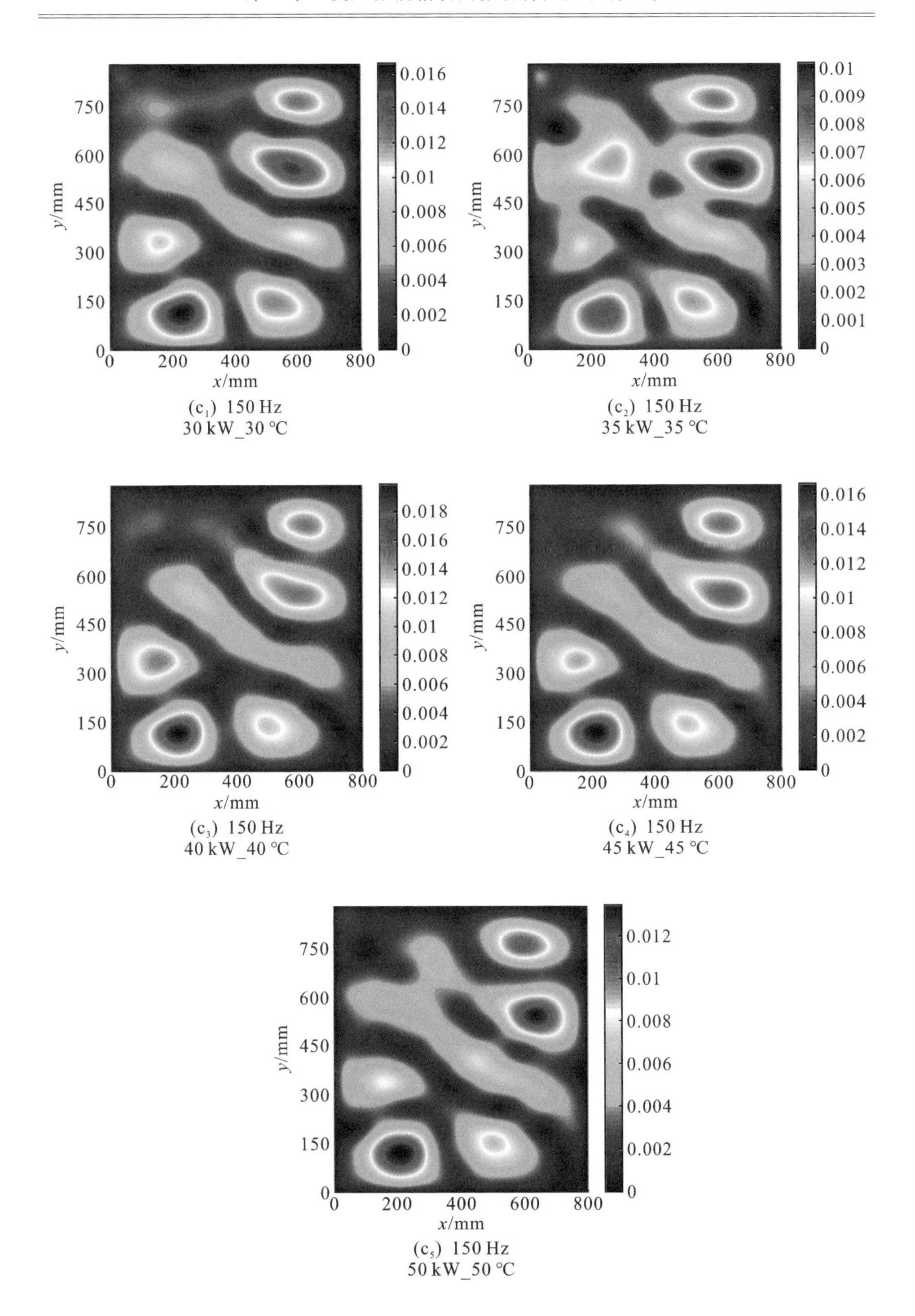

(c_1) 150 Hz
30 kW_30 ℃

(c_2) 150 Hz
35 kW_35 ℃

(c_3) 150 Hz
40 kW_40 ℃

(c_4) 150 Hz
45 kW_45 ℃

(c_5) 150 Hz
50 kW_50 ℃

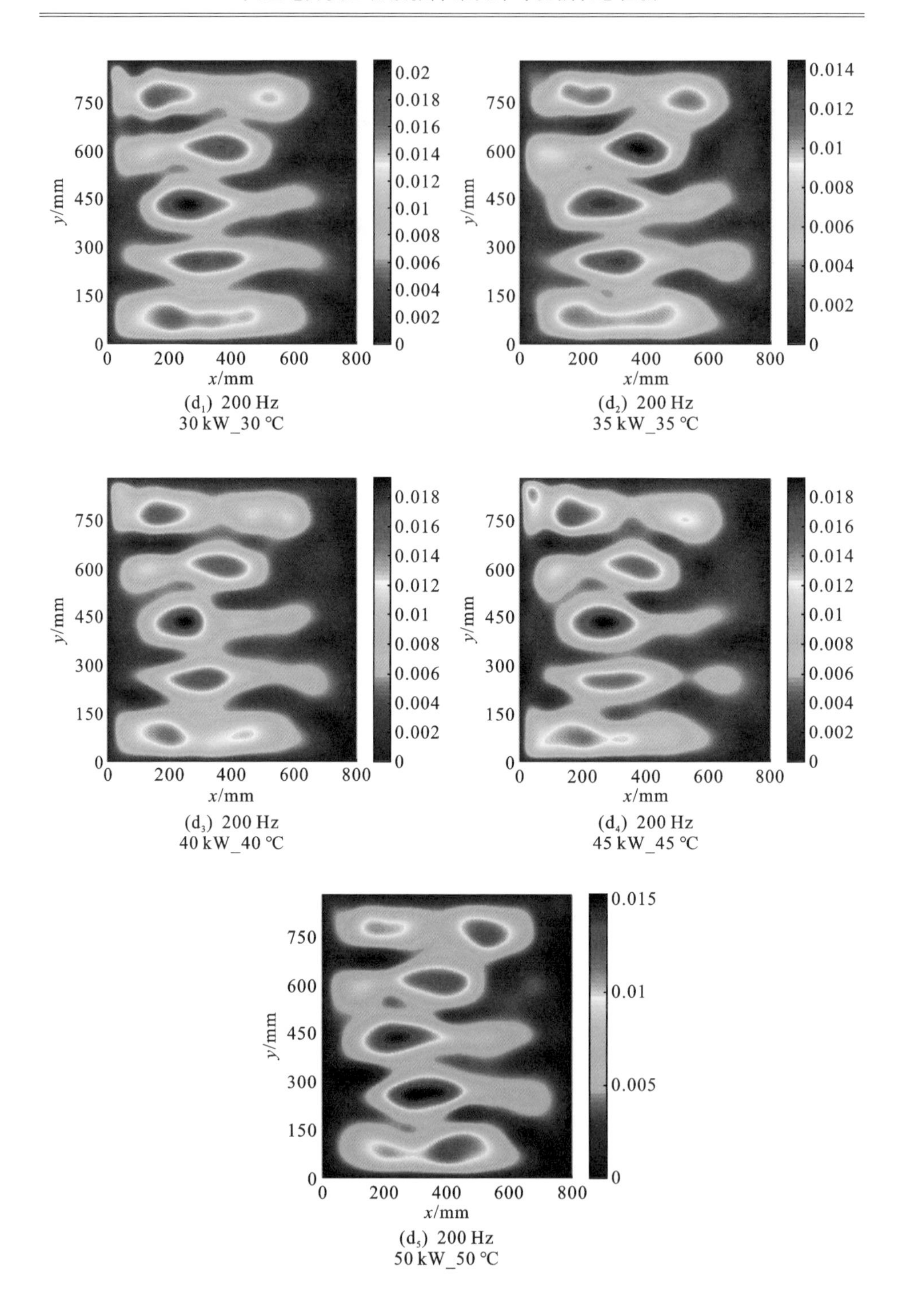

(d_1) 200 Hz
30 kW_30 ℃

(d_2) 200 Hz
35 kW_35 ℃

(d_3) 200 Hz
40 kW_40 ℃

(d_4) 200 Hz
45 kW_45 ℃

(d_5) 200 Hz
50 kW_50 ℃

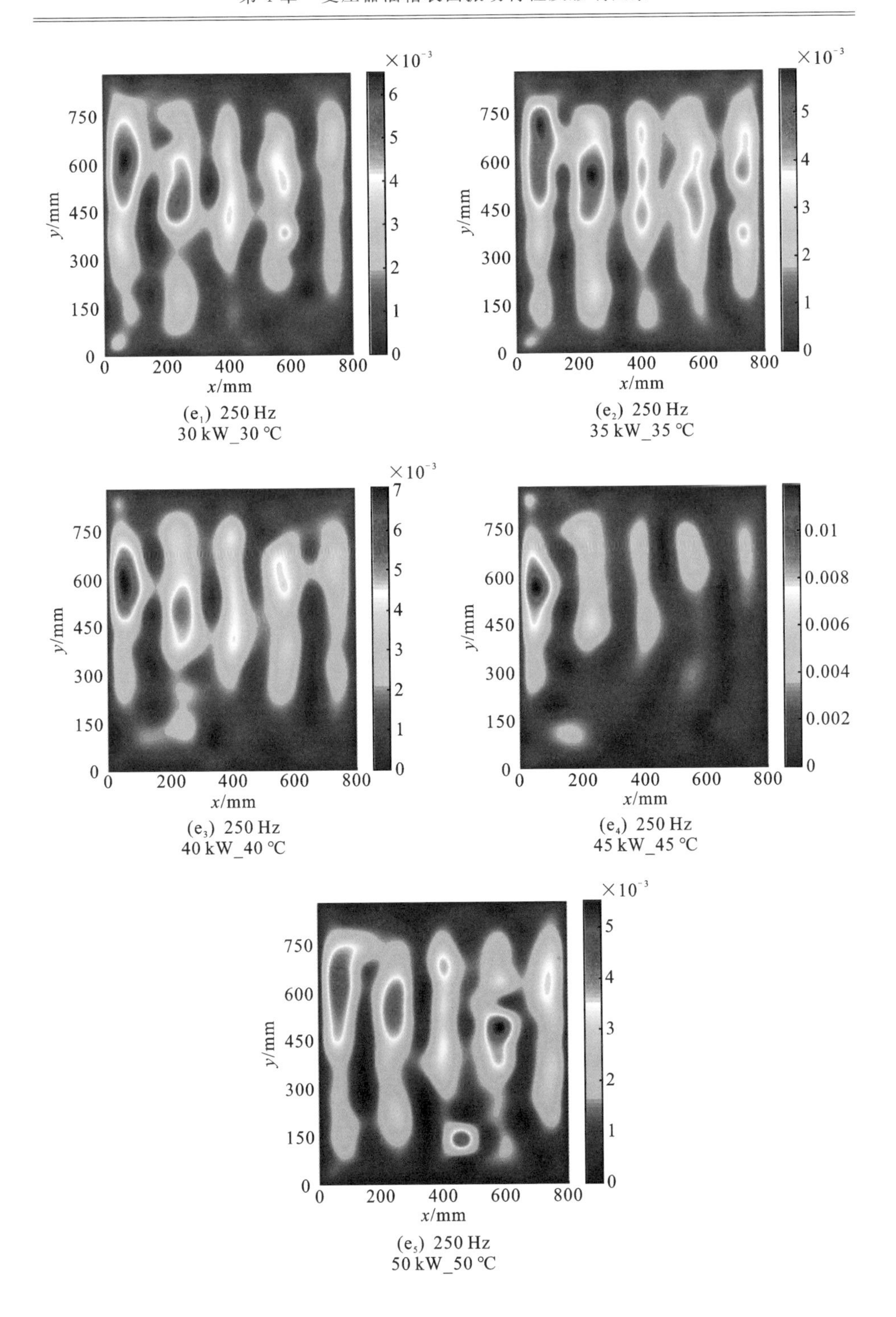

(e_1) 250 Hz
30 kW_30 ℃

(e_2) 250 Hz
35 kW_35 ℃

(e_3) 250 Hz
40 kW_40 ℃

(e_4) 250 Hz
45 kW_45 ℃

(e_5) 250 Hz
50 kW_50 ℃

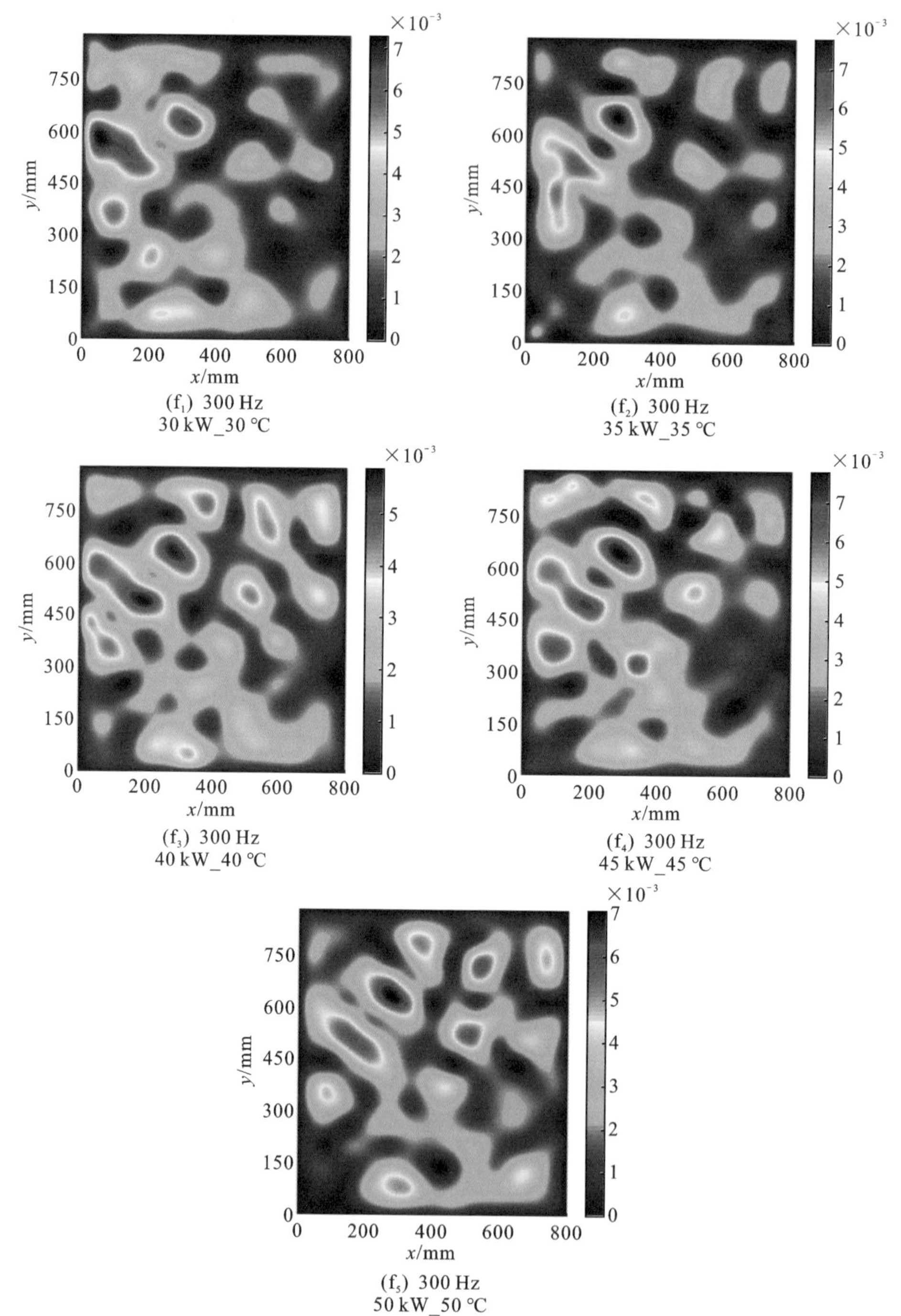

注：ODS 幅频特性研究中主要关注幅值分布变化，不关注幅值大小，因此略去了色棒。

图 4-31 变负载试验不同功率不同频率变压器 ODS 幅频特性

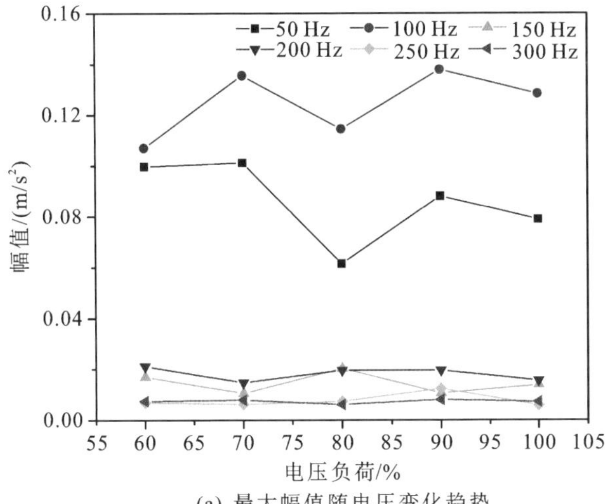

(a) 最大幅值随电压变化趋势

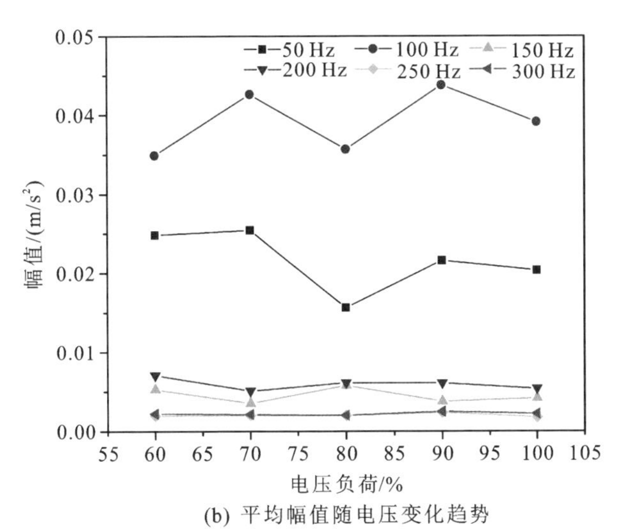

(b) 平均幅值随电压变化趋势

图 4-32 变压器 ODS 幅值随功率变化趋势

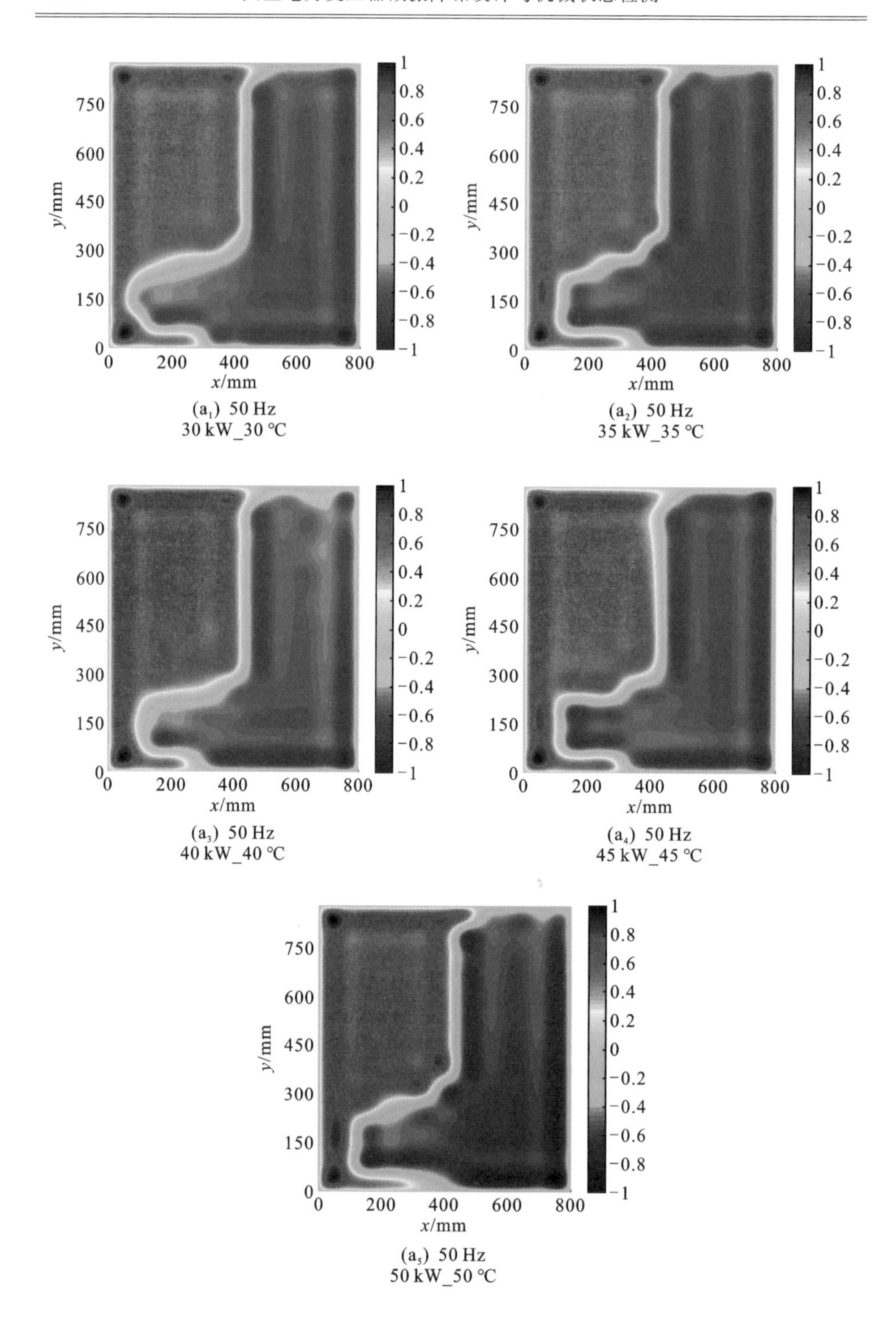

(a$_1$) 50 Hz
30 kW_30 ℃

(a$_2$) 50 Hz
35 kW_35 ℃

(a$_3$) 50 Hz
40 kW_40 ℃

(a$_4$) 50 Hz
45 kW_45 ℃

(a$_5$) 50 Hz
50 kW_50 ℃

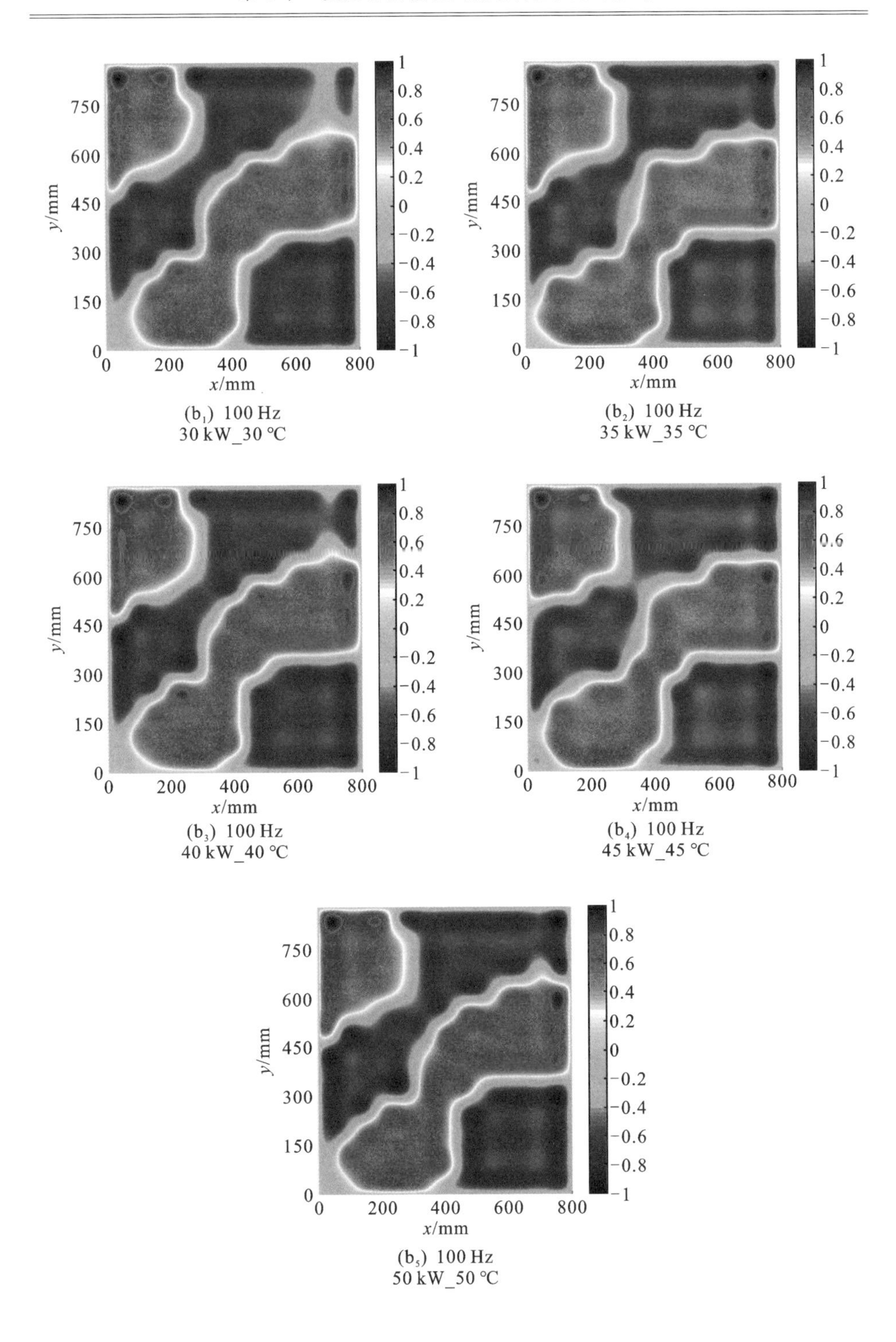

(b$_1$) 100 Hz
30 kW_30 ℃

(b$_2$) 100 Hz
35 kW_35 ℃

(b$_3$) 100 Hz
40 kW_40 ℃

(b$_4$) 100 Hz
45 kW_45 ℃

(b$_5$) 100 Hz
50 kW_50 ℃

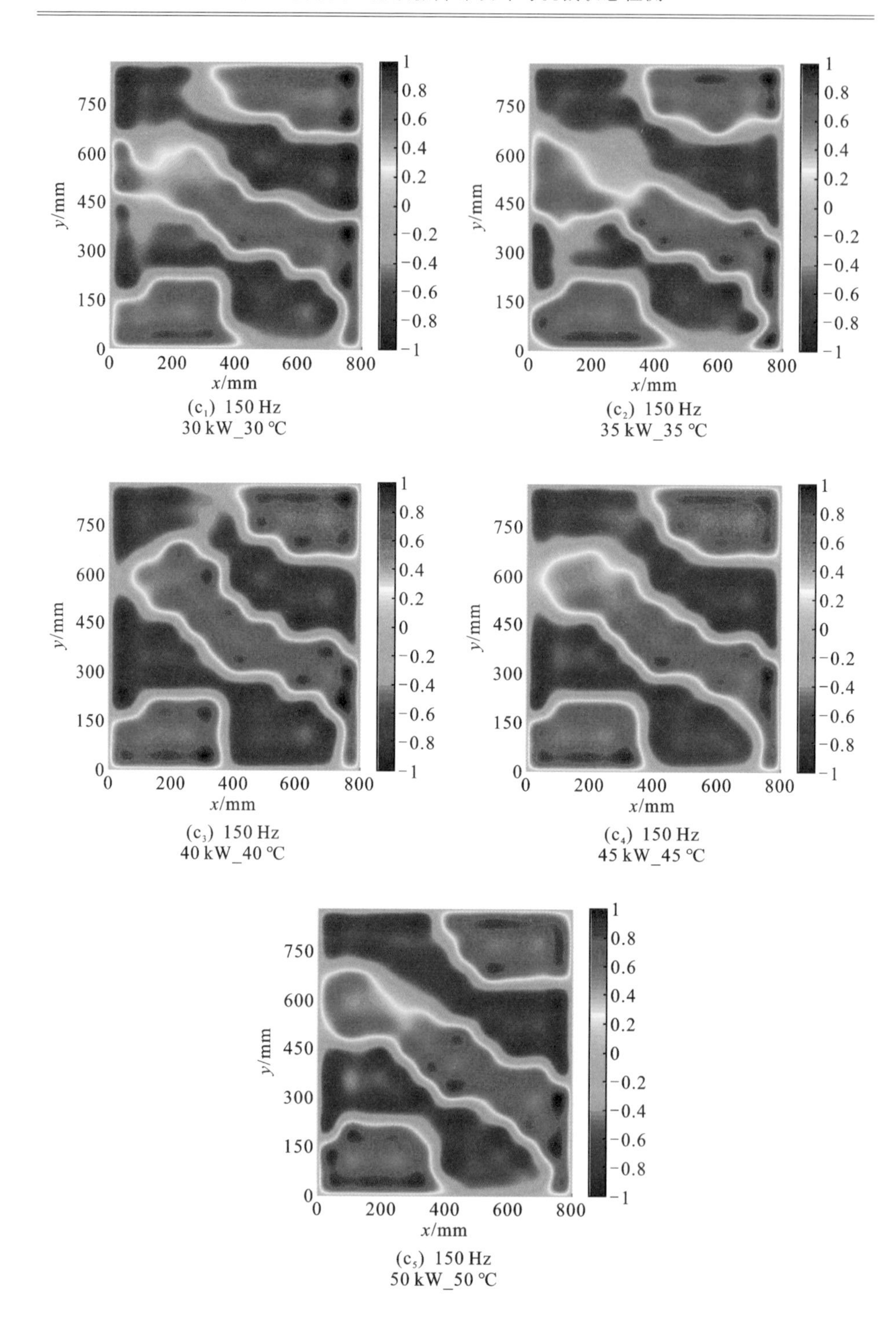

(c_1) 150 Hz
30 kW_30 ℃

(c_2) 150 Hz
35 kW_35 ℃

(c_3) 150 Hz
40 kW_40 ℃

(c_4) 150 Hz
45 kW_45 ℃

(c_5) 150 Hz
50 kW_50 ℃

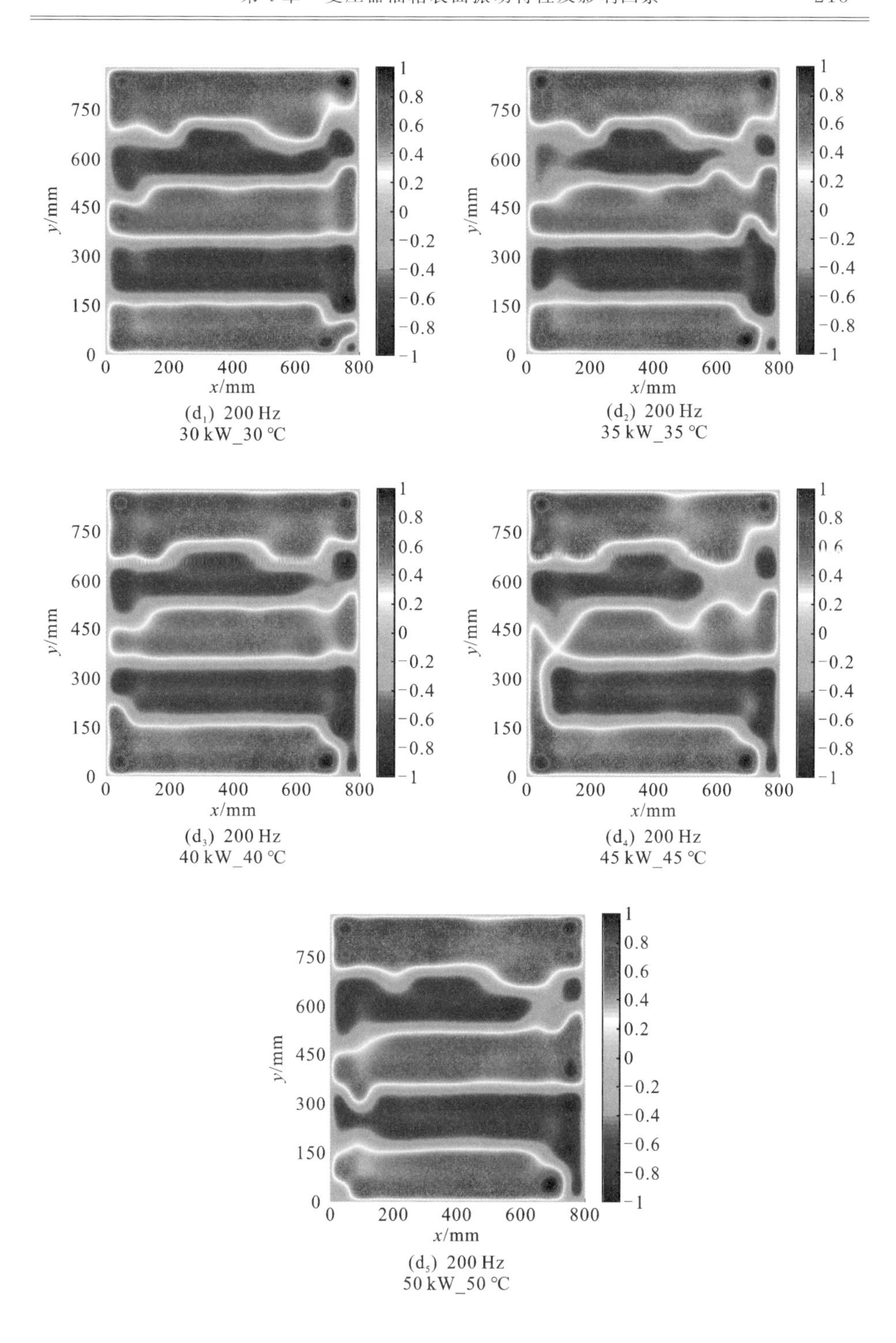

(d$_1$) 200 Hz
30 kW_30 ℃

(d$_2$) 200 Hz
35 kW_35 ℃

(d$_3$) 200 Hz
40 kW_40 ℃

(d$_4$) 200 Hz
45 kW_45 ℃

(d$_5$) 200 Hz
50 kW_50 ℃

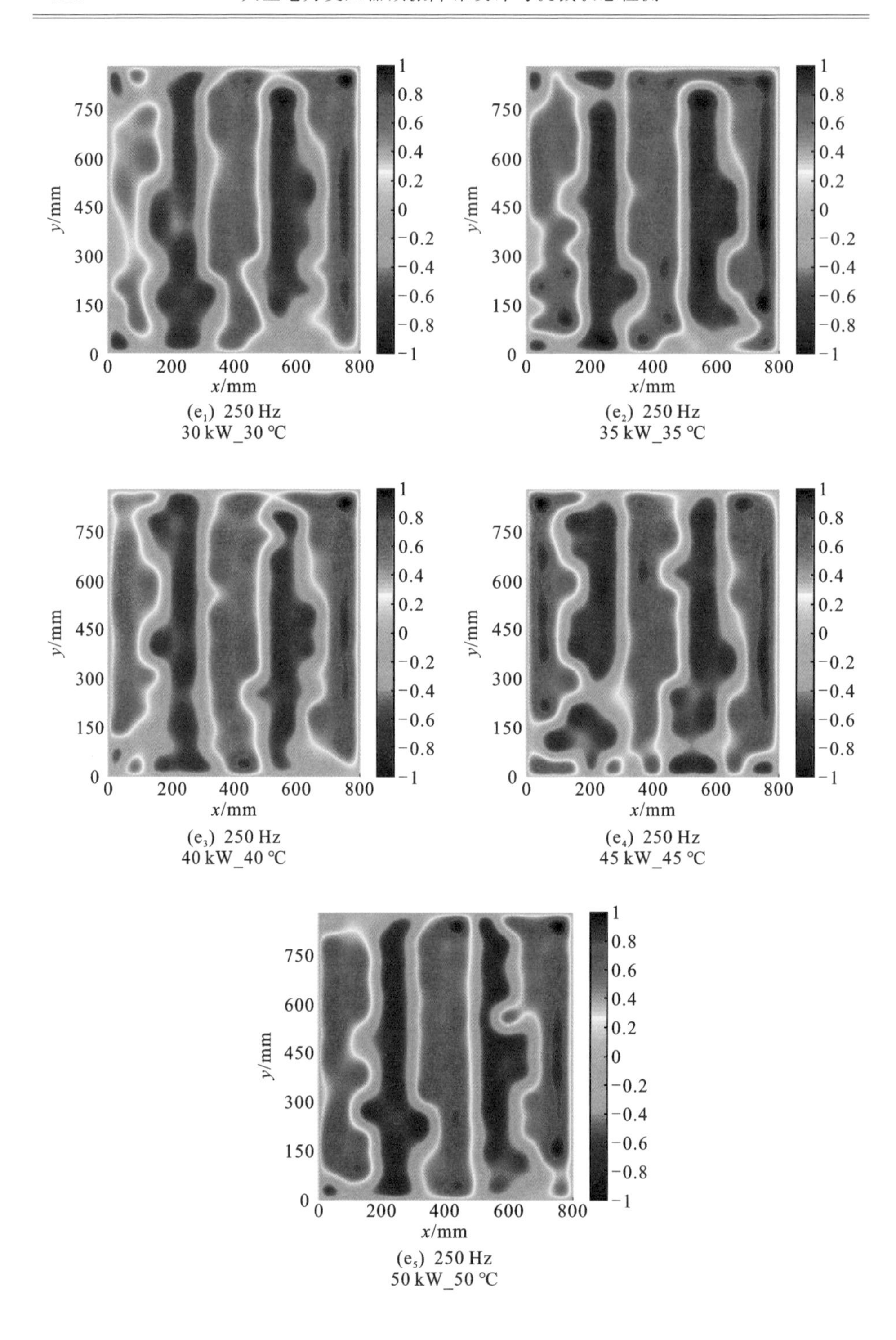

(e_1) 250 Hz
30 kW_30 ℃

(e_2) 250 Hz
35 kW_35 ℃

(e_3) 250 Hz
40 kW_40 ℃

(e_4) 250 Hz
45 kW_45 ℃

(e_5) 250 Hz
50 kW_50 ℃

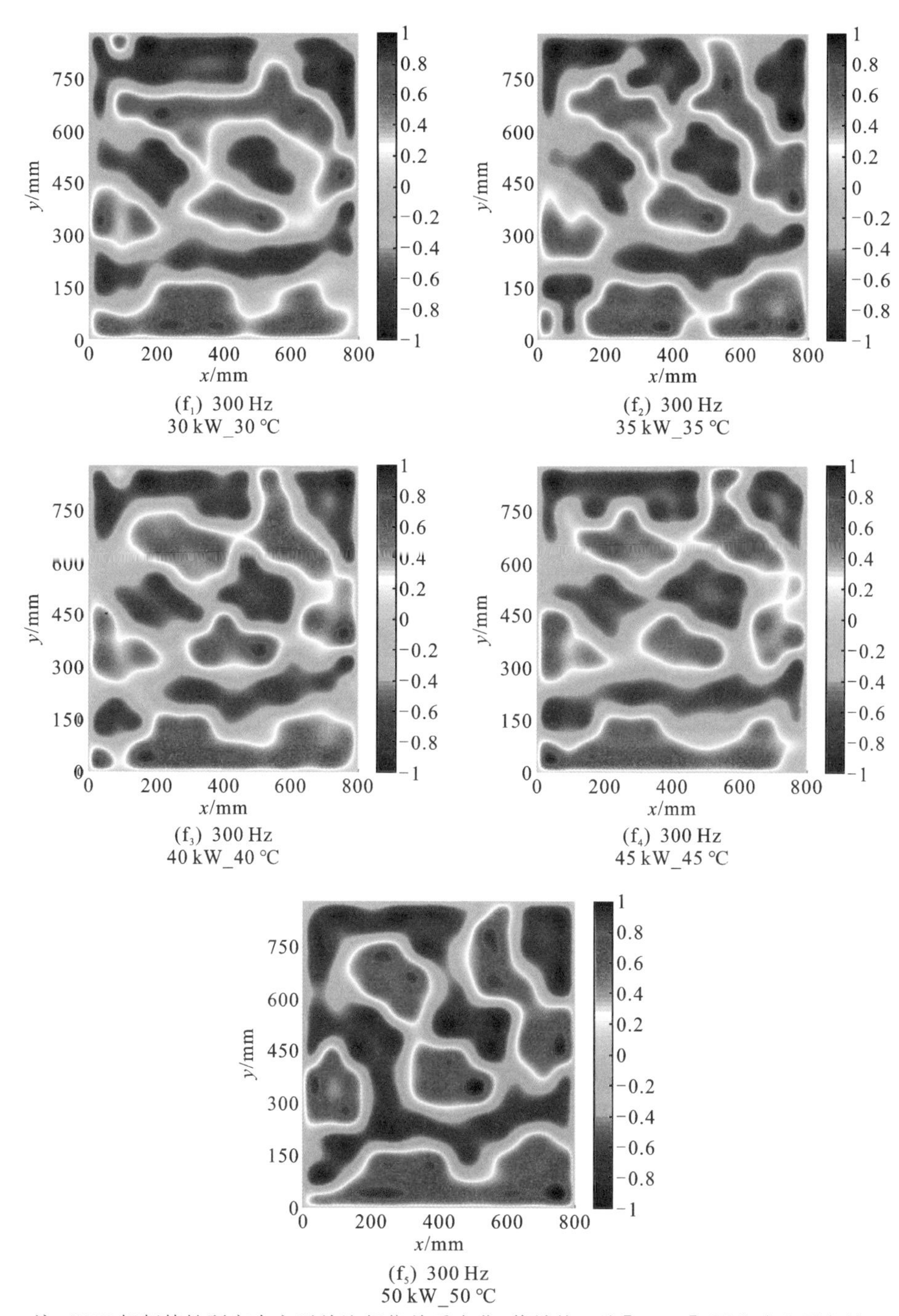

(f_1) 300 Hz 30 kW_30 ℃

(f_2) 300 Hz 35 kW_35 ℃

(f_3) 300 Hz 40 kW_40 ℃

(f_4) 300 Hz 45 kW_45 ℃

(f_5) 300 Hz 50 kW_50 ℃

注：ODS 相频特性研究中主要关注相位关系变化，值域统一为[−1,1]，因此略去了色棒。

图 4－33　变负载试验不同功率不同频率变压器 ODS 相频特性

第5章　大型电力变压器减振降噪的主要措施

变压器的振动与噪声不仅对周边居民的身心健康有影响，而且影响设备自身的安全稳定运行，因此变压器的减振降噪受到了国内外学者的广泛关注。关于噪声控制方面的研究涵盖：本体铁芯的材料选择、工作磁密、结构改进、尺寸设计、连接方式、加工及装配工艺等；油箱的刚度提高、防止谐振；冷却装置中风机、散热器、油泵的降噪；噪声传播途径加装隔声壁、隔声板；有源降噪的主动噪声控制技术（ANC）以及低噪声变压器的设计要点。变压器振动噪声的本质为电磁激励激发各阶模态，各阶模态再叠加得到振动响应，最终向外辐射噪声。在振动噪声领域，一般使用“振/声源－路径－接受者”模型，由于接受者无法控制，国内外学者都是从激励－模态－振动－噪声入手，在源、传递路径两方面进行减振降噪研究。

5.1　电磁控制措施

5.1.1　降低磁通密度

当电压随着负载的变化等原因产生波动时，虽然波动幅度较小，但由于变压器铁芯设计时额定工作磁通密度在饱和区或者接近饱和区，较小的电压波动也会导致基频以及高次谐波振动明显变化。因此，可以在有特殊噪声要求的环境中选择铁芯磁通密度工作在线性区的变压器，电压的正常波动对振动噪声的影响相应减小。如图5-1所示，设计磁通密度在1.5～1.8 T，磁密每降低0.1 T，变压器A计权声压级可降低2～3 dB。但是降低磁通密度也会使铁芯体积变大、模态改变、成本上升等，因此需要兼顾结构设计和经济指标。另外，还需抑制变压器过电压的工况，使磁密保持在合理范围之内。

沈阳工业大学韩芳旭使用热应力-磁致伸缩力比拟方法计算铁芯振动，

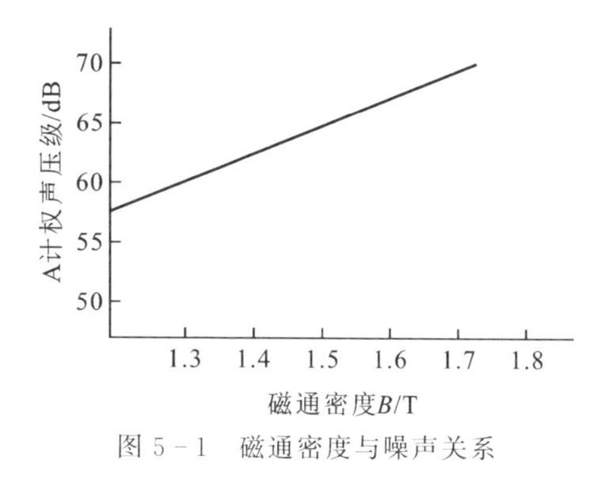

图5-1　磁通密度与噪声关系

通过改变DFP-270000/500型超高压变压器的空载励磁电流使铁芯磁密由1.72 T减小到1.67 T,得到铁芯振动位移如图5-2所示。从图5-2计算结果可以看出,铁芯磁密降低0.05 T,各倍频工况下铁芯本体振动最大位移减小约0.0002 mm左右,说明降低磁密对于减小铁芯本体振动达到了明显的效果。

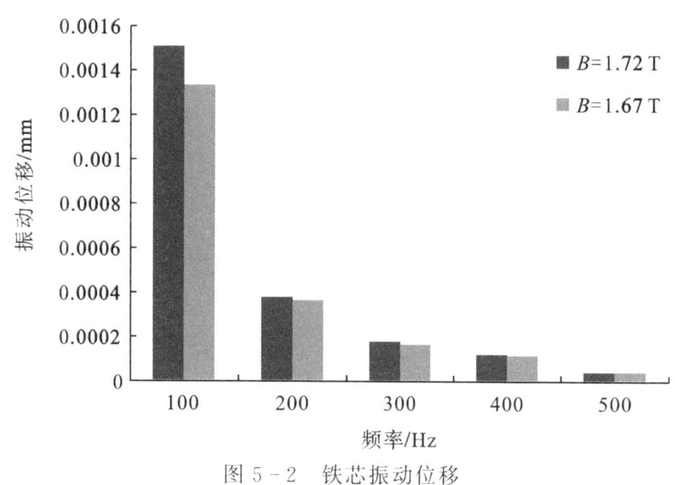

图5-2　铁芯振动位移

目前,对于新型铁芯材料的研究也有了很大的进展。高磁导、低磁致伸缩的材料不断被提出。例如,日本学者户田广朗等人发明了一种低噪声变压器用取向性电磁钢板,具有低铁损且低磁致伸缩的优点。在电子器件中广泛应用的软磁材料,在解决性能、工艺、成本等问题后有望应用于电力变压器的铁芯制造中,可将噪声水平大大降低。铁耗会使铁芯温度上升,此外在运行过程中受负荷、环境条件等因素的影响,其温度变化较大,最高可达140 ℃。试验表明,硅钢片磁致伸缩率ε随着温度升高而增大。

5.1.2　控制负载水平

随着国民经济快速发展,电网负荷持续高速增长,电网建设相对滞后,造成了电力变压器负荷率居高不下,用电高峰时间甚至需要长时间过载运行,此时变压器的振动和噪声也保持在较高水平。为了避免用电高峰期噪声污染问题,有必要增加变压器容量或备用容量,使单台变压器的负荷率保持在一定范围内。另外,过载运行会造成绕组、变压器油以及铁芯温度激增、机械特性劣化等不良后果,进一步影响变压器振动与噪声水平。

通过对 S13-M400/10 型三相油浸式配电变压器开展负载水平对变压器振动噪声特性影响的研究,变压器结构及现场振动噪声测试如图 5-3 所示。保证变压器处于额定电压 10 kV 下不变,负载功率以 50 kV·A、100 kV·A、150 kV·A、200 kV·A、250 kV·A、300 kV·A、400 kV·A、480 kV·A、560 kV·A、640 kV·A、720 kV·A 及 800 kV·A 等变化,得到随着负载功率变化的某个测点的振动频谱及变压器的 A 计权声压级变化图,如图 5-4、图 5-5 所示。

(a) 变压器整体结构图

(b) 噪声现场实验

(c) 振动现场实验

图 5-3　变压器现场噪声及振动特性试验布置图

从图 5-4 可以看出,随着负载容量的增大,100 Hz 基频逐渐增大,而其他振动频率变化较小,100 Hz 基频振动逐渐成为振动的主频。从图 5-5 可以得到,A 计权声压级在功率小于额定功率时在 41.4 dB(A)声压级上下波动,当变压器处于过载工况下,A 计权声压级随着功率增大而增大,但负载功率即使二倍于额定功率,声压级也不过提高 1 dB(A)左右,变化小。可见,过载下虽然变压器基频振动幅值能提高 3～4 倍,但是变压器的 A 计权声压级变化较小。这主要是由于额定功率下铁芯振动频谱复杂,虽然由于过载引起的基频振动幅值增大非常多,但相对于整个频谱来讲变化不大。

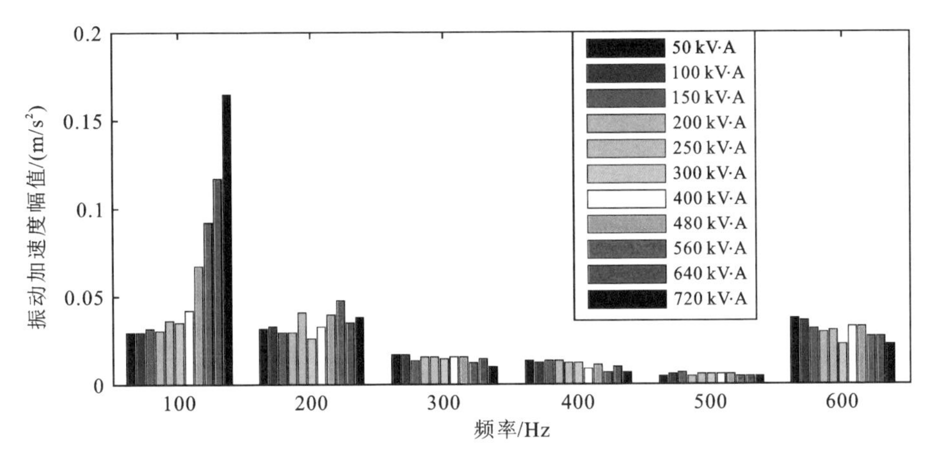

图5-4 各负载功率下某测点振动频谱

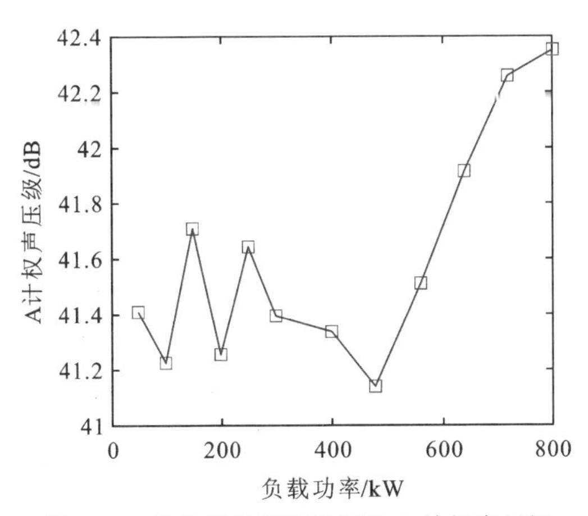

图5-5 各负载功率下变压器A计权声压级

5.1.3 治理谐波电流

电网谐波来源广泛，随着电力电子技术以及电力系统电力电子化的发展趋势，系统中使用的大量变频器、整流器等设备产生的谐波污染也逐渐加重，这些谐波通过系统线路注入到变压器中，导致其振动和噪声变得更加严重且复杂。对于铁芯和绕组而言，谐波电流会使其振动信号中产生谐波的倍频、差频以及和频，将导致更多的同频共振以及声学共鸣被激发出来。另外，谐波电流的大小、相位不同，变压器振动表现也有所不同。对于变压器油箱、磁屏蔽等结构件来说，增大的漏磁场(如Yy接法的3次谐波只能通过结构件形成闭合回路)会使其振动增强。根据A计权声压级的频率特性可知,噪声中高次谐波的影响更大,因此抑制谐波电流对于变压器减振降噪至关重要。

通过对S13-M400/10型三相油浸式配电变压器研究谐波对其振动噪声的影响,进一步说明谐波的影响。设置变压器工作在额定电压下工频100 kW、工频100 kW及3次谐波35 kW、工频100 kW及5次谐波35 kW、工频100 kW和3次谐波35 kW及5次谐波35 kW等四种情形下探究3次、5次谐波对于配电变压器振动噪声特性的影响。图5-6为各谐波下低压B相绕组谐波时域及频域波形。

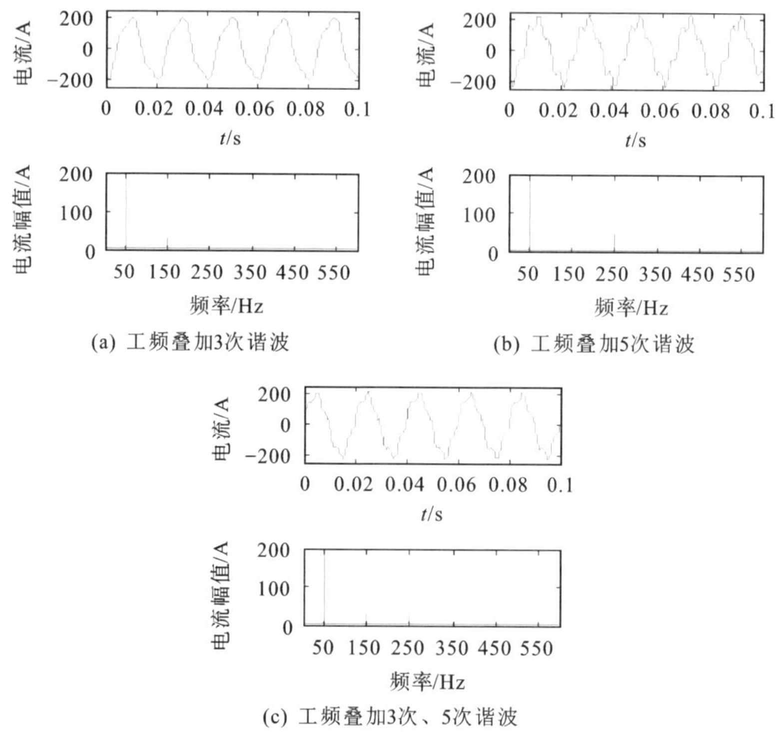

图5-6 各谐波下B相低压绕组电流时域及频域波形

计算获得变压器整体模态前23阶振型对应的MAC矩阵如图5-7所示。从图中分析可得相同模态振型向量的MAC等于1,不同模态振型向量之间的MAC小于35%,意味着提取到的模态振型满足要求。

试验选取某个测点作为谐波影响振动观测点,图5-8为各谐波下该测点振动频谱。分析该图可以发现,工频和工频叠加5次谐波情形下二者振动频谱分布及大小基本一致,振动频谱主要集中在1000 Hz以内。而工频叠加5次谐波和工频叠加3次、5次谐波情形下振动频谱变得非常复杂,其产生的振

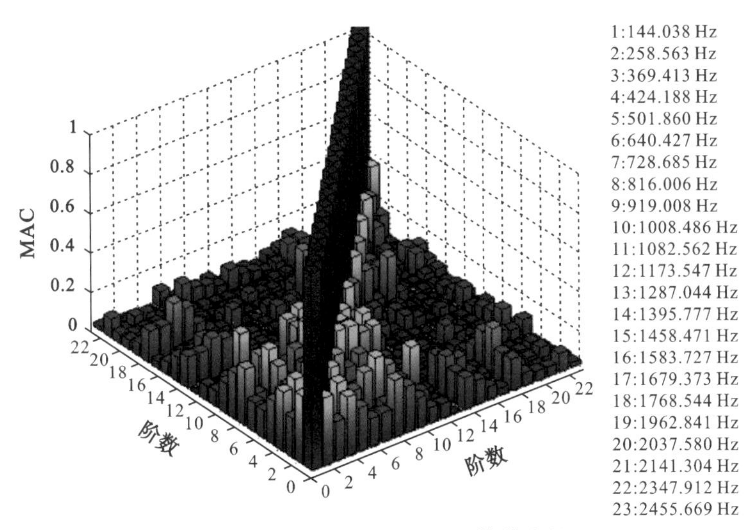

图5-7 S13-M400/10变压器整体模态的MAC

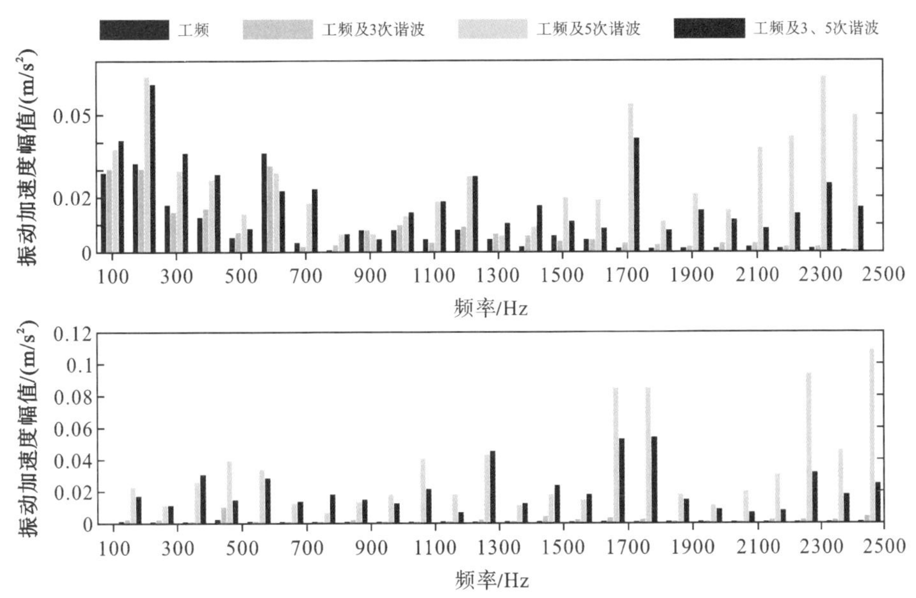

图5-8 各谐波下某测点振动频谱

(上图为基频100 Hz倍数频段,下图为50 Hz奇数倍频段)

动远大于工频下或工频叠加3次谐波时的振动。这两种情形下振动频谱中不仅超过1000 Hz以上频段幅值较大,而且还存在大量50 Hz奇数倍频段,如1650 Hz、2450 Hz等。可以发现,在0~2500 Hz范围内,工频叠加5次谐波在50 Hz奇数倍频段2450 Hz振动加速度幅值最大为0.115 m/s^2,而在

100 Hz整数倍频段2400 Hz最大振动加速度幅值仅为0.067 m/s^2。结合图5-7变压器整体模态23阶模态固有频率为2455.669 Hz，可以发现2400 Hz和2450 Hz都非常接近该固有频率，该模态被激发出来。出现上述结果的原因在于，3次谐波产生的振动频率不接近变压器固有频率无法产生共振，而5次谐波产生的振动频率接近变压器固有频率，并且激发起了该固有频率的振型，导致5次谐波振动强烈。而且，可以看到谐波的出现会导致出现50 Hz奇数倍的电磁力，从而出现该频段的振动频率。

试验测得的各谐波下A计权声压级如表5-1所示。从该表可以明显看出，工频和工频叠加3次谐波获得的A计权声压级基本一样，而工频叠加5次谐波测得的A计权声压级为48.16 dB(A)，比工频下高约7个dB(A)。试验结果表明，在设计变压器的时候应避免其工作振动频率接近变压器本身固有频率。

表5-1 各谐波下A计权声压级

	工频	工频叠加3次谐波	工频叠加5次谐波	工频叠加3次、5次谐波
A计权声压级/dB(A)	41.22	41.42	48.16	44.58

5.1.4 抑制直流偏磁

直流偏磁是指在自然或者人为等因素作用下造成中性点电位出现直流分量的抬升，如直流系统的单极大地方式运行、地铁线路对地的杂散电流等，都会导致交流系统中接地变压器中性点注入直流电流，即变压器绕组中出现直流分量，从而导致铁芯半周饱和。由于铁芯硅钢片的磁化非线性及磁滞特性，在励磁电流中产生大量谐波，振动噪声也随之加剧。直流偏磁对振动噪声的影响有别于电网谐波电流，其中最明显的是直流偏磁会引起振动奇次谐波含量增多。因此，防止变压器直流偏磁除了能够避免铁芯工作在饱和段、漏磁增加、铁芯及结构件发热严重外，对于振动噪声控制的意义也非常重大。

可以用图5-9对直流偏磁的机理进行简要分析。图5-9(b)为变压器硅钢片典型磁化曲线，图5-9(a)(c)中实线表示正常无直流分量时的磁通及励磁电流曲线，虚线表示有直流偏磁分量下的磁通及励磁电流曲线。

可以看到，无直流分量时，磁通为标准正弦波，一般在变压器设计时，为了更大程度地利用铁芯同时兼顾损耗，铁芯的工作点选在饱和区附近，故励

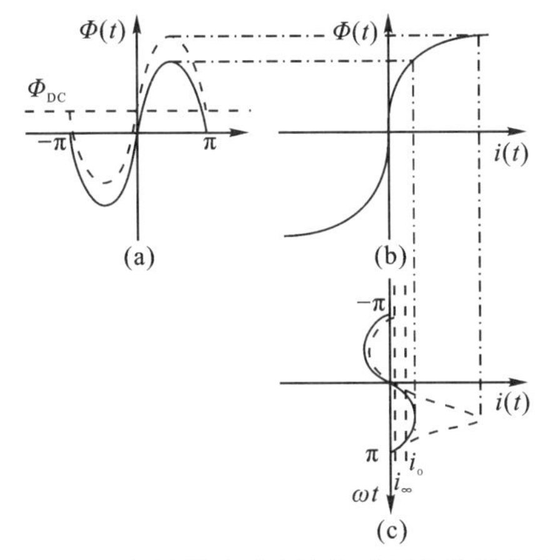

图5-9 变压器励磁电流与磁通的关系曲线

磁电流也大致呈正弦波形;当变压器出现直流偏磁,即铁芯中磁通出现直流分量,整体上移(以正向偏磁为例),使得铁芯正半波工作点从线性区进入饱和区,进而导致励磁电流增大,发生畸变。以上分析仅考虑了铁芯磁化的非线性,考虑到实际铁芯的磁滞特性,励磁电流的谐波成分将变得更为复杂,由此引起更为复杂的振动特征。当变压器励磁电流中出现50 Hz的偶数次谐波之后,绕组和铁芯的振动加速度中将出现50 Hz奇数次的振动频率。因此可以定义振动信号中奇次谐波与偶次谐波的功率比值作为判断变压器直流偏磁状态的特征量。其中奇偶次谐波比定义为

$$R\% = \frac{\sum_{f=50}^{950} A_f^2}{\sum_{f=100}^{1000} A_f^2}$$

振动加速度与中性点直流电流的关系曲线的持续监测结果如图5-10所示,对应的有功功率持续监测波形如图5-11所示。

对比图5-10及图5-11可以看出,变压器油箱表面振动加速度有效值的变化趋势与中性点直流电流变化直接相关,而受有功功率及负载电流影响较小。其振动加速度频谱50 Hz及100 Hz分量变化分别如图5-12及图5-13所示。

可以看出,随着直流偏磁电流的周期性变化,振动加速度频谱中50 Hz分量相应地出现明显的周期性变化,而100 Hz分量则与直流偏磁电流相关性较差。此外,对变压器噪声持续监测结果如图5-14所示,可以看出其幅值随中性点直流电流变化趋势明显,其中23日12点至25日0点之间出现较高

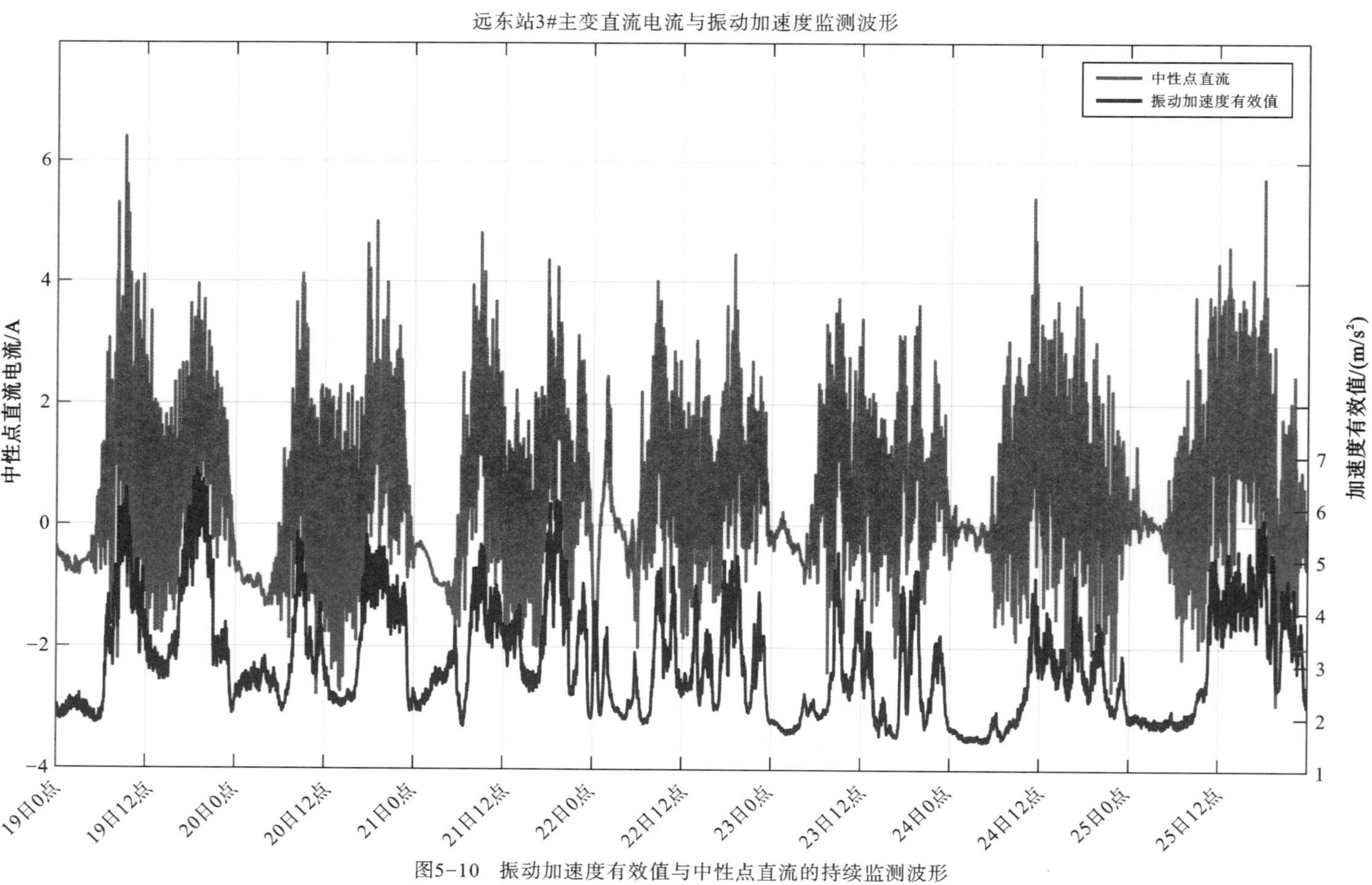

图5-10　振动加速度有效值与中性点直流的持续监测波形

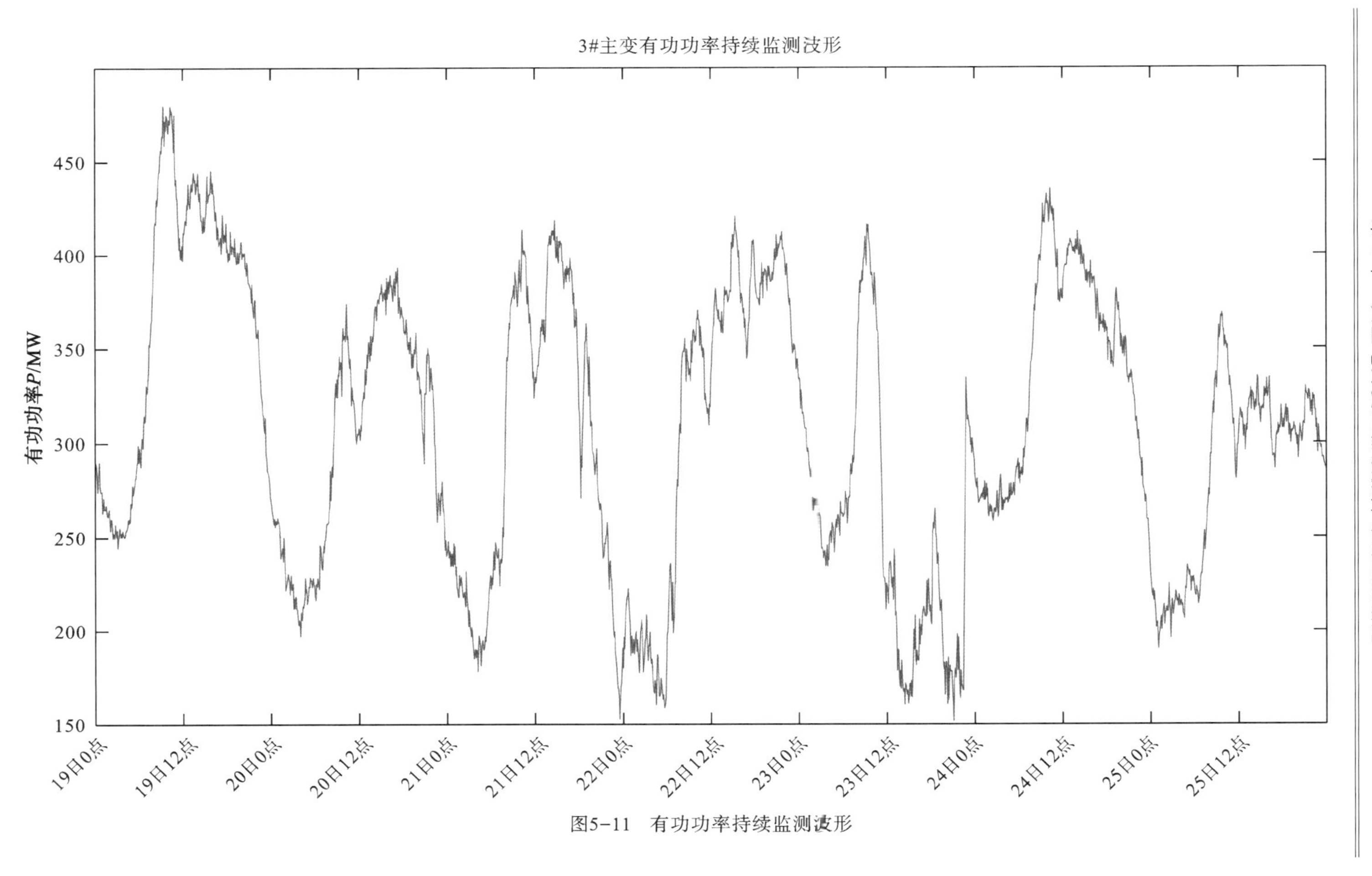

图5-11　有功功率持续监测波形

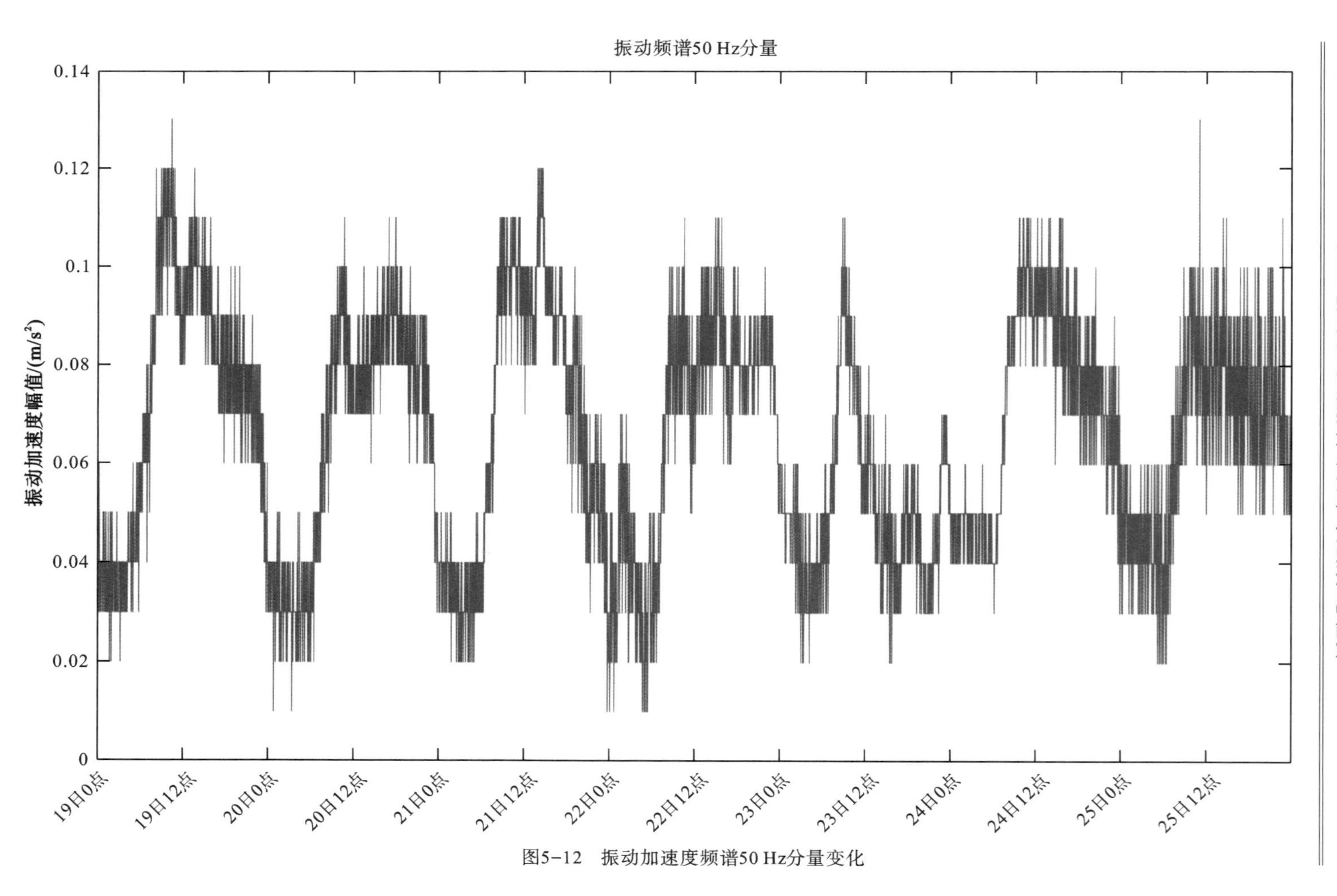

图5-12 振动加速度频谱50 Hz分量变化

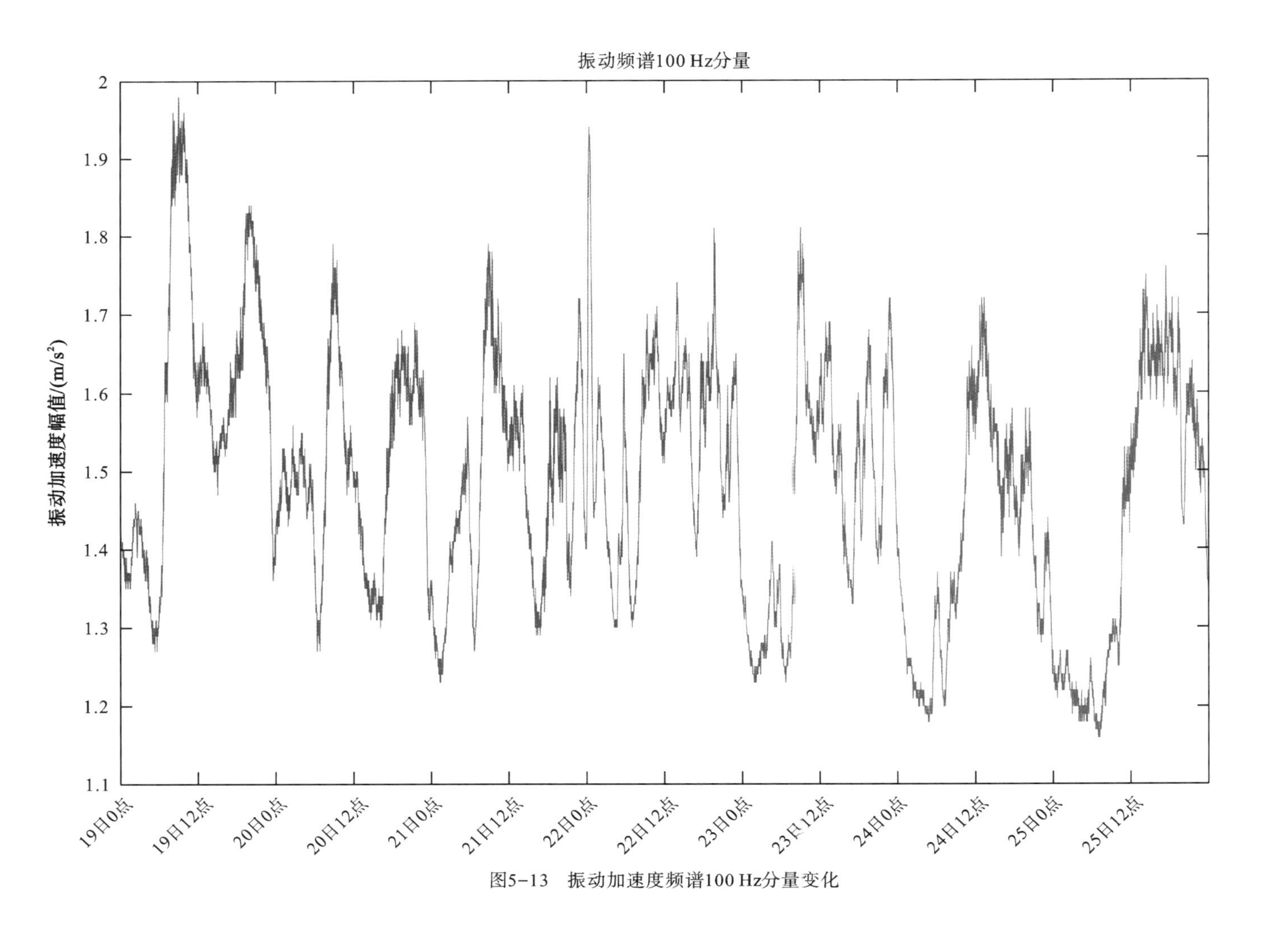

图5-13　振动加速度频谱100 Hz分量变化

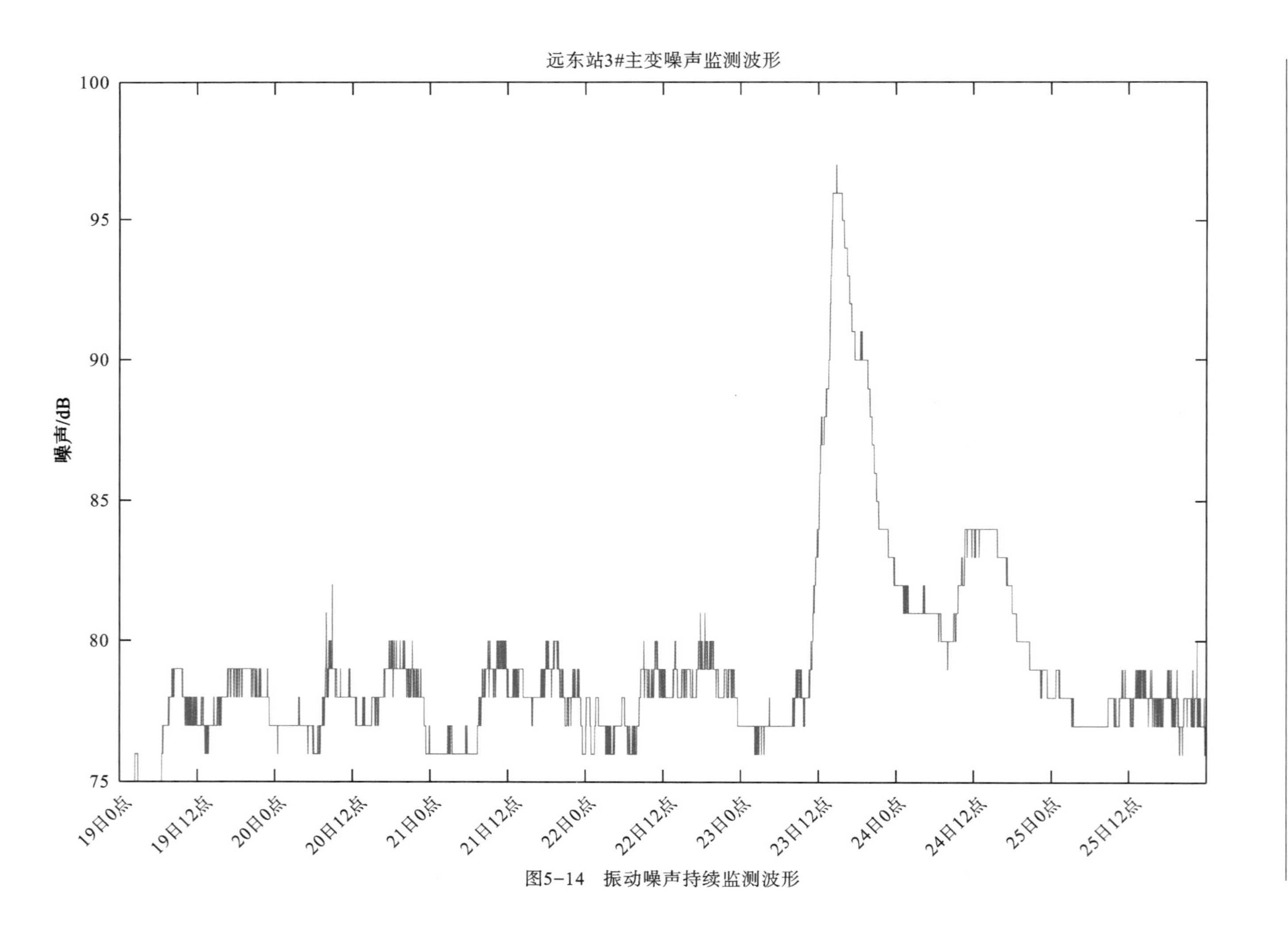

图5-14 振动噪声持续监测波形

幅值的噪声，可能原因是相对于振动加速度，噪声监测易受风扇等变电站及周边环境的干扰，从而造成该时间段噪声水平持续较高。

研究不同直流偏磁条件下的振动特性变化规律。选取温度 18～19 ℃、电压 518～519.5 V、运行电流 32～52 A 为研究范围，得到不同直流偏磁电流下的振动频谱如图 5－15 所示。可以看出，不同直流偏磁电流下的振动频谱不同，且偶次谐波幅值受直流偏磁影响较小。直流偏磁电流对奇次谐波幅值影响最为明显，特别是 3 次、7 次谐波（即 150 Hz、350 Hz），随着直流偏磁电流的增大，奇次谐波幅值增大。

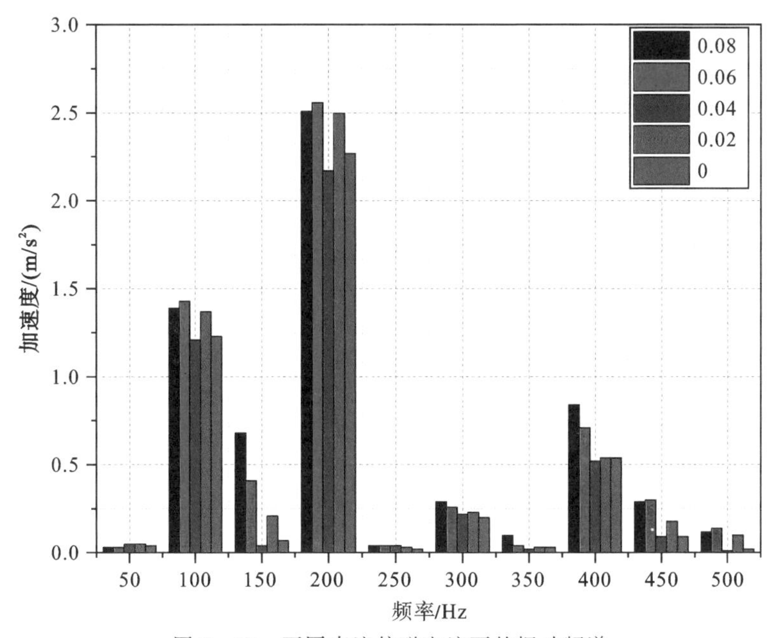

图 5－15　不同直流偏磁电流下的振动频谱

由前述直流偏磁下变压器振动特性分析可知，变压器中性点侵入直流电流，导致铁芯出现直流磁通，引起铁芯振动除了基频（100 Hz）及其倍频外，还包含 50 Hz 振动分量，由于直流偏磁引起的铁芯励磁半周饱和，振动包含奇次谐波。此外，直流磁通的存在使绕组受到电磁力包含 50 Hz 及其奇数次分量，进而引起绕组振动包含 50 Hz 及奇次谐波。故直流偏磁下变压器振动奇次功率显著增大，得到奇次功率与偶次功率的比值（即奇偶次谐波比）与直流偏磁电流的关系曲线如图 5－16 所示。

从图 5－16 可以看出，在持续监测时间段内，奇偶次谐波比受直流偏磁的周期性变化而周期变化，两者相关性较好，各通道奇偶次谐波比与直流偏磁

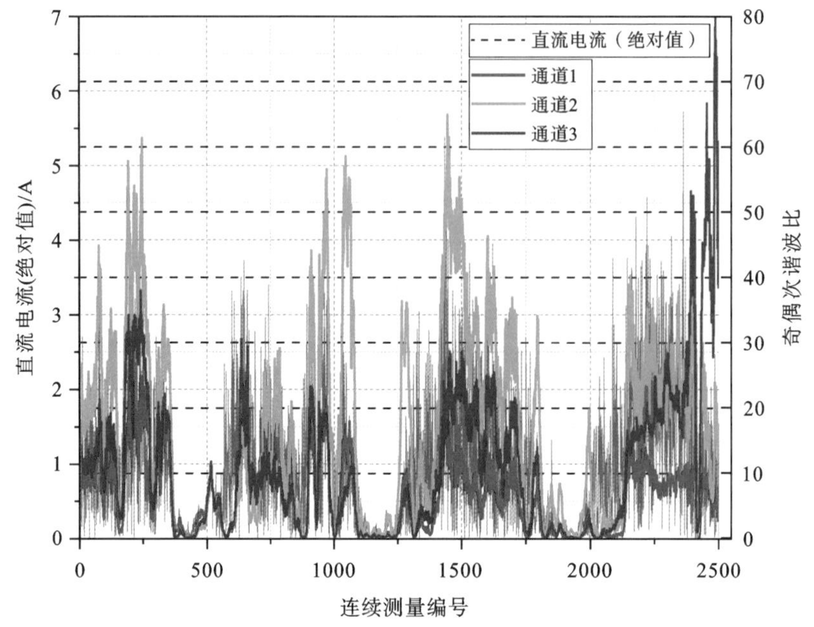

图 5-16　奇偶次谐波比与直流电流关系曲线

电流的 Pearson 相关系数计算结果如表 5-2 所示。

表 5-2　奇偶次谐波比与直流偏磁电流 Pearson 系数

通道	1	2	3
Pearson 系数	0.52583	0.54123	0.52697

由表 5-2 可见，不同测点（通道）振动的奇偶次谐波比对直流偏磁的灵敏度（Pearson 相关系数）不同，其中通道 2 最高，通道 3 次之。在无偏磁状态下，各通道测点振动的奇偶次谐波比均在 1 以内。出现直流偏磁后，奇偶次谐波比增大，且随着直流偏磁电流的增大而增大。

关于直流偏磁的抑制措施，国内外已经开展了大量工作，提出了一些行之有效的措施，本书不再赘述。

5.1.5　避免三相不平衡

理想的三相交流电力系统中，三相电压应有相同的幅值，且相位角互差 120°。但是在实际运行中，由于受到事故性或正常性的因素影响，电力系统并不是完全平衡的。事故性不平衡（如单相短路）一定要在短期内切除故障，使系统恢复正常。正常性不平衡是由于系统三相元件或负荷不对称引起的。

为更好说明三相不平衡的影响，以S13-M400/10三相油浸式配电变压器为研究对象，试验时选取A、B、C三相各为不平衡相，以额定电压下平衡相功率为100 kW，不平衡相功率以0、15 kW、30 kW、45 kW、50 kW、65 kW、80 kW、95 kW、115 kW、130 kW、150kW、180 kW及200 kW变化，图5-17为各不平衡相在各不平衡功率下振动频谱对比情况。

分析图5-17可以发现，在基频100 Hz下，不管不平衡相为A相、B相或C相，基频振动幅值随着不平衡相功率增加呈现先减小后增大的趋势，在三相平衡时该点基频振动幅值达到最低点，其他振动频率并无此规律；而且，只有基频振动幅值随着不平衡相功率变化非常大。这可能是由于绕组振动基频为振动主频，随着不平相功率的增加，绕组基频振动增强，又绕组振动和铁芯振动传播存在相位差，因此出现了此种情形。同时，从图中可以发现相同不平衡相功率下，不平衡相为B相的基频振动幅值小于不平衡相为A相时的振动幅值。这可能是由于B相绕组位于中心柱上，结构更加稳定，导致当不平衡相为B相时振动小于不平衡相为A相时的振动。又C相绕组和A相绕组在结构上是对称的，因此整体上不平衡相为B相时的振动小于不平衡相为A、C相时的振动。

试验获得不同不平衡相在不同不平衡功率下，A计权声压级变化如图5-18所示。从该图可以发现，随着不平衡相功率的增加，A计权声压级呈现先增大后减小的趋势，和前文图5-17得到的基频振动幅值随着不平衡相功率增加呈现先减小后增大的趋势规律相反。这可能是由于变压器向外的辐射噪声是变压器上所有振动点共同作用下的结果，振动源以球面波向外辐射，不同振动点在同一位置产生向量叠加导致的结果。同时还可以看到，不平衡相为B相时测得的A计权声压级基本小于不平衡相为A、C相时的A计权声压级，和前文分析振动时同理，都可能是由于B相绕组位于中心柱上，结构更加稳定产生的结果。

目前关于三相负载不对称对振动噪声影响的研究较少，但可以预见的是负载不平衡带来的振动不平衡也会影响变压器的机械特性，最终导致振动噪声的异常，因此需要采取一定措施使变压器三相负载平衡。

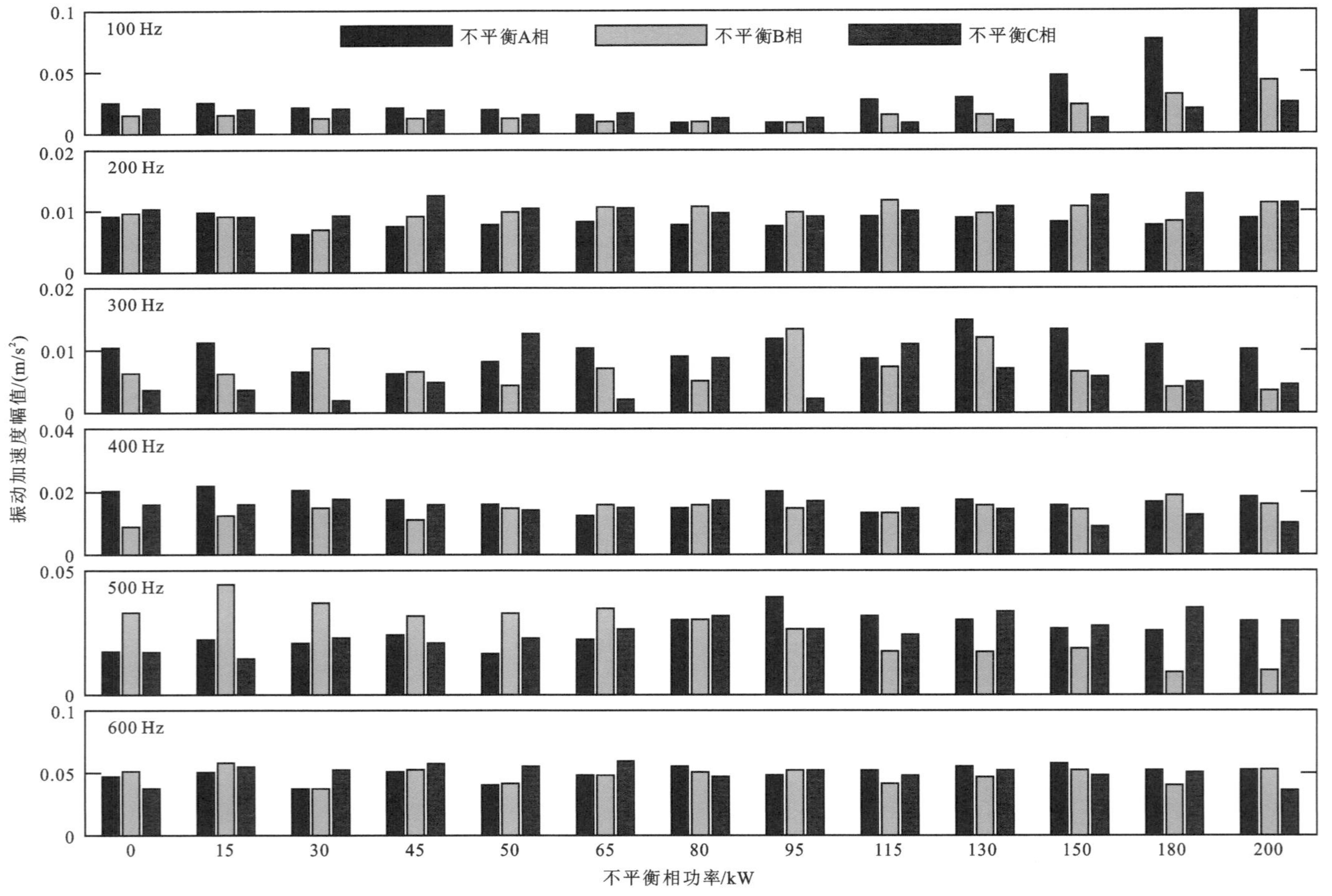

图5-17　各不平衡相在各不平衡功率下振动频谱对比

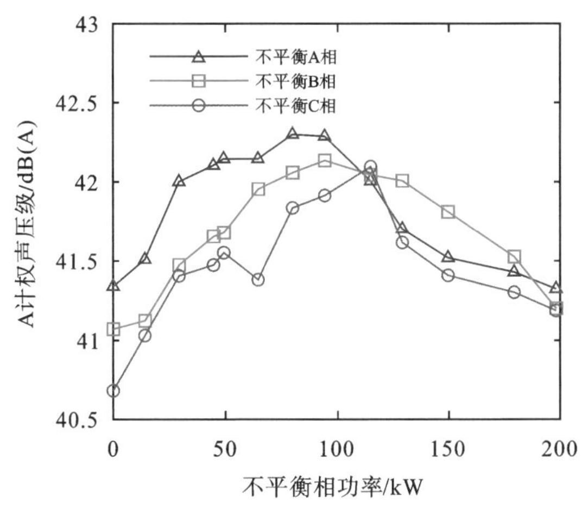

图5-18　各不平衡相下在各不平衡相功率下的A计权声压级

5.2　固有机械特性控制措施

变压器的振动除了与激励有关，还与自身的模态特性密切相关。通过改变模态特性来控制振动噪声的本质就是将组件的共振频率（固有频率、超谐共振频率以及参变共振频率）的半功率带宽避开激励的频率，以避免产生谐振。

5.2.1　铁芯

当激励的频率接近铁芯共振频率时，这一频率分量的噪声值甚至可能增大10 dB，整体噪声增大2～5 dB，因此需要准确地了解铁芯的模态特性。不同容量、不同尺寸的铁芯有不同的模态参数，研究人员根据尺寸设计提出了精确的共振频率计算公式：

$$f_{\text{bending}} = K_{\text{B}} \cdot D^{a} \cdot L_{\text{p}}^{b} / L_{\text{h}}^{c} \tag{5-1}$$

$$f_{\text{longitudinal}} = K_{\text{L}} \cdot L_{\text{h}}^{d} \cdot L_{\text{p}}^{e} \tag{5-2}$$

式中，K_{B}和K_{L}为两种模态系数；D为铁芯直径；L_{p}为铁芯柱间距；L_{h}为铁芯柱高度；$a \sim e$为指数常数，不同模态各不相同。在设计铁芯结构时，可以利用以上公式计算固有频率从而避免共振。大多数模态分析研究是仿真分析与模态实验相结合，从而得到准确的结果。目前关于铁芯模态的仿真或计算大多都未考虑变压器油的影响，实际上，当铁芯浸在油中时，叠片间的弹性和阻尼都会发生改变，铁芯整体也会因流体加载效应产生有别于干式铁芯的模态。另外，在长期的运行过程中，铁芯也会产生松动现象，导致模态特性的变化。因此在铁芯设计时，需要充分考虑变压器油对铁芯模态的影响以及在长期的运行过程中模态特性的变化，使共振频率避开主要的激励频率。

另外，先进的工艺技术也是解决噪声问题的有效途径，如采用全斜接缝和多级步进（如五级步进）的叠片技术，使接缝处的磁通分布均匀，气隙磁密大大降低，从而减小接缝处的 Maxwell 力。均匀且大小合适的铁芯预紧力和绑扎力、铁芯端面刷环氧胶或聚酯胶增加铁芯表面张力，都可以有效降低铁芯振动，其本质也是通过改变铁芯的机械模态来降低振动响应。此类技术已在减振降噪领域广泛应用。

河北工业大学的祝丽花提出了一种降低变压器电磁噪声的新方法即采用软磁高磁导率复合材料填充变压器铁芯搭迭间隙。图 5－19 为铁芯间隙分

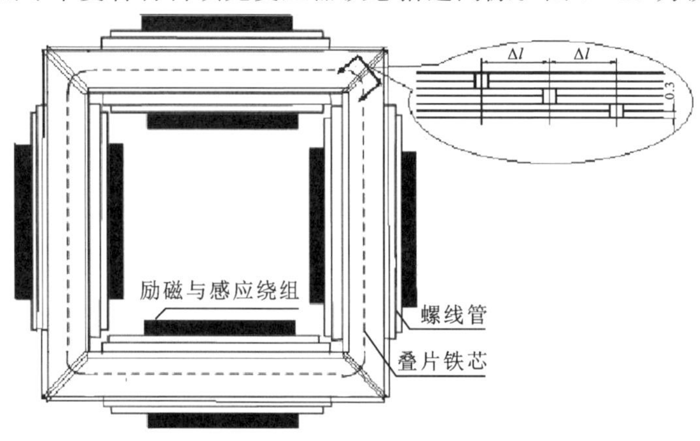

(a) 铁芯振动测量系统
（一种间隙填充沥青，一种填充柔性高磁导率复合材料）

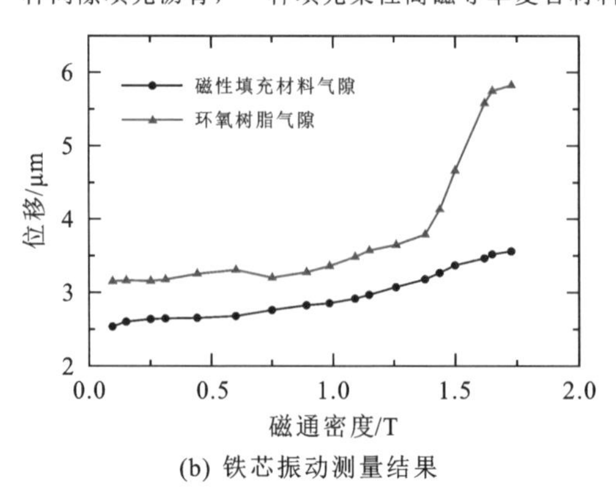

(b) 铁芯振动测量结果

图 5－19　铁芯振动测量系统及测量结果

别填充环氧树脂、柔性高磁导率材料下铁芯振动测量系统及测量结果，可以看到铁芯间隙填充高磁导率材料明显降低了铁芯的振动，这也为以后铁芯减振降噪研究提供了一种新思路。

5.2.2　绕组

变压器绕组目前已有比较清晰的理论模型，根据本文所提到的质量-弹簧-阻尼模型，可以较为准确地描述其模态特性，而仿真和实验的结合使绕组模态特性的研究变得精确。在模态测量方法上，利用 OMA 对绕组模态进行了实验仿真研究，并与传统的利用力锤、激振器或振动台的 EMA 方法进行了对比，该方法由于只需要测量振动响应而不关心激励，因此具有更好的可操作性，可以作为未来的发展方向。在长期的运行过程中，随着垫块以及绝缘纸的老化、螺丝的松动以及垫块的脱落等，会使绕组变得松动，进而改变绕组模态。当模态频率与激励力频率相近时，同样会引起振动噪声的增大。因此，在绕组制作、安装、运检过程中，需要关注上下压板预紧力，使其处于合理区间。由绕组振动模型可知，绕组的固有频率与垫块数量、垫块弹性模量和垫块尺寸等有关，因此，对上述参数进行调整，可以实现对绕组固有频率的调整。

1.垫块弹性模量

不同弹性模量绕组的固有频率如图 5－20 所示。由图可知，随着垫块弹性模量的升高，绕组模态频率逐渐增大，但增长趋势逐渐减缓。当弹性模量增大至 500 MPa 时，前四阶模态频率分别增大至 108.48 Hz、217.93 Hz、322.30 Hz、405.51 Hz。

2.垫块数量

沿绕组同一线圈周向布置的垫块等同于若干个并联的弹簧，随着垫块数量的增多，并联弹簧的等效刚度也逐渐增大，相邻垫块之间的距离（档距）减小。垫块数量与绕组档距之间的关系可表示为

$$d = 2\pi r_0 / n - s \tag{5-3}$$

式中，d 为档距；r_0 为绕组的平均半径；n 为垫块数量；s 为垫块宽度。对于本书中的低压绕组，垫块数量和档距的对应关系如表 5－3 所示。

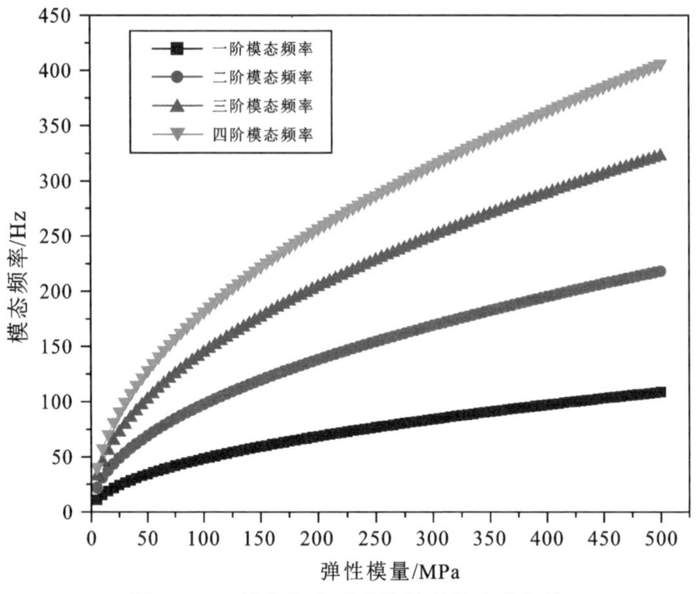

图 5-20 模态频率随弹性模量的变化规律

表 5-3 垫块数量和档距的对应关系

垫块数量	档距/mm	垫块数量	档距/mm
12	168.10	13	153.63
14	141.23	15	130.48
16	121.08	17	112.78
18	105.40	19	98.80
20	92.86	21	87.49
22	82.60	23	78.14
24	74.05	25	70.29

在垫块弹性模量为 80 MPa 条件下，不同垫块数量对应的绕组模态频率如图 5-21 所示。由图可知，随着绕组垫块数量的增多，绕组的模态频率增大。当绕组垫块数量从 12 变为 24 时，绕组前四阶模态频率增大约 41.42%。

3.压板与绕组端圈间垫块的厚度

对于采用共同压板对多个线圈进行压紧的绕组，其端部线圈往往需要采用较厚的垫块以保证不同高度的线圈均处于同一压板之下，垫块的等效刚度随着厚度的增大而减小。在弹性模量 80 MPa，垫块数量为 18 的条件下，不同

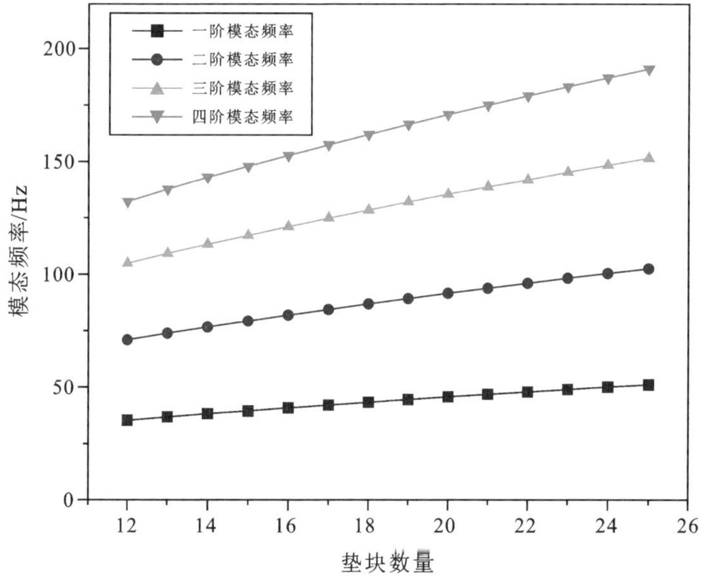

图 5－21　模态频率随垫块数量的变化规律

垫块厚度对应的绕组模态频率如图 5－22 所示。由图可知，随着端部垫块厚度的增大，绕组模态频率呈现逐渐下降的趋势。当垫块厚度从 6 mm 增加至 64 mm 时，前四阶模态频率分别减小了 22.22％、19.91％、16.80％、9.94％。

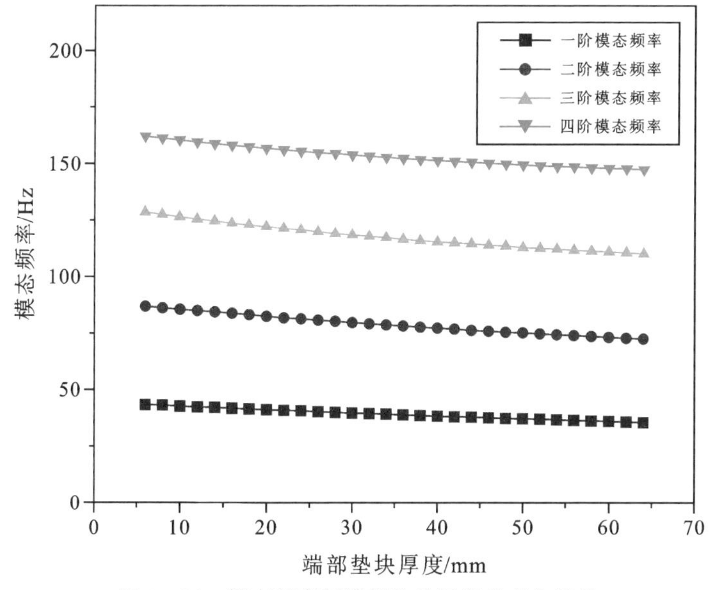

图 5－22　模态频率随端部垫块厚度的变化规律

5.2.3 油箱

油箱的激励主要来自于铁芯和绕组的振动以及自身涡流或磁屏蔽的振动。油箱作为直接与空气接触的声源，其设计决定了最终噪声辐射的特性和效率。为达到振动噪声控制目的，一般是先对油箱的模态频率进行测试，再针对特征频率进行吸声隔声控制，或者可通过选择合适的材料对油箱的质量或刚度进行调节，达到改变共振频率从而减小振动噪声的目的。有研究表明，油箱钢板厚度加倍，则油箱的隔声量可达 4 dB。沈阳工业大学的韩芳旭等人通过改变 DFP－270000/500 型超高压变压器的油箱厚度，计算得到相应的声压级如图 5－23 所示。从图 5－23 可以看出，通过增加油箱厚度可降低 0.3 m 处噪声 2.334 dB，降低 2.0 m 处噪声 1.037 dB。但是以超高压变压器模型为例，当油箱壁厚度由 10 mm 增加到 12 mm 时，其钢材重量增加约 1 吨，这意味着油箱重量和制造成本的增加，因此需要与成本、散热等综合考虑。

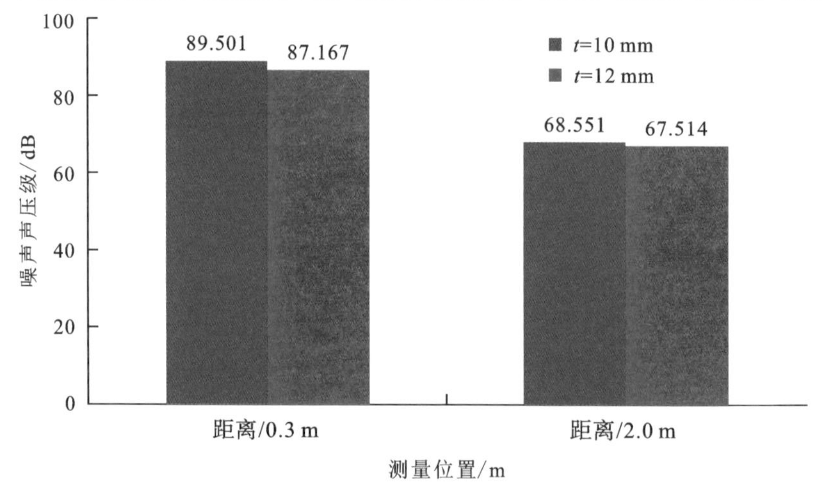

图 5－23 增强油箱强度的效果

对于在运的变压器，通过仿真的手段，可以获得油箱表面的薄弱点(易变形点)，在局部增加刚度或质量，从而削减振动噪声峰值。需要注意，在仿真或实验过程中要考虑油固耦合作用对结果的影响。

5.3　传递路径控制措施

上述针对变压器本体振源的控制措施对整体噪声的抑制有限，要想噪声进一步降低以达到日益严格的环保标准，必须对振动及噪声的传递路径进行控制，常见的手段有隔振、隔声、吸声以及消声。

5.3.1　器身隔振

铁芯、绕组及冷却设备的振动能量有至少一半是经过紧固件传递至油箱表面，如果这些紧固件采用刚性连接，则能量传递损失极小。为了减小振动能量的传递，需要在振动传递路径上使用防振接头。如在油箱与散热片之间使用不锈钢波纹管连接；铁芯与侧梁之间采用耐油橡胶垫隔振；变压器本体（铁芯与绕组）与油箱之间采用绝缘层压木（或橡胶垫等）与绝缘纸板隔振，如图 5 - 24 所示；油箱底与基座之间使用耐风化氯丁橡胶隔振等。这些方法皆可使刚性连接变为弹性连接，增加模态阻尼，减小模态刚度，进而衰减振动传递。

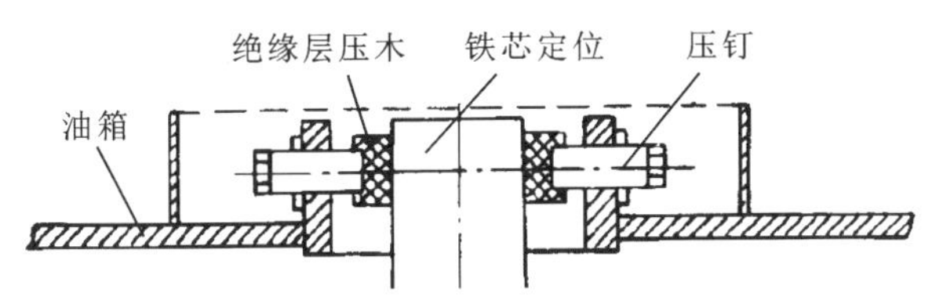

图 5 - 24　铁芯定位示意图

此外，金属橡胶作为一种多孔的功能性结构阻尼材料，由不锈钢金属丝经过洗丝、烧丝、拉伸、毛坯编织和模压成型、清洗等过程制作而成。因其宏观上具有类似橡胶的大分子结构和弹性，被称为金属橡胶。当金属橡胶受到外部的振动和冲击时，金属丝之间会产生滑移，依靠金属丝的滑移产生的摩擦力来耗散振动或冲击能量。金属橡胶的阻尼比约为 0.2～0.3，具有过滤、密封、节流及吸声降噪等特点，并可以根据不同工况需要制备出各种结构形状。彭明聪等的研究表明，器身隔振对于振动的衰减和噪声的降低具有比较好的效果，降噪幅度在 6 dB 左右。但器身隔振降低了器身与油箱之间的连接刚度，使用该方法时需要考虑设备的抗震性能。

5.3.2 基础隔振

所谓基础隔振，即是在下油箱与墩台或地面接触处放置橡胶隔振支座，防止变压器箱壁与基础产生共振。橡胶支座由多层橡胶与薄钢板镶嵌、粘合、硫化制成，具有足够的竖向刚度能够承受垂直方向的载荷，且能够将上部构造的压力可靠地传递给墩台；有良好的弹性以适应端部的转动，有较大剪切变形以满足上部结构的水平位移，具有安装方便、构造简单、节省钢材，养护简便、易于更换、价格低廉等特点。

虽然基础隔振理论上可以降低振动经地面的传递，但隔振装置支撑刚度小于混凝土基础，容易降低箱体的固有振动频率，引起共振；此外，基础隔振装置还可影响变压器在三个方向的支撑刚度，影响变压器整体的抗震性能，在采用上述措施时，需要进行严格的计算和反复验证。

5.3.3 传统吸声结构与材料

1.吸声结构

多孔吸声材料具有许多微小的间隙和连续的气泡，因而具有一定的通气性。当声波入射到多孔材料表面时，主要是两种机理引起声波的衰减：首先是由于声波产生的振动引起小孔或间隙内的空气运动，造成和孔壁的摩擦，紧靠孔壁和纤维表面的空气受孔壁的影响不易动起来，由于摩擦和黏滞力的作用，使相当一部分声能转化为热能，从而使声波衰减，反射声减弱，达到吸声的目的；其次，小孔中的空气和孔壁与纤维之间的热交换引起的热损失，也使声能衰减。另外，高频声波可使空隙间空气质点的振动速度加快，空气与孔壁的热交换也加快。这就使多孔材料具有良好的高频吸声性能。

薄板在声波作用下发生振动，并发生弯曲变形。薄板振动时，由于板内部和木龙骨间出现摩擦损耗，使声能转化为板振动的机械能，最后转变为热能而起吸声作用。由于低频声波比高频声波容易激起薄板的振动，故这种结构具有低频的吸声特性。当入射声波的频率与薄板振动结构的固有频率一致时，将发生共振。建筑中常用的薄板吸声结构的共振频率约为 80～300 Hz。

具有气隙的穿孔板，即使材料本身吸声性能很差，也具有吸声性能，如穿孔的石膏板、木板、金属板甚至是狭缝吸声砖等，这类吸声机构被称为亥姆霍兹共振器。在亥姆霍兹共振器中,吸声结构可以看作许多单孔共振腔并联而成,单孔由大的腔体和窄的颈口组成,材料外部空间与内部腔体通过窄的瓶颈连接。在声波的作用下,孔颈中的空气柱就像活塞一样做往复运动,开口处振动的空气由于摩擦而受到阻滞,使部分声能转化为热能。当入射声波的频率与共振器的固有频率一致时,即会产生共振现象,此时孔颈中的阻尼作用最大,声能得到最大吸收。

亥姆霍兹共振器在共振频率附近吸声系数较大,而共振频率以外的频段,吸声系数下降很快。吸收频带窄和共振频率较低,是这种吸声结构的特点,因此实际工程中较少单独使用,如果要选择的吸声材料对某一低频噪声吸收较差,或者工程要求吸声材料对某一低频噪声的吸收较强时,可以采用亥姆霍兹共振器组成吸声结构,使其共振频率与噪声峰值频率相同,在此频率提高材料的吸收能力。利用亥姆霍兹共振器最常用的实例是微穿孔板吸声结构。

吸声尖劈是最常用的强吸声结构,它能在相当低的频率以上都产生极高的吸声系数,可高达0.99以上,尖劈的一般结构如图5-25所示。吸声尖劈的中高频吸声系数可达到0.99以上。工程上把吸声系数达到0.99的最低频率称为尖劈的截止频率。吸声尖劈的截止频率与多孔材料的品种、尖劈形状

图5-25 吸声劈尖

尺寸和尖劈后有无空腔及空腔尺寸有关。尖劈吸声系数高的原因主要有两方面:一是由于接触声波的面积增大;二是声波入射到波浪外形的尖劈斜壁上,一部分进入吸声材料被吸收,另外一部分被反射的声波又入射到尖劈斜壁对面的吸声材料表面,进入部分大多数被吸收,如此循环往复。

2.吸声材料

聚酯纤维吸声板是由聚酯纤维热压而成,而聚酯纤维本身是用聚对苯二甲酸乙二醇酯制成的,是当前非常普遍的一种合成纤维。聚酯纤维吸声板是一种多孔材料,材料内部有大量微小的连通孔隙,声波沿着这些孔隙可以深入材料内部,与材料发生摩擦作用将声能转化为热能。该种类型的吸声板吸声系数较好,吸声系数能达到 0.9 以上。

木质穿孔吸声板是根据声学原理加工而成,由均匀纸板、层压木组成。表面的孔形有圆孔、狭条孔和微孔,微孔吸声板孔径则小于 0.8 mm,现代工艺水平打出来的孔径甚至能达到 0.02 mm,通过调节打孔的疏密程度,可以大大提高木质穿孔吸声板的穿孔率,从而提高吸声性能。

泡沫金属是一种新型多孔材料,经过发泡处理在其内部形成大量的气泡,这些气泡分布在连续的金属相中构成孔隙结构,使泡沫金属把连续相金属的特性如强度大、导热性好、耐高温等与分散相气孔的特性如阻尼性、隔离性、绝缘性、消声减震性等有机结合在一起;同时,泡沫金属还具有良好的电磁屏蔽性和抗腐蚀性能。泡沫金属的研究最早始于 20 世纪 40 年代末期,起初由于制作工艺的限制,制约了它的发展。我国对泡沫金属的研制始于 80 年代。目前泡沫金属研究得到很大发展,已经涉及到的金属包括 Al、Ni、Cu、Mg 等,其中研究最多的是泡沫铝及其合金。

5.3.4　声学超材料

声学超材料的概念目前并没有严格的定义,科学家们普遍认为可以将具有奇异声学特性的人工复合结构材料统称为声学超材料。早期对于这一领域的探索可以追溯到 20 世纪 90 年代初,受到电子能带理论和光子晶体结构的影响,Sigalas 等人提出了声子晶体的概念(Phononic crystal)并在理论上推导了声子晶体的弹性波禁带特性。90 年代中期,Martinez-Sala 等对西班牙马德里的一座雕塑“流动的旋律”进行实验测量,第一次实验验证了声子晶体在可听声频段形成的禁带。

传统的多孔材料由于满足线性响应理论,对低频声波的耗散能力较差,因此工作频段更偏向于较高频部分(500 Hz 及以上)。事实上,为了解决低频段吸声效率低下及阻抗失配等问题,Maa 等人提出了著名的微穿孔板理论(Microperfotated panel,MPP),大幅提升了低频段的吸声效果,但需要的结构尺寸并非深亚波长。而声学超材料则为低频段吸隔声带来一类解决问题的新思路,科学家们寻找到了一些相对轻薄的共振结构,将其用于声学超材料的结构设计中从而实现低频段吸隔声。较早被实现的是声学膜(Membrane)结构,2008 年 Yang 等人首次提出膜类型的声吸收体,指出只需0.28 mm厚的膜即能获得频率为 146 Hz 的共振。而 Mei 等首次使用弹性薄膜钳定半圆柱形质量块,从实验上获得深亚波长的声学黑体,弹性薄膜厚度小于近完美吸收处的波长三个数量级。这种膜结构虽然尺寸超薄,也有良好的声学性能,但是膜材料本身的预应力难以控制。

在逐渐成熟的 3D 打印技术的辅助下,科学家们开始把目光重新投向亥姆霍兹共振器这种古老的声学单元。从 2014 年开始,科学家们先后从理论和实验上基于亥姆霍兹共振器实现了深亚波长条件下的吸声声学器件,如图 5-26 所示。考虑到单个单元只能在窄带范围内工作,将工作频率不同的单元进行组合可以将整个器件的工作频带进行拓展。值得一提的是,针对当前很多工程实践中,需要在保证系统通风透气的情况下,实现较好的隔声效果这一需求,基于亥姆霍兹共鸣器设计的超材料吸隔声结构发挥了相当重要的作用。

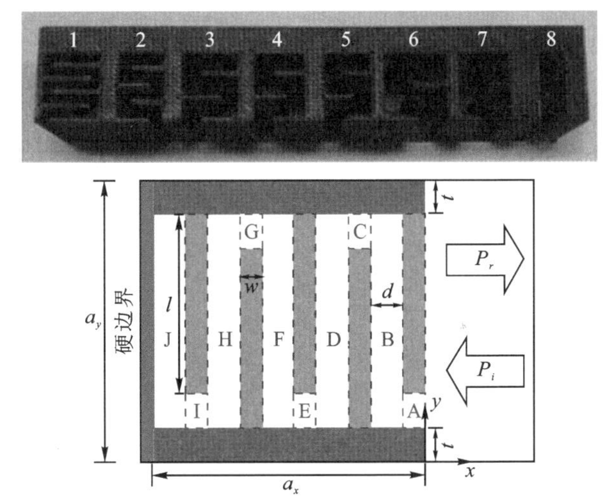

图 5-26　基于亥姆霍兹共振器设计的声学超表面

5.3.5　传递途径隔声吸声

在人口密度大的居民区，为了降低变压器噪声的影响，还可以对空气传播路径进行控制，如建设隔声高墙（见图 5－27(a)），但由于噪声存在折射、反射、绕射等现象，隔声效果有限，其中低频噪声尤其明显，且建设成本及安全风险随着墙高度的增长而不断提高。因此对于不满足环保要求的变压器可以采用 Box-in 的技术（见图 5－27(b)），将变压器整个封装，在其内壁可以添加各种松软多孔的吸声材料，如玻璃棉、多孔板等。甚至可以使用在消声室常用的消声劈尖，实施这种方案必须综合考虑绝缘、散热、后期的检修维护等，且实施成本及安装成本等也需要考虑。而且，可以在油箱壁层间填充隔音材料（见图 5－28），进一步削弱声音的传播。

(a) 隔声高墙　　　　(b) Box-in变压器

图 5－27　隔声吸声措施

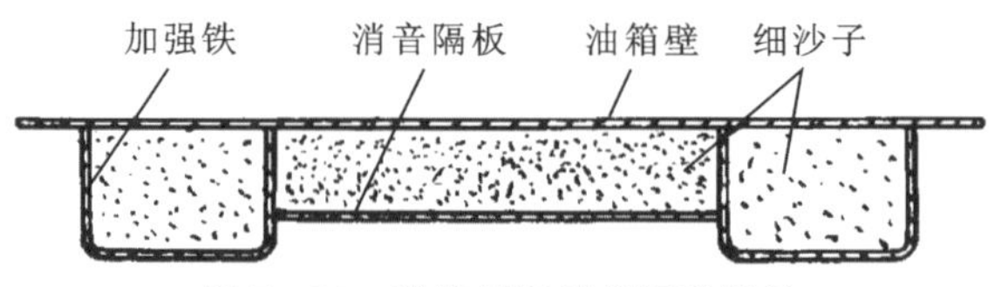

图 5－28　油箱层间填充隔音材料

5.3.6　有源消声

被动的降噪技术有时会受成本、环境等条件的约束。随着控制技术的不断发展，有源消声技术逐渐成为变压器噪声控制的研究热点之一。电力变压器有源降噪是三维自由声场空间的有源噪声控制，主要基于声场理论和惠更斯理论而实施。

声场相干理论是有源降噪的基础，即传播方向相同、频率相同的两列声波叠加后会产生干涉现象，声波干涉后其总声压幅值可能会减少或增加，这由两列声波的声压幅值和相位决定。当初级声源和次级声源的幅值相等，相角相差180°时噪声完全抵消。惠更斯理论指出，初级声源产生的声场，在其波阵面上的每一个面元都可看作能产生子波的惠更斯源，此后任何时刻波阵面的位置和形状都可由这种子波包络面来确定。当所有的初级点声源（如图5－29中 Sp）包含在某一封闭曲面内时，曲面外任意一点速度势，可看作是曲面上的惠更斯源在该点的速度势的总和，而对曲面内任一点的速度势不产生任何影响。基于以上理论，若在曲面上连续布放足够多与惠更斯源等幅、反相的次级声源（如图5－29中 Ss），根据声波对消干涉原理，就可使曲面外任意点的速度势为零（即 Vc 处的速度势为零），完全抵消掉初级声源的声场。

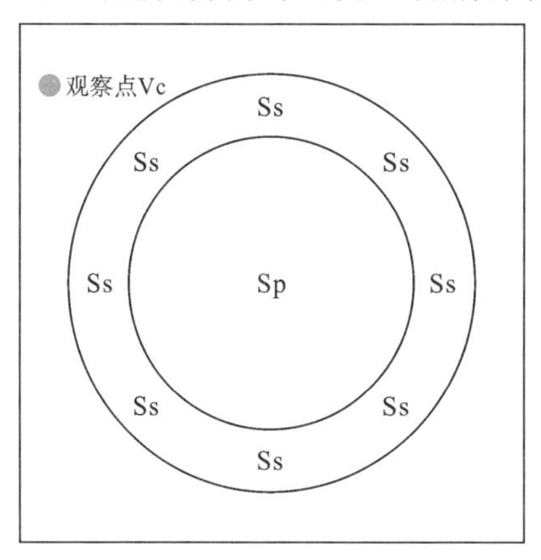

图5－29　惠更斯原理图

电力变压器有源消声就是利用扩声设备产生与噪声的相位相反的声音，来抵消原有的噪声。电力变压器有源降噪系统主要由误差传感器、自适应反馈控制系统和次级声源三部分组成，如图5－30所示。其中，误差传感器负责完成变压器信号的采集；自适应反馈控制系统处理误差传感器采集到的信号并根据一定的自适应算法输出降噪信号到次级声源；次级声源接收来自自适应反馈控制系统发来的信号，输出降噪声波。有源降噪相对于无源降噪成本低、易控制，对低频噪声适应性好，但是有源降噪设备场域占地面积大、波阵面复杂，而且在电力系统中引入外来的设备易造成事故的发生。

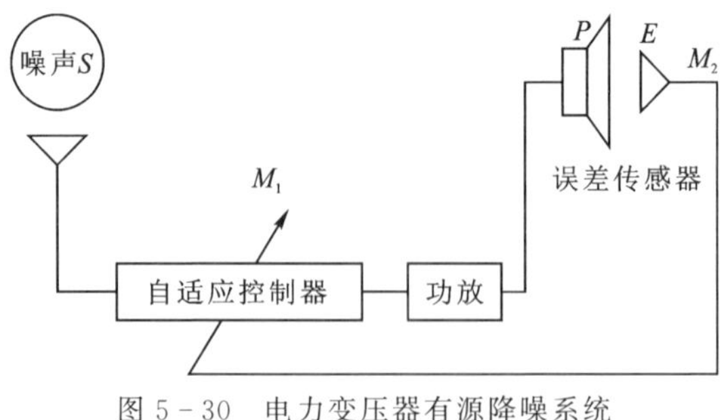

图 5-30 电力变压器有源降噪系统

目前,通过对变压器有源降噪系统的参数优化设计,使得系统自适应性不断加强,得到了较好的全局、实时降噪效果。山东大学的王学磊等人则针对次级声源参数优化和布置进行了研究,提出基于遗传算法的渐次搜索逼近策略,探究次级声源的数目、位置和源强等因素与最终降噪量之间的关系,并将具体算例与仿真结果进行了比较,图 5-31 给出了次级声源数目与降噪量的关系。

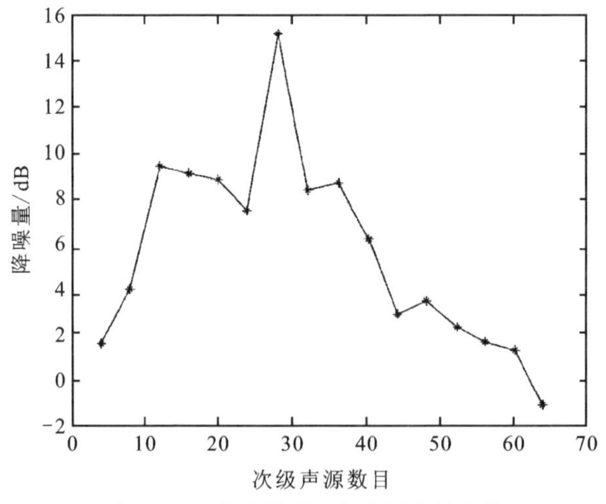

图 5-31 降噪量随次级声源数目变化

第6章　典型机械缺陷下本体的振动特性

在多种应力的作用下，变压器绕组和铁芯的质量分布和刚度分布可能发生改变，进而影响模态特性。获得典型机械缺陷下绕组和铁芯的模态特征是利用振动信号对其机械状态进行诊断的关键。本章根据绕组整体和局部导线的振动特点，研究应力松弛、老化和局部松动引起的压紧力变化及对绕组模态的影响，模拟整体松动、环向拉伸变形和轴向弯曲变形，揭示缺陷绕组振动特征的演变规律，分析铁芯松动后固有振动特性，为后续故障诊断提供依据。

6.1　典型机械缺陷的分类

运行中的变压器遭受外部短路故障时，高幅值的短路冲击电流从绕组中流过，在导线上产生巨大的洛伦兹力，引起绕组变形和损坏。此外，变压器运输过程中的撞击也可能引起绕组整体的倾斜和错位，造成绕组缺陷。常见的绕组机械缺陷形式如表6-1所示。

表6-1　绕组机械缺陷的形式及对应的洛伦兹力

洛伦兹力方向	缺陷形式
径向	内绕组：强制翘曲、自由翘曲 外绕组：环向拉伸
轴向	绕组倾斜 导线倾斜、垫块间导线弯曲、绝缘纸磨损、压板损坏、垫块错位（脱落）
周向	绕组螺旋

在表6-1所示的缺陷中，高压绕组在径向洛伦兹力拉伸下产生环向拉伸变形，如图6-1(a)所示；低压绕组受径向压缩产生自由翘曲和强制翘曲变

形,分别如图 6-1(b)和图 6-1(c)所示。此外,由于铁芯窗内外磁路的不对称和绕组间的漏磁耦合,漏磁场沿绕组周向呈不均匀分布。不均匀分布的漏磁场会引起不均匀的洛伦兹力,造成绕组沿轴线的倾斜,如图 6-1(d)所示。

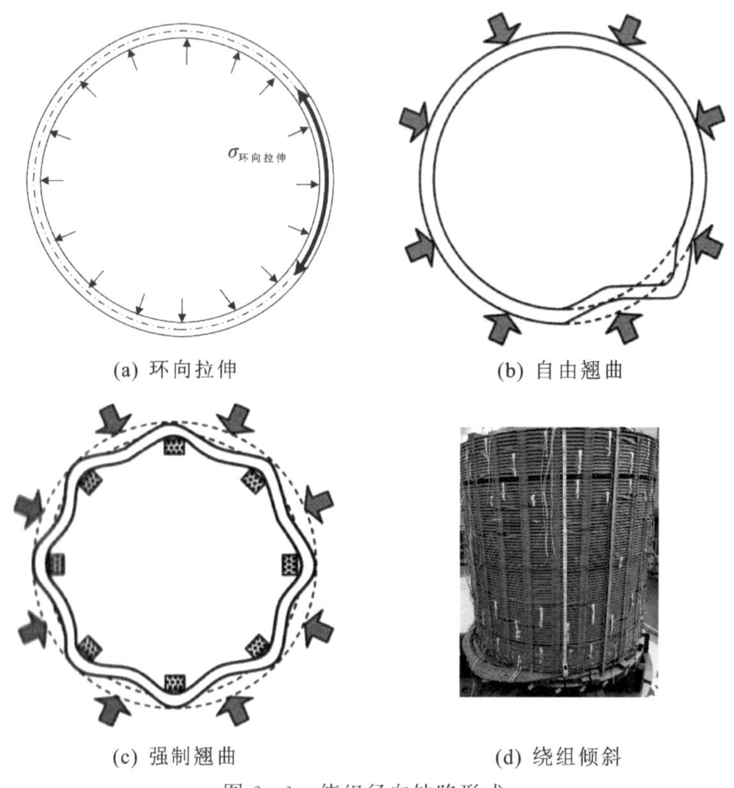

(a) 环向拉伸　(b) 自由翘曲

(c) 强制翘曲　(d) 绕组倾斜

图 6-1　绕组径向缺陷形式

绕组在轴向力的作用下的缺陷形式较多,一般有导线倾斜、垫块间导线的弯曲等形式,分别如图 6-2(a)和图 6-2(b)所示。在短路洛伦兹力的作用

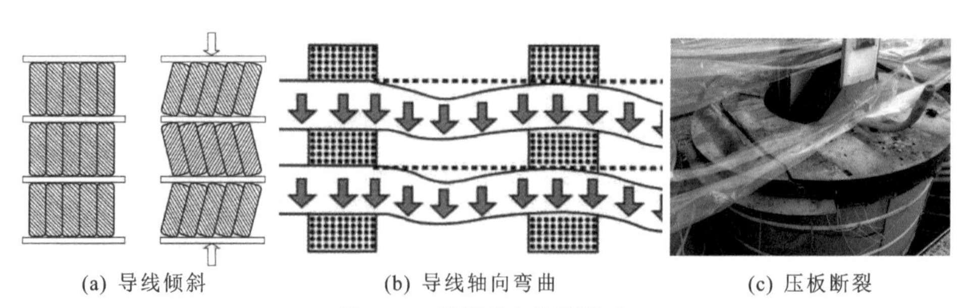

(a) 导线倾斜　(b) 导线轴向弯曲　(c) 压板断裂

图 6-2　绕组轴向缺陷形式

下，若端部压板的强度不足或不合理，还会出现压板断裂等故障，如图6－2(c)所示。此外，在线圈的周向上，洛伦兹力的不均匀分布会在绕组上产生切向力，引起绕组沿轴线的扭转。

不同机械缺陷的具体表现形式虽然不同，但可根据缺陷是否改变垫块支撑状态及绕组整体的结构刚度，将缺陷类型归纳为：

(1)与绕组整体的刚度和压紧力相关的缺陷；

(2)与垫块和撑条间局部导线变形相关的缺陷。

两种缺陷类型对应的缺陷形式如表6－2所示。根据缺陷类型的成因及形式，下文将开展两种缺陷引起绕组模态特性变化的机理分析和试验研究，最终获得典型机械缺陷绕组及油箱的振动特征，为故障诊断提供依据。

表6－2　绕组机械缺陷类型与缺陷形式

缺陷类型	缺陷形式
刚度和压紧力缺陷	改变垫块支撑面积的强制翘曲和自由翘曲、整体松动、绝缘材料老化、应力松弛、短路冲击引起的绝缘材料塑性形变、压板损坏、绕组垮塌、导线倾斜、垫块脱落、绕组扭转和倾斜
局部变形缺陷	不改变垫块支撑面积的强制翘曲、自由翘曲和环向拉伸

6.2　压紧力对绕组模态的影响及其变化的机理分析

6.2.1　压紧力对绕组模态的影响

绕组轴向压紧力通过压板、垫块向各个绕组线圈传递压力，并与垫块产生静摩擦力为导线提供径向支撑，防止导线出现自由翘曲变形。由于绝缘材料存在非线性力学特性，轴向压紧力在增大的过程中，绝缘材料的刚度也随之增大，改变绕组的固有频率。绕组所施加轴向力的大小需要考虑压紧力对轴向振动固有频率的影响、对径向圆弧的支撑作用及绝缘纸的抗剪切强度，从而避开不恰当轴向压紧力引起的绕组共振和过大的压紧力引起的绕组导线倾斜、绝缘损伤等。制造厂家推荐的轴向压紧力的数值为2.5 MPa至3.5 MPa。

绕组在制造过程中，轴向压紧力和压缩位移逐渐增大，高度随之减小并最终趋于稳定，如图6－3所示。在采用静态压紧装置的绕组中，由于压紧装

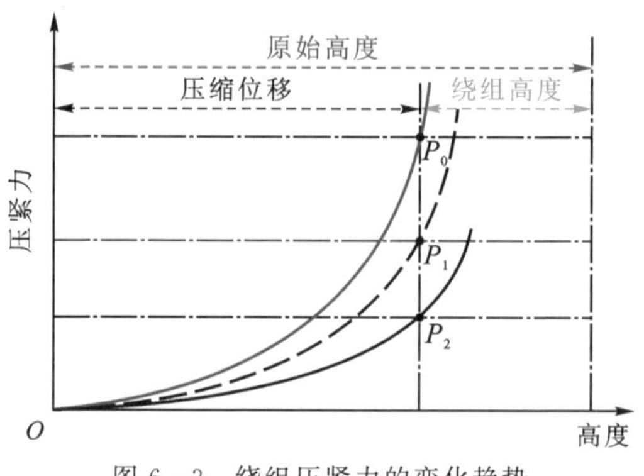

图 6-3 绕组压紧力的变化趋势

置的刚度大于绕组刚度且线圈和纸板间存在弹性作用，纸板厚度和绕组高度并不会随时间而改变，纸板机械性能的变化主要体现为应力和弹性模量在老化等影响因素作用下的改变。这些影响因素与轴向压紧力、绕组固有频率间的关系如图 6-4 所示。图 6-4 中，压紧力 F_c 与周向垫块数量 N、垫块面积 A 及纸板上的应力 σ 成正比，σ 和纸板应变 ε 满足

$$\sigma = f(\varepsilon) \tag{6-1}$$

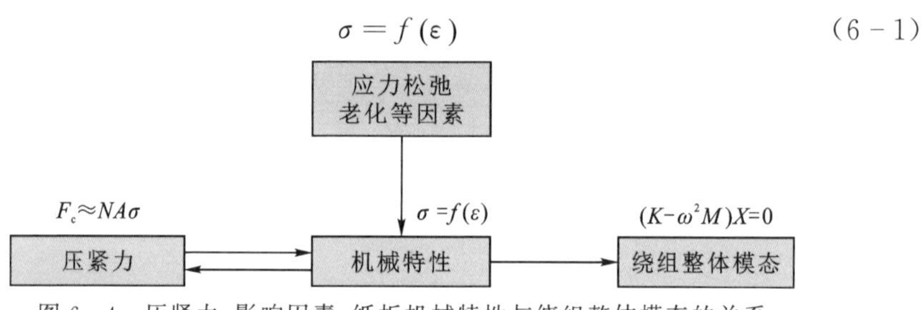

图 6-4 压紧力、影响因素、纸板机械特性与绕组整体模态的关系

由于纸板力学特性的非线性，σ 或 ε 发生变化时会改变纸板的弹性模量和垫块的等效刚度，进而改变绕组的固有频率。受结构和制造工艺的影响，纸板具有各向异性的力学性能，其厚度方向的机械强度远低于纸板面内。老化、应力松弛等因素通过影响纸板厚度方向上弹性模量改变垫块刚度，不同垫块刚度对应的绕组模态可由第 2 章中的方法进行求解。一般而言，各影响因素对纸板机械特性仅有单向影响，且在改变纸板机械特性的同时会影响绕组的轴向压紧力乃至绕组整体的模态特性。随着绝缘材料机械性能的下降（由图 6-3 中的实线变为虚线），压紧力（应力）沿竖直方向从 P_0 减小为 P_1 或 P_2，由图 6-3 可知纸板的弹性模量也随之减小。

改变声固耦合有限元模型中垫块的弹性模量，获得绕组固有频率随纸板

弹性模量的变化规律，结果如图 6-5 所示。由图 6-5 可知，随着垫块弹性模量的增大，绕组各阶固有频率均增大，但增长幅度逐渐减小，呈现出逐渐饱和的趋势。垫块弹性模量为 20 MPa 时，绕组第一、二阶轴向振动的固有频率分别为 82.98 Hz、163.37 Hz。当垫块弹性模量增大为 300 MPa 时，对应的第一、二阶轴向振动固有频率分别为 315.78 Hz、615.26 Hz。上述分析揭示了绕组松动后固有频率的变化规律，为进一步研究压紧力、纸板机械特性及其影响因素与绕组整体模态特性之间的关系，可以首先获得纸板机械特性对绕组模态特性的影响规律，再通过建立应力松弛、老化与纸板机械特性的关系，从而间接获得上述影响因素对绕组模态特性的影响。

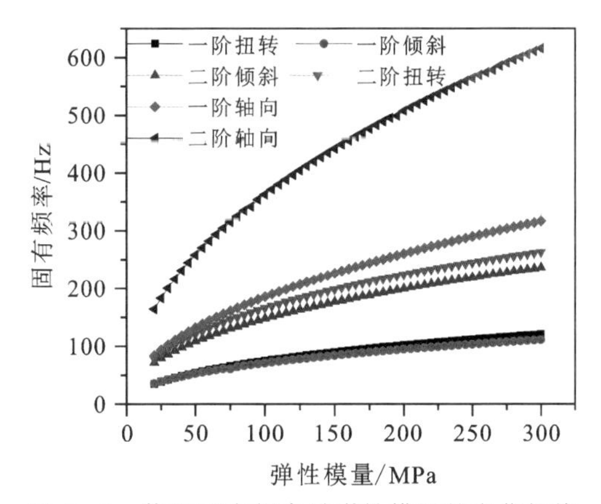

图 6-5　绕组固有频率随弹性模量的变化规律

6.2.2　纸板的力学性能及密化处理

变压器绕组在装配过程中需要经过多次压紧、修整及干燥等工艺，以提高纸板的密度并确保绕组轴向压紧力在长期运行过程中不发生改变。为了在实验室试验中模拟上述工艺，采用以下步骤对纸板进行密化处理以准确地获得纸板的力学性能：

(1)将厚度为 1.5 mm 的中密度纸板(1.00～1.20 g/cm^3)裁剪为 30 mm×29 mm 的样品，连同新变压器油一起放入 120 ℃的烘箱中，静置 48 h 以降低纸板和油中的含水量；

(2)待样品取出后，将 4 块纸板样品叠放入盛有变压器油的圆柱形不锈钢容器中模拟纸板的浸油环境，再将不锈钢容器放入带有温控箱的 MTS858 拉伸平台中进行力学试验。试验时的环境湿度小于 20%；

(3)根据常用的轴向压紧力范围(2.5～3.5 MPa)，选择最小幅值0.02 MPa、最大幅值5 MPa、频率为2 Hz的三角波载荷对纸板进行11次循环载荷试验。

试验装置及叠放的纸板样品如图6－6(a)所示，测量获得的纸板应力应变曲线如图6－6(b)所示。

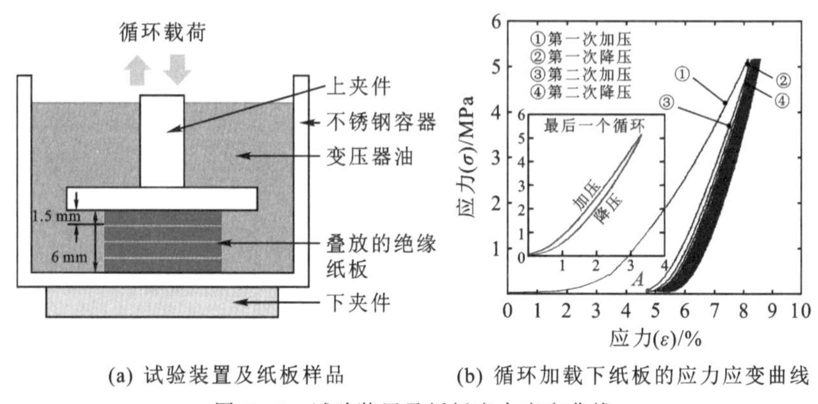

(a) 试验装置及纸板样品　　(b) 循环加载下纸板的应力应变曲线

图6－6　试验装置及纸板应力应变曲线

由图6－6所示的应力应变曲线可知，在第一次压缩过程中，纸板发生了明显的变形。在此过程中，纸板间的空隙被填充，纸板纤维间接触更加紧密，5 MPa对应的应变约为8%。第一次循环加载完成时，纸板产生了不可恢复的形变，形变量约为4.5%(图中A点)。在随后的多次循环加载中，叠放的纸板被继续压缩。随加载次数的增多，纸板在每次加载完成后的变形减小，两次相邻的循环加载下的应力应变曲线差异也逐渐减小。由于纸板具有黏弹性，相邻曲线的结果并不能完全重合。在11次的加载循环之后，残余应变可以忽略，纸板机械性能最终趋于稳定。提取第11次加载过程(0.02～5 MPa)中的应力应变曲线用作后文的计算和讨论。

6.2.3　老化

在热应力的作用下，纸板中的纤维发生断裂，机械强度下降。为了获得不同老化程度下纸板弹性模量的变化规律，对纸板进行120 ℃下800 h的加速老化试验，测量不同老化程度纸板的机械特性。

以老化100 h纸板应力应变曲线的初始应变(5.11%)为基准，用不同老化程度纸板应力应变曲线减去该基准应变，得到如图6－7(a)所示的不同老化纸板的应力应变曲线。由图 6-7(a)可得，老化 100 h、292 h 及 436 h 对应的曲线具有相同的应变起点。随着老化程度的增加，曲线右移，相同应力对应的应变逐渐增大。老化时间超过 436 h 的纸板，初始应变随着老化时间的增大而增大。上述现象说明，老化增加了纸板的塑性形变，造成纸板在相同应力下的应变增加。

根据前述假设，垫块厚度在装配后并不发生变化，若假设初始压紧力为 3.5 MPa，则随着老化程度的增加，实际运行中绕组的压紧力将沿图 6-7(a)中的 $A \to B \to C \to D$ 下降。A、B、C 点对应的应力分别为 3.5 MPa、2.83 MPa 和 1.94 MPa。以图 6-7(a)中的曲线为基础，计算获得不同初始压紧力下，纸板弹性模量随老化时间的关系如图 6-7(b)所示。从图中可以看出，随老化时间增加，纸板弹性模量出现明显下降。

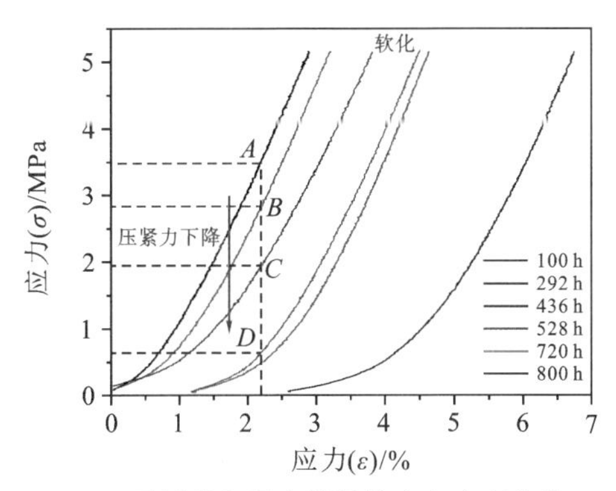

(a) 不同老化程度纸板的应力应变曲线

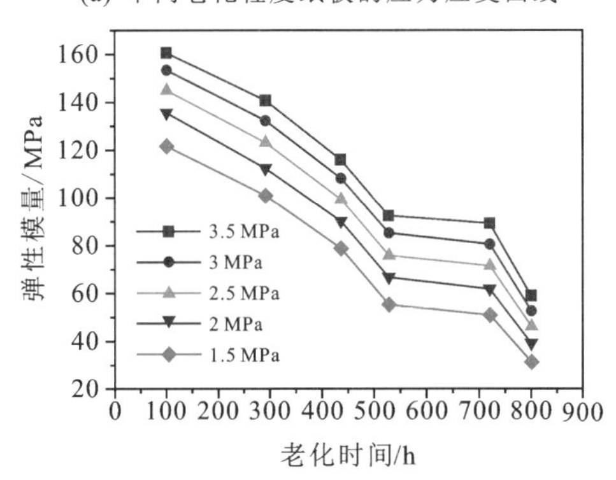

(b) 不同老化程度纸板对应的弹性模量

图 6-7 不同老化程度纸板的力学特性

上述试验获得了老化对绕组压紧力及纸板弹性模量的影响。实际绕组的轴向压紧力随老化程度的增加而下降，因而不会出现图 6－7(a)中固定 5 MPa载荷引起纸板较大的塑性形变，应力和弹性模量的减小速率应小于图 6－7所示结果。结合前文获得的纸板弹性模量对绕组固有频率的影响规律可知，随着老化程度的增加，绕组的固有频率将逐渐下降。

6.2.4 应力松弛

纸板的黏弹性不仅影响循环加载下纸板的动态力学性能，还会对纸板的静态力学性能产生影响。应变保持不变但应力随时间逐渐下降的现象被称为应力松弛。该现象可以采用如图 6－8 所示的广义 Maxwell 模型进行表征。该模型中，E_∞ 为无限远时刻的弹性模量，E_i 和 η_i 分别为每一个时间尺度的等效弹性模量和黏度。

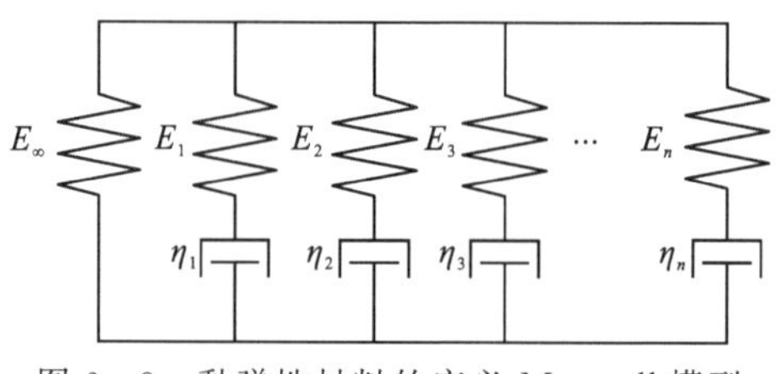

图 6－8 黏弹性材料的广义 Maxwell 模型

绕组的压缩和装配过程，可以视为向上述模型中添加了一个阶跃的应变响应 $\varepsilon(t)$，则纸板应力 σ 及弹性模量 E 随时间的变化规律为

$$
\begin{gathered}
\sigma(t)=\left[E_\infty+\sum_{i=1}^{n}E_i\times\exp(-t/\tau_i)\right]\times\varepsilon(t)\\
E(t)=E_\infty+\sum_{i=1}^{n}E_i\times\exp(-t/\tau_i)\\
\tau_i=\eta_i/E_i
\end{gathered}
\tag{6-2}
$$

由式(6－2)可知，纸板弹性模量由无限远时间对应的不变弹性模量 E_∞ 和多个随时间指数衰减的弹性模量 E_i 组成。当绕组装配完成后，垫块上的应力和绕组轴向的压紧力将随着时间逐渐下降，并趋于稳定。由于黏弹性材料的应力松弛现象具有时温等效性，松弛速率还会受到温度的影响，一般表现为松弛速率随温度的升高增大，在玻璃化温度附近，应力松弛现象尤为显著。

为了研究纸板的应力松弛现象，采用如图 6－9(a)所示的试验装置测量叠放纸板上的压力。试验装置由钢板及钢柱制成，具有较高的刚度，能够保证压力长期作用下叠放纸板的高度不发生改变。试验过程中，将 12 块尺寸为 15 mm×15 mm×1.5 mm 纸板叠放并放置于底部钢板中央；将量程为 1000 N、分辨率为 1 N 的压力传感器放置在纸板顶部和螺杆之间测量施加在纸板上的压力；调节顶部钢板的压力调节螺杆，进而控制施加在叠放纸板上的压力；待压力传感器的示数达到设定值时，紧固顶部钢板的紧固螺母，固定螺杆长度；压力设定完成后，将装置放入不锈钢容器中，再将容器整体放入铺满硅胶干燥剂的温控真空箱底部，如图 6-9(b)所示。

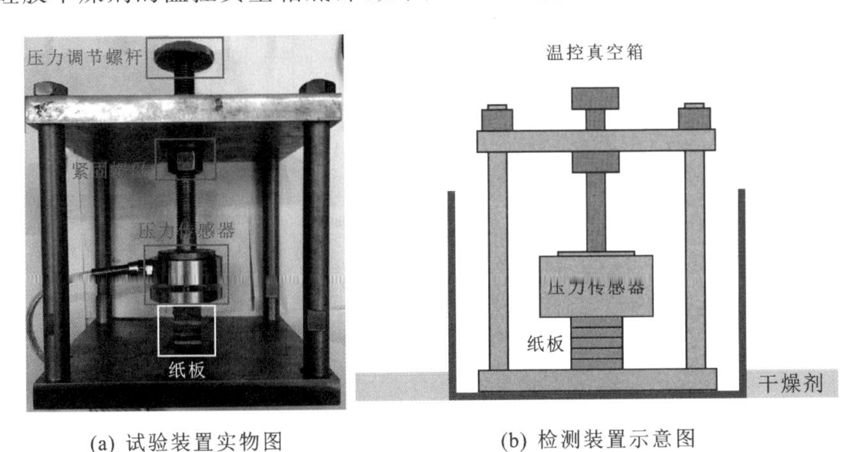

(a) 试验装置实物图　　(b) 检测装置示意图

图 6-9　纸板应力松弛现象的检测装置

试验获得的新纸板和经过密化处理后纸板在空气中的应力松弛变化如图 6-10 所示。从图 6-10 可知，施加在两种纸板上的应力均出现了随时间近似指数下降的趋势。在 20 ℃条件下，新纸板的应力在 20 h 内减小了

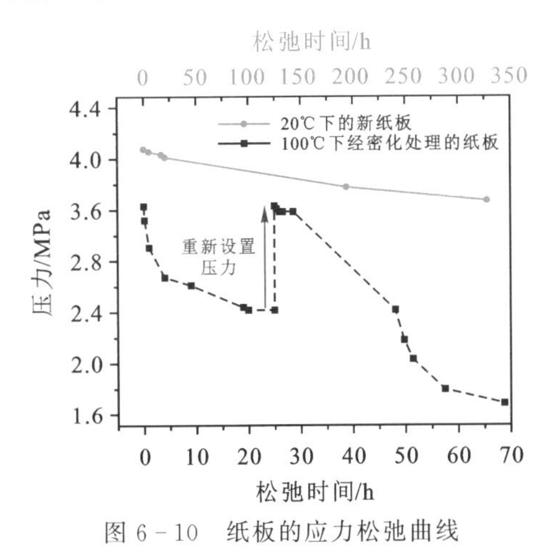

图 6-10　纸板的应力松弛曲线

0.9 MPa。在 100 ℃条件下，密化处理后纸板上的应力在 100 h 内减小了 0.025 MPa。由于纸板的玻璃化温度在 80 ℃至 130 ℃之间，密化纸板在20 ℃的环境中的应力松弛速率低于其在 100 ℃下的松弛速率，也远低于未经密化处理的纸板，密化处理一定程度上降低了纸板的应力松弛速率。

由上述研究可知，绕组在长期运行的过程中受应力松弛的影响，其轴向压紧力及纸板弹性模量逐渐下降，并最终引起绕组固有频率的降低。

6.2.5 局部松动

导线倾斜、垫块脱落等缺陷减小了导线与垫块的接触面积，降低了垫块刚度，造成了绕组的局部松动。采用声固耦合的有限元模型，仿真研究局部松动条件下绕组固有频率变化规律。在模型中，减小其中一列垫块的弹性模量，以模拟绕组压紧力在垫块上的不均匀分布。降低弹性模量的垫块仍然与绕组线圈保持接触，接触面不发生分离。

不同局部松动程度下，绕组的固有频率如图 6-11 所示。从图中可以看出，随着局部松动程度的增加，绕组的前五阶固有频率均出现了一定程度的下降，且倾斜模态固有频率随着弹性模量的下降出现了分叉。弹性模量为 80 MPa时，一、二阶倾斜模态的固有频率间隔分别为 0.272 Hz 和 0.02 Hz。随着弹性模量的进一步减小，固有频率的间隔逐渐增大。当弹性模量减小至 40 MPa时，一、二阶倾斜模态的固有频率间隔分别增加至 1.6 Hz 和 0.79 Hz。

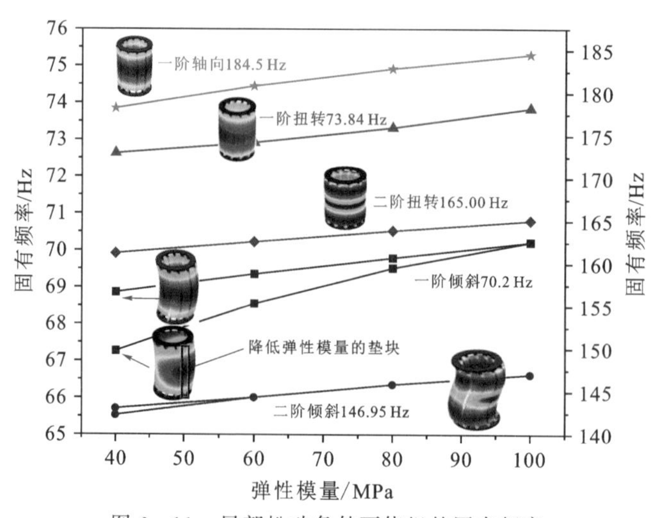

图 6-11 局部松动条件下绕组的固有频率

由绕组的结构特点可知，局部松动造成了绕组周向垫块支撑刚度的不均匀，并使得倾斜振型的固有频率降低并出现分叉。这种分叉现象将随着局部松动程度的增加而增大，但当超过一半的垫块出现松动后，固有频率间的间隔会逐渐减小，并逐渐接近于所有垫块弹性模量降低后对应的绕组固有频率。据此，可以将固有频率降低和同一振型的固有频率分叉作为绕组发生局部松动的标志。

6.3　典型机械缺陷绕组振动特性的试验研究

6.3.1　缺陷模型及缺陷设置

为了获得具有局部机械缺陷的绕组振动特性，在三相 10 kV 变压器的高压饼式绕组中设置整体松动、环向拉伸和轴向弯曲故障，对比设置缺陷前后绕组不同位置的频响特性。试验采用的三相变压器绕组结构如图 6－12 所示。

图 6－12　三相双绕组变压器

利用 PCB086C03 力锤在绕组底部的压板上施加冲击激励，PCB352C65 获得绕组不同位置导线的振动响应，再计算频响函数。加速度传感器的安装位置如图 6－13 所示，测点均位于两垫块间导线的中点。在 5 个测点中，1 号测点的传感器采集导线的径向振动响应；2 号测点和 4 号测点的传感器分别位于绕组同一线圈相邻的导线上，分别采集导线轴向和径向振动响应；3 号和 5 号测点的传感器位于另一线圈的相邻导线上，采集导线的轴向振动响应。

采用扭矩扳手调节绕组压钉的扭矩从而调节施加在绕组上的轴向压紧力、获得松动绕组的模态特性。扭矩扳手的最大量程为 6 N·m，分辨率为

图 6-13 绕组测点位置

0.05 N·m。在绕组的局部故障模拟中，将 1 号测点和 5 号测点所在的导线向外拉伸不同距离形成对称的环向拉伸变形，如图 6-14(a)所示。将 2 号测点所在位置的导线沿轴向压缩不同距离，形成导线的轴向弯曲变形，如图 6-14(b)所示。图中的 r、d 分别为导线中点与初始位置的距离。

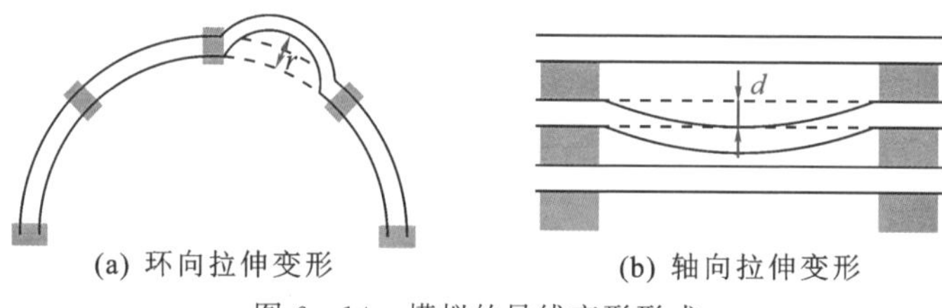

(a) 环向拉伸变形 (b) 轴向拉伸变形

图 6-14 模拟的导线变形形式

试验获得的未变形绕组的幅频特性如图 6-15 所示。

由图可得，轴向频响函数的谐振峰主要位于 50 Hz 到 150 Hz 和 400 Hz 到 600 Hz 的范围内。径向频响函数的幅值在 0 Hz 至 200 Hz 内较小，高于

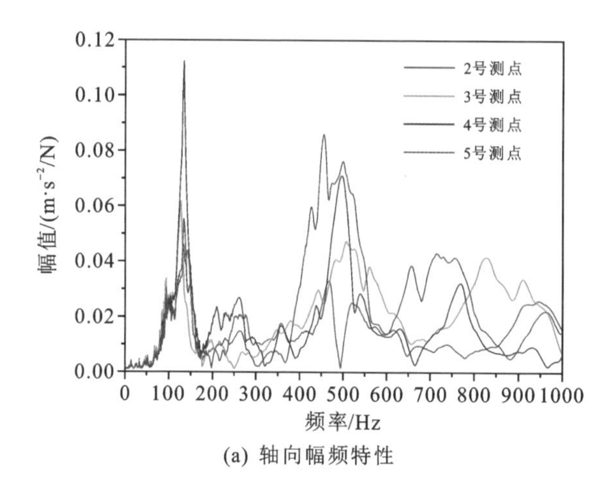

(a) 轴向幅频特性

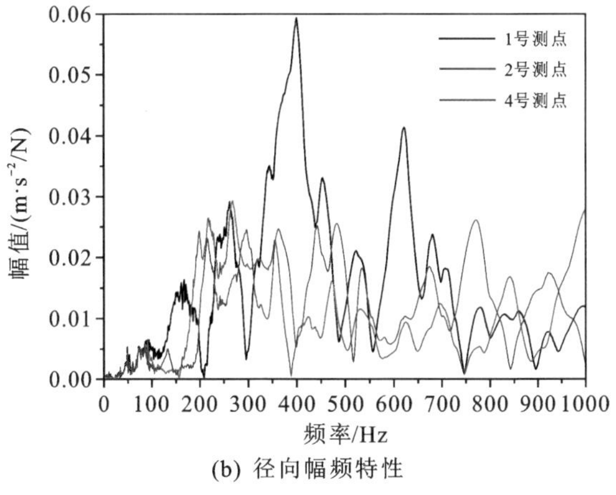

(b) 径向幅频特性

图 6－15　未变形绕组的幅频特性

200 Hz 的范围内较大。由不同频率范围内的轴向和径向幅频特性及上一章对于绕组整体振动和局部振动的分析可知，50 Hz 至 200 Hz 可能对应绕组整体的响应，而 200 Hz 以上的谐振峰大多对应局部导线的响应。由于导线的轴向刚度大于径向刚度，因而导线轴向振动的固有频率高于径向振动固有频率，故在图 6－15 所示的频率范围内，轴向幅频曲线中谐振峰的数量少于径向幅频曲线中谐振峰的数量。

6.3.2　整体松动

4 号测点在不同压钉力矩下的幅频特性如图 6－16 所示。轴向幅频特性 100 Hz 至 150 Hz 范围内，400 Hz 至 600 Hz 范围内，5 N·m 对应的谐振峰分别为 126 Hz 和 494 Hz。随着绕组压紧力的减小，当压钉的扭矩减小至 1 N·m时，上述两个谐振峰的频率分别减小为 123 Hz 和 448 Hz。200 Hz 以下径向幅频特性并没有随着绕组压紧力的减小而变化，但 200 Hz 以上频带的谐振峰频率随压紧力的减小而降低。其他测点幅频特性的变化规律与图 6－16相似，绕组松动后其频响曲线向低频移动，谐振频率降低。

轴向和径向固有频率随着轴向压紧力的减小而降低的原因略有不同。垫块压力和刚度随轴向压紧力的下降而减小，由图 6－5 可知出现松动的绕组的整体固有频率将出现降低。轴向压紧力减小的同时，垫块对导线的压力及提供的摩擦力也随之减小，因而对导线端部提供的约束能力(刚度)减弱，导线固有频率也随之降低。

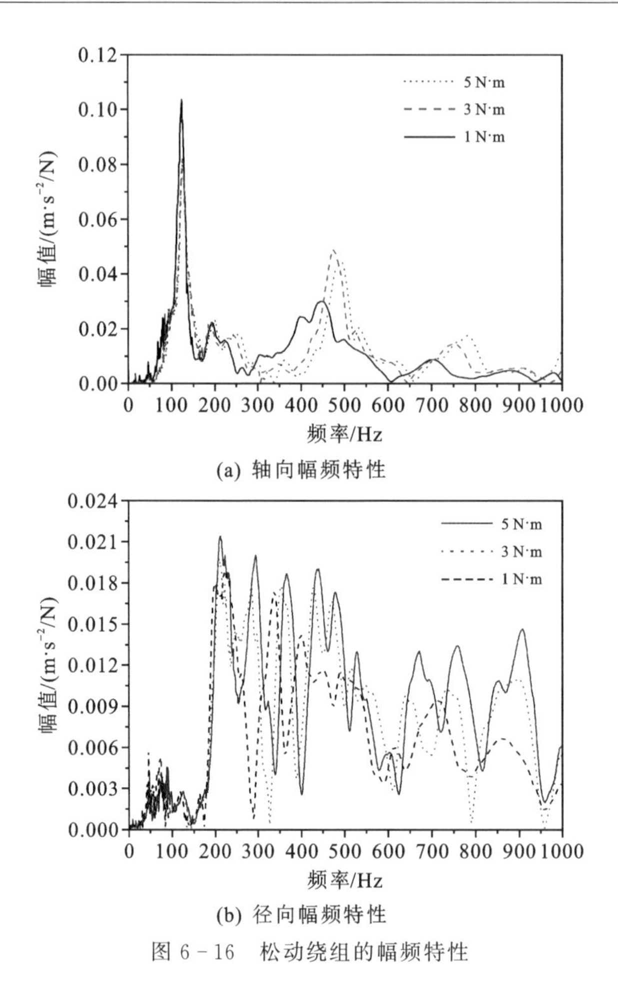

图 6-16 松动绕组的幅频特性

6.3.3 环向拉伸

不同环向拉伸变形程度对应的导线幅频特性如图 6-17 所示。由图 6-17(a)可知,不同变形程度时,径向幅频特性的变化基本没有一致性。与未变形导线的幅频特性相比,变形 2 mm 对应的导线的幅频特性基本不发生改变,而变形 4 mm 和 6 mm 导线对应的 400 Hz 以上的频响幅值降低。在不同变形程度下,径向幅频特性中 0 Hz 至 200 Hz 的幅频特性基本保持不变,说明此频带反映了绕组线圈的整体振动。

正常条件下,绕组的轴向和径向振动特性相互独立。但当导线出现径向变形时,轴向幅频特性也发生变化,如图 6-17(b)所示。图 6-17(b)中,

4 mm和 5 mm 变形对应的轴向幅频特性 200 Hz 以下及 400 Hz 至 500 Hz 的谐振峰向低频移动。造成上述现象的原因是,导线发生变形后,其刚度分布发生变化,轴向和径向振动不再独立,因而导线径向的拉伸变形也会一定程度上影响其轴向的振动特性。

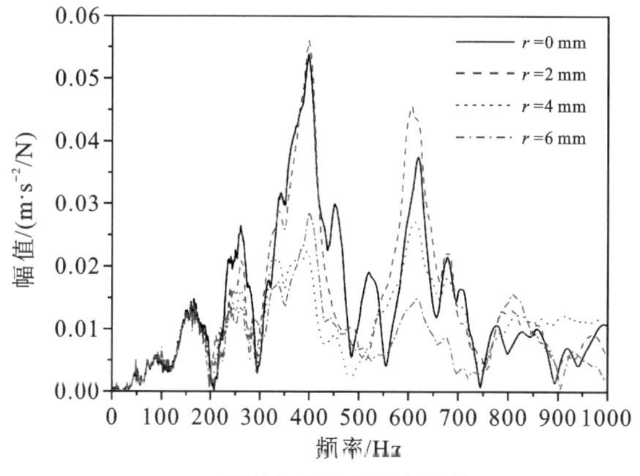

(a) 1号测点的径向幅频特性

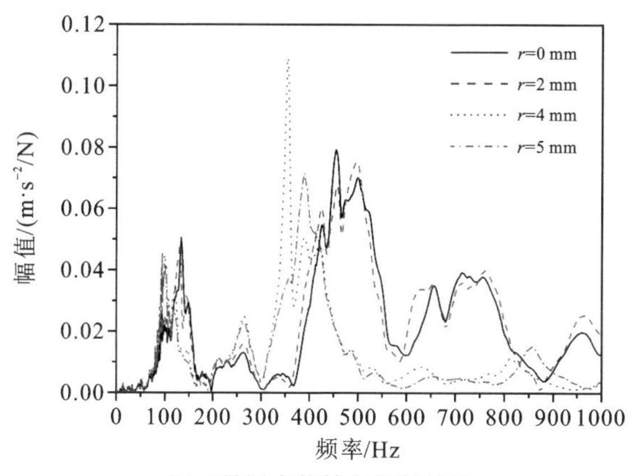

(b) 5号测点的轴向幅频特性

图 6－17　环向拉伸变形导线的幅频特性

局部导线发生径向变形时,绕组中未变形导线的幅频特性并没有发生变化,如图 6－18 所示。图 6－18 中,2 号测点的幅频特性并没有受到 5 号测点所在导线拉伸变形的影响。上述试验结果进一步证实了绕组振动特性由线圈整体和局部导线振动特性组成,轻微的局部变形仅改变变形导线的振动,不会影响绕组整体和其他导线的振动。

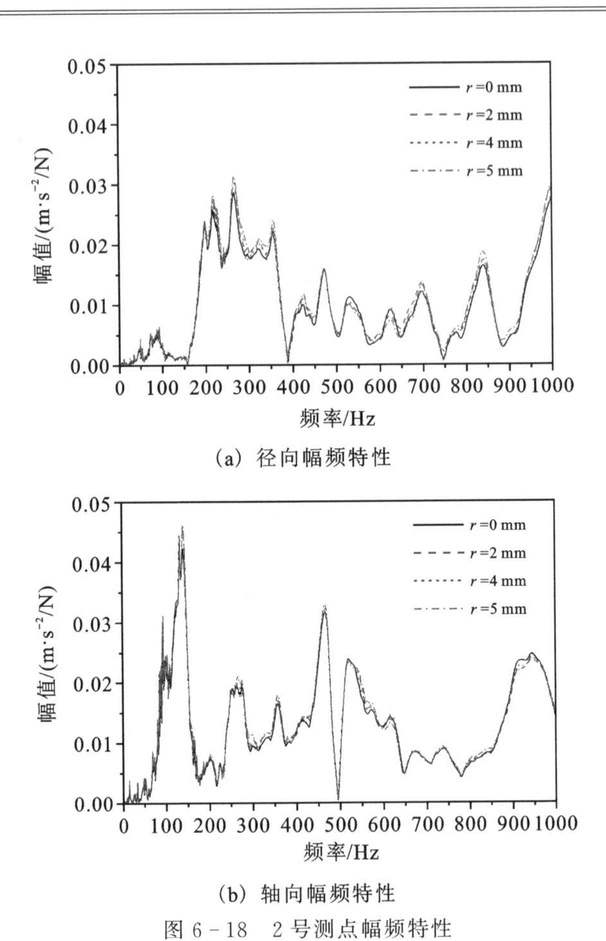

(a) 径向幅频特性

(b) 轴向幅频特性

图 6-18 2 号测点幅频特性

6.3.4 轴向弯曲

2 号测点所处导线具有不同轴向弯曲程度时,测点的幅频特性如图 6-19 所示。由图 6-19 可知,200 Hz 以下的幅频特性并不随着轴向弯曲变形的产生而发生变化,说明 200 Hz 内的幅频特性主要取决于绕组整体的模态,不受导线变形的影响。300 Hz 至 400 Hz 范围内,幅频特性的幅值均随轴向变形程度的增大而增大;400 Hz 以上幅频特性的变化没有明显规律。2 号测点发生导线轴向的弯曲变形时,绕组其他测点的幅频特性保持不变,说明上述的变形设置仅影响变形导线自身的频响特性,不会对其他测点产生影响,也不会影响绕组整体的模态。

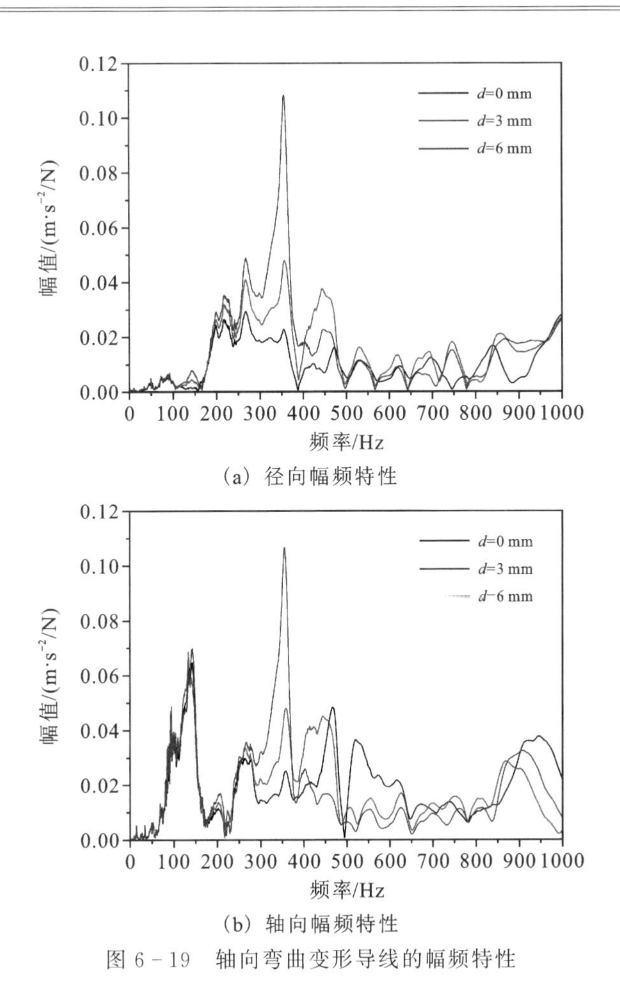

(a) 径向幅频特性

(b) 轴向幅频特性

图 6-19　轴向弯曲变形导线的幅频特性

由上述试验结果可知，若导线变形仅发生在垫块之间，则变形不改变垫块的传力结构及与垫块接触的导线面积，也不会影响绕组整体的振动特性，仅对变形导线自身振动特性产生影响；变形对导线振动特性的影响主要体现在 300 Hz 至 400 Hz 的范围内，可能与导线一阶振动固有频率的改变有关。

6.4　铁芯松动时的固有振动特性

对于大型电力变压器铁芯，上下夹件、拉板和绑扎带等对铁芯柱施加压力，使铁芯紧固为一体，沿铁芯轧制方向的压应力越小，垂直轧制方向的压应力越大，则铁芯振动越小。一般情况下，铁芯轧制方向仅承受其自重，若夹件发生松动，压紧力减小，则铁芯叠片间间隙增大，直接导致接缝处及叠片间的漏磁增大，导致硅钢片之间的电磁吸引力增大，引起铁芯振动加剧，此外铁芯自重使得硅钢片发生弯曲变形，导致轴向压应力增大，进一步造成铁芯振动增大。可见，压紧力对铁芯振动的影响是一个复杂的过程，有必要对不同压紧力下铁芯振动变化展开研究。

为研究铁芯松动故障下的振动信号变化规律，利用扭矩扳手调节铁芯上下夹件的四个紧固螺栓以模拟变压器铁芯松动故障，紧固螺栓的拧紧力矩与夹紧力的关系为

$$F=\frac{M}{k_t \cdot d \cdot 10^{-3}} \tag{6-3}$$

式中，M 为夹紧螺杆的拧紧力矩大小，单位为 N·m；k_t 为扭矩系数，范围取 0.11～0.15；d 为螺杆公称直径（外径），单位为 mm。

为控制噪声且满足空载损耗及机械强度要求，变压器铁芯夹紧力 P 一般选择在 0.1～0.15 MPa，按照计算铁芯额定拧紧力矩在 18 N·m 以上，故认为超过 18 N·m 时，铁芯机械状态良好，并选取螺母的拧紧力矩调节范围为 5～25 N·m。铁芯柱表面振测点与第 2 章保持一致，如图 2-13 所示，另外还测量上铁轭夹件的振动，对应测点编号为 22、23、25、27、28。

对松动下各测点的振动频率响应进行研究，得到 FRF 曲线变化趋势如图 6-20 所示，随着铁芯压紧力减小，铁芯频率响应曲线左移，即模态频率减小，并且在某些频率处响应幅值增大。根据前面 2.3 节铁芯模态特性分析结果，铁芯前六阶模态频率均小于 200 Hz。而铁芯夹紧力不足引起机械故障时，主要改变其固有的振动特性，从而引起铁芯振动特性的改变。故可以推

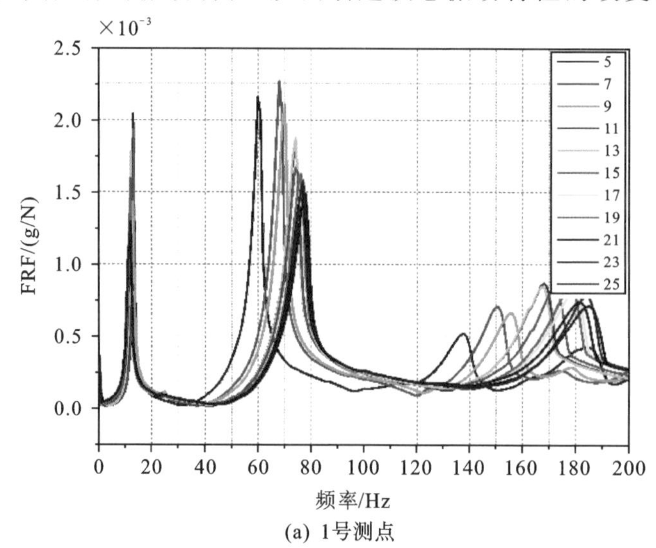

(a) 1号测点

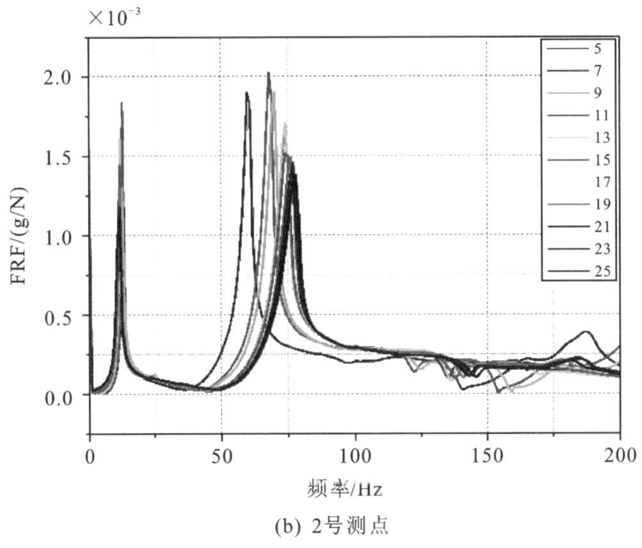

(b) 2号测点

图 6-20　松动下的 FRF 变化规律

测,铁芯发生松动故障时 200 Hz 及以内振动变化较大,而高频部分影响相对较小。取 100 Hz、200 Hz 作为低频特征频率,研究其振动功率随松动的变化规律。

6.5　本体机械缺陷对应的油箱振动特征

根据绕组整体和局部振动响应的研究可知,绕组的振动特性为线圈整体的振动与局部导线振动的组合。因而,绕组固有频率集合$\{\omega\}_{绕组}$可以表示为线圈整体固有频率集合和导线固有频率集合:

$$\{\omega\}_{绕组}=\{\omega_1,\omega_2,\omega_3,\cdots\}_{线圈整体}\cup\{\omega_1',\omega_2',\omega_3',\cdots\}_{局部导线} \quad (6-4)$$

式中,$\{\omega_1,\omega_2,\omega_3,\cdots\}_{线圈整体}$为绕组整体固有频率的集合;$\{\omega_1',\omega_2',\omega_3',\cdots\}_{局部导线}$为各垫块间悬空导线固有频率的集合。当绕组机械状态发生变化时,绕组整体或局部的固有频率发生变化,并反映在固有频率并集$\{\omega\}_{绕组}$中。

利用振动信号对变压器机械状态进行检测时,一般仅对油箱表面振动信号进行采集。由第 3 章对于振动传递特性的研究可知,该种情况下难以直接获得绕组本体的模态振型,但可以提取其谐振频率。由油箱振动信号提取的谐振频率是内部绕组和油箱固有频率的集合:

$$\{\omega\}=\{\omega\}_{绕组}\cup\{\omega\}_{油箱} \quad (6-5)$$

式中，$\{\omega\}_{绕组}$为绕组固有频率的集合；$\{\omega\}_{油箱}$为充油油箱的固有频率集合。由于油箱的机械状态和固有频率一般不发生变化，故可认为油箱表面谐振频率的变化来自于内部绕组机械状态的改变。根据上述研究及讨论，松动和变形类缺陷对应的油箱表面谐振频率演变规律如表6-3所示。此外，在长期的服役过程中，绕组在老化、应力松弛的作用下，其轴向压紧力和垫块刚度逐渐下降，绕组整体和导线的固有频率随之降低。此外，在多次短路冲击下，巨大的短路洛伦兹力将作用在纸板等绝缘材料上，引起材料的塑性形变、破坏端部压板及支撑件，造成绕组刚度减小，绕组整体或局部松动，绕组固有频率降低。

表6-3　典型机械缺陷绕组对应的油箱谐振频率

缺陷类型	缺陷原因	油箱表面的谐振频率
整体松动	绝缘材料老化、应力松弛、短路冲击引起的绝缘材料塑性形变、压板损坏、绕组垮塌	谐振频率降低
局部松动	导线倾斜、垫块脱落、绕组扭转和倾斜	谐振频率降低的同时出现分叉
导线变形	自由翘曲、强制翘曲、轴向弯曲	谐振频率的数量增多

导线倾斜、垫块脱落、绕组扭转和倾斜等减小了导线和垫块的重叠面积。垫块重叠面积减小会造成垫块乃至绕组整体的刚度和固有频率下降。局部松动引起圆周支撑刚度的不均匀，使得倾斜振型的固有频率出现分叉。此外，局部松动还削弱了垫块对局部导线端部的约束作用，降低了导线的固有频率。

径向翘曲、导线轴向弯曲等小范围的变形仅发生在绕组的局部导线中，轻微变形时不影响垫块和绕组轴向的支撑传力结构，因而不会改变绕组线圈整体的固有频率，仅影响变形导线自身的振动响应。由于局部导线的尺寸和结构基本相同，因而垫块间的导线具有相似的固有频率，但当导线发生变形后，变形导线的固有频率出现变化，导线固有频率集合乃至绕组固有频率的数量将增多。

根据铁芯松动过程中固有振动特性的变化规律，铁芯松动后固有频率降低，油箱表面的谐振频率也将呈现降低的趋势。

第 7 章 基于多频振动特征的变压器机械状态检测方法

前述章节对于实验以及现场变压器振动特性影响因素的研究，为基于振动信号分析法的变压器故障诊断技术打下基础。在掌握非故障因素对变压器振动信号影响的前提下，方可针对不同的故障类型提炼有效的故障诊断依据。本章节针对订制的一台可模拟多种铁芯及绕组故障的试验变压器开展试验，其内部铁芯及结构如图 7－1 所示。针对该台变压器进行铁芯松动、绕组松动、绕组错位故障条件下的变压器振动监测。为了研究绕组变形，另外订制三台单相试验变压器，分别为 1＃参考变压器、2＃预设鼓包以及 3＃预设翘曲故障，根据振动测试结果进行分析，提取识别不同故障的特征值。

图 7－1　可模拟多种铁芯及绕组故障的变压器内部主要结构

考虑到变压器运行条件对其振动信号存在影响，在本章所有针对变压器的故障振动监测中，变压器运行条件尽可能保持在故障前后一致的情况下，以确保所提取的故障特征信息并非由干扰因素引起。

7.1　变压器故障模拟方案

对变压器铁芯的预紧力调节通过变压器上下铁轭处螺栓来进行。各相铁芯上下铁芯处各有一个螺栓，如图 7－2 所示，可以实现对各相铁芯预紧力的分别调节。考虑变压器铁芯硅钢片的叠片方式，单独调节一相的铁芯预紧力对其余相（特别是邻近相）的预紧力存在一定程度的影响，但当铁芯预紧力调节幅度不大时，认为这种影响较小，可以忽略不计。

试验变压器为三相双绕组变压器，高、低压绕组的预紧力可以分别进行调节，调节主要通过调节绕组顶部螺栓（带压板）实现，高压绕组具有四个调节螺栓，而低压绕组具有两个调节螺栓。

高低压绕组错位故障主要通过调节高压绕组位置来实现，调节装置如图 7－2 所示。由于绕组顶端固定，因此调节过程中，其实顶端错位幅度小于底部错位幅度，高压绕组呈现一定程度的倾斜。

图 7－2　故障模拟示意图

绕组的鼓包以及翘曲故障则采用预设故障的方式，另外订制了预设故障的变压器以及另外一台无预设故障的变压器作为参考量，变压器铁芯材料为武钢 30Q－130 硅钢片；高压绕组结构为层式，而低压绕组为饼式结构。

绕组鼓包故障通过在高、低压绕组之间增加介质的方法，使得高压绕组向外凸出，低压绕组向内凹陷，同时令高压绕组产生一定的轴向位移，具体故障设置参数如表 7－1 所示。

表 7-1　鼓包故障设置参数

变压器编号	鼓包凸起/mm
1#参考变压器	0
2#预设鼓包故障	9

而对于绕组翘曲故障的模拟，则通过对绕组的绕制过程中对抽头处施加压力使绕组产生变形来实现，3#预设翘曲故障的变压器具体故障状况为高压绕组最外层线圈轴向上翘 4 mm，并且径向外扩 4 mm。

7.2　故障条件下变压器振动信号分析

7.2.1　铁芯松动

对变压器 C 相铁芯上下铁轭处螺栓进行松动以模拟铁芯预紧力变化，变压器铁芯松动前后额定电压空载运行时对于箱体处振动信号如图 7-3 所示。由图 7-3(a)频谱图对比可知，当变压器铁芯松动后，变压器箱体振动频谱形状基本相似，而基频 100 Hz 以及主频 200 Hz 处振幅都有显著上升，上升幅度均超过 50%，而其他高次谐波分量处振幅均呈现小幅度下降。另外，铁芯松动后，变压器振动频谱中出现明显的 800 Hz 振动分量，表明变压器铁芯松动使得振动信号更趋于复杂化，振动频谱中可能出现更多的高频分量。

由图 7-3(b)可得，变压器铁芯松动后，当变压器运行在较低的电压下时，振动信号中基频分量可能低于正常运行时，而随着运行电压的升高，箱体振动信号基频分量的增长趋势近似线性，而其斜率较正常运行时有大幅度上升。

铁芯松动前后，变压器振动信号中各特征值统计如表 7-2 所示，由表中数据可得铁芯松动时变压器振动信号的特征如下：

(1)基频振幅增长，而基频比重基本持平；

(2)主频率不变，主频振幅及比重均显著增长；

(3)振动熵下降，较铁芯未松动前下降幅度在 30%左右。

由于试验条件的限制，仅对特定的铁芯松动情况下变压器振动信号进行了监测，而实际变压器发生铁芯松动的程度多有不同，因此表 7-2 所示的振动信号特征值的变化幅度仅提供参考作用。

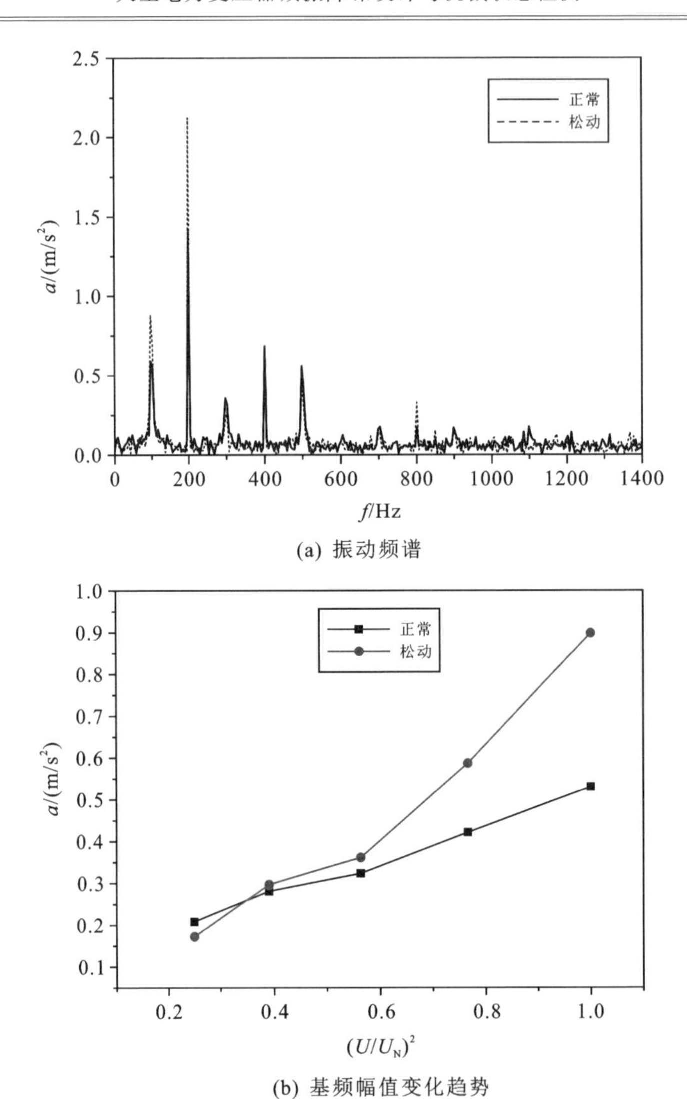

(a) 振动频谱

(b) 基频幅值变化趋势

图 7-3　铁芯松动前后变压器振动信号对比

表 7-2　铁芯松动前后变压器振动参数统计

参数	正常运行	铁芯松动	变化幅度/%
基频幅值/(m/s^2)	0.6022	0.7895	31.12
基频比重/%	10.04	9.99	−0.50
主频率/Hz	200	200	不变
主频幅值/(m/s^2)	1.4322	2.1659	51.23

续表

参数	正常运行	铁芯松动	变化幅度/%
主频比重/%	56.79	75.17	32.37
振动熵	2.0459	1.3537	−33.84

7.2.2 绕组松动

根据前述章节中对绕组预紧力变化下绕组振动特性的仿真结论可知，当变压器绕组松动（预紧力降低）时，绕组的基频 100 Hz 处振动分量呈现增大趋势。对模型变压器 A 相高压绕组进行预紧力调节，变压器绕组松动前后振动频谱对比如图 7－4 所示。由图 7－4(a)可得，当绕组发生松动时，对应相的箱体处振动信号频谱发生较明显的改变，基频以及主频率 200 Hz 处振动幅值均有大幅度上升；由图 7－4(b)可得，当 A 相绕组发生松动时，正对 B 相绕组的测试点处振动频谱变化不大，除主频 200 Hz 振幅基本不变，其他振动频率处振幅均有小幅度下降。

图 7－5 所示为变压器各测试点处振动基频分量在 A 相发生绕组松动故障前后的对比情况，每相绕组分别在邻近的箱体上布置顶端、中部以及底部三个测试点，命名时依次为 1、2、3，由图中数据可知，故障相各测试点基频振幅均大幅度上升，同故障相对称的 C 相各测试点基频振幅略有增长，而 B 相各测试点基频振幅则有所下降。

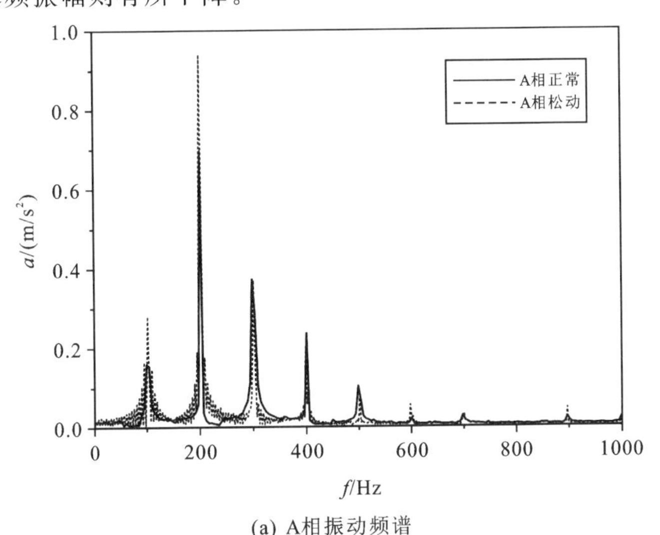

(a) A相振动频谱

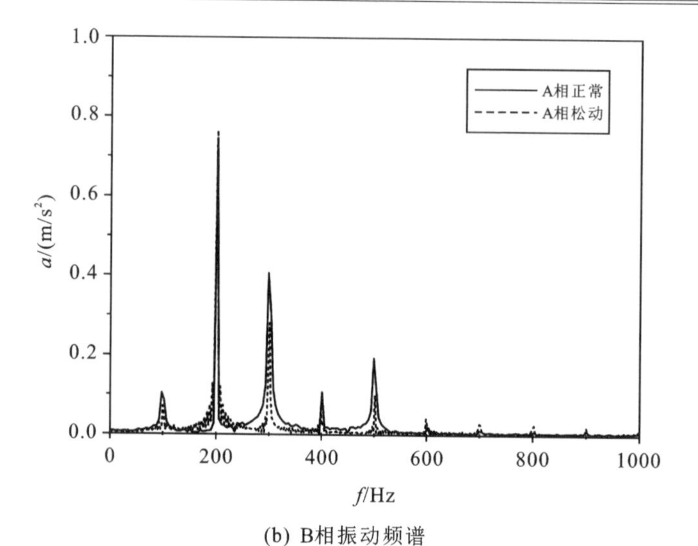

(b) B相振动频谱

图 7-4　绕组松动前后变压器振动对比

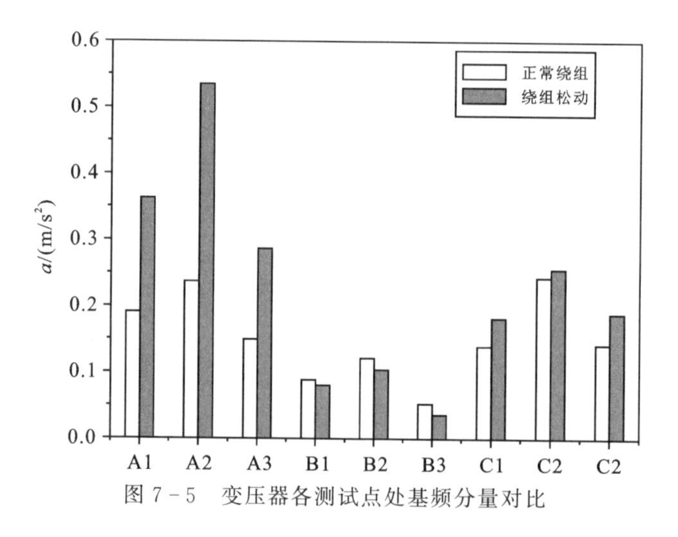

图 7-5　变压器各测试点处基频分量对比

绕组松动前后 A 相振动信号中各特征参数统计如表 7-3 所示，分析表中数据，可得变压器绕组松动时振动信号主要特征如下：

(1)基频振幅大幅度上涨，基频比重显著增长；

(2)主频率不变，主频振幅及主频比重均有所增长；

(3)松动后变压器振动信号振动熵下降，较未松动前下降 20%左右。

表7-3 绕组松动前后变压器振动参数统计

参数	正常运行	绕组松动	变化幅度/%
基频幅值/(m/s^2)	0.1598	0.2985	86.80
基频比重/%	3.38	7.30	115.82
主频率/Hz	200	200	不变
主频幅值/(m/s^2)	0.6985	0.9565	36.94
主频比重/%	64.65	74.99	15.99
振动熵	1.6091	1.3177	−18.11

7.2.3 绕组错位

对变压器绕组错位故障共模拟了三种状况，试验结果如图7-6所示，分别对应的高压绕组位移如表7-4所示。由图7-6(b)可得，当高低压绕组发生错位时，箱体振动频谱中，基频分量随错位程度的加大而降低，而主频200 Hz处振动随错位程度的加大则并非单调增长，故障2条件下其主频振幅达到一个峰值。图7-7所示为绕组错位前后基频振幅同运行电压的关系，分析图中变化趋势可知，绕组错位后，箱体基频振动随电压变化斜率降低，并且同一绕组顶部测试点该斜率下降的幅度更大。

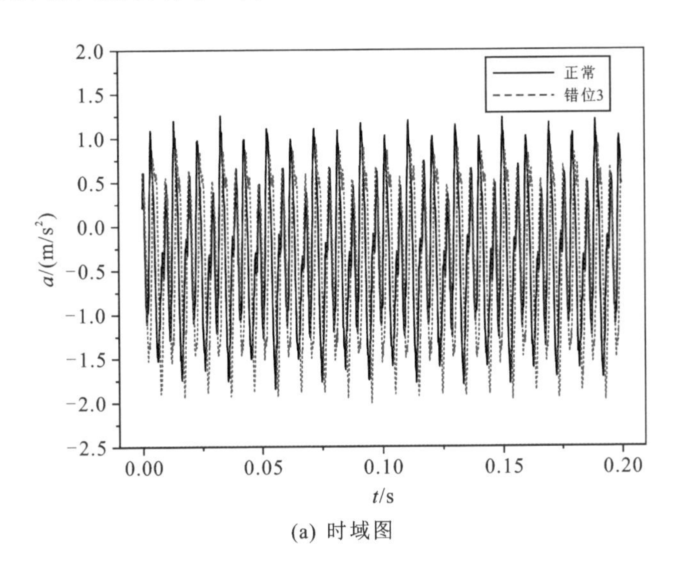

(a) 时域图

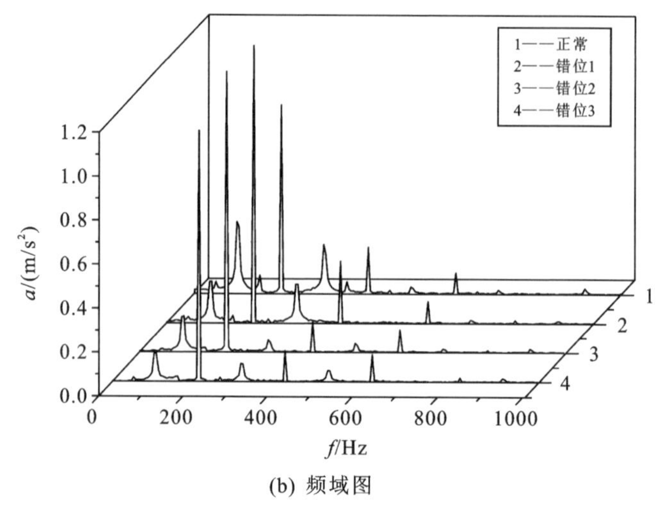

(b) 频域图

图 7-6 绕组错位故障振动信号对比

表 7-4 绕组错位故障参数设置

故障编号	绕组位移/cm
错位 1	0.5
错位 2	1.5
错位 3	2.0

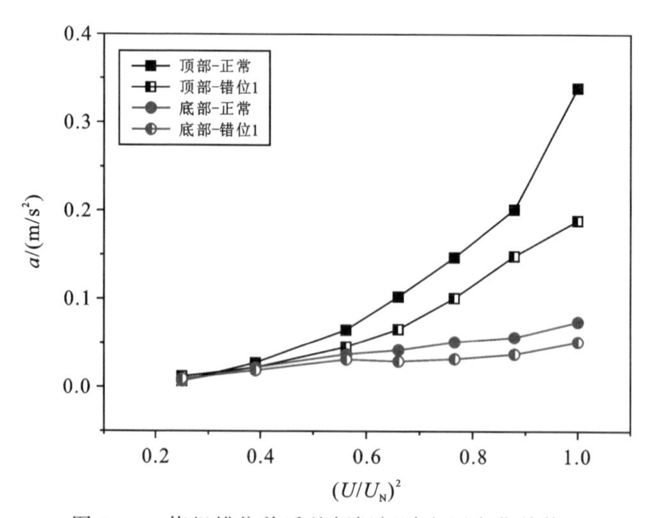

图 7-7 绕组错位前后基频振幅随电压变化趋势

表 7－5 所示为绕组错位过程中各故障点振动信号特征参数统计，分析表中数据可得该故障振动信号特征如下：

(1)振动信号中基频振幅及基频比重均下降，且错位越严重，此两项指标下降幅度越大；

(2)高低压绕组错位过程中振动信号主频率不变，主频振幅及主频比重随故障程度的加大而增长；

(3)振动熵随错位故障程度的加大而下降，但并非单调下降，在所测试三种故障状况中，"错位 2"状态下振动熵最低。

表 7－5　绕组错位时变压器振动参数统计

参数	正常运行	错位 1	错位 2	错位 3
基频幅值/(m/s^2)	0.3388	0.1886	0.1618	0.1305
基频比重/%	15.19	2.03	1.55	1.24
主频率/Hz	200	200	200	200
主频幅值/(m/s^2)	0.7516	1.2633	1.2772	1.1431
主频比重/%	74.80	91.06	96.33	95.41
振动熵	1.2293	0.5911	0.2995	0.3685

7.2.4　绕组鼓包

预设绕组鼓包故障的变压器负载条件下振动频谱如图 7－8 所示。由图 7－8 可得，两台单相变压器振动频谱中频率成分都较为复杂，100 Hz 基频以外还包含较为明显的 200 Hz、300 Hz、400 Hz 和 500 Hz 分量。相较于参考变压器，预设鼓包故障的变压器在负载时，除 300 Hz 和 500 Hz 振动分量增长外，基频以及各高次谐波处的振动分量较正常变压器均呈现大幅度的下降趋势，基频下降幅度在 30%左右，而其他高次谐波下降幅度均超过 50%。

对预设鼓包故障的变压器负载条件下的振动信号特征值进行统计，结果如表 7－6 所示。分析表中数据，可得存在鼓包故障的变压器振动信号特征如下：

(1)基频振幅大幅度下降，基频比重略有下降；

(2)主频率即基频，故障前后主频率不改变；

(3)振动熵略有增长，较参考变压器涨幅为 30%左右。

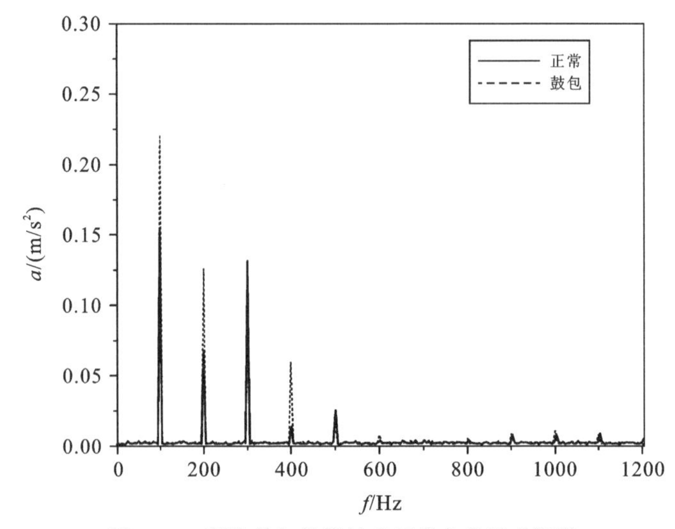

图 7－8 预设鼓包故障的变压器负载振动频谱

表 7－6 绕组鼓包时变压器振动参数统计

参数	正常运行	绕组鼓包	变化幅度/%
基频幅值/(m/s^2)	0.2089	0.1516	−27.43
基频比重/%	86.58	50.79	−41.34
主频率/Hz	100	100	—
主频幅值/(m/s^2)	0.2089	0.1516	−27.43
主频比重/%	86.58	50.79	−41.34
振动熵	0.8358	1.4946	31.18

7.2.5 绕组翘曲

预设翘曲故障的3＃变压器具体故障状况为高压绕组最外层线圈轴向上翘4 mm，并且径向外扩4 mm，负载条件下该台故障变压器以及参考变压器振动频谱对比如图7－9所示。由图7－9可得，相较于绕组状况良好的参考变压器，预设翘曲故障的变压器振动频谱中，除400 Hz频率处振动分量增长外，其余各频率(包括基频100 Hz)处振动水平均明显下降。

同绕组鼓包故障的分析方法一致，提取故障特征量针对负载条件下的振动信号展开。根据表7－7所示的振动信号特征量统计可知，存在绕组翘曲故

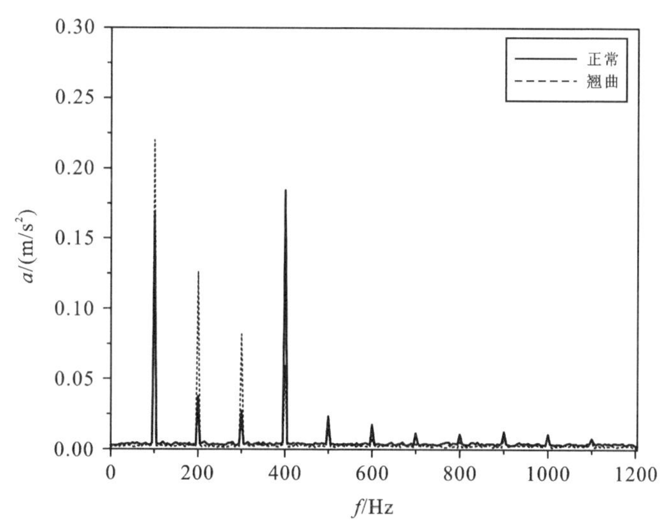

图7-9　预设翘曲故障的变压器负载振动频谱

障的变压器振动信号中存在如下特征：

(1)基频分量及基频比重均显著下降；

(2)主频率改变，主频幅值小幅度下降而主频比重显著下降；

(3)振动熵显著增加，较参考变压器变化幅度超过50%。

表7-7　绕组翘曲变压器振动参数统计

参数	正常运行	绕组翘曲	变化幅度/%
基频幅值/(m/s^2)	0.2089	0.1658	−20.63
基频比重/%	86.58	43.45	−49.81
主频率/Hz	100	400	改变
主频幅值/(m/s^2)	0.2089	0.1818	−12.97
主频比重/%	86.58	52.26	−39.61
振动熵	0.8358	1.3002	55.56

7.2.6　不对称运行

在实际变压器的运行过程中，由于负载的非线性，有一定概率运行在三相不对称的工况下，不对称运行时，零序电流产生三次谐波，同时电压也不对称，考虑到电流以及电压同变压器振动信号的相关性较为密切，对试验变压器进行了不对称运行条件下的振动测试，测试过程中，A、C 两相对称，而 B 相运行在 30% 不对称度的情况下，变压器振动信号如图 7-10 所示。由图 7-10(a)可得，在系统不对称运行时，正常运行相基频以及 300 Hz 频率处振动分量明显下降，其他频率处振幅小幅增长，振动频谱波形变化不显著，未出现奇次谐波分量；而根据图 7-10(b)可得，不对称运行相振动频谱中的振幅变化趋势同正常运行相相似，但其频谱中出现大量奇次谐波，以 50 Hz、150 Hz、250 Hz 以及 350 Hz 为主，其中 50 Hz 频率处振幅接近基频振动分量。

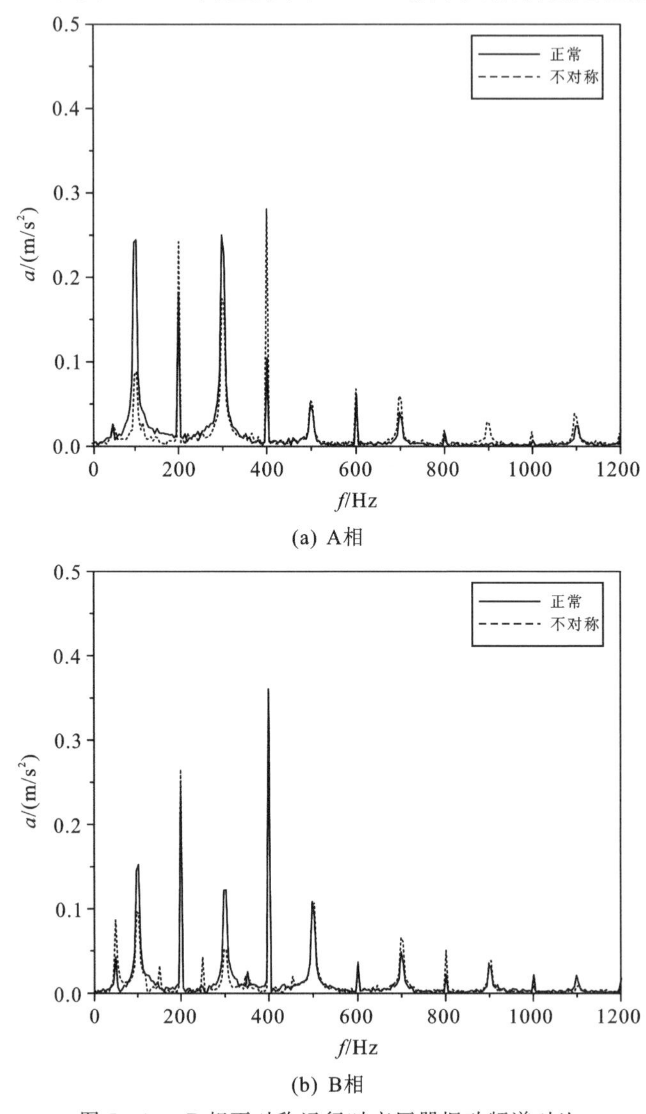

图 7-10 B 相不对称运行时变压器振动频谱对比

表 7－8 所示为不对称运行时变压器振动信号各特征值的统计结果，分析表中数据，可得不对称运行时变压器振动的特点：

（1）频谱中出现大量幅值不低的奇次谐波；

（2）基频分量以及基频比重均大幅度降低；

（3）主频率不变，主频振幅以及主频分量近似持平；

（4）振动熵下降 0.15，下降幅度在 10％左右。

表 7－8　不对称运行时变压器振动参数统计

参数	正常运行	不对称运行	变化幅度/％
基频幅值/(m/s^2)	0.1501	0.0976	－35.02
基频比重/％	8.98	4.01	－55.32
主频率/Hz	400	400	不变
主频幅值/(m/s^2)	0.3621	0.3578	－1.18
主频比重/％	52.23	53.95	3.29
振动熵	1.9587	1.7821	9.01

7.3　铁芯绝缘缺陷的振动特性

铁芯绝缘包括片间绝缘以及铁芯对结构件的绝缘，其中片间绝缘主要通过硅钢片表面的绝缘涂层（包括材料制造时形成的底层玻璃质膜以及底层膜涂布的磷酸盐绝缘膜），对于大容量的变压器，还包括绝缘油道（同时起冷却作用）。而铁芯与结构件之间的绝缘一般由绝缘纸板组成，以避免工作状态下铁芯与夹件等形成短路回环。对于片间绝缘，其绝缘强度既不能过高，也不能过低：若片间绝缘过小，则片间泄漏电流增大，形成较大环流而导致损耗增大；若片间绝缘过大，则铁芯自身就不是等电位体，电场作用下将出现片间放电现象。故实际硅钢片绝缘电阻一般控制在一定范围之内，保证片间绝缘的同时又不至于引起片间悬浮电位。

变压器运行过程中，铁芯及夹件所处的是由绕组、引线及外壳构成的不均匀电场中，铁芯及其金属结构件处于电场不同位置，由于杂散电容产生的电位不等，当两者之间电位差超过绝缘强度时便会引起放电，故在实际运行中必须将铁芯和金属结构件可靠接地。但是若铁芯出现两点以上接地，不同接地点之间将会形成短路回环，产生环流，导致铁芯局部过热、振动加剧且损耗增加，严重时可能造成铁芯烧损。因此，铁芯运行中必须单点可靠接地，严禁多点接地。一种常见的接地方式如图 7-11 所示，铁芯叠片插入接地片，采用螺栓与金属夹件单点相连，然后随油箱一同接地。

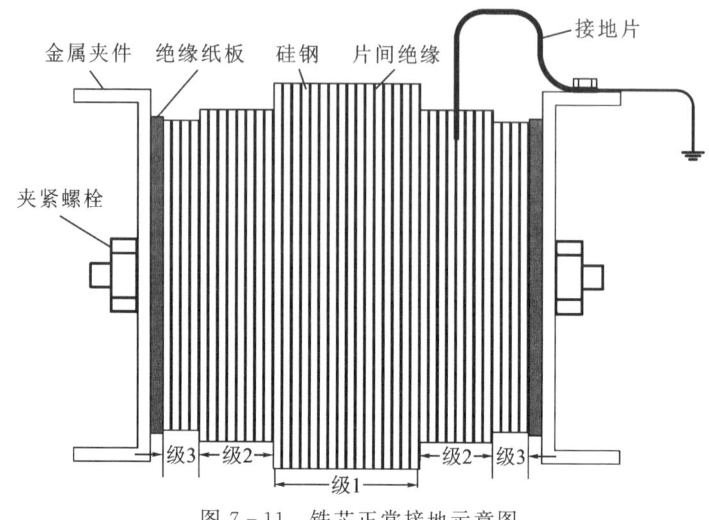

图 7-11　铁芯正常接地示意图

变压器铁芯多点接地原因主要包括两大类，一类是由于自身绝缘缺陷导致的多点接地，如硅钢片翘起触及金属夹件、下铁轭与垫脚之间纸板掉落而相接触、穿心螺杆与硅钢片之间绝缘破坏等；另一类是由于外部多余金属物件导致的接地，如油箱中残留的焊条头、金属丝、油泵轴磨损产生的金属粉末堆积形成桥路等。而铁芯片间短路也可分为外部硅钢片边缘短路以及片间内部绝缘破坏引起的贴合短路，前者主要由制造加工过程中的毛刺以及运行中诸如接地导线搭接等引起，后者则包括长期运行引起的绝缘老化，夹紧力不足导致片间摩擦加剧，亦或叠装过程中片间夹杂有细小硬质颗粒并经叠装挤压，最终导致片间绝缘破坏引起片间短路。

铁芯发生多点接地后，多个接地点之间将形成闭合回路，与主磁通相交链进而产生感应电流，以上铁轭两点接地为例，其故障电流在铁芯内部的分布如图 7-12(a)所示。可以看出故障电流经正常(或故障)接地硅钢片穿过绝缘层，扩散至整个故障区并沿相同方向流动，经故障(或正常)接地片汇流，形成环流。硅钢片边缘毛刺或者外部金属搭接可能导致片间短路。事实上，若仅发生单边片间短路，则由于无法产生闭合的环流路径，铁芯损耗及温升不变，振动亦基本不变。但如果铁芯某一级或多级两边同时发生片间短路故障，则形成闭合回路且直接与主磁通相交链，产生较大的涡流，如图 7-12(b)所示，可以看出故障电流经硅钢片和边缘短路点构成回路，引起铁芯损耗增加，短路点电流较大，引起局部过热，严重时可导致铁芯烧损。

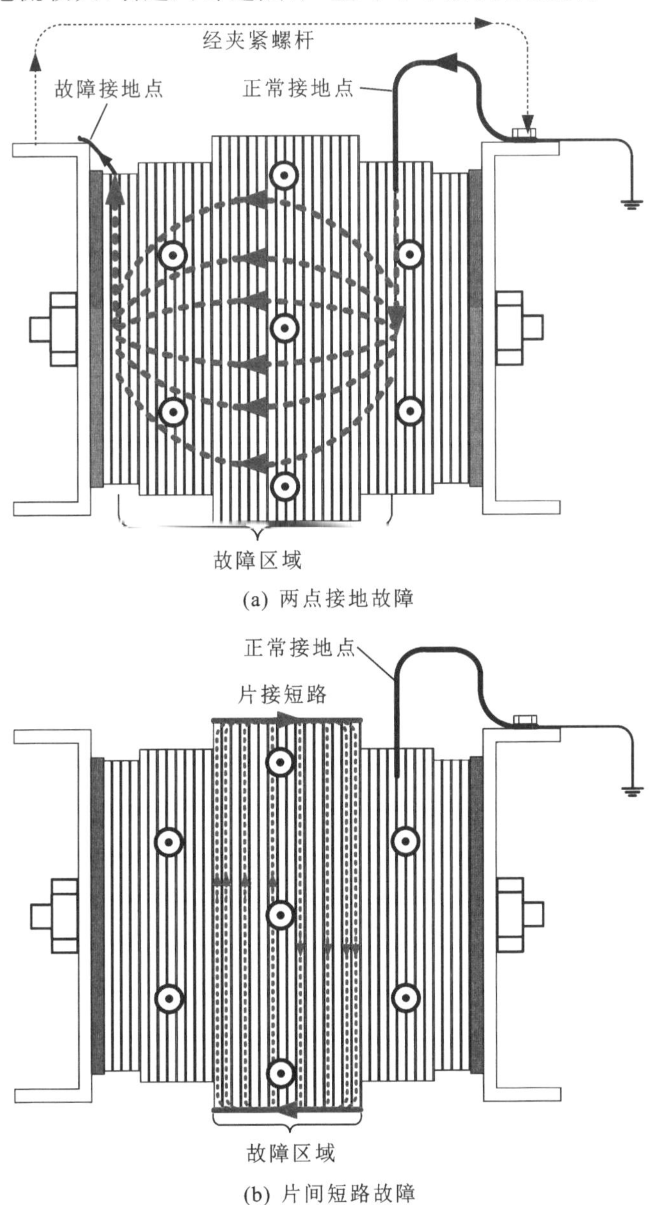

图 7-12　铁芯电类故障涡流示意图

由图 7-12 可知，铁芯发生多点接地或片间短路等电类故障时，将在铁芯内部形成涡流，直接导致短时间内主磁通变化，引起铁芯振动变化，而长时间运行将引起铁芯局部温度升高，损耗增大，振动加剧。

硅钢片磁致伸缩受应力影响较大，Anthony J.Moses 等人对晶粒取向硅钢片磁致伸缩的应力敏感性进行了测量研究，得到了不同应力下的磁致伸缩变化规律，典型的磁致伸缩随应力变化曲线如图 7－13 所示。由图可见，轧制方向上的拉应力对硅钢片磁致伸缩影响不大，但压应力的施加将导致其显著增大，造成这种现象的原因主要与应力作用下的磁畴转动有关。如图 7－14 所示，为应力作用下的磁畴转动情况。硅钢片磁致伸缩主要包括畴壁迁移和磁畴转动，硅钢片的轧制过程实际上是在轧辊压力作用下的塑性变形过程，轧制压力作用下，硅钢片内部大部分磁畴朝向与轧制方向基本一致，故压应力将导致磁畴朝向转向垂直轧制方向，在轧制方向的磁场作用下，必须经 90°旋转以重新与磁场方向一致，产生附加变形，引起硅钢片振动幅值升高。

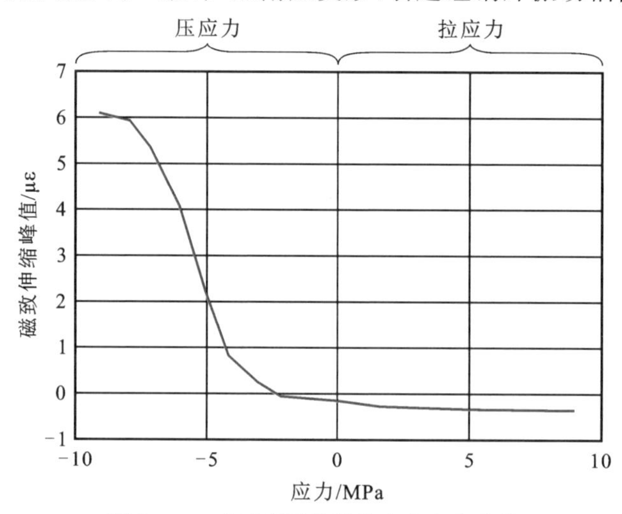

图 7－13 典型磁致伸缩随应力变化曲线

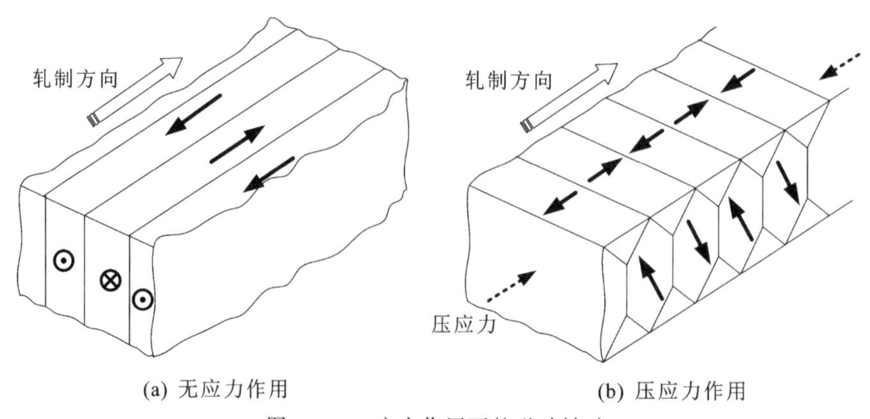

图 7－14 应力作用下的磁畴转动

为控制噪声且满足空载损耗及机械强度要求，变压器铁芯夹紧力 P 一般选择 0.1～0.15 MPa，其值由调节夹紧螺杆的拧紧力矩大小 M（单位：N・m）来实现，其与夹紧力 F（单位：N）的换算公式为

$$F = \frac{M}{k_{t} \cdot d \times 10^{-3}} \tag{7-1}$$

式中，k_{t} 为扭矩系数，范围取 0.11～0.15；d 为螺杆公称直径（外径），mm。

对于实际变压器，铁芯柱轴向即为轧制方向和磁通方向，硅钢片主要两端承受上下夹件的垂直轧制方向（法向）的压应力，而轴向则表现为承受上铁轭、夹件以及自身的重力，整体紧固良好情况下一体性较好，硅钢片平整，振动较低。当夹件紧固不足导致铁芯松动时，引起局部硅钢片弯曲变形，轴向压应力增大；此外，接缝处以及片间漏磁增加，引起电磁吸引力增大，铁芯振动加剧。

下面就铁芯片间短路、多点接地、松动等常见故障分别展开振动特性研究。

7.3.1 铁芯叠片片间短路时铁芯振动特性

铁芯片间短路主要表现为硅钢片边角翘曲、附加金属搭接以及边缘毛刺等因素导致的片间短路故障。故采用如下方案模拟铁芯片间短路故障：如图 7－15(a)所示，表面粘贴导电胶带（铝箔）短接硅钢片边缘来模拟实际运行中边缘毛刺或导线搭接引起的片间短路故障，通过调整胶带的粘贴长度及铁芯级数来模拟不同片间短路故障严重程度，并采集对应情况下的铁芯振动信号，测点位置分布如图 7－15(b)。

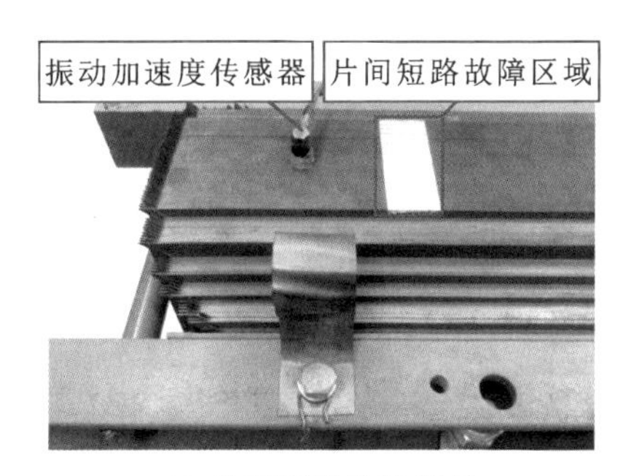

(a) 片间短路故障模拟

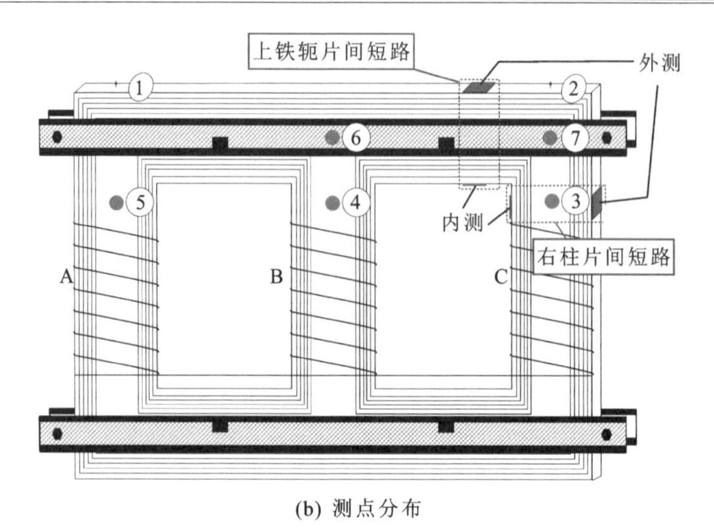

(b) 测点分布

图 7－15　铁芯片间短路故障模拟及测点位置

首先对铁芯右柱进行不同程度的片间短路故障模拟实验，对正常状态、右柱仅外侧片间短路、右柱双侧片间短路下（分别对应故障类型 0、1、2）的振动进行研究，得到典型振动特征值的变化规律，发现铁芯发生片间短路故障后，振动变化不明显，其中各测点振动基频幅值变化如图 7－16 所示，而其他包括振动功率、振动熵等特征值未见明显变化。从图中可以看出，铁芯发生单侧片间短路后，基频振动幅值基本不变，主要原因为单侧片间短路无法形

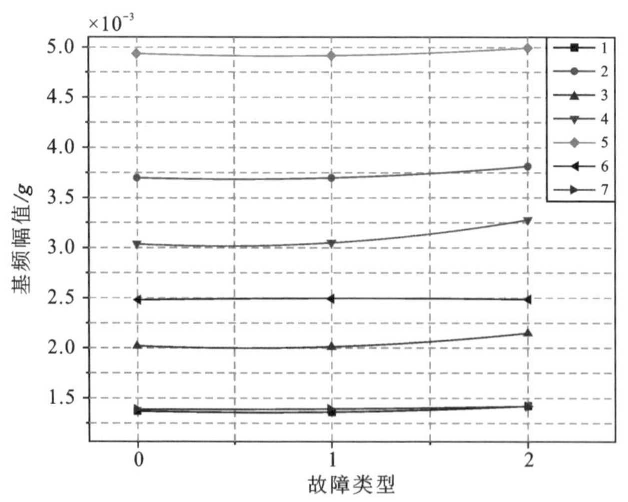

（注：图中g为重力加速度，$1g=9.8\ m/s^2$。）

图 7－16　各测点振动基频变化规律

成完整的闭合环流路径，故铁芯磁通和发热基本不变，振动亦不变，与前述理论分析一致；而当铁芯发生双侧片间短路故障时，故障区域形成完整回路并与主磁通交链，形成环流，短时间内直接对铁芯磁通产生影响，故振动发生变化。

为进一步研究片间短路故障严重程度对铁芯振动的影响规律，设置如下故障区域：①仅级1，②级2-级1-级2，③级3-级2-级1-级2-级3（分别记为故障1、故障2、故障3），测量得到振动变化规律如图7-17所示。

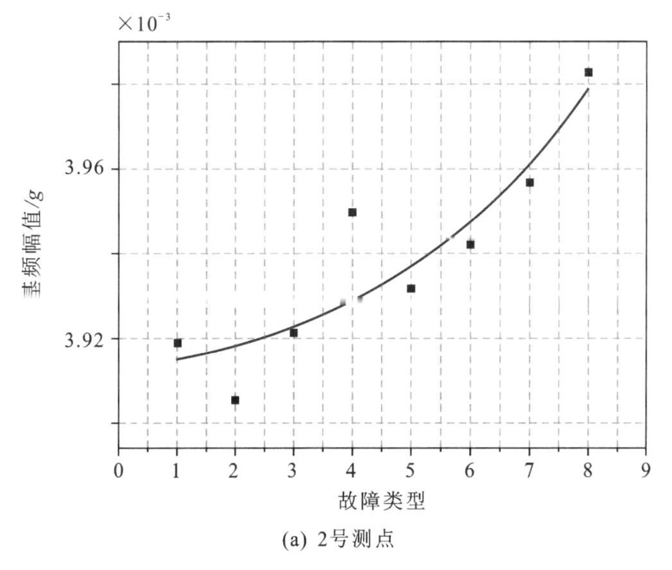

(a) 2号测点

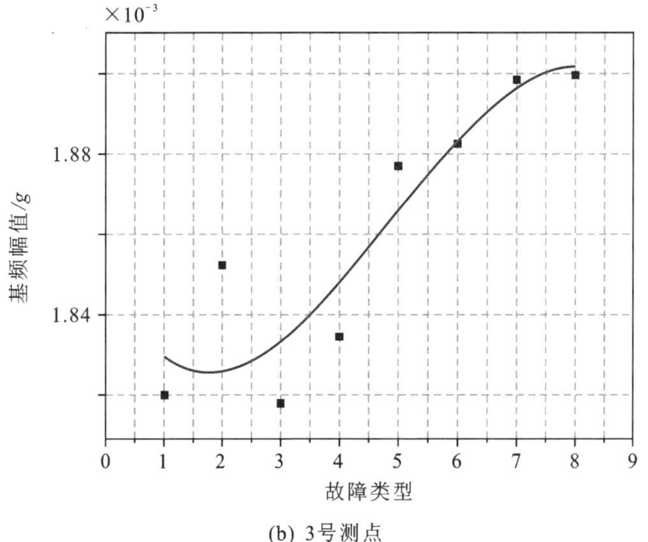

(b) 3号测点

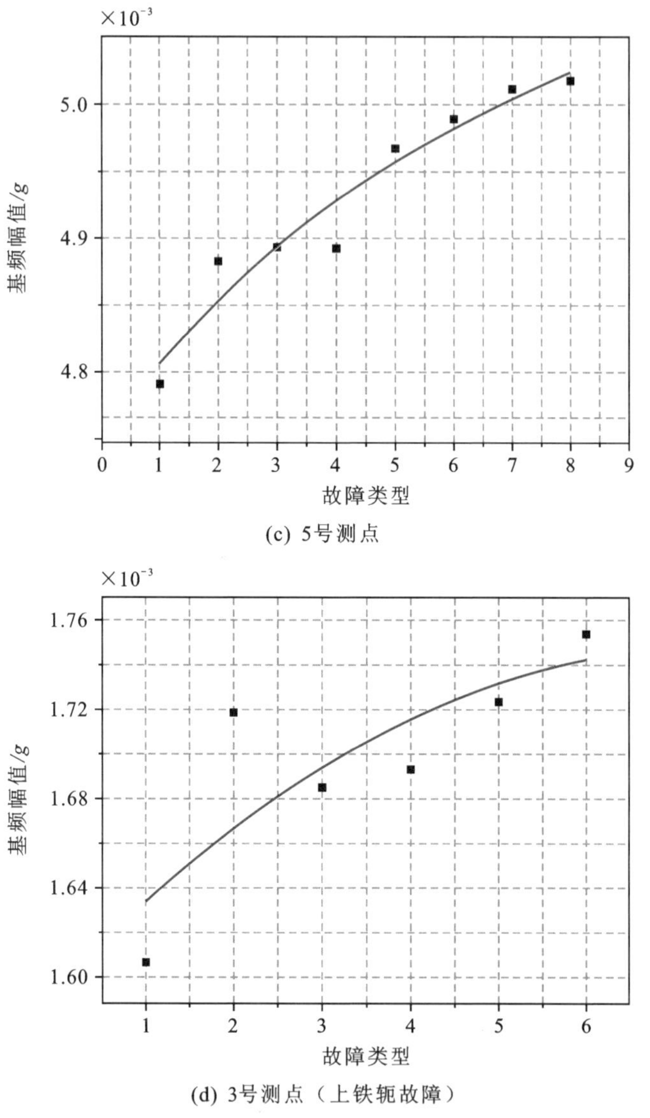

(c) 5号测点

(d) 3号测点（上铁轭故障）

图 7-17　振动基频幅值随片间短路故障变化规律

随着铁芯片间短路故障区域的扩大，其振动基频幅值呈现增大趋势，其原因可能与片间短路对铁芯磁通的影响有关。前面已经提到，铁芯发生片间短路故障时，短路故障点和硅钢片之间将形成回路，与主磁通相交链产生环流（图 7-12(b)），电流数值大小随故障位置和故障区域大小不同而差别较大（实测值达 1 A 左右）。故障电流将直接引起故障区域磁通密度降低，为保持铁芯整体磁通不变，非故障区域磁通密度将小幅升高（如图 7-12(b)中级 2、级 3 区域)，进而引起铁芯表面对应区域基频振幅增大。改变故障位置，于铁芯上铁轭设置片间短路故障，各测点振动变化规律基本一致，其中 3 号测点的振动基频变化规律如图 7-17(d)所示。

7.3.2　铁芯多点接地时铁芯振动特性

多点接地在变压器铁芯总故障中占有较大比重，其中又以两点接地故障最为常见，本书基于定制的铁芯模型，实验室开展铁芯多点接地故障模拟，并测量分析对应故障下的铁芯振动信号。选取上铁轭左、中、右三个区域内分别各 7 个故障位置(位置 1 至 7 距离正常接地点垂直硅钢片方向距离逐渐增大)，如图 7-18 所示。

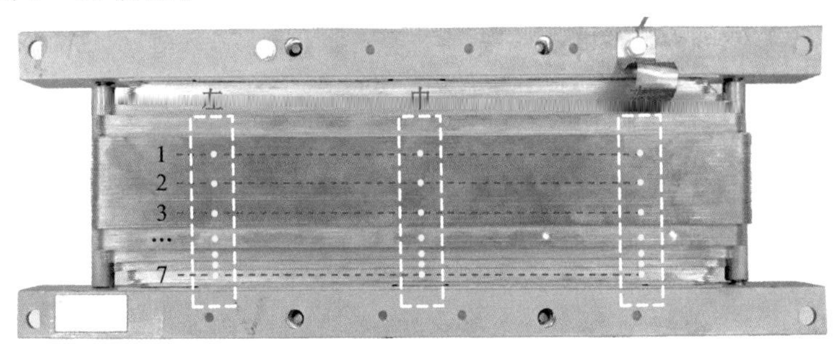

图 7-18　铁芯多点接地故障位置

测量得到不同区域不同位置发生多点接地故障下的故障电流，其幅值变化规律如图 7-19 所示。铁芯多点接地时故障电流随故障接地点离正常接地点的距离增大而呈现先增大后减小的趋势，其原因可以用图 7-12(a)进行解释。铁芯发生两点接地时，故障接地点和正常接地点之间构成回路，与主磁通交链并形成感应电动势，其大小与故障回路交链主磁通面积(亦即故障区域)正相关；而接地故障电流不仅与电动势的大小有关，还受整个回路等效电阻约束，其电阻值计算较为复杂，主要包括硅钢片及穿过表面涂层的电阻。故故障位置从 1 到 7 变化时，故障区域增大，感应电动势增大，在电阻变化不大时，故障电流逐渐增大，而当故障位置超过 4 时，电阻增大的程度开始超过感应电动势，接地电流有所下降。

测量对应故障下的振动信号，测点布置与第 3 章相同，其中 3 号测点基频振动幅值变化规律如图 7-20 所示，可以看出随着故障区域的增大，3 号测点振动基频幅值呈现小幅增大趋势，但增幅不明显，其他测点情况类似，给出测点 3、4、5 在不同位置不同接地故障程度下的振动基频变化如图 7-21 所

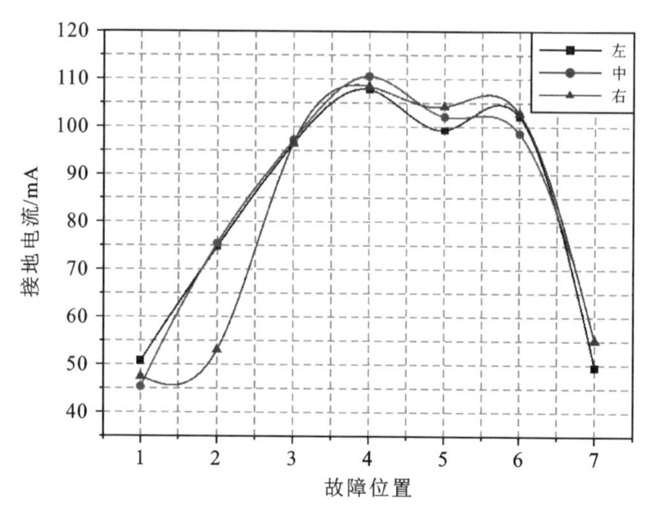

图 7-19 故障电流随接地位置的变化规律

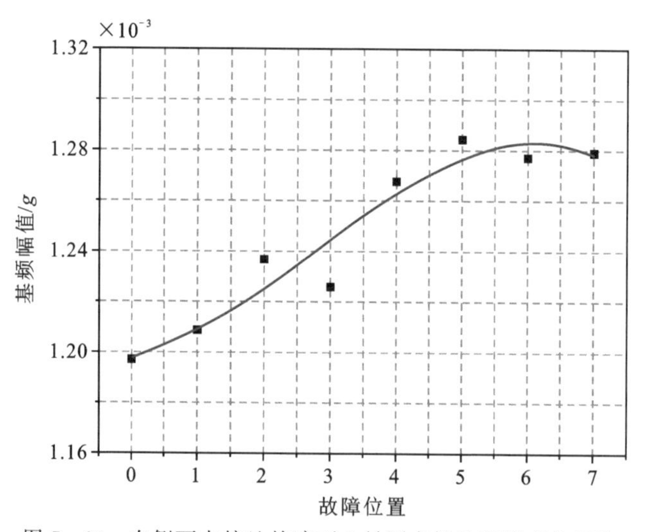

图 7-20 右侧两点接地故障下 3 号测点振动基频变化规律

示，可见，与片间短路故障类似，铁芯发生多点接地故障后，由于故障电流相对不大，对铁芯主磁通分布影响亦可以忽略，故振动变化不明显。

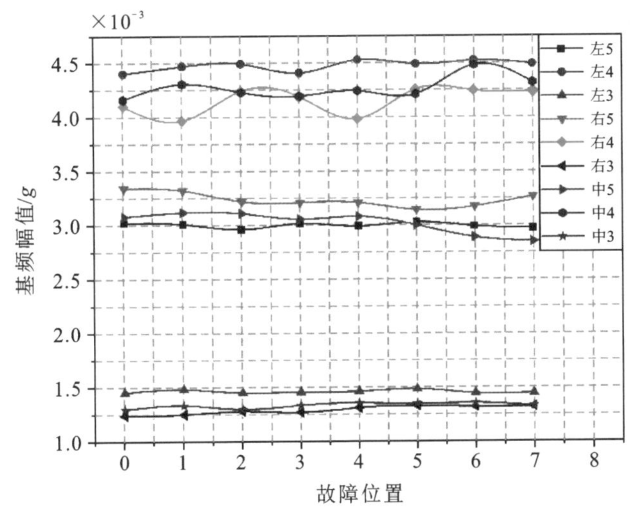

图 7-21 典型测点振动基频随接地故障位置及严重程度的变化规律

7.4 铁芯松动时的振动特性

压应力对硅钢片磁致伸缩影响很大。对于大型电力变压器铁芯，上下夹件、拉板和绑扎带等对铁芯柱施加压力，使铁芯紧固为一体，沿铁芯轧制方向的压应力越小，垂直轧制方向的压应力越大，则铁芯振动越小。一般情况下，铁芯轧制方向仅承受其自重，若夹件发生松动，压紧力减小，则铁芯叠片间间隙增大，直接导致接缝处及叠片间的漏磁增大，导致硅钢片之间的电磁吸引力增大，引起铁芯振动加剧。此外铁芯自重使得硅钢片发生弯曲变形，导致轴向压应力增大，进一步造成铁芯振动增大。可见，压紧力对铁芯振动的影响是一个复杂的过程，有必要对不同压紧力下铁芯振动变化展开研究。

7.4.1 铁芯整体松动下的振动变化规律

得到各测点基频振动随压紧力变化规律如图 7-22 所示，可以看到，铁芯不同测点基频幅值随压紧力变化的规律不同，接缝处振动对夹紧程度较为敏感，可用于铁芯松动故障诊断并获得较高灵敏度。芯柱中间位置与紧固螺栓相距较远，故受压紧力影响较小，松动下振动变化不大。

图 7-23 给出了部分测点不同夹紧力下的振动频谱变化(除 B 柱外，其他铁芯柱测点振动频谱变化规律基本一致)，可见铁芯发生松动故障时

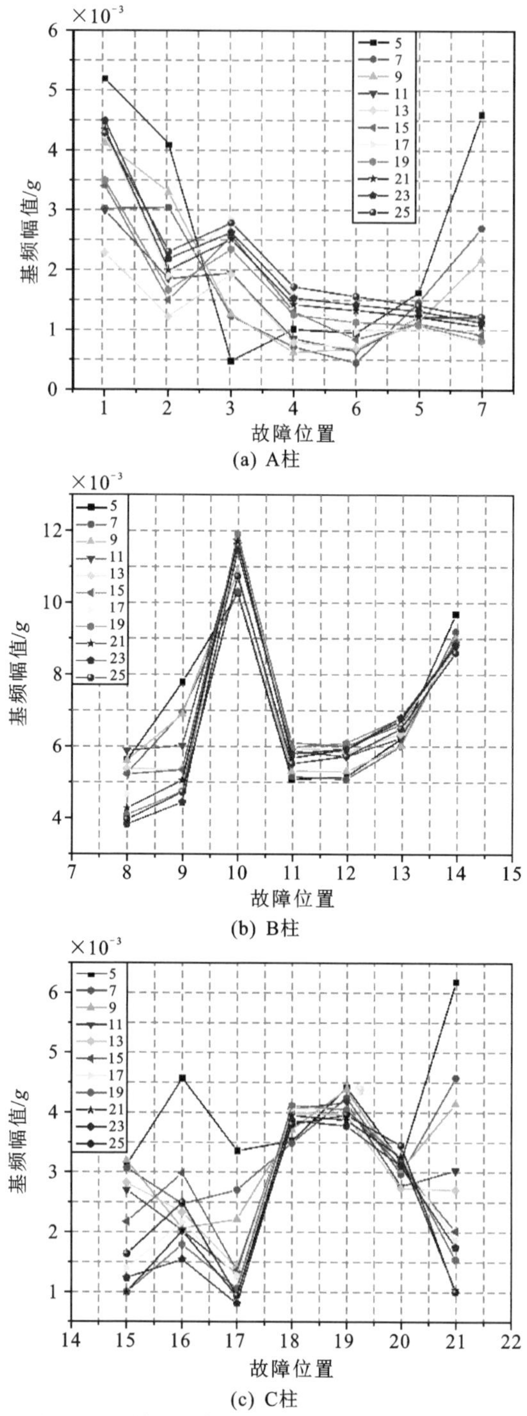

(a) A柱

(b) B柱

(c) C柱

图 7-22 铁芯整体松动故障下的振动变化规律

200 Hz及以内振动变化较大，而高频部分影响相对较小。这与铁芯的前几阶模态频率均小于 200 Hz 有关，当铁芯夹紧力不足引起机械故障时，主要改变了其固有振动特性，从而引起前几阶频率处铁芯振动特性的变化。根据上述结果，选取 100Hz、200 Hz 的振动功率之和(称为低频功率)作为特征值，研究其随铁芯松动的变化规律。

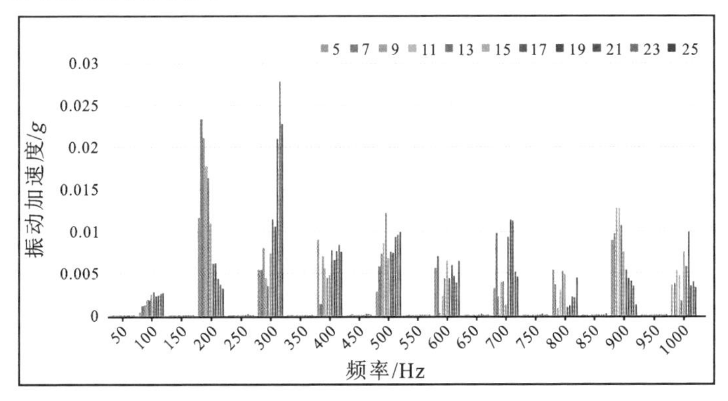

(a) 3号测点

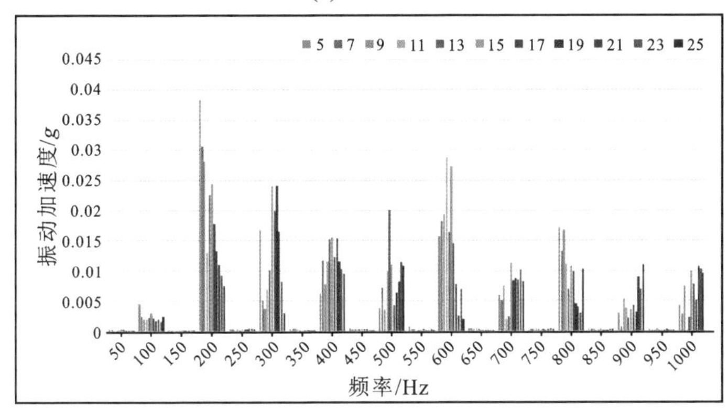

(b) 15号测点

图 7－23　松动故障下的振动频谱变化

图 7－24 给出了铁芯 100 Hz、200 Hz 频率的振动功率随拧紧力矩的变化规律，可以看到随着拧紧力矩的降低，各测点对应的低频振动功率逐渐上升，而当拧紧力矩从 7 N・m 降低至 5 N・m 时，出现突降的现象，其原因可能是由于当时铁芯过于松动，导致硅钢片发生移位等整个结构改变，对于实际运行中的变压器铁芯，发生松动故障时的拧紧力矩一般远高于该值。故 100 Hz、200 Hz 频率的振动功率变化能很好地反映铁芯机械状态。以 3 号测点为例，铁芯整体松动下基频幅值、振动熵及低频功率参数变化统计如表

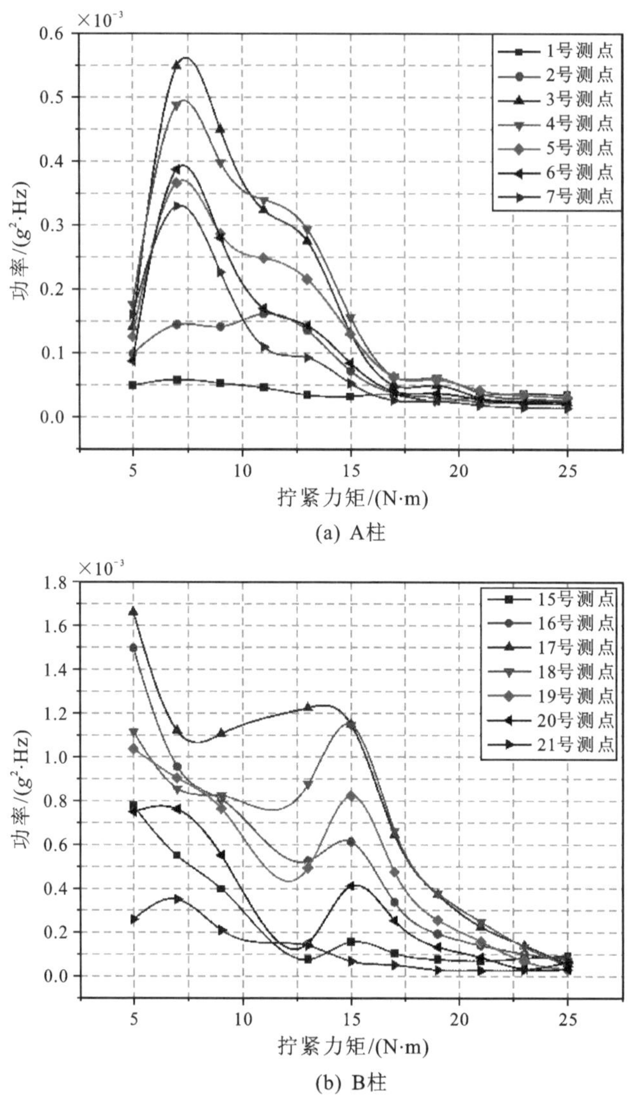

图 7-24 松动下铁芯低频振动功率变化

7-9所示，可以看出低频功率能够更好地反映出铁芯的整体松动情况。

表 7-9 铁芯整体松动下振动参数统计(以3号测点为例)

参量	25 N·m	19 N·m	15 N·m	11 N·m	7 N·m
低频功率/($\times10^{-5}g^2$)	1.85	4.51	12.83	32.15	54.83
基频幅值/($\times10^{-3}g$)	2.78	2.34	2.56	1.94	1.22
振动熵	2.16	2.53	2.70	2.40	2.16

7.4.2　铁芯局部松动下的振动变化规律

实际运行变压器铁芯多发生单个拧紧螺栓松动的故障，即发生局部松动现象。对铁芯进行如下局部松动故障模拟：初始状态下四个夹紧螺栓拧紧力矩为 25 N·m，调节 C 相上夹件螺栓，每次间隔 2 N·m，最低松至 5 N·m，其他三个紧固螺栓保持不变。

测量铁芯表面振动，得到振动频谱随局部松动故障严重程度的变化规律如图 7-25 所示（选取 23、17、11、5 N·m 力矩下的 1 号和 15 号测点）。随着铁芯局部松动程度的增加，靠近松动螺栓位置的测点（15 号）振动频谱变化较大，且规律与整体松动基本一致，即随着拧紧力矩的降低，低频段的振动逐渐增大，而高频部分未见明显变化。此外，对于局部松动故障，铁芯表面不同位置振动响应呈现较大差异，对应松动螺栓附近测点振动变化最大，而距离故障点越远则变化越小。

图 7-26 与图 7-27 分别为低频段振动功率及振动熵随铁芯局部松动故障严重程度的变化曲线。表 7-10 为相应的振动特征值，可以看出，随着铁芯故障严重程度的增加，15 号测点由于靠近松动螺栓对应的接缝区域，其变化幅度较大，即随着拧紧力矩的减低，低频段振动功率逐渐增大，振动熵逐渐减小，且在低于 11 N·m 的拧紧力矩后变化量剧增。

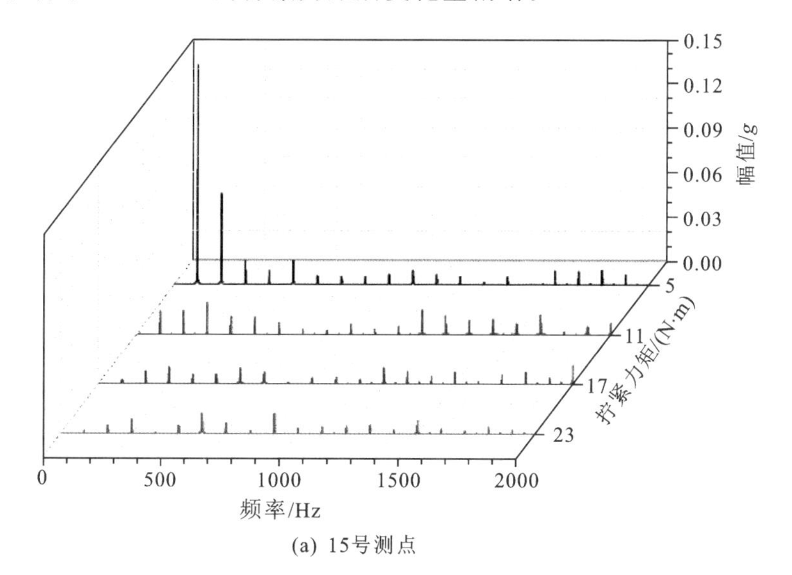

(a) 15号测点

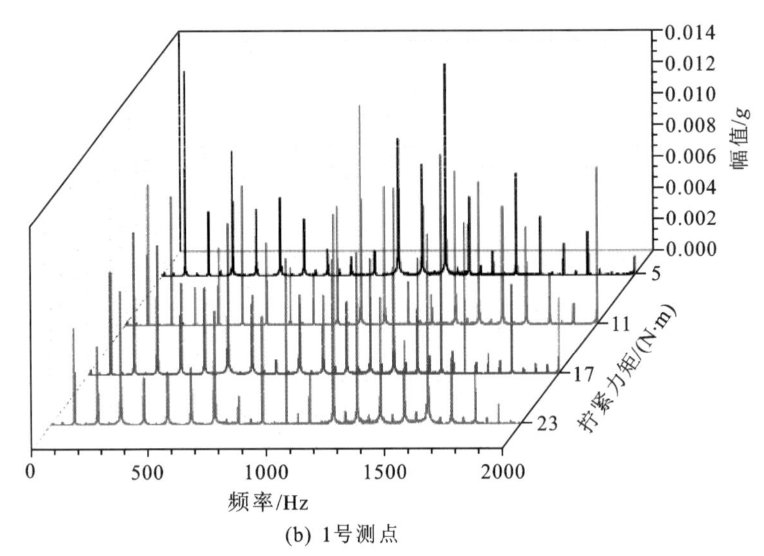

(b) 1号测点

图 7-25　局部松动下的振动频谱变化

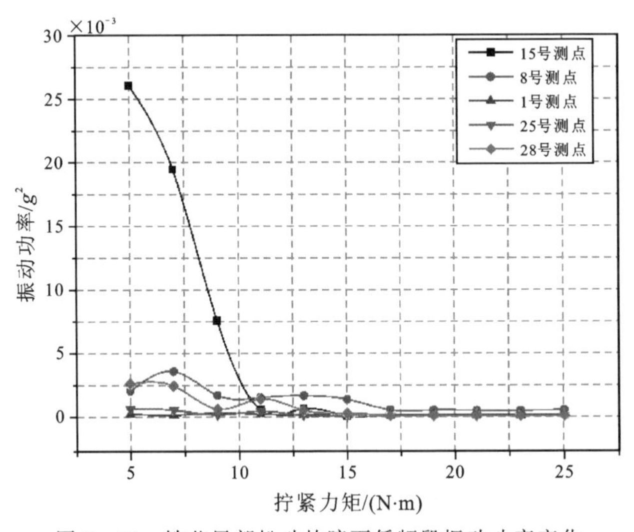

图 7-26　铁芯局部松动故障下低频段振动功率变化

表 7-10　铁芯局部松动下振动特征变化

参量	25 N·m	19 N·m	15 N·m	11 N·m	7 N·m
低频功率/($\times10^{-5}g^2$)	2.98	5.37	6.36	50.09	1939.93
基频幅值/($\times10^{-3}g$)	1.44	2.23	2.73	15.68	133.78
振动熵	2.49	2.86	2.69	2.88	0.52

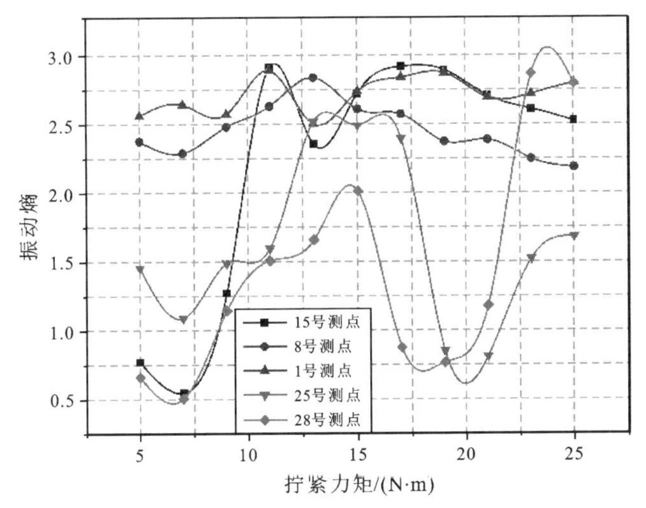

图 7－27　铁芯局部松动故障下振动熵的变化

第8章　工作模态分析在绕组机械状态诊断中的应用

利用振动信号对绕组机械状态进行诊断的难点是获得绕组模态参数，并根据模态参数变化进行故障诊断。稳态运行的变压器呈现多频振动外(100 Hz倍频)，还可能受到来自环境的宽频激励和自身的随机振动进而表现出宽频振动特性。基于环境激励引起的宽频振动响应分析，因不需要测量输入信号，被称为工作模态分析。本章主要介绍工作模态分析在绕组模态参数识别和机械状态诊断中的应用。

8.1　基于模态分析的绕组机械状态评价方法

与健康绕组相比，存在典型机械缺陷绕组的模态参数发生变化，其振动特性也随之改变。传统通过振动谐波频率分布和幅值进行诊断的方法，因无法反映结构模态，具有一定的局限性。与电激励产生的谐振振动信号相比，绕组在宽频激励下的振动特性能够有效地反映其模态特征，更适用于进行故障诊断。为了获得能够反映绕组模态的宽频振动信号，输入信号也必须相应地具有宽频特征。常见的宽频激励源包括：

(1)对绕组进行模态试验时的冲击力锤；

(2)变压器的励磁涌流或突发短路冲击电流；

(3)可精细调频的变频电压或电流源。

这三种激励方式中，激励源(1)可以激发绕组所有的模态，激励源(2)和(3)仅能获得部分模态。

在现场变压器的振动监测中，受限于传感器安装位置和方式的影响，难以直接对绕组本体开展接触式测量，多以油箱振动信号为依据开展相应的状态检测。此种测量方式无法直接获得绕组的模态振型，仅能够获得反映绕组铁芯和油箱固有频率的振动响应特性。在此基础上，可定量计算油箱表面获得的振动频响曲线，最终实现对机械状态的检测。

除上述宽频振动激励源外，变压器自身也可能受到来自变化的风载荷及散热风扇湍流引起的不平稳的压力、因地面或轨道面的粗糙度产生并经过大地传递的振动、地脉动等的宽频激励。此外，机械结构自身也可能产生时间和空间分布上的宽频振动信号，尤其是当变压器结构出现异常时，系统将变得不确定，同时出现随机振动信号。本章将介绍基于工作宽频响应的模态分析方法及其在绕组机械状态诊断中的应用。

8.2　工作模态分析理论

8.2.1　工作模态分析简介

前面章节采用的试验模态分析需要采用力锤等可控方式激励绕组，并建立描述输入与输出对应关系的频响函数矩阵。与试验模态分析相比，工作模态分析假设被测试的结构处于具有近似白噪声特性的激励下。由于白噪声激励的能量分布频率范围宽，因而能够覆盖一定频率范围内的结构模态频率，引起相应模态的振动。更宽松的假设认为实际的激励不需要服从严格的白噪声特性，只要能够激励一定数量的模态并使得该模态能够被采集和分析。这意味着激励不以任何特定的频率而是以宽频特性驱动结构振动，频率响应中被明显放大的成分能够反映结构的模态。工作模态分析仅依据环境激励下的响应信号提取结构的固有频率、振型、阻尼比等模态参数，不需要测量输入，可验证结构的理论模态分析结果，研究结构在多种环境中的动力学响应，监测结构状态。自 20 世纪 90 年代以来，该项技术被广泛地应用在高层建筑、桥梁、飞机、轮船、海上平台的结构状态监测中。

8.2.2　随机振动的高斯分布及功率谱密度函数

白噪声的幅值无法测量，属于随机信号。根据随机信号的定义，假设随机变量$\{x_1, x_2, \cdots, x_M\}$是一组大小为$M$，服从均值为$\mu$、方差为$\sigma^2$的独立同分布随机变量，则这些随机变量的一种线性组合为

$$y = \sum_{m=1}^{M} a_m x_m \tag{8-1}$$

式中，a_m为线性加权系数。

根据单输入单输出系统的动力学特性，结构响应 $y(t)$ 等于激励 $x(t)$ 与系统脉冲响应函数 $h(t)$ 的卷积，可以表示为

$$y(t)=\int_{-\infty}^{\infty} h(t-\tau)x(\tau)\,\mathrm{d}\tau \tag{8-2}$$

以时间间隔 Δt 对式(8-2)进行采样，可得：

$$y(n)=\sum_{k=-\infty}^{\infty} h(n-k)x(k)\Delta t \tag{8-3}$$

对小阻尼系统的振动，可认为 $h(n-k)$ 中仅有 N_m 个系数非零，则式(8-3)变为

$$y(n)=\sum_{k=n-N_m}^{n} h(n-k)x(k)\Delta t \tag{8-4}$$

任意分布的随机载荷 $x(k)$ 作用下的系统响应均可以表现为如式(8-4)所示的线性叠加的形式。根据中心极限定理，系统响应 $y(n)$ 将服从于均值为 μ_y、方差为 σ_y^2 的高斯分布，其中：

$$\mu_y=\mu\sum h(n-k)\Delta t \tag{8-5}$$

$$\sigma_y^2=\sigma^2\sum a_m^2 \tag{8-6}$$

由中心极限定理可知，大阻尼系统的 N_m 减小，此时响应不再满足高斯分布。由于相关性充分描述了零均值信号的高斯分布，因此仅需要计算响应信号的相关性，便可全面反映结构的响应特点。

在多输入多输出系统，响应信号与输入信号的卷积形式为

$$\boldsymbol{y}^{\mathrm{T}}(t)=\boldsymbol{x}^{\mathrm{T}}(t) * \boldsymbol{H}^{\mathrm{T}}(t) \tag{8-7}$$

式中，$\boldsymbol{y}(t)$ 为响应信号；$\boldsymbol{x}(t)$ 为输入信号；$\boldsymbol{H}(t)$ 为传递函数矩阵。

响应信号的相关函数矩阵为

$$\boldsymbol{R}_y(\tau)=E[\boldsymbol{y}(t)\,\boldsymbol{y}^{\mathrm{T}}(t+\tau)]=\frac{1}{T}\int_0^{\mathrm{T}} \boldsymbol{y}(t)\,\boldsymbol{y}^{\mathrm{T}}(t+\tau)\,\mathrm{d}t \tag{8-8}$$

由卷积和相关函数的性质可得：

$$\begin{aligned}\boldsymbol{R}_y(\tau)&=\int_{-\infty}^{\infty} E[\boldsymbol{y}(t)\,\boldsymbol{x}^{\mathrm{T}}(t+\tau-\alpha)]\boldsymbol{H}^{\mathrm{T}}(\alpha)\,\mathrm{d}\alpha\\&=\int_{-\infty}^{\infty} \boldsymbol{R}_{yx}(\tau-\alpha)\boldsymbol{H}^{\mathrm{T}}(\alpha)\,\mathrm{d}\alpha\\&=\boldsymbol{R}_{yx}(\tau) * \boldsymbol{H}^{\mathrm{T}}(\tau)\end{aligned} \tag{8-9}$$

同理可得互相关函数矩阵：

$$\boldsymbol{R}_{yx}(\tau)=\boldsymbol{H}(-\tau) * \boldsymbol{R}_x(\tau) \tag{8-10}$$

由式(8-9)和式(8-10)可得响应和输入信号的相关函数矩阵满足：

$$\boldsymbol{R}_y(\tau)=\boldsymbol{H}(-\tau) * \boldsymbol{R}_x(\tau) * \boldsymbol{H}^{\mathrm{T}}(\tau) \tag{8-11}$$

对式进行傅里叶变换，并由传递函数矩阵的对称性可得响应信号的功率谱密度函数$\boldsymbol{G}_y(\omega)$为

$$\boldsymbol{G}_y(\omega)=\boldsymbol{H}(-\mathrm{i}\omega)\boldsymbol{G}_x(\omega)\boldsymbol{H}^{\mathrm{T}}(\mathrm{i}\omega)=\boldsymbol{H}^*(\mathrm{i}\omega)\boldsymbol{G}_x(\omega)\boldsymbol{H}^{\mathrm{T}}(\mathrm{i}\omega) \tag{8-12}$$

其中，频响函数矩阵 $\boldsymbol{H}(\mathrm{i}\omega)$ 为

$$\boldsymbol{H}(\mathrm{i}\omega)=\sum_{n=1}^{N}\left(\frac{\boldsymbol{b}_n\boldsymbol{b}_n^{\mathrm{T}}}{a_n(\mathrm{i}\omega-\lambda_n)}+\frac{\boldsymbol{b}_n^*\boldsymbol{b}_n^{*\mathrm{T}}}{a_n^*(\mathrm{i}\omega-\lambda_n^*)}\right)=\sum_{n=1}^{N}\left(\frac{\boldsymbol{A}_n}{\mathrm{i}\omega-\lambda_n}+\frac{\boldsymbol{A}_n^*}{\mathrm{i}\omega-\lambda_n^*}\right) \tag{8-13}$$

式中，$\boldsymbol{b}_n$为结构模态振型向量的矩阵；λ_n 和λ_n^* 为系统的极点(固有频率)；a_n为归一化的模态质量。

由式(8－12)和式(8－13)可得：

$$\begin{aligned}\boldsymbol{G}_y(\omega)&=\sum_{n=1}^{N}\left(\frac{\boldsymbol{A}_n}{-\mathrm{i}\omega-\lambda_n}+\frac{\boldsymbol{A}_n^*}{-\mathrm{i}\omega-\lambda_n^*}\right)\boldsymbol{G}_x\sum_{n=1}^{N}\left(\frac{\boldsymbol{A}_n}{\mathrm{i}\omega-\lambda_n}+\frac{\boldsymbol{A}_n^*}{\mathrm{i}\omega-\lambda_n^*}\right)\\&=\sum_{n=1}^{N}\left(\frac{\boldsymbol{A}_n\boldsymbol{G}_x\boldsymbol{B}_n}{-\mathrm{i}\omega-\lambda_n}+\frac{\boldsymbol{A}_n^*\boldsymbol{G}_x\boldsymbol{B}_n^*}{-\mathrm{i}\omega-\lambda_n^*}+\frac{\boldsymbol{B}_n\boldsymbol{G}_x\boldsymbol{A}_n}{\mathrm{i}\omega-\lambda_n}+\frac{\boldsymbol{B}_n^*\boldsymbol{G}_x\boldsymbol{A}_n^*}{\mathrm{i}\omega-\lambda_n^*}\right)\\&=\sum_{n=1}^{N}\left(\frac{\boldsymbol{b}_n\gamma_n^{\mathrm{T}}}{-\mathrm{i}\omega-\lambda_n}+\frac{\boldsymbol{b}_n^*\gamma_n^{\mathrm{H}}}{-\mathrm{i}\omega-\lambda_n^*}+\frac{\gamma_n\boldsymbol{b}_n^{\mathrm{T}}}{\mathrm{i}\omega-\lambda_n}+\frac{\gamma_n^*\boldsymbol{b}_n^{\mathrm{H}}}{\mathrm{i}\omega-\lambda_n^*}\right)\end{aligned} \tag{8-14}$$

$$\gamma_n=\boldsymbol{B}_n\boldsymbol{G}_x\frac{\boldsymbol{b}_n}{a_n} \tag{8-15}$$

$$\boldsymbol{B}_n=\sum_{s=1}^{N}\left(\frac{\boldsymbol{A}_s}{-\lambda_n-\lambda_s}+\frac{\boldsymbol{A}_s^*}{-\lambda_n-\lambda_s^*}\right) \tag{8-16}$$

式中，γ_n 为加权的模态参与系数。

8.2.3　工作模态分析的频域分解方法

由式(8－13)和式(8－14)对比可知，分解频响函数矩阵获得的奇异值(复模态函数)与分解功率谱密度矩阵获得的奇异值并不完全相同。在工作模态分析中，基于奇异特征值分解和功率谱密度矩阵的频域分解方法，能够将功率谱密度矩阵的所有信息体现在奇异值中，分解两个紧邻的模态。对于小阻尼结构中不重叠的模态振型，γ_n 为

$$\gamma_n \approx c_n^2\boldsymbol{b}_n \tag{8-17}$$

式中，c^2为正实数，其值与模态振型向量与输入功率谱的内积成正比，与固有频率、阻尼及模态质量成反比。因此，式(8－14)可以简化为

$$G_y(\omega) \approx \sum_{n=1}^{N}\left(\frac{c^2 \boldsymbol{b}_n \boldsymbol{b}_n^{\mathrm{T}}}{\mathrm{i}\omega - \lambda_n} + \frac{c^2 \boldsymbol{b}_n^* \boldsymbol{b}_n^{\mathrm{T}}}{-\mathrm{i}\omega - \lambda_n^*}\right) \approx \sum_{n=1}^{N} 2c^2 \mathrm{Re}\left(\frac{\boldsymbol{b}_n \boldsymbol{b}_n^{\mathrm{T}}}{\mathrm{i}\omega - \lambda_n}\right) \tag{8-18}$$

由式(8－18)可知,输出响应的功率谱密度函数满足奇异值分解:

$$\boldsymbol{G}_y(\omega) = \boldsymbol{US}\boldsymbol{U}^{\mathrm{H}} = \boldsymbol{U}[s_n^2]\boldsymbol{U}^{\mathrm{H}} \tag{8-19}$$

式中,对角矩阵 $\boldsymbol{S}$ 中奇异值 s_n^2 为模态坐标的自功率谱密度,反映了结构的固有频率;矩阵 $\boldsymbol{U}$ 中的列向量为模态振型向量。由于工作模态分析的频域分解能够得到不重叠度高、模态坐标近乎正交的模态振型,得到了广泛的应用。

8.3 绕组的工作模态分析

8.3.1 绕组轴向振动的状态空间模型

运行中的变压器绕组受到的环境中近似白噪声的随机激励,也会展现出宽频振动的特性。建立绕组轴向振动的状态空间模型在 MATLAB 中进行仿真研究,获得随机振动信号驱动下的线圈振动响应并对绕组进行工作模态分析。第 2 章中绕组轴向动力学方程对应的连续时间状态空间模型为

$$\begin{bmatrix} \boldsymbol{C} & \boldsymbol{M} \\ \boldsymbol{M} & \boldsymbol{0} \end{bmatrix}\begin{bmatrix} \dot{\boldsymbol{x}} \\ \ddot{\boldsymbol{x}} \end{bmatrix} + \begin{bmatrix} \boldsymbol{K} & \boldsymbol{0} \\ \boldsymbol{0} & -\boldsymbol{M} \end{bmatrix}\begin{bmatrix} \boldsymbol{x} \\ \dot{\boldsymbol{x}} \end{bmatrix} = \begin{bmatrix} \boldsymbol{F}(t) \\ \boldsymbol{0} \end{bmatrix} \tag{8-20}$$

式(8－20)可进一步表示为

$$\boldsymbol{G}\dot{\boldsymbol{x}} + \boldsymbol{HX} = \boldsymbol{EF}(t) \tag{8-21}$$

式中,$\boldsymbol{G} = \begin{bmatrix} \boldsymbol{C} & \boldsymbol{M} \\ \boldsymbol{M} & \boldsymbol{0} \end{bmatrix}$,$\boldsymbol{X} = \begin{bmatrix} \boldsymbol{x} \\ \dot{\boldsymbol{x}} \end{bmatrix}$,$\boldsymbol{H} = \begin{bmatrix} \boldsymbol{K} & \boldsymbol{0} \\ \boldsymbol{0} & -\boldsymbol{M} \end{bmatrix}$,$\boldsymbol{E} = \begin{bmatrix} \boldsymbol{I} \\ \boldsymbol{0} \end{bmatrix}$。$\boldsymbol{G}$ 和 $\boldsymbol{H}$ 为 $2n+4$ 维方阵,$\boldsymbol{E}$ 和 $\boldsymbol{X}$ 为 $2n+4$ 维列向量。

式(8－21)可转化为经典的状态方程和输出方程形式:

$$\dot{\boldsymbol{x}} = \boldsymbol{AX} + \boldsymbol{BF}(t) \tag{8-22}$$

$$\ddot{\boldsymbol{x}} = \boldsymbol{JX} + \boldsymbol{DF}(t) \tag{8-23}$$

式中,$\boldsymbol{A} = -\boldsymbol{G}^{-1}\boldsymbol{H}$,$\boldsymbol{B} = \boldsymbol{G}^{-1}\boldsymbol{E}$,$\boldsymbol{J} = [-\boldsymbol{M}^{-1}\boldsymbol{K} \quad -\boldsymbol{M}^{-1}\boldsymbol{C}]$,$\boldsymbol{D} = \boldsymbol{M}^{-1}$。

式(8－22)和式(8－23)对应的离散形式为

$$\dot{\boldsymbol{x}}(T + \Delta t) = \mathrm{e}^{A\Delta t}\boldsymbol{X}(T) + \left(\int_0^{\Delta t} \mathrm{e}^{At}\boldsymbol{B}\,\mathrm{d}t\right)\boldsymbol{F}(T) \tag{8-24}$$

$$\ddot{\boldsymbol{x}}(T) = \boldsymbol{JX}(T) + \boldsymbol{DF}(T) \tag{8-25}$$

式中,Δt 为采样间隔。利用式(8－24)和式(8－25)可求解绕组各线圈在任意载荷下的响应。

8.3.2　噪声激励下绕组的工作模态分析

向绕组轴向振动模型中的不同线圈添加幅值满足 $U(0,1)$(均匀随机分布),单位为牛顿的白噪声激励。根据绕组干模态 0 Hz 至 500 Hz 的阻尼比将阻尼矩阵 $\boldsymbol{C}$ 表示为瑞利阻尼的形式,其中 $\alpha=8.77\ \mathrm{s}^{-1}$,$\beta=6.35\times10^{-6}\ \mathrm{s}$。仿真总时长为 10 s,时间间隔 1×10^{-4} s(采样频率 10 kHz))。为避免仿真起始阶段因施加载荷引起的暂态振动仅获得绕组稳态条件下的振动响应,对仿真获得的第 10 s 内,时长共计 1s 的振动信号采用 Welch 法计算功率谱密度。

仿真获得不同位置的随机激励下,绕组线圈的功率谱密度如图 8－1 所示。

由图可知,三种情况下顶部和底部压板的功率谱密度曲线较为平坦,说明这两个部件的振动幅值较小,与所示的各阶模态振型中压板的小振幅特点一致。受绕组固有频率的影响,绕组线圈的功率谱密度曲线在 200 Hz、500 Hz、800 Hz 及 1000 Hz 具有明显的谐振峰,但在其他频率处的响应较为平坦。

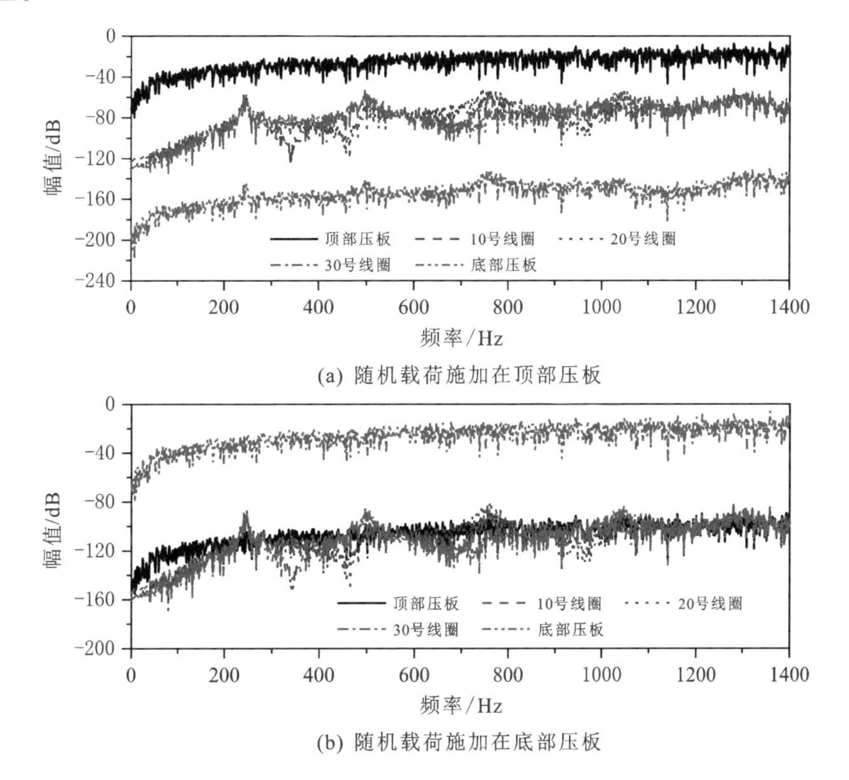

(a) 随机载荷施加在顶部压板

(b) 随机载荷施加在底部压板

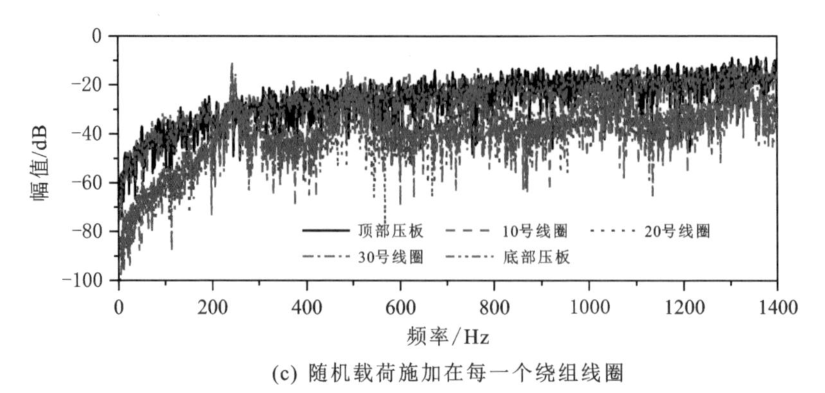

(c) 随机载荷施加在每一个绕组线圈

图 8-1 随机载荷激励下绕组线圈振动响应的功率谱密度

由三种激励位置的功率谱密度可知，当随机载荷施加到每一个绕组线圈上时，绕组接收的激励能量最多，因而振动响应的功率谱密度最大。随机载荷施加在顶部压板时引起的振动响应高于载荷施加在底部压板的响应，说明随机载荷施加在绕组顶部时更容易引起绕组的大幅振动。当随机载荷施加在每一个绕组线圈时，由式(8-19)计算获得的响应信号功率谱密度的前四阶奇异值如图 8-2 所示。从图中可以看出，在绕组固有频率的附近存在着几个较高的响应峰值。

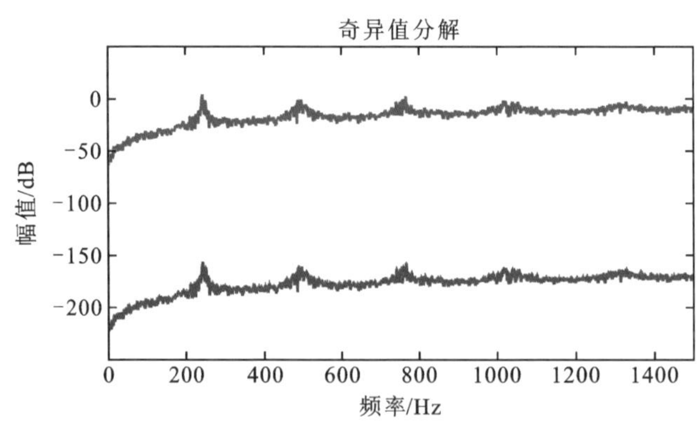

图 8-2 功率谱密度矩阵的前四阶奇异值

拾取谐振峰对应的频率，由式(8-19)计算获得模态振型如图 8-3 所示。与所示的绕组固有频率相比，工作模态分析获得的固有频率的误差分别为 0.04%、0.12%、0.92%、1.27%。误差随频率增大的原因为：阻尼作用随频率升高增大，降低了谐振峰的响应幅值，而在识别小幅值谐振峰对应频率的过程中容易产生误差。工作模态分析获得的振型与所示的理论分析的模态振型基本一致，说明工作模态分析能够有效地利用随机响应信号对绕组的模态参数进行识别。

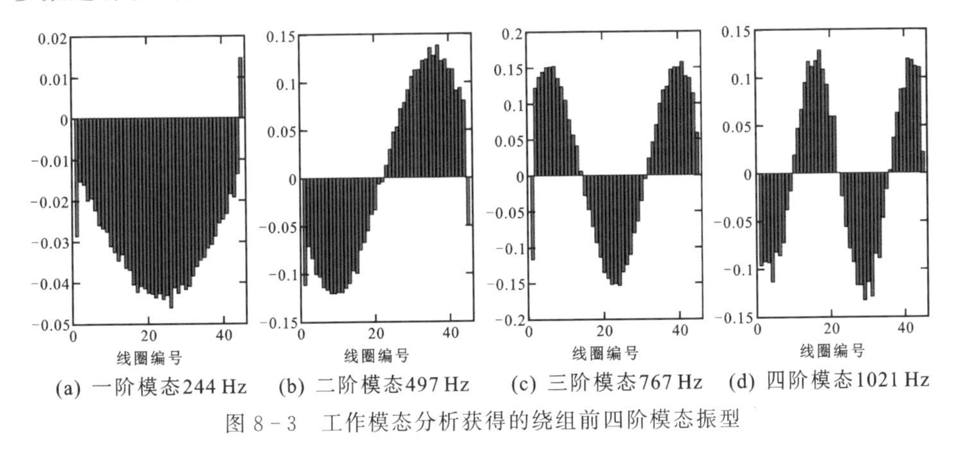

(a) 一阶模态244 Hz　(b) 二阶模态497 Hz　(c) 三阶模态767 Hz　(d) 四阶模态1021 Hz

图 8-3　工作模态分析获得的绕组前四阶模态振型

8.3.3　谐波对工作模态分析的影响

综合考虑绕组受到的谐波激励和随机激励，实际绕组的振动信号中包括多频振动分量(谐波)和宽频的随机振动分量，如图 8-4 所示。

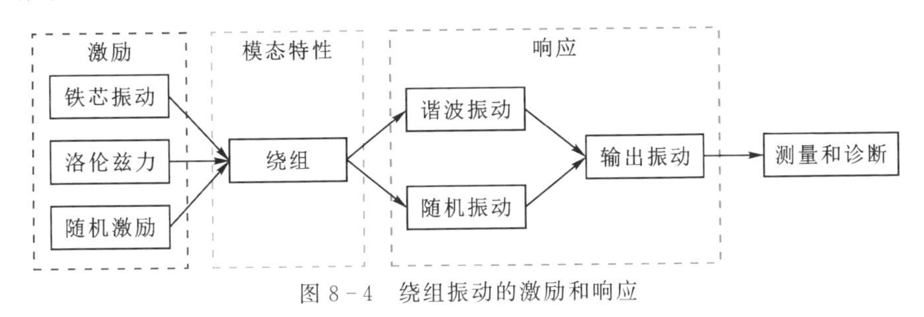

图 8-4　绕组振动的激励和响应

为了获得绕组线圈在混合激励下的振动特性，向绕组轴向振动模型顶部压板施加幅值满足 $U(0,100)$、最高频率为 1000 Hz 的力载荷，在其余线圈施加幅值满足 $U(0,1)$的随机力载荷，载荷单位均为 N。电源频率为50.0629 Hz 时，线圈输入和输出信号的频谱和功率谱如图 8-5 所示。

由图 8-5 可知，线圈振动信号中出现了大量频率为 50 Hz 倍频的谐波，离散频率(多频)激励引起的振动依然为孤立频率上的响应，而随机振动激励引起振动具有宽频振动特征。采用 dB 表示功率谱能够减小不同幅值响应之间的差异，方便识别低幅值的振动信号。计算获得谐波和随机信号共同激励

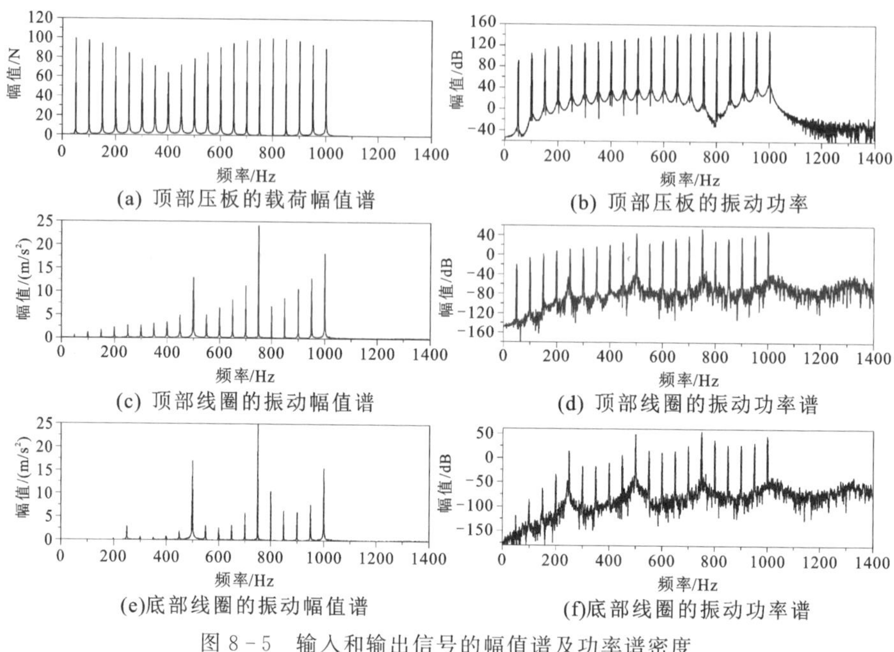

(a) 顶部压板的载荷幅值谱　　(b) 顶部压板的振动功率

(c) 顶部线圈的振动幅值谱　　(d) 顶部线圈的振动功率谱

(e)底部线圈的振动幅值谱　　(f)底部线圈的振动功率谱

图 8-5　输入和输出信号的幅值谱及功率谱密度

下,振动信号功率谱密度矩阵的前四个奇异值如图 8-6 所示。对比图 8-2 可知,随机信号激励引起的反映固有频率的谐振峰被高比例的 50 Hz 倍频谐波分量遮盖,无法识别。为了利用随机振动信号进行工作模态分析,需要去除振动信号中的谐波分量。

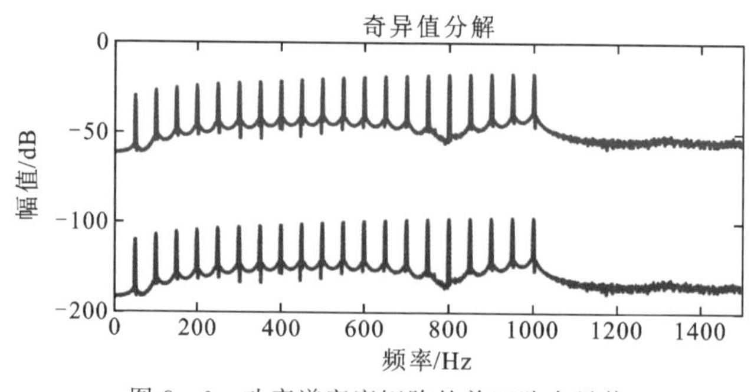

图 8-6　功率谱密度矩阵的前四阶奇异值

8.3.4 基于FFT滤波器和带阻滤波器的谐波去除方法

快速傅里叶变换(FFT)滤波器首先通过FFT变换获得幅值谱,然后将幅值谱中较高的幅值对应的频率分量强制归零,再进行FFT的逆变换获得时域信号,最终通过时域信号计算功率谱密度矩阵。由上述步骤可知,FFT滤波器的效果取决于频率分辨率,例如时长为1 s的数据对应的频率分辨率为1 Hz。当频率分辨率不足时,FFT结果将存在频率泄漏,无法完全去除谐波频率分量。

不同电源频率时,由FFT滤波器去除高幅值谐波后计算获得的功率谱密度矩阵的第一阶奇异值如图8-7所示。由图可知,当电源频率为50 Hz时,FFT变换后谐波的能量准确地集中在50 Hz的倍频处,不存在频谱泄漏,故在此条件下FFT滤波器能够完美地去除谐波,仅获得宽频的随机振动信号。但变压器实际振动信号的频率会随着电源频率出现小范围波动,因而对信号进行FFT时会因为频率分辨率不足出现频谱泄漏,影响FFT滤波器的精度。当电源频率分别为50.05 Hz和50.1 Hz时,FFT滤波器无法有效地去除谐波。为了解决上述不足,可以增加信号的采样时间,从而提高频率分辨率,减小频谱泄漏,增强FFT滤波器的效果。

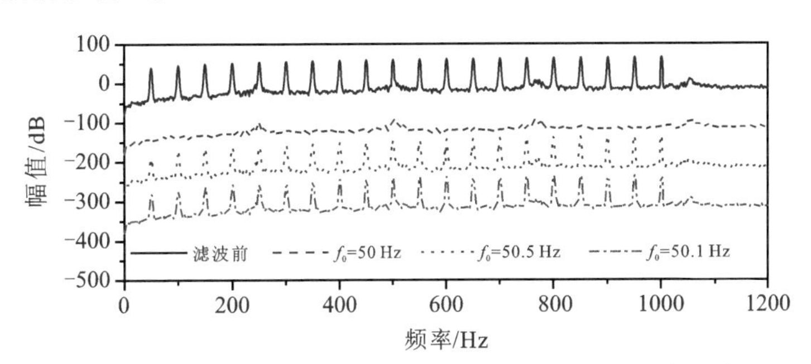

图8-7　不同电源频率下功率谱密度矩阵的第一阶奇异值
(黑色实线为原始曲线,每条曲线与它上面的曲线偏移100 dB)

除采用FFT滤波器去掉特定频率的谐波外,还可以采用如图8-8所示的带阻滤波器滤除特定频率范围内的信号。选择在通带内具有较为平坦响应特性的巴特沃斯型滤波器进行带阻滤波器设计。为了尽可能使滤波器有效地滤除谐波频率分量,减小对其他频率分量的影响,需要设计阻带宽度小、衰减程度大的高阶滤波器。仿真采用的滤波器的中心频率 f_C 为 $(2n-1)\times$

50 Hz,−3 dB 截止频带为 f_T,−120 dB 的频带为 f_S,其中 $f_T-f_S=0.2$ Hz。

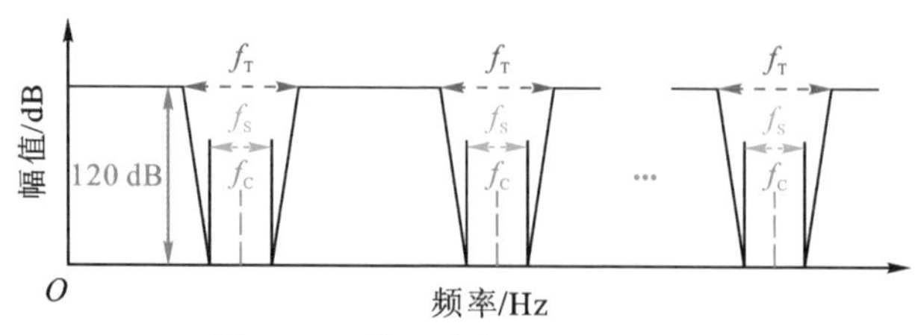

图 8-8　带阻滤波器的幅频特性

采用不同阻带宽度的滤波器去除混合振动信号中谐波振动分量后,再由随机信号计算获得功率谱密度矩阵。采用奇异值分解获得功率谱密度矩阵的第一阶奇异值如图 8-9 所示。由图可知,带阻滤波器在低频处具有较好的滤波效果,但无法去除较高频率处的谐波。造成这种现象的原因在于,电源频率波动引起的频率误差会随着频率的升高而增大。例如,当电源频率为 50.1 Hz 时,其 10 倍频振动谐波对应的频率为 501 Hz,20 倍频振动谐波对应的频率为 1002 Hz。可以适当增加滤波器的阻带宽度以克服频率波动的影响,但上述方法又会使得更多的频率分量被滤除,影响宽频的振动响应。

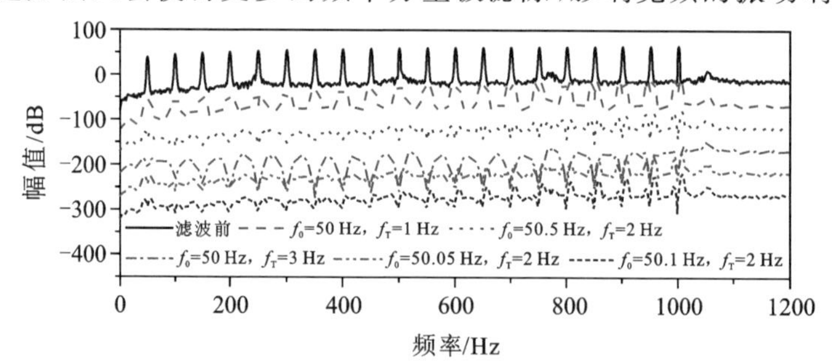

图 8-9　不同电源频率下功率谱密度矩阵的第一阶奇异值
(黑色实线为原始曲线,每条曲线与它上面的曲线偏移 100 dB)

此外,阻带宽度小、阻带衰减增益大的滤波器具有较高的阶数和显著的“群延迟”效应。该效应使得滤波后信号的起始时刻向后推迟,将缩短有效信号的持续时间,降低功率谱密度的频率分辨率。延迟作用也会随滤波器阶数的增加而增大,该特性限制了高阶滤波器在去除谐波中的应用。

从上述对 FFT 滤波器和带阻滤波器的分析可知,FFT 滤波器和带阻滤波器均无法有效地去除电源频率波动影响下的振动谐波分量,需要一种新的滤波机制来去除谐波信号,获得随机振动信号。

8.3.5　基于峰态-最小二乘法的谐波去除方法

由图 8-4 可知,实际采集到的振动信号是谐波与随机振动信号的叠加,可以表示为

$$y(t)=\tilde{y}(t)+y_{\mathrm{random}}(t) \tag{8-26}$$

$$\tilde{y}(t)=\sum_{i=1}^{n}\left(a_i\cos(2\pi f_i t)+b_i\sin(2\pi f_i t)\right) \tag{8-27}$$

式中,$y(t)$为混合振动的信号;$\tilde{y}(t)$为谐波振动信号;$y_{\mathrm{random}}(t)$为随机振动信号;a_i和b_i是与谐波分量相关的常数;f_i为谐波振动信号的频率。

若已知电源频率,则可以采用回归计算得到混合振动信号中的谐波部分,再将谐波部分从混合信号中去除,获得随机信号。但受电源频率的波动的影响,传统的固定电源频率仅对谐波进行线性回归的方法难以奏效。随机振动信号满足高斯分布,其峰度为

$$k=E\left[(y(t)-\mu)^4\right]/\sigma^4=1/T\sigma^4\int_0^T(y(t)-\mu)^4\mathrm{d}t \tag{8-28}$$

式中,μ 为信号的均值;σ 为信号的方差。由高斯分布的特性可知,当随机信号为高斯分布时,其峰度接近 3;若信号中含有谐波,则其峰度一般不等于 3。上述规律表明,峰度等于 3 是信号满足高斯分布的必要不充分条件。

据此,本书提出了基于峰度-最小二乘的谐波去除方法,如图 8-10 所示。

该算法通过对电源频率和谐波进行联合估计,利用峰度分布作为目标函数,从而获得谐波和随机振动信号的最佳估计,实现谐波振动信号的去除。实施步骤如下:

(1)设置电源频率的计算范围 f_r($f_{\min}$至 $f_{\max}$)和计算步长 f_i;例如在第一轮迭代时,设置电源频率的范围为 49.9 Hz 至 50.1 Hz,步长 f_i 为 0.002 Hz。

(2)采用最小二乘法,根据式(8-26)和式(8-27)估计上述频率范围内不同频率对应的谐波振动分量;

(3)根据式(8-28),由原始振动信号减去估计的谐波振动信号获得随机振动信号,并计算随机信号的峰度;

(4)当迭代次数为 1 时,不同电源频率对应的峰度呈现出 M 形的分布特点,中间凹陷点对应的频率接近真实的电源频率 f_C。选择该频率作为后续迭代频率范围的中间值,重新设置新的频率估计范围($f_{\min}$至 $f_{\max}$),并重复步骤(1)至步骤(3)。

(5)当迭代次数不为 1 时,选择峰度中最接近 3 的频率作为新的中心频

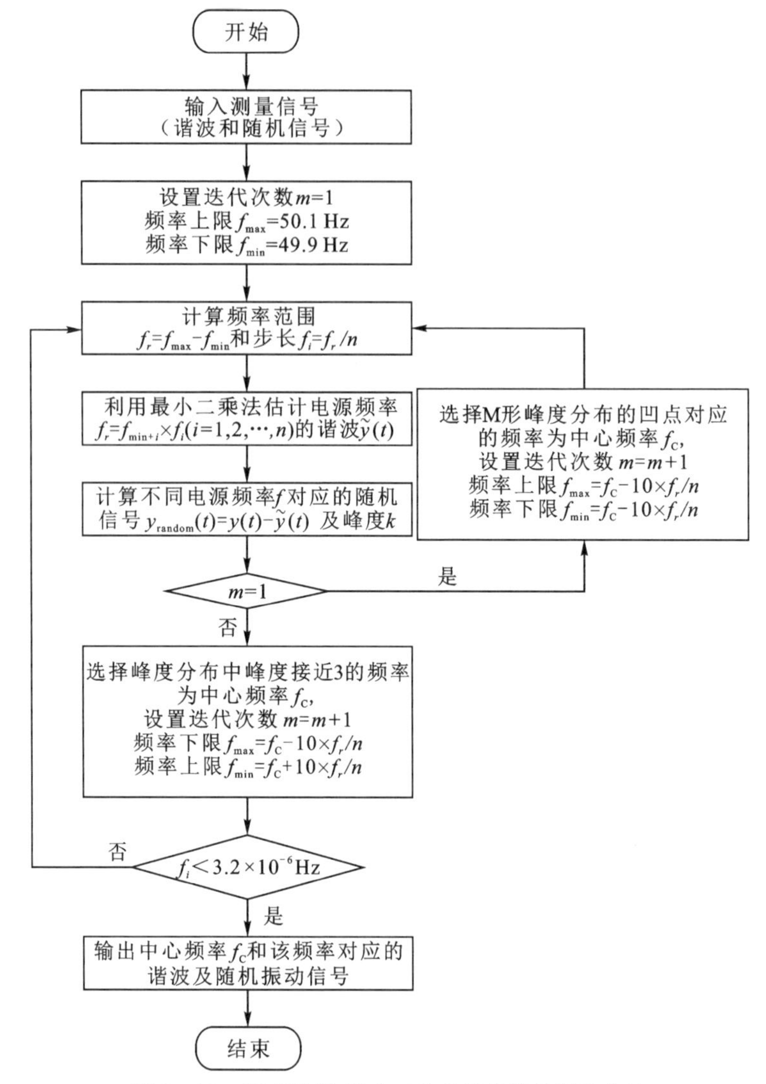

图 8-10 基于峰度-最小二乘的随机信号提取方法

率 f_C并重复步骤(1)至步骤(3)；

(6)当频率计算步长 f_i 小于 3.2×10^{-6} Hz，选择峰度最接近 3 的频率作为电源频率的估计值，并计算采集到的时域信号的谐波分量和随机分量。

由上述方法得到的第一次迭代时不同电源频率对应的 M 形峰度如图 8-11所示。由图可知，第一次迭代获得的 M 形峰度分布的中凹点（“中间凹陷点”）接近于实际的电源频率。

电源频率为 50.0629 Hz 时，第二至五次迭代的峰度分布如图 8-12 所

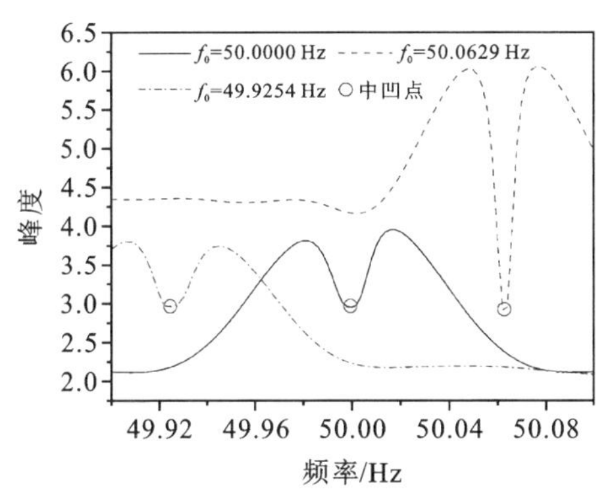

图8-11　第一次迭代时的峰度分布

示。由图可知，第二至五次的迭代步骤，缩小了频率范围，使得最终的频率逼近真实的电源频率。经迭代估算得到的电源频率为50.0616 Hz(4位精度)，与实际电源误差为0.0014 Hz。100次仿真获得的最终电源频率与实际电源频率的误差结果表明，由峰度-最小二乘估计的电源频率与实际电源频率的误差小于0.005 Hz，说明该方法能够有效地估计电源频率。

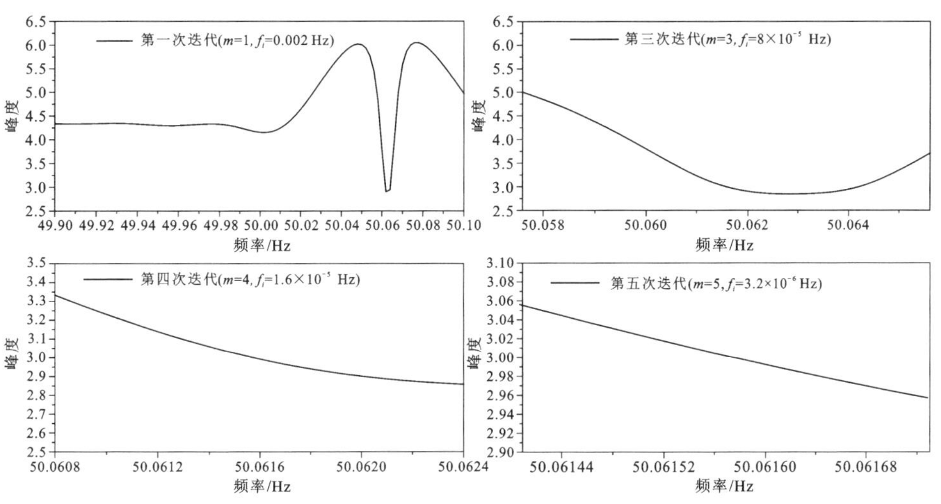

图8-12　第二至第五次迭代时的峰度分布

利用本章提出的谐波去除方法，在电源频率误差为5×10^{-5} Hz时得到的原始信号的功率谱密度、滤波后信号功率谱密度和算法的频响特性如图8-13所示。从原始信号和滤波后信号的功率谱可以看出，所提出的滤波算法能够有效地去除原始信号中的谐波分量，滤波后的信号很好地体现出了随

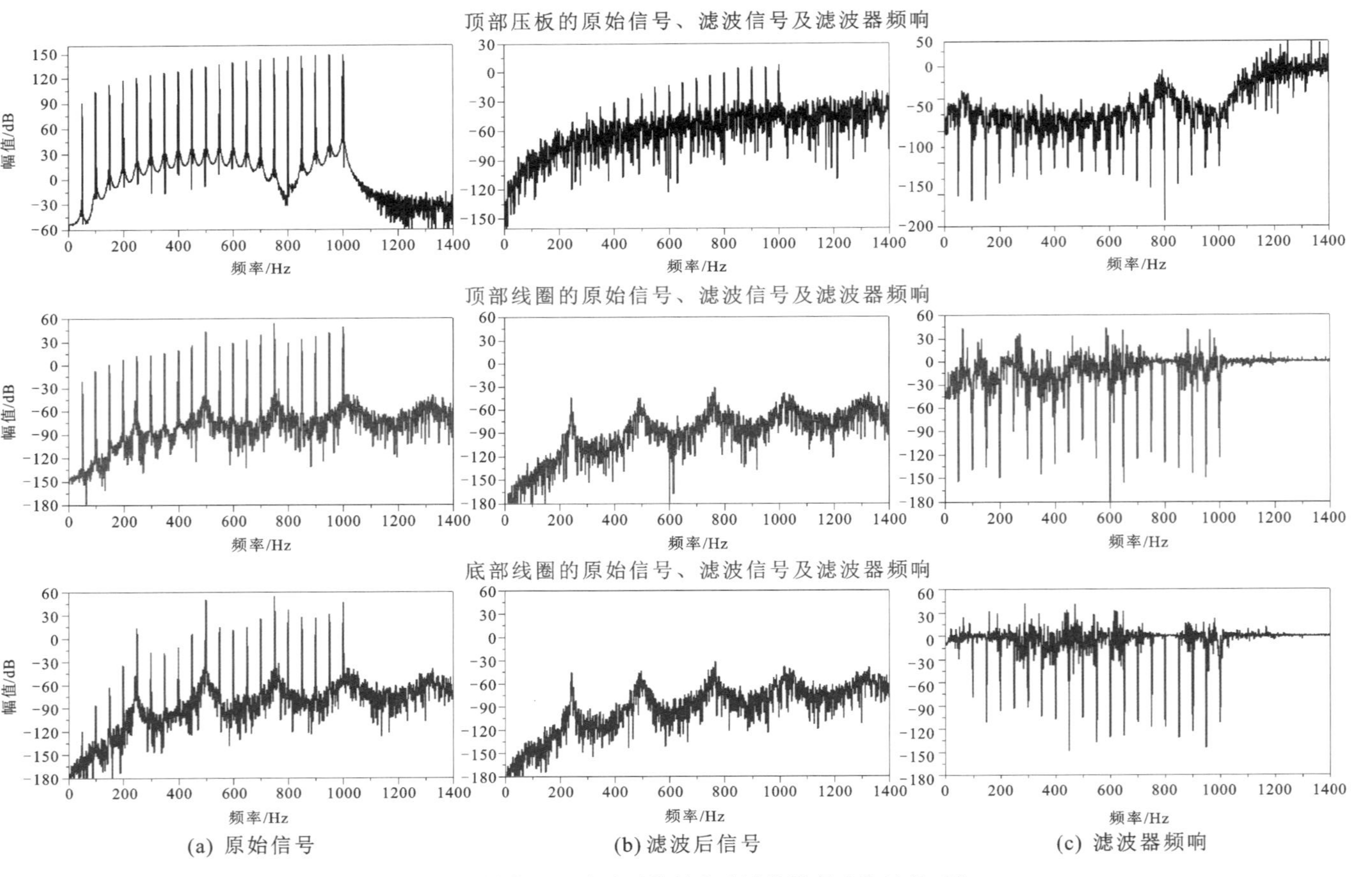

(a) 原始信号 (b) 滤波后信号 (c) 滤波器频响

图8-13 原始信号、滤波后信号和滤波算法频响特性的对比

机振动的宽频响应特性。由于顶部压板的振动信号中含有高幅值的谐波，该方法没有完全将谐波滤除，滤波后的信号中依然存在一定幅值的谐波信号。因为顶部压板的随机振动信号的功率谱较平缓，其滤波后的信号并没有像绕组顶部和底部线圈一样出现明显的谐振峰。由频响特性可知，该算法能对谐波信号产生超过 60 dB 的衰减，滤波后信号的功率密度仅为滤波前信号功率密度的 10^{-6}。此外，由频响曲线在非谐波频率处的波动可知，基于峰度-最小二乘的滤波算法会对其他频率处的功率谱密度产生一定的干扰。

去除谐波后的随机振动信号用于计算功率谱密度矩阵并进行工作模态分析。对功率谱密度矩阵进行奇异值分解获得的第一阶奇异值如图 8－14 所示。由图可知，所提出的基于峰度-最小二乘的谐波去除方法，比上一节中采用的 FFT 滤波器和带阻滤波器能够更有效地去除振动信号中的谐波振动分量，获得随机振动的宽频响应。

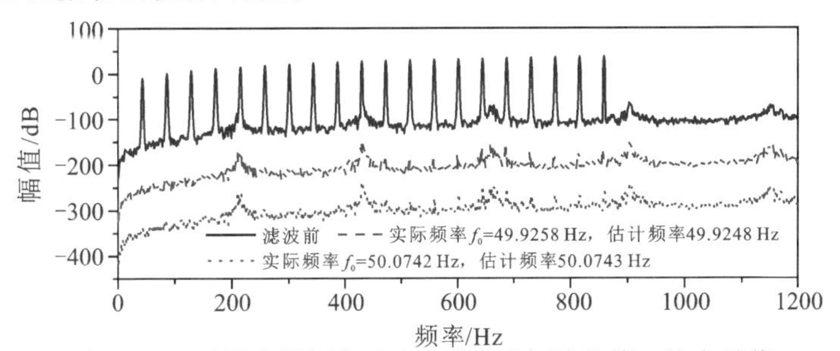

图 8－14　不同电源频率下功率谱密度矩阵的第一阶奇异值

（黑色曲线为原始曲线，每条曲线与它上面的曲线偏移 50dB）

拾取奇异值中谐振峰值对应的固有频率，由工作模态分析获得的模态振型如图 8－15 所示。绕组轴向振动的前四阶固有频率分别为 244 Hz、

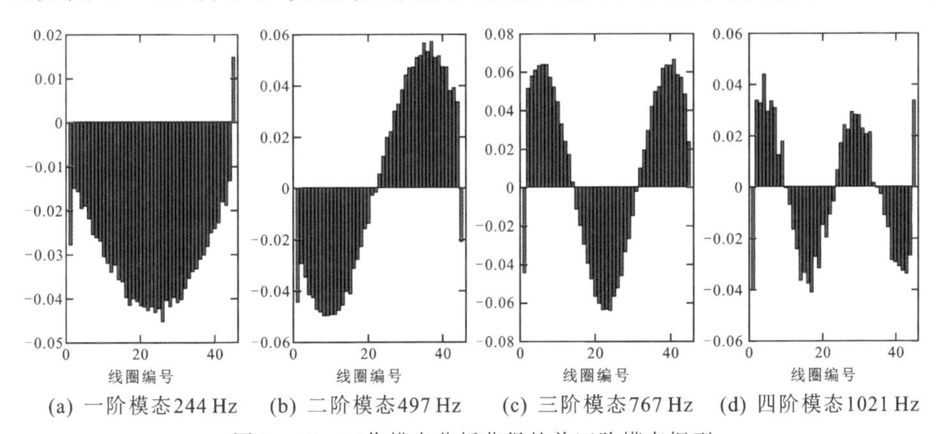

(a) 一阶模态244 Hz　(b) 二阶模态497 Hz　(c) 三阶模态767 Hz　(d) 四阶模态1021 Hz

图 8－15　工作模态分析获得的前四阶模态振型

497 Hz、767 Hz 及 1039 Hz，与理论模态分析结果的误差为 0.04%、0.12%、0.92%、0.47%，模态振型与图 8-3 所示的模态振型基本一致。

上述研究表明，基于峰度-最小二乘的谐波去除方法能够很好地估计电源频率和谐波振动分量。去除谐波后的随机振动信号可以用于工作模态分析，提取绕组的固有频率和模态振型。

8.4 工作模态分析的应用

随机激励下绕组呈现出宽频振动并传递至油箱，引起油箱振动。在现场进行变压器的振动检测时，一般在油箱表面靠近各相绕组的位置布置加速度传感器采集振动信号。由第 3 章的研究可知，油箱采集到的振动信号中受内部和油箱模态特性的共同影响，同时对绕组的非接触测量使得难以通过油箱振动信号直接推测内部绕组的实际振型。可行的方法是根据油箱表面振动信号，利用工作模态分析提取包含油箱和绕组的固有频率，对比变压器遭受短路冲击前后的频率变化特点，并结合第 4 章中故障绕组固有频率的演变规律对绕组机械状态进行诊断。

8.4.1 实验室分析

对实验室中的 10 kV 变压器离线状态和空载状态的振动信号分别进行工作模态分析。离线状态下，振动信号仅来自于环境激励。空载状态下，振动信号中包含了谐波分量和由环境激励引起的随机振动分量。6 个传感器布置在紧靠绕组的油箱正面，测点如图 8-16 所示。

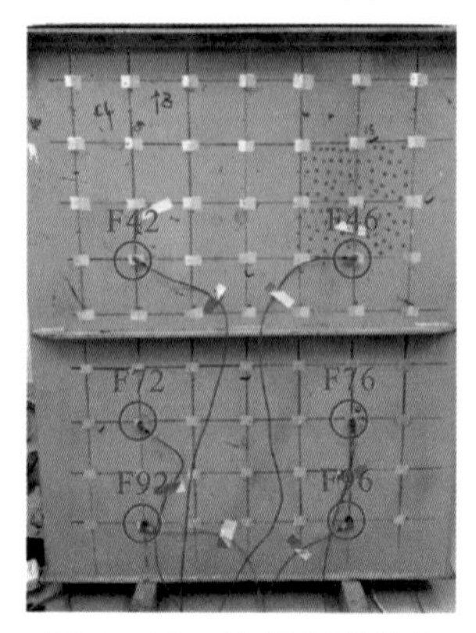

图 8-16 油箱表面测点

由峰度-最小二乘法去除油箱振动信号中的谐波分量，获得随机振动信号，再根据工作模态分析计算功率谱密度矩阵和对应的奇异值。通过上述步骤计算获得离线和空载振动信号对应的功率谱密度矩阵的第一阶奇异值如图 8-17 所示。经估算，空载条件下的电源频率为 50.0295 Hz。由图可知，两种状态对应的第一阶奇异值的部分峰值具有相同的频率，说明空载条件下的振动信号除谐波振动分量外也存在由环境激励引起的随机振动分量。受电源估计精度的影响，去除谐波后的振动信号依然存在少量的谐波，奇异值仍具有 50 Hz、100 Hz、150 Hz、200 Hz 等谐波频率分量。

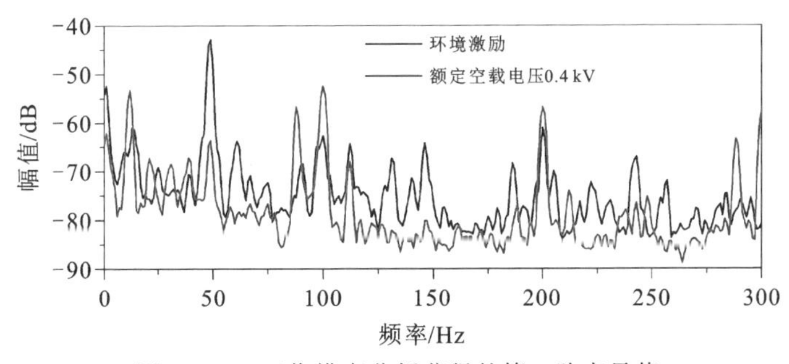

图 8-17　工作模态分析获得的第一阶奇异值

选择第一阶奇异值中 0 Hz 至 300 Hz 频率范围内，幅值高于背景噪声 10 dB的峰值对应的频率作为系统的固有频率。通过工作模态分析获得的固有频率与试验模态分析获得的绕组和油箱的固有频率如图 8-18 所示。0 Hz 至 300 Hz范围内，试验模态分析获得 4 阶绕组固有频率，54 阶油箱固有频率。工作模态分析从环境激励的振动信号提取 59 阶固有频率，从额定电压的空载信号提取 25 阶固有频率。由试验结果和振动传递特性可知，工作

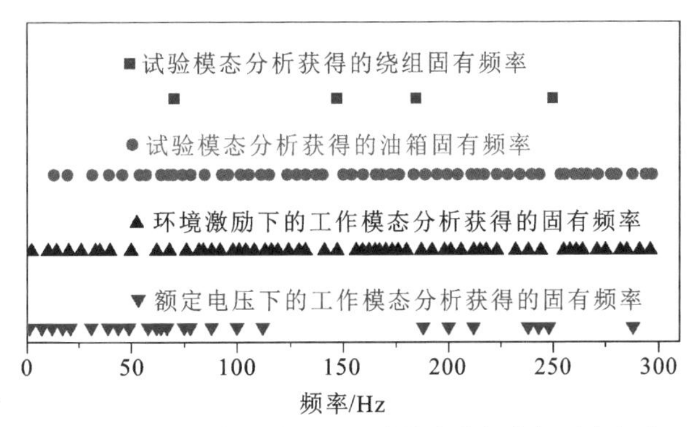

图 8-18　工作模态分析和试验模态分析获得固有频率

模态分析获得的固有频率是内部结构和油箱固有频率的子集，可以表示为

$$\{\omega\}_{\text{OMA}} \subseteq \{\{\omega\}_{\text{绕组}} \cup \{\omega\}_{\text{油箱}}\} \tag{8-29}$$

式中，$\{\omega\}_{\text{OMA}}$为工作模态分析通过油箱振动信号提取到的变压器固有频率；$\{\omega\}_{\text{绕组}}$、$\{\omega\}_{\text{油箱}}$分别为绕组和油箱的固有频率。

8.4.2 现场实测分析

由于变压器种类和结构不同，不同变压器表面获得的振动信号宜与历史数据进行对比，即对比不同时刻、同一位置的振动信号，从而对绕组的机械状态进行检测。利用工作模态分析对遭受多次短路冲击前后的 40 MV·A、110 kV 变压器的绕组进行状态检测。6 个振动加速度传感器分别位于油箱的正面和背面正对三相绕组的位置，如图 8-19 所示。

(a) 油箱正面测点位置

(b) 油箱背面测点位置

图 8-19 油箱表面的测点分布

采用预先短路法分别将三相的中压或低压绕组进行短路，然后在对应相的高压绕组上施加额定电压进行短路冲击试验。试验接线、电流及电抗计算满足 GB 1094.5。每次短路冲击试验后，测量绕组的短路电抗，当短路电抗变化超过 1%时，停止该绕组的短路试验。试验次数及每轮试验后电抗的变化如表 8-1 所示。

表 8-1 试验次数及电抗变化

轮数	短路冲击次数(高-低/高-中)			电抗变化/%		
	A	B	C	A	B	C
第一轮	4/4	5/5	5/5	0.14/0.03	0.02/0.01	0.02/0.12
第二轮	4/4	5/12	5/7	0.24/0.21	0.43/1.40	0.56/1.08
第三轮	0/20	0	0	0/0.6	0	0

第一轮试验中，A、B、C 三相高压和低压绕组之间分别进行 4 次、5 次、5 次的短路冲击试验。试验完成后，三相绕组的高压-低压短路电抗分别变化了 0.14%、0.02%、0.02%，说明高压和低压绕组没有发生明显的变形。三相绕组在高压-中压短路条件下分别遭受了 4 次、5 次、5 次短路冲击，其对应的电抗变化仅为 0.03%、0.01%、0.12%，说明高压绕组和低压绕组之间也没有出现明显的变形。由第一轮的试验结果可知，三相绕组均没有出现明显的变形。

第二轮试验中，A 相绕组进行 4 次高压-低压短路冲击试验，4 次高压-中压短路冲击试验；B 相绕组进行 5 次高压-低压短路冲击试验，12 次高压-中压短路冲击试验；C 相绕组进行 5 次高压-低压短路冲击试验，7 次高压-中压短路冲击试验。第二轮试验过后，三相绕组中高压-低压电抗分别变化了 0.24%、0.43%、0.56%，高压-中压电抗分别变化了 0.21%、1.40%、1.08%。相比于第一轮的试验结果，第二轮试验后的高压-中压绕组的电抗出现了明显变化，其中 B 相和 C 相绕组电抗变化超过了 1%，说明这两相绕组的机械状态出现了一定程度的变化。由绕组的受力特点及稳定性可知，当两同心绕组发生短路故障时，位于内侧的绕组较容易出现自由翘曲等变形。因此，第二轮试验中，B 相和 C 相中压绕组出现变形的可能性较大。

第三轮试验中，仅对 A 相绕组进行高压-中压短路冲击。20 次短路冲击后，绕组的电抗仅变化 0.6%，未达到 1%的诊断标准。

上述试验中，第一、二轮试验前，第二、三轮试验后，均对变压器进行了空负载试验，获得了不同电流和电压对应的油箱振动信号。由峰态-最小二乘法估算的四次额定空载振动信号对应的电源频率分别为 50.0493 Hz、50.0112 Hz、50.0538 Hz、49.9671 Hz。根据额定空载振动信号，经工作模态分析获得的第一阶奇异值如图 8-20 所示。由四个第一阶奇异值可知，变压器在遭受多次短路冲击后，其稳态振动信号中的随机分量具有相似的分布特点，但第二、三轮试验后的第一阶奇异值中部分低频分量的幅值增大。

选取高于背景噪声 10 dB 的谐振峰对应的频率作为工作模态分析的固有频率。由四次额定空载振动信号获得的固有频率如图 8-21 所示。在第一轮试验前，0 Hz 至 1000 Hz 范围内共有 144 阶固有频率。第一轮试验后，固有频率的数量保持不变，说明绕组的机械状态没有发生明显的变化，与电抗测试结果一致。第二轮和第三轮试验后，固有频率的数量分别变为 150 和 156，较短路试验前出现了小幅度的增长，其中 850 Hz 至 1000 Hz 的变化最为明显。结合表 8-1 所示的短路阻抗变化及第 3 章的结论可知，随着短路冲击次数的增加，越来越多的导线出现了变形。变形的导线具有与正常导线不同的

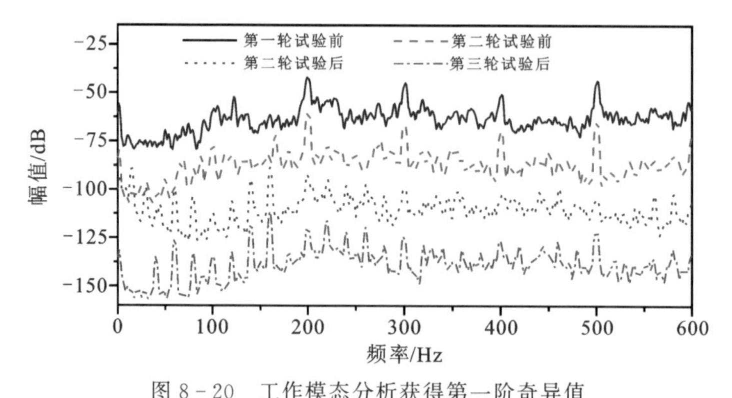

图 8-20　工作模态分析获得第一阶奇异值

(黑色实线为原始曲线,每条曲线与它上面的曲线偏移 25 dB)

固有频率,因而随着变形程度的增加,绕组整体的固有频率增多,随机振动信号中体现的谐振峰的数量也逐渐增多。

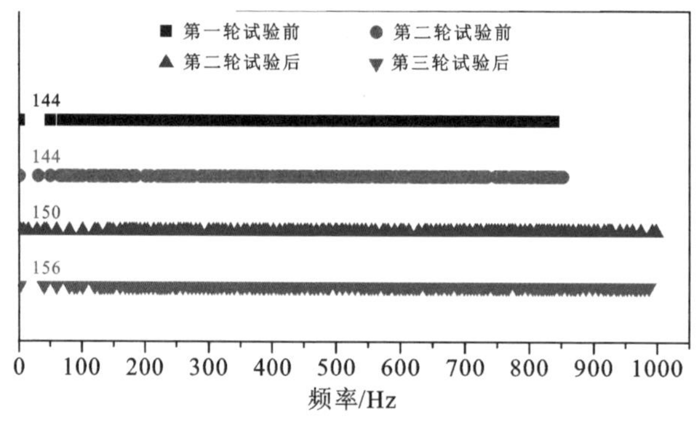

图 8-21　工作模态分析获得的固有频率

变压器 B 相和 C 相中压绕组的自由翘曲变形如图 8-22 所示。B 相中压绕组出现了约 34 饼的自由翘曲变形,变形量约占绕组高度的 40%。C 相中压绕组出现了近乎贯通性的自由翘曲变形,变形量约占绕组高度的 70%。

由上述研究可知,对变压器油箱振动信号进行工作模态分析可以提取变压器系统的固有频率,该固有频率包含了绕组和油箱的固有频率。结合典型机械缺陷绕组振动特征的演变规律,根据获得的固有频率数量,可以实现绕组机械状态的检测。

(a) B相中压绕组

(b) C相中压绕组

图8-22　B相和C相中压绕组的自由翘曲变形

第9章　基于工作振型分析的绕组机械状态诊断方法

9.1　变压器 ODS 特征参量

如何从 ODS 信息中提取变压器在运行状态下的内部机械状态特征是故障诊断方法的关键所在,由于变压器的 ODS 不仅包含了测点振动信息,还包含了许多扩充信息(测点之间的振动信息由插值重建方法获得),若能充分挖掘变压器在不同机械状态下的 ODS 特征及规律,提取出对故障状态敏感而对正常工况波动不敏感的特征参量,将比传统基于单通道的振动分析法更有效地对机械故障进行诊断。为了充分利用所有信息,本章提出了基于 ODS 振动云图的纹理分布特征来对其进行描述,借鉴成熟的图像处理技术提取空间纹理特征,挖掘潜藏于 ODS 中的绕组状态信息。

图像的特征提取是计算机视觉和图像处理中的一个概念,目前并没有唯一确切的定义。为了使计算机能够"理解"图像,从而具有真正意义上的"视觉",需要从图像中提取有用的数据或信息,得到图像的"非图像"的表示或描述,如数值、向量和符号等,这一过程就是特征提取。有了这些数值或向量形式的特征就可以通过训练过程教会计算机如何懂得这些特征,从而使计算机具有识别图像的本领。目前,有大量的特征提取算法,所适用的场合也各不相同。常用的图像特征有颜色特征、纹理特征、形状特征、空间关系特征等。针对本章中的不同状态下的 ODS 云图,其纹理特征最为明显,因此主要针对其纹理分布进行研究。

纹理特征提取希望尽量做到维数小、稳定性好、鉴别能力强,并能指导实际应用。在半个多世纪以来,发展了众多纹理特征提取方法,一般分为四大类:统计方法、模型方法、信号处理方法、结构方法。其中统计方法以其思想简单易于实现等优点被广泛应用。本章中的 ODS 云图复杂度小,噪声干扰小,因此采用统计方法进行特征提取即可全面地挖掘其中的特征信息。方向梯度直方图

(Histogram of Oriented Gradient,HOG)是一种很常用的描述图像局部纹理的统计特征,是计算机视觉和图像处理中用来进行物体检测的特征描述算子,通过计算和统计图像局部区域的梯度方向直方图来构成特征。HOG特征结合支持向量机(Support Vector Machine,SVM)分类器已经被广泛应用于图像识别中,尤其在行人检测中获得了极大的成功。由于其强大的图像描述能力,HOG也被广泛应用于其他领域。HOG特征的提取算法实现过程如下:

(1)将输入的ODS的图像以式(9-1)灰度化,R、G、B分别代表源图像中的红、绿、蓝强度值,灰度化后结果如图9-1所示。另外,为了降低图像局部的阴影和光照变化所造成的影响,同时抑制噪声的干扰,一般会采用Gamma校正法对输入图像进行颜色空间的归一化。但本章中的ODS非拍摄所得的图像,不存在这些影响,因此可以不进行Gamma校正。

$$Gray = 0.3 \times R + 0.59 \times G + 0.11 \times B \tag{9-1}$$

(2)计算归一化后图像每个像素点横向及纵向的梯度及方向,如此便可以捕获轮廓信息。图中像素点(x,y)处梯度的计算方法为

$$G_x(x,y) = H(x+1,y) - H(x-1,y) \tag{9-2}$$

$$G_y(x,y) = H(x,y+1) - H(x,y-1) \tag{9-3}$$

式中,$G_x(x,y)$、$G_y(x,y)$、$H(x,y)$分别是水平梯度,纵向梯度和像素值。则该像素点处的梯度幅值和方向分别为

$$G(x,y) = \sqrt{G_x(x,y)^2 - G_y(x,y)^2} \tag{9-4}$$

$$\alpha(x,y) = \arctan\left(\frac{G_y(x,y)}{G_x(x,y)}\right) \tag{9-5}$$

(3)将图像划分成众多小元胞(cells),如图9-1中小黄框所示,本章将ODS图像的8×8个像素点归为一个cell,然后为每个cell构建加权梯度方向直方图。梯度的方向可以分为若干块,通常选择将360°分为9个方向块范围。例如,某个像素点处的梯度方向为36°,梯度值为5,则直方图的0～40°这一方向块的值增加5。依次遍历cell中的所有像素点,最终得到该cell的9维特征向量,如图9-1中圆圈所示Orientation histogram bin即为直方图的极坐标表达方式。

(4)将每几个cell组成一个block,本章中将2×2个cell组成一个block,一个block内所有cell的特征向量串联起来便得到该block的HOG特征向量。

(5)将block以一个cell的步长从左到右(本章中3步)、从上到下(本章中3步)遍历整个图像,最终将图像内的所有block的HOG特征向量串联起来就可以得到该图的HOG特征向量。本章中ODS的HOG特征向量维度

为：9×4×3×3=324。在得到图像的 HOG 特征向量后，可以作为 ODS 的数学描述，也可作为支持向量机的输入从而进行分类。

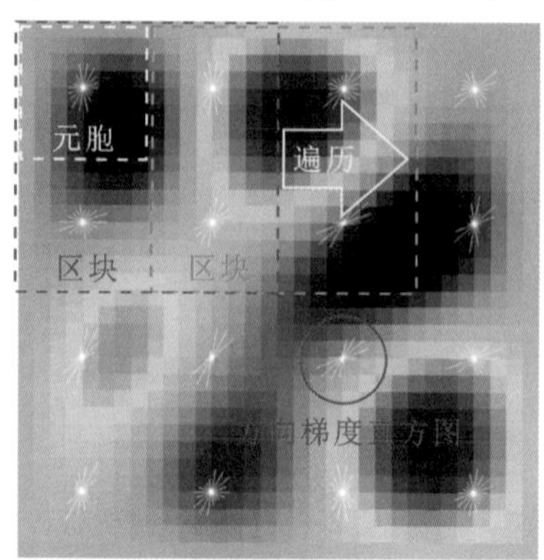

图 9-1 HOG 特征提取过程

9.2 正常工况下变压器 ODS 的 HOG 特征

为直观描述正常工况波动下变压器 ODS 的不变特性，求取不同工况的 ODS 的 HOG 特征向量之间的 Pearson 相关系数：

$$PCC=\frac{1}{n-1}\sum_{i=1}^{n}\left(\frac{X_i-\bar{X}}{\sigma_X}\right)\left(\frac{Y_i-\bar{Y}}{\sigma_Y}\right)$$

式中，$\bar{X}$ 为样本平均值；σ_X 为样本标准差，PCC 值域为[−1,1]。一般认为相关系数大于 0.8 则具有强相关性。在空载试验中，将 400 V 电压加载下的 ODS 作为参考，则不同电压的幅频特性及相频特性的 HOG 相关系数分别如表 9-1 及表 9-2 所示。可以发现，不同电压下，100 Hz、200 Hz、300 Hz 处的 ODS 的 HOG 特征向量相关系数全部大于 0.8，而空载情况下几乎不存在 50 Hz、150 Hz、250 Hz 振动，因此其相关系数很小。以上结果表明电压波动对 100 Hz、200 Hz、300 Hz 的 ODS 并无影响。

表 9-1 变压器空载试验 ODS 幅频特性 HOG 相关系数

电压等级	50 Hz	100 Hz	150 Hz	200 Hz	250 Hz	300 Hz
380 V	0.738	0.984	0.249	0.958	0.172	0.967
390 V	0.888	0.991	0.460	0.977	0.396	0.979
400 V	1.000	1.000	1.000	1.000	1.000	1.000
410 V	0.841	0.994	0.415	0.971	0.237	0.965
420 V	0.852	0.982	0.305	0.962	0.057	0.976

表 9-2　变压器空载试验 ODS 相频特性 HOG 相关系数

电压等级	50 Hz	100 Hz	150 Hz	200 Hz	250 Hz	300 Hz
380 V	0.259	0.919	−0.013	0.906	0.168	0.894
390 V	0.867	0.924	0.281	0.936	0.427	0.899
400 V	1.000	1.000	1.000	1.000	1.000	1.000
410 V	0.788	0.919	0.298	0.939	0.256	0.905
420 V	0.775	0.923	0.118	0.930	0.082	0.872

在稳态短路试验中，将 70 A 电流加载下的 ODS 作为参考，则不同电流的幅频特性及相频特性的 HOG 相关系数分别如表 9-3 及表 9-4 所示。可以发现，不同电流下，50 Hz、100 Hz、150 Hz、200 Hz 频率的 ODS 幅频特性及相频特性的相关系数都大于 0.8，而 250 Hz 及 300 Hz 相对较小。以上结果说明电流波动对于 50～200 Hz 的 ODS 的幅值分布及相位关系影响很小，在可接受范围内。

表 9-3　变压器稳态短路试验 ODS 幅频特性 HOG 相关系数

电流等级	50 Hz	100 Hz	150 Hz	200 Hz	250 Hz	300 Hz
49 A	0.800	0.913	0.911	0.810	−0.035	0.642
56 A	0.881	0.943	0.965	0.838	0.366	0.787
63 A	0.933	0.966	0.981	0.800	0.393	0.876
70 A	1.000	1.000	1.000	1.000	1.000	1.000
77 A	0.960	0.951	0.962	0.819	0.138	0.936

表 9-4　变压器稳态短路试验 ODS 相频特性 HOG 相关系数

电流等级	50 Hz	100 Hz	150 Hz	200 Hz	250 Hz	300 Hz
49 A	0.858	0.976	0.828	0.876	0.177	0.644
56 A	0.893	0.988	0.803	0.889	0.197	0.807
63 A	0.887	0.992	0.806	0.947	0.149	0.868
70 A	1.000	1.000	1.000	1.000	1.000	1.000
77 A	0.880	0.996	0.806	0.913	−0.027	0.900

在变负载试验中，将 50 kW 负载、50 ℃箱体温度条件下的 ODS 作为参考，则不同负载、不同温度的幅频特性及相频特性的 HOG 相关系数分别如表

9－5及表9－6所示。从表中可以看出：不同负载及不同温度下，50 Hz、100 Hz、150 Hz、200 Hz频率的ODS幅频特性及相频特性的相关系数都大于0.8，说明负载波动对于变压器ODS并无影响。

表9－5　变压器变负载试验ODS幅频特性HOG相关系数

功率等级	50 Hz	100 Hz	150 Hz	200 Hz	250 Hz	300 Hz
30 kW	0.950	0.883	0.835	0.888	0.798	0.379
35 kW	0.985	0.961	0.816	0.895	0.845	0.498
40 kW	0.942	0.959	0.865	0.899	0.700	0.492
45 kW	0.953	0.924	0.924	0.841	0.563	0.557
50 kW	1.000	1.000	1.000	1.000	1.000	1.000

表9－6　变压器变负载试验ODS相频特性HOG相关系数

功率等级	50 Hz	100 Hz	150 Hz	200 Hz	250 Hz	300 Hz
30 kW	0.954	0.937	0.888	0.927	0.902	0.487
35 kW	0.980	0.939	0.868	0.890	0.933	0.659
40 kW	0.940	0.978	0.800	0.950	0.871	0.562
45 kW	0.925	0.890	0.933	0.898	0.826	0.459
50 kW	1.000	1.000	1.000	1.000	1.000	1.000

综上所述，对于正常运行中的电力变压器，由于其50 Hz、100 Hz、150 Hz、200 Hz频率处的ODS不随电压、电流、负荷大小等正常工况波动而变化，因此可以利用这些频率处的在线ODS幅频特性及相频特性的HOG特征向量来对变压器绕组进行故障诊断。另外，存在某些变压器在遭受短路冲击后直接退运的情况，对于已经退运需要离线检修的变压器，考虑到不易进行大容量的带负载试验，因此可以利用稳态短路试验使绕组激振，并测量油箱ODS，进而对绕组机械故障进行诊断。

9.3　绕组短路冲击后变压器ODS的HOG特征

对于反映绕组机械状态的特征参量，一方面要求正常工况的波动对其无影响，而另一方面则需要对绕组机械状态的改变做出灵敏的判断。对模型变压器按照国家标准《电力变压器第5部分：承受短路的能力》(GB 1094.5—

2008)中的相关规定进行 22 次突发短路试验,使变压器绕组从良好状态发展到损坏状态,以模拟实际变压器运行过程中的绕组状态变化并观察 ODS 的变化规律。在试验过程中,数次短路冲击后,对变压器进行吊罩,观察其机械状态,然后恢复安装条件并再次进行短路冲击,如此往复直至绕组短路阻抗超过 2%。如图 9-2 所示,(a)—(e)分别为模型变压器初始状态以及遭受 5 次、14 次、19 次以及 22 次短路冲击后的累积变化过程,这里定义为状态 1 至状态 5。图中的白线为试验初期使用不溶油画笔绘制的参考线,主要用于直接观察短路冲击试验后绕组是否变形。由吊罩结果可知,在遭受累积短路冲击后,变压器 A 相绕组从完好到整体的松动,再到局部的变形,最终整体倾斜损坏。

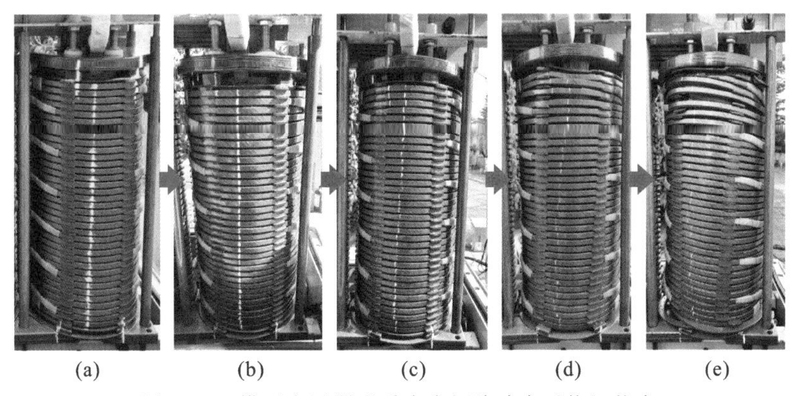

图 9-2　模型变压器遭受多次短路冲击后绕组状态

测量变压器绕组在不同状态下的 ODS,如图 9-3、图 9-4 所示为各状态的 ODS 幅频特性及相频特性,主要关注频率为 50 Hz、100 Hz、150 Hz、200 Hz。从短路冲击后不同频率变压器 ODS 幅频特性图 9-3 中可以看出,在不同的绕组状态下,油箱不同频率的 ODS 半波个数变化不明显,这主要与油箱的固有属性有关,但是其幅频特性明显变化,即不同频率振动幅值的分布位置出现偏移,但变化程度不一致,进一步反映了单点振动信号的不确定性。状态 2 时,绕组虽然在外观上并无明显变形或松动,但 ODS 仍然可以出现明显变化。这些现象说明油箱 ODS 对绕组机械状态十分敏感,当绕组机械状态发生变化的情况下,ODS 幅频特性将发生明显变化。

在 ODS 相频特性图 9-4 中可以发现:在不同的绕组状态下,不同频率各测点之间的振动相位关系变化明显,且变化程度不一致;振动的波节点也发生了偏移,甚至其数量也发生变化。这些现象说明在绕组机械状态发生变化的情况下,ODS 相频特性将发生明显变化。综合以上 ODS 特性变化规律,可

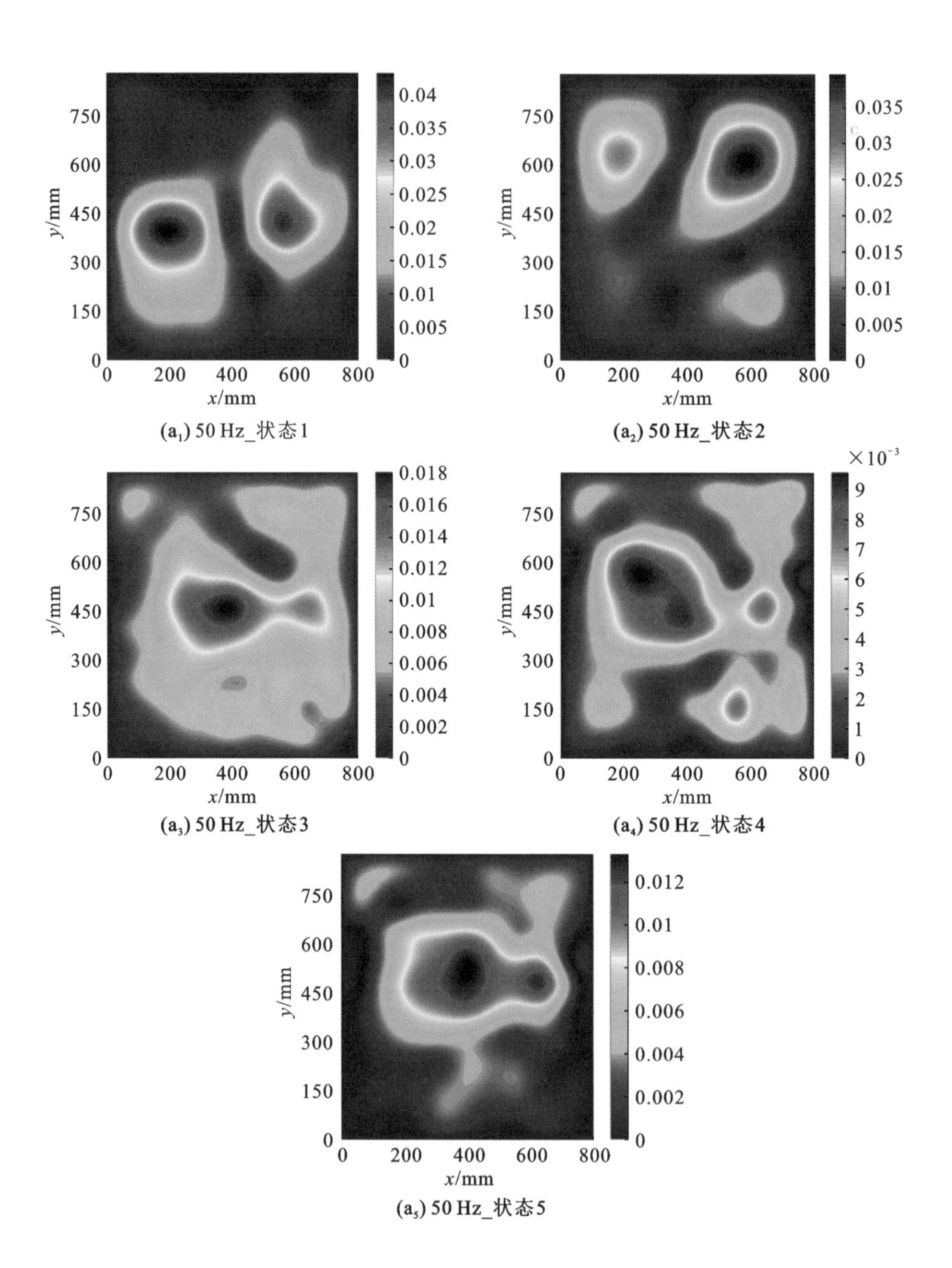

(a$_1$) 50 Hz_状态1　　(a$_2$) 50 Hz_状态2

(a$_3$) 50 Hz_状态3　　(a$_4$) 50 Hz_状态4

(a$_5$) 50 Hz_状态5

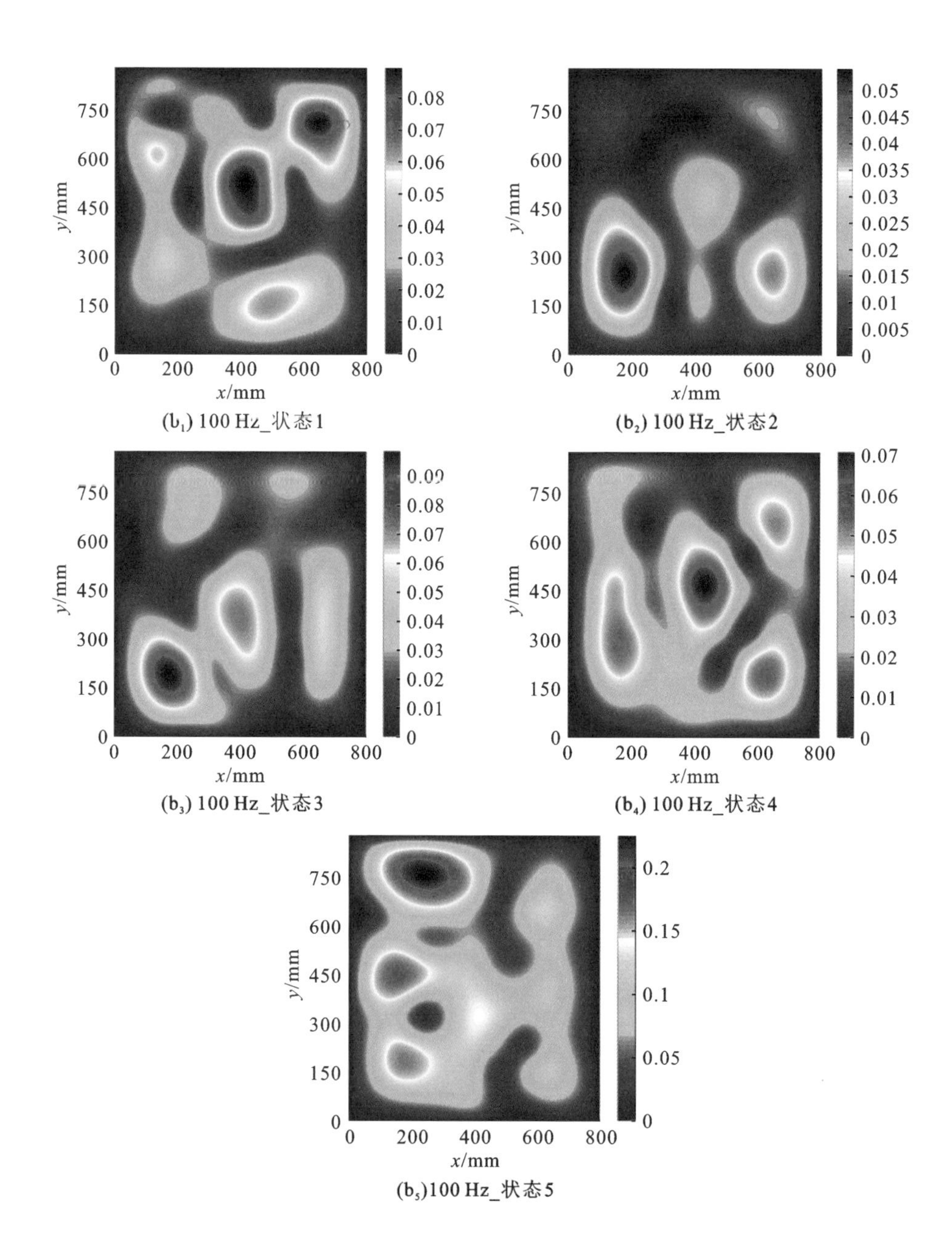

(b_1) 100 Hz_状态1

(b_2) 100 Hz_状态2

(b_3) 100 Hz_状态3

(b_4) 100 Hz_状态4

(b_5)100 Hz_状态5

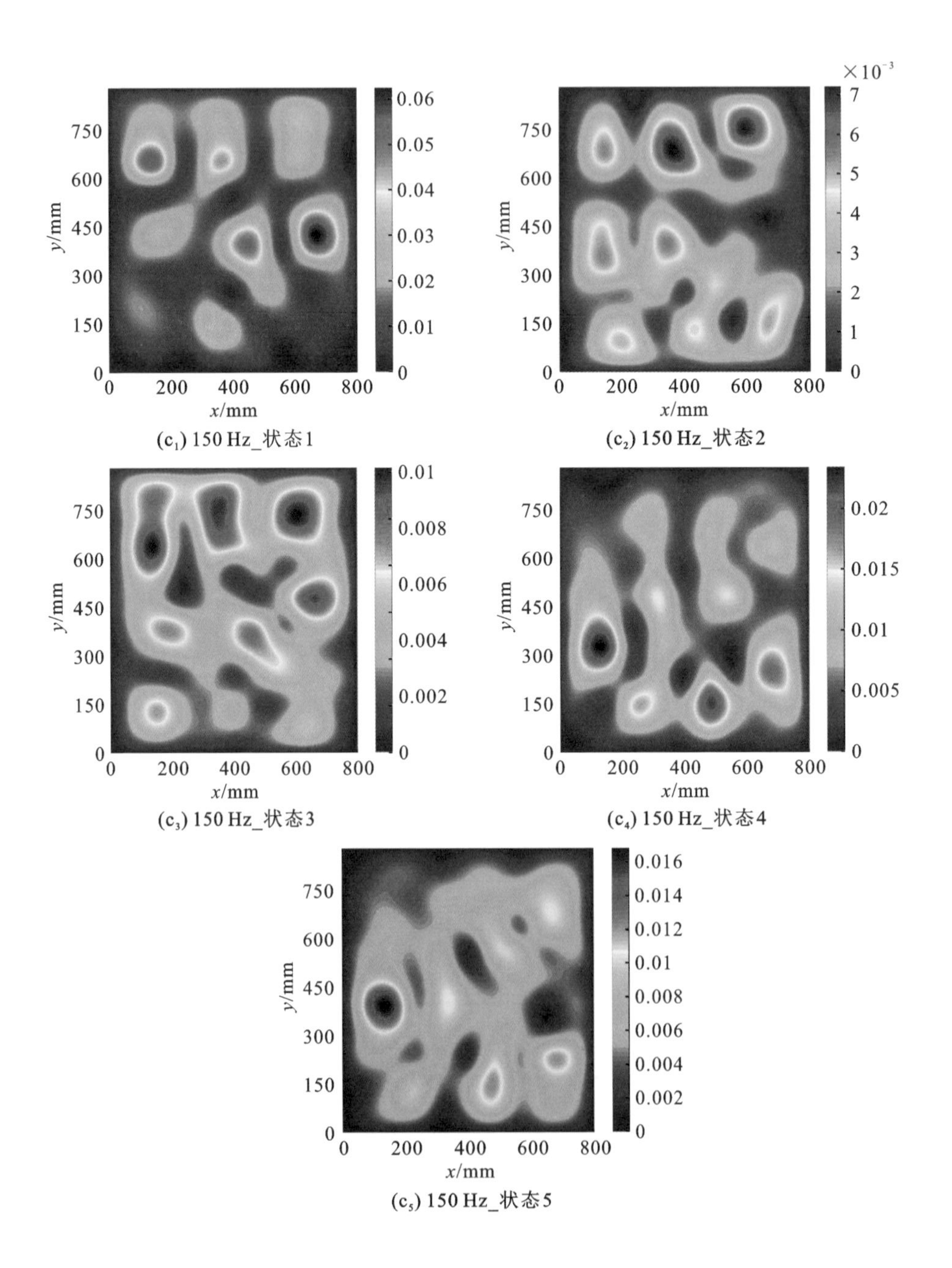

(c₁) 150 Hz_状态1

(c₂) 150 Hz_状态2

(c₃) 150 Hz_状态3

(c₄) 150 Hz_状态4

(c₅) 150 Hz_状态5

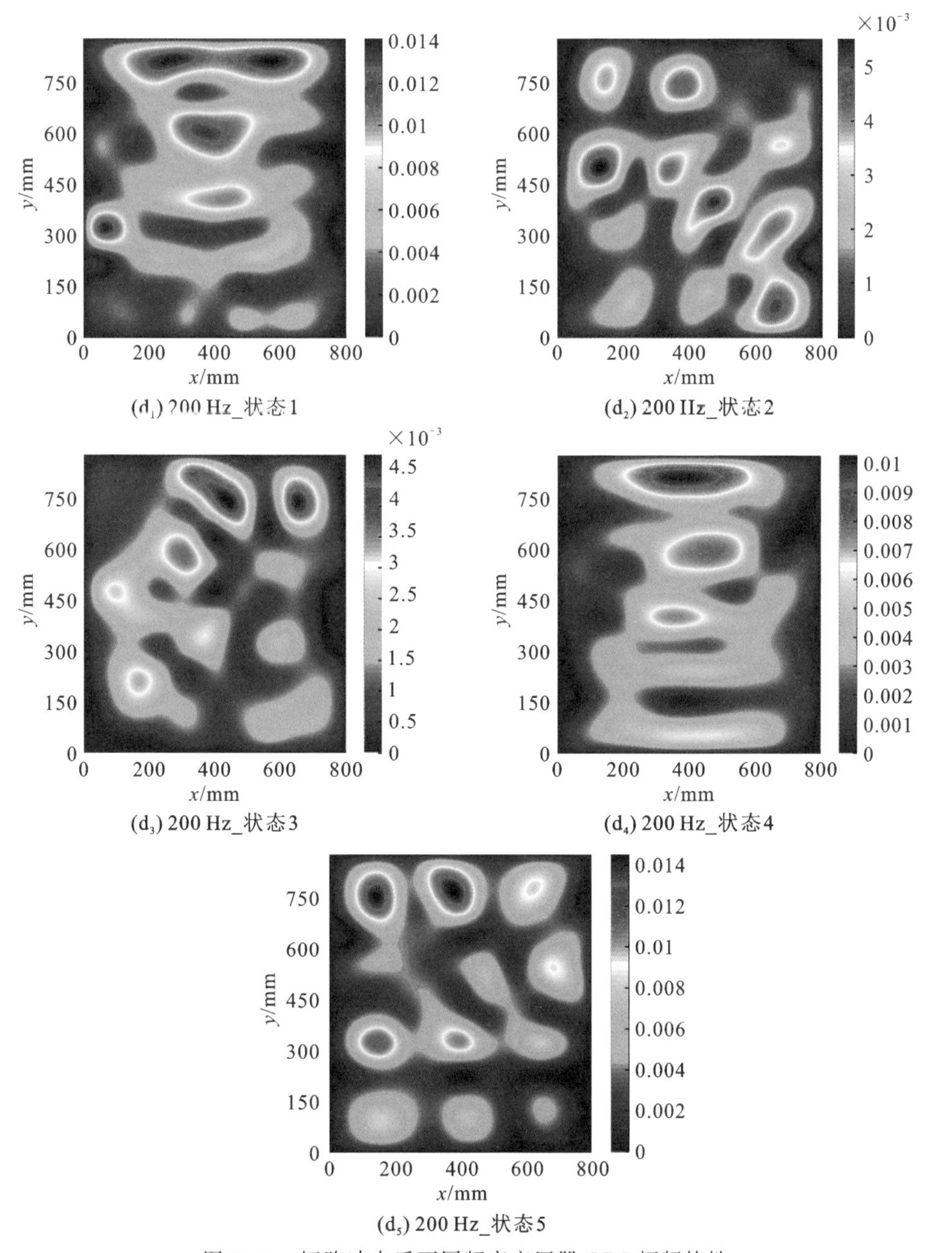

图 9-3　短路冲击后不同频率变压器 ODS 幅频特性

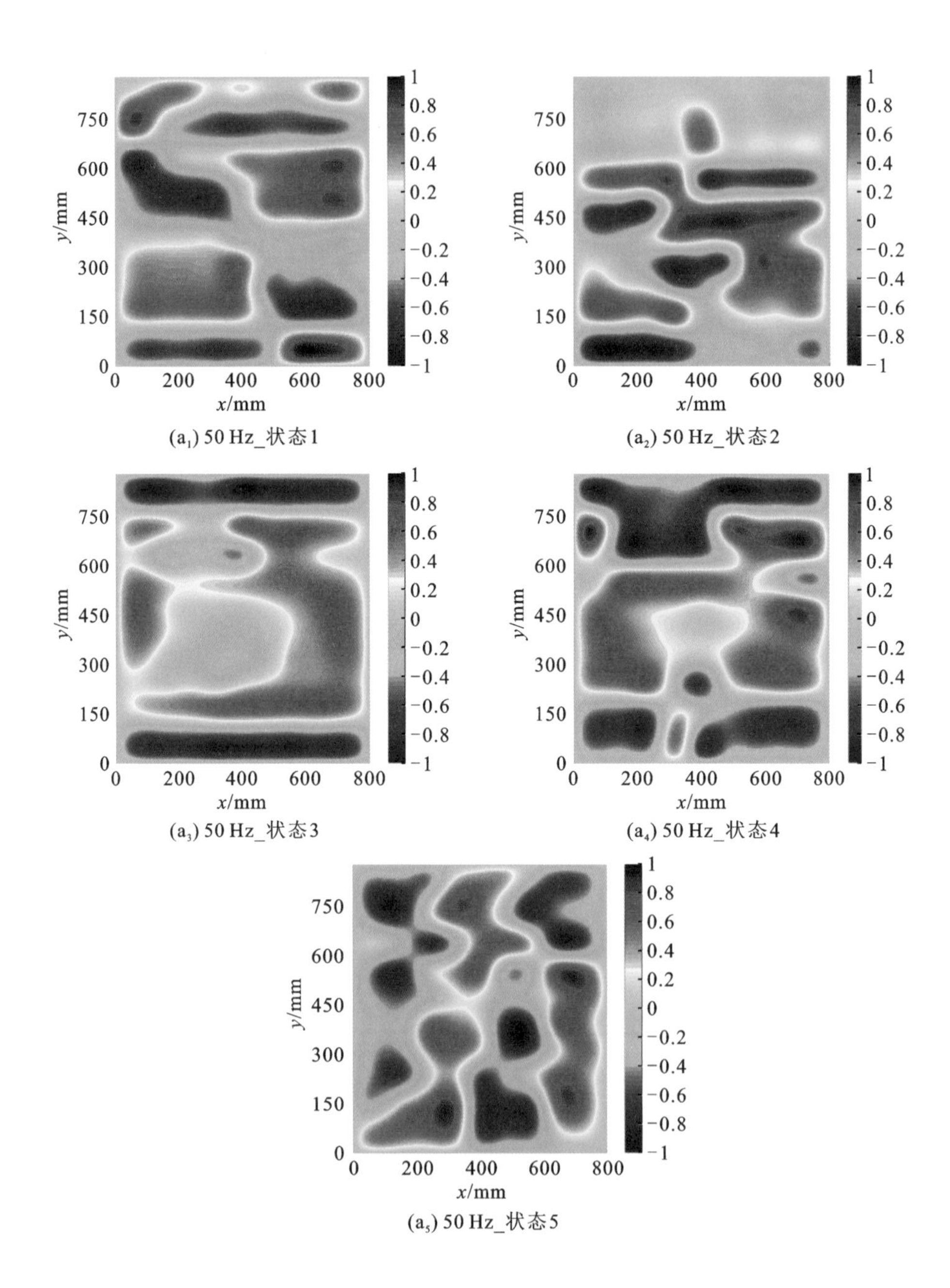

(a_1) 50 Hz_状态1

(a_2) 50 Hz_状态2

(a_3) 50 Hz_状态3

(a_4) 50 Hz_状态4

(a_5) 50 Hz_状态5

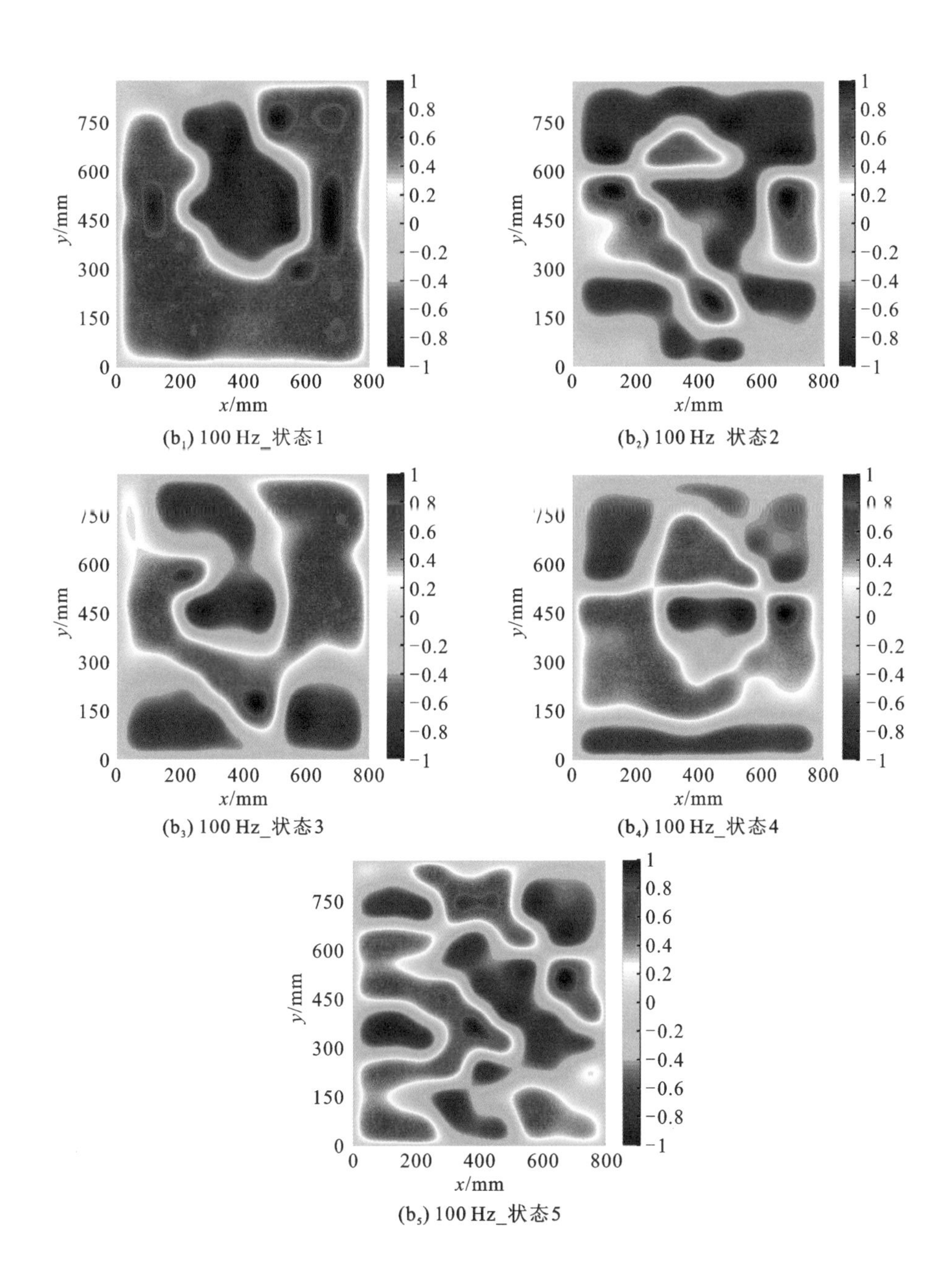

(b_1) 100 Hz_状态1

(b_2) 100 Hz 状态2

(b_3) 100 Hz_状态3

(b_4) 100 Hz_状态4

(b_5) 100 Hz_状态5

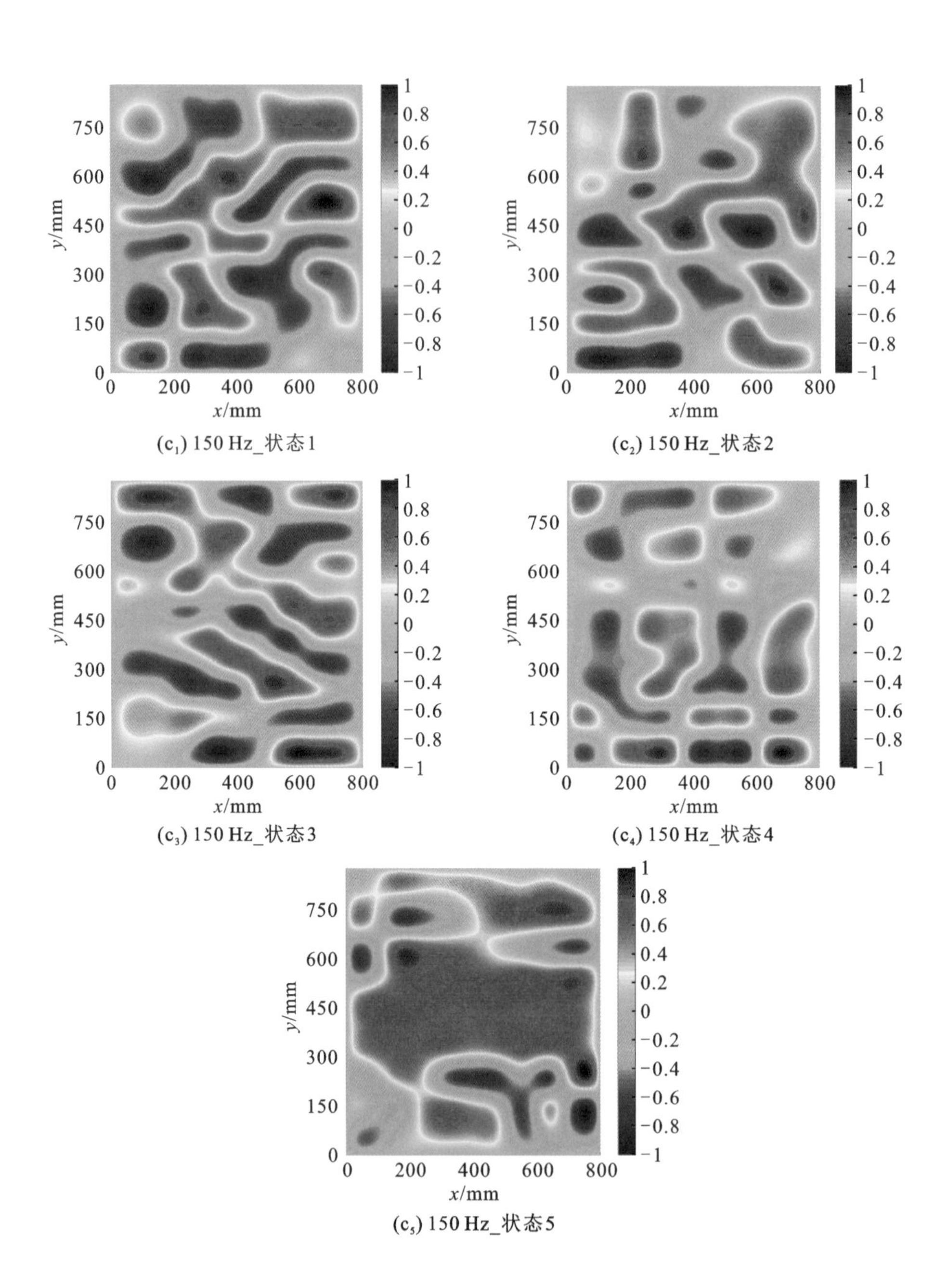

(c_1) 150 Hz_状态1

(c_2) 150 Hz_状态2

(c_3) 150 Hz_状态3

(c_4) 150 Hz_状态4

(c_5) 150 Hz_状态5

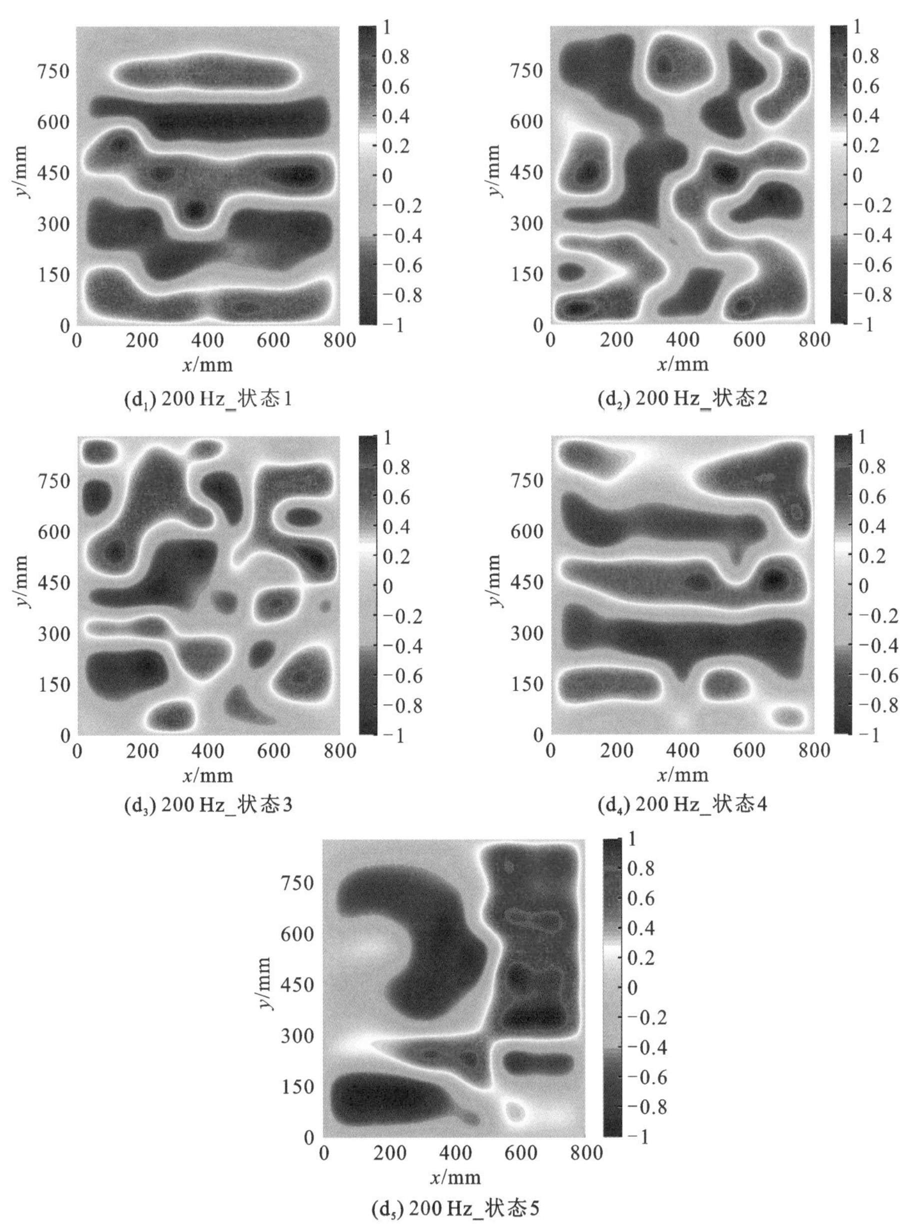

(d_1) 200 Hz_状态1　(d_2) 200 Hz_状态2

(d_3) 200 Hz_状态3　(d_4) 200 Hz_状态4

(d_5) 200 Hz_状态5

图 9-4　短路冲击后不同频率变压器 ODS 相频特性

以确定 ODS 不受正常工况的波动影响，而对绕组机械状态的改变十分灵敏，满足故障诊断中对于特征参量的要求。

利用不同绕组状态下油箱 ODS 的 HOG 特征向量相关系数来量化 ODS 的变化。以正常绕组状态（即状态 1）的 ODS 作为参考，则不同绕组状态的幅频特性及相频特性的 HOG 相关系数分别如表 9-7 及表 9-8 所示。

表 9-7　变压器不同绕组状态 ODS 幅频特性的 HOG 特征向量相关系数

绕组状态	50 Hz	100 Hz	150 Hz	200 Hz
状态 2—1	0.032	0.019	−0.002	0.104
状态 3—1	−0.035	0.024	0.211	0.155
状态 4—1	−0.050	0.485	−0.050	0.518
状态 5—1	0.038	0.039	−0.152	0.277

（注：状态 2—1 表示状态 2 和状态 1 之间的对比，以此类推）

表 9-8　变压器不同绕组状态 ODS 相频特性的 HOG 特征向量相关系数

绕组状态	50 Hz	100 Hz	150 Hz	200 Hz
状态 2—1	0.688	0.071	0.425	0.262
状态 3—1	0.540	0.402	0.478	0.231
状态 4—1	0.549	0.405	0.237	0.736
状态 5—1	0.540	0.429	0.009	0.415

随着短路冲击的累积作用，绕组状态不断发生变化，其不同频率处的 ODS 的 HOG 特征向量相关系数全部小于 0.8，表明绕组机械状态的改变会明显影响油箱 ODS 形态。在绕组状态变化的过程中，其模态频率会发生明显的变化，但由于绕组模态改变的过程中不是线性变化的，因此存在某些频率相关系数减小的同时，其他频率相关系数反而增大，不同频率的 ODS 没有严格的规律可循，单独考虑某一频率 ODS 的变化无法判断绕组机械状态变化的程度。在绕组遭受短路冲击后，对其整体进行试验模态分析。如图 9-5(a)所示，在压板顶端施加力锤冲击激励，并在绕组从上到下平均取 5 个测点得到其振动响应，最后取所有频响曲线均值得到该绕组状态的模态频响曲线如图 9-5(b)所示。

从图 9-5(b)中可以得出：

(1)状态 1 为初始状态，其模态频率分布较为均匀，固有频率点明显。

(2)状态 2 为遭受 5 次短路冲击后的结果，其响应幅值整体变大，但固有

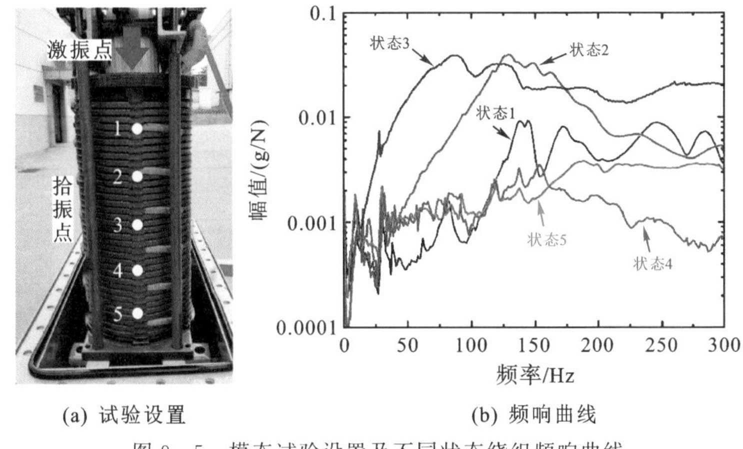

(a) 试验设置　　(b) 频响曲线

图9-5　模态试验设置及不同状态绕组频响曲线

频率整体偏移至较低的频率，且相同频段内固有频率数量减少。尽管未观察到明显的变形，但绝缘材料可能已经被不可逆地损坏，从而导致预紧力略有变化。

(3)状态3为14次短路冲击后的结果，绕组出现的松动及轻微变形进一步延续状态2的模态变化趋势。

(4)最后两种状态绕组出现严重变形甚至是塌陷，由于绕组对称性被破坏，其频响函数变得更加复杂，局部模态各不相同，因此整体模态固有频率增多。

基于以上现象，当绕组机械状态变化时，固有模态也随之变化，这一过程中会出现满足各种谐振条件的情况(主共振、超谐共振、亚谐共振)，则其油箱表面的ODS将发生明显变化。由于测量的整个变压器油箱ODS反映内部所有绕组的机械状态，因此其变化规律难以总结。另外，在实际运行的变压器上，通常存在散热器、加强筋等附件，测量油箱整体的ODS显然并不现实，因此需要针对实际应用场景优化ODS测量方案：选择对变压器进行局部ODS测量，尽量避开加强筋等结构，选择油箱上平整的区域，并根据油箱壁具体参数选择测点之间的距离。将模型变压器油箱表面均分为2行3列的6等份的子区域，区域1～3分别为A、B、C三相绕组上端对应位置，区域4～6分别为A、B、C三相绕组下端对应位置。分别测得各个子区域的局部ODS，并提取其HOG特征，根据特征向量变化的程度来检测各个子区域对应绕组位置机械状态。

以距离较远的两个区域1、3为例，如表9-9及表9-10所示为区域1及区域 3 的局部 ODS 相频及幅频特性 HOG 相关系数。由于绕组模态改变的过程中不是线性变化的,因此不同频率的 ODS 没有严格的规律可循,单独考虑某一频率 ODS 的变化无法判断绕组机械状态变化的程度。但从表 9-9 及表 9-10 中可得,随着机械状态的恶化,相关系数总和呈现下降趋势。进一步将不同频率幅频及相频的相关系数求和,可得表 9-11,从中可以发现,区域 3 的相关系数总和大于区域 1,这与 A 相绕组产生严重变形相对应,因此变压器油箱局部 ODS 的 HOG 相关系数总和可以用于绕组故障严重程度及位置的判断。在实际电力变压器应用中,可以测量变压器 A、B、C 三相绕组对应的油箱表面平整区域的局部 ODS,不同位置局部 ODS 的 HOG 特征相关系数总和在遭受短路冲击前后会有不同程度的变化,进而判断绕组机械状态改变的程度以及故障的位置。可以预见的是,由于实际变压器局部 ODS 之间相隔更远,相互影响更小,因此不同位置处的相关系数总和变化会更加明显。

表 9-9　变压器不同绕组状态局部 ODS 幅频特性的 HOG 特征向量相关系数

绕组状态	区域 1					区域 3				
	50 Hz	100 Hz	150 Hz	200 Hz	总和	50 Hz	100 Hz	150 Hz	200 Hz	总和
2—1	0.489	0.183	0.632	0.359	1.663	0.230	0.599	0.527	0.302	1.658
3—1	0.451	−0.046	0.528	0.161	1.094	0.135	0.421	0.505	0.375	1.437
4—1	0.288	0.182	−0.023	0.204	0.651	0.069	0.417	0.148	0.337	0.972
5—1	0.193	0.143	0.209	0.035	0.580	−0.040	0.321	0.251	0.216	0.748

表 9-10　变压器不同绕组状态局部 ODS 相频特性的 HOG 特征向量相关系数

绕组状态	区域 1					区域 3				
	50 Hz	100 Hz	150 Hz	200 Hz	总和	50 Hz	100 Hz	150 Hz	200 Hz	总和
2—1	0.677	0.062	0.299	0.295	1.334	0.756	0.679	0.725	0.252	2.412
3—1	0.545	0.111	0.243	0.185	1.084	0.590	0.609	0.634	0.262	2.096
4—1	0.340	0.047	0.137	0.459	0.983	0.392	0.469	0.228	0.182	1.270
5—1	0.069	0.174	0.177	0.187	0.607	0.690	0.201	0.232	0.178	1.301

表 9-11　变压器不同绕组状态局部 ODS 的 HOG 特征向量相关系数总和

区域 1				区域 3			
2—1	3—1	4—1	5—1	2—1	3—1	4—1	5—1
2.997	2.178	1.634	1.187	4.070	3.532	2.242	2.048

第10章　基于暂态声振信号的机械状态检测方法

变压器外部突发短路时绕组中流过的电流激增，由此会产生巨大的电磁冲击力，其对变压器的危害可能是由于电动力过大而一次性造成的绕组变形和绝缘破坏，亦或是电动力多次作用在绕组上，逐渐累积引起绕组垫块松动、绕组变形等结构变化。前文已经对短路冲击前后绕组状态变化对稳态振动信号的影响进行了研究，本章搭建变压器短路冲击试验平台，提出绕组遭受短路冲击时的暂态声振信号的处理方式，分析声振信号的特性及影响因素，研究多次短路冲击的累积效应及暂态声振信号的变化规律，最后根据多倍频振动现象提出相应特征参量进行绕组机械故障诊断。

10.1　短路冲击试验平台搭建

由于在运变压器数量众多，绕组实际遭受外部短路冲击的事故难以获取（除非对每一台电力变压器安装在线振动噪声测量系统，但目前这一条件难以实现），且外部短路类型众多，包括三相短路、相间短路、两相接地和相对地故障，因此很难对真实短路冲击下的变压器振动信号进行分析。为了模拟外部短路冲击对变压器的影响，国内外制定了相关试验标准：IEC60076－10－2006（Power transformers-Part 5: Ability to withstand short circuit）以及 GB 1094.5－2008《电力变压器－第5部分－承受短路的能力》，其内容大同小异。本章按照国家标准分别对模型三相变压器以及实际三相电力变压器进行短路冲击试验，并分析短路冲击下的振动声学响应。

10.1.1　模型变压器短路冲击试验设置

本章中使用的模型变压器与第9章为同一台三相变压器。根据标准规定，该三相变压器属于Ⅰ类变压器（25～2500 kV・A 额定容量），且高低压绕组独立，适合进行三相短路，这种方式可以充分满足其他可能包括在内的外部短路故障类型。其试验电路设置如图 10-1 所示，三相电源连接三角形绕组，断路器连接星形绕组，由此进行后短路试验（即绕组的短路在变压器另一绕组施加电压后进行）。

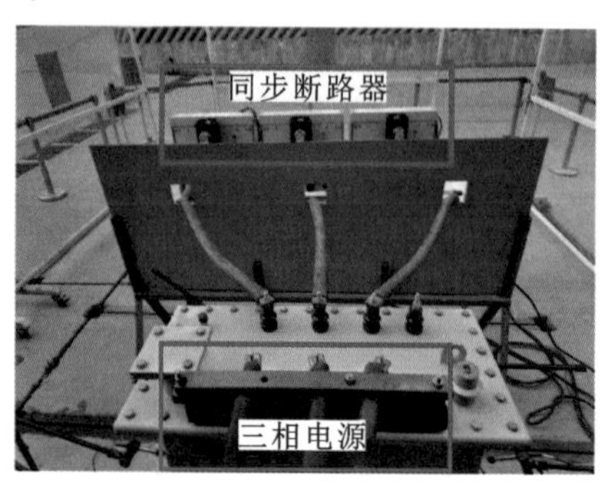

图 10-1 模型变压器电路连接

为了对 A 相绕组进行多次累积短路冲击，需要将短路冲击时的非对称电流的最大值施加于 A 相，因此在 A 相电压过零时由断路器进行同步合闸形成三相短路。对于 I 类变压器，短路试验持续时间为 0.5 s，允许偏差为 ±10%。在试验的过程中以触发采集方式同时记录电流波形以及振动声学信号，试验结束后测量每相绕组的短路阻抗值，如果短路阻抗值与原始值相差 2%以上，则认为绕组出现故障。试验中振动声学信号测点位置如图 10-2 所示，分别在三相绕组对应的 1/2 油箱高度位置处布置 6 个振动测点（测点 1～6），为了方便对比，高压套管出线侧自右向左布置测点，低压套管出线侧自左向右布置测点，并在两侧正对中间的位置布置传声器测点（测点 7～8），距离油箱表面 0.3 m。

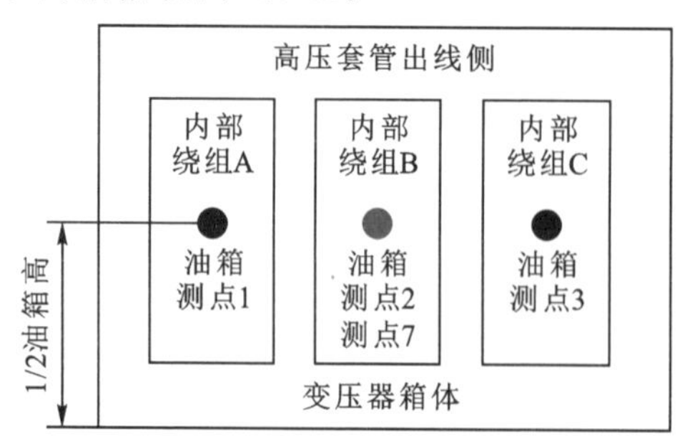

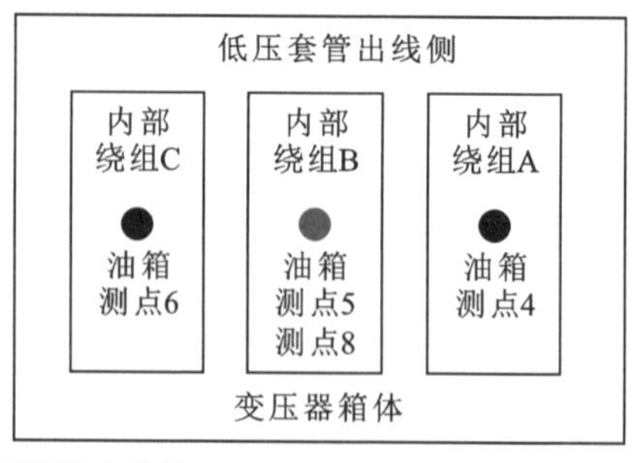

图 10-2 模型变压器测点位置

10.1.2　实际变压器短路冲击试验设置

本章中分别对一台110 kV及220 kV的变压器进行了“高对中”短路冲击试验，如图10－3所示，实际变压器的具体参数如表10－1所示。根据标准规定，110 kV三相变压器属于Ⅱ类变压器（额定容量2500～100000 kV・A），220 kV三相变压器属于Ⅲ类变压器（额定容量100000 kV・A以上）。

(a)110 kV变压器

(b)220 kV变压器

图10－3　实际变压器短路冲击试验实物图

表10－1　变压器参数

参数类型	参数值	
	110 kV	220 kV
额定容量/kV・A	50000	240000/240000/120000
电压变比/kV	110/38.5/10.5	(230±8×1.25%)/121/11
额定电流/A	262/750/1587	602.5/1145.2/6298.5
连接组	YNyn0d11	YNyn0d11
绕组结构	饼式	饼式
备注	各相绕组导线线规不同	各相绕组导线线规相同

由于此类变压器的短路容量大，电源难以提供足够的三相短路功率，因此试验接线方式一般为单相电源直接施加于被试相端与中性点之间，对应中压绕组预先短路并接地，低压开路并进行先短路试验（即绕组的短路在变压器另一绕组施加电压前进行），该类试验主要在沈阳变压器研究院及苏州电器科学研究院进行。对于Ⅱ类及Ⅲ类变压器，短路试验持续时间为0.25 s，允许偏差为±10%。在试验的过程中同时记录电流波形以及振动声学信号，

试验结束后测量每相绕组的短路阻抗值，Ⅱ类变压器短路阻抗值变化 2%以上，Ⅲ类变压器短路阻抗值变化 1%以上，则认为绕组出现故障。试验中振动及声学信号测点位置与图 10－2 相似，但由于油箱高度过高，为了实际操作方便，将声振测点布置于油箱 1/4 高度处，其中传声器为了更好地收集整个变压器发出的暂态声学信号，布置在距离变压器本体 1/2 长度的位置处。（实际在现场应用时，可能因为冷却设备、防火墙等结构影响，传声器位置可适当调整，尽量安装于变压器无散热器、无防火墙的一侧。）

10.2　变压器短路冲击下暂态声振特性及影响因素

10.2.1　暂态声振信号处理方法

变压器遭受外部短路冲击时，绕组中流过的电流包括周期分量及指数衰减分量，因此短路电流会首先达到最大，随后衰减并趋于稳定，直到断路器动作切开电源。而振动或声学信号中包含恒定项、衰减项、电流频率周期衰减项(50 Hz)、二倍电流频率周期项(100 Hz)等分量。以某次 110 kV 变压器 A 相高对中 70%短路冲击为例，其短路电流、振动及声压信号时域波形如图 10－4所示，且该次短路冲击未对绕组造成损伤。可以发现：

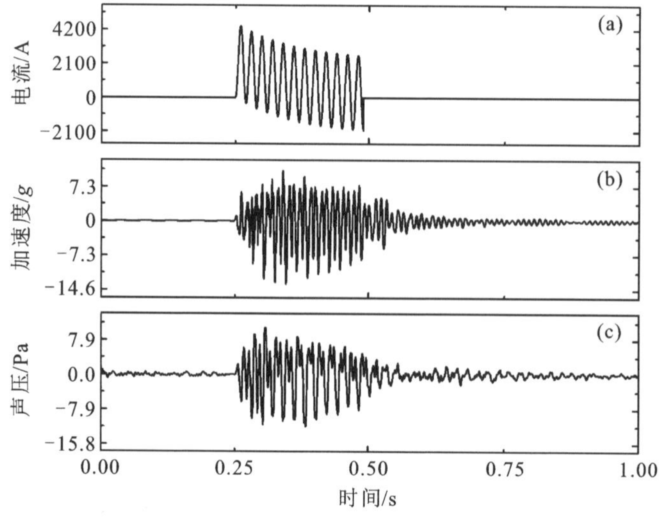

图 10－4　变压器短路冲击时电流、振动、声压信号

(1)通过控制合闸相位,非对称短路电流在第一峰值处达到最大值,在70%规定电流加载下,可以达到 4424 A,是额定电流 262 A 的 16.89 倍,随后逐渐衰减至对称短路电流值 1633 A,为额定电流的 6.23 倍,在经过 0.24 s 后切开电源,电流归零。而在 100%规定电流加载下,第一峰值可达到 6321 A,这将对绕组的电气性能、热力性能、机械性能等方面造成巨大的冲击。

(2)由于电动力与电流的平方成正比,因此,在整个短路过程中绕组所受电动力可达到稳态工况下电动力的 39～285 倍。在 100%规定电流加载下,电动力最大甚至可以达到 582 倍,这种情况下绕组的振动将远大于其他振源(铁芯、冷却装置等),因此短路冲击时的振动及声学信号可视作绕组单独发出的信号。

(3)对比稳态下的振动信号,短路冲击造成的振动加速度可达到 10 g 量级(g 为一个重力加速度,约为 10 m/s^2),振动的最大值并非出现在电流第一峰值处,而是先变大再变小,呈现"梭子状",且在 0.24 s 切断短路电流后,并没有立即消失,而是由强迫振动转为自由振动进而慢慢衰减,最终耗尽能量,持续 0.5 s 左右。

(4)声压信号作为振动在空气中的传播,与油箱表面振动有很好的相关性,变化趋势与振动信号一致。另外,可以观察到在短路冲击前后声学信号并不平整,存在背景噪声,但冲击时的声压值远大于背景噪声,因此可以忽略这些干扰。稳态噪声虽然不适用于稳态工况变压器绕组的故障诊断,但在短路冲击时有很高的利用价值。为方便起见,在后续的研究中,将变压器遭受短路冲击时的振动声学信号简称为暂态声振信号。

在获得暂态声振的时域信号后,其中所蕴含的信息并不直观,因此需要对信号进行进一步的处理。传统变压器振动信号分析中,最常用快速傅里叶变换(FFT)进行信号处理,然而对于非稳态的声振信号,FFT 有很大的局限性,为直观表示该局限,分别模拟如下两种信号:

$$x(t) = \cos 50\pi t + \cos 100\pi t + \cos 150\pi t + \cos 200\pi t \tag{10-1}$$

$$x(t) = \begin{cases} \cos 50\pi t & (0 \leqslant t < 0.025) \\ \cos 100\pi t & (0.025 \leqslant t < 0.05) \\ \cos 150\pi t & (0.05 \leqslant t < 0.075) \\ \cos 200\pi t & (0.075 \leqslant t < 0.1) \end{cases} \tag{10-2}$$

其中,式(10-1)为平稳信号,式(10-2)为非平稳信号,虽然都包含 4 个频率的信号,但稳态信号贯穿整个时域,而非稳态随时间依次出现不同频率的信号,其时域波形如图 10-5 所示,采样率 10240 Hz,采样点数 10240。对两种模拟信号进行 FFT 分析，如图 10－6 所示为模拟信号的 FFT 频谱，对于稳态信号而言，FFT 可以得到十分理想的结果，而非稳态信号由于存在突变信号，因此出现了频谱泄漏等现象，使得频谱信息出现误差。另外，FFT 只能获取一段信号总体上包含哪些频率分量，但无法获得各个分量出现的具体时刻，这导致虽然不同频率振动出现的时刻不一样，但频谱信息却一致的情况（例如图 10－5(b)中信号如果依次出现 200 Hz、150 Hz、100 Hz、50 Hz，则频谱图与图 10－6(b)的结果一样）。为了避免这种情况出现，需要对信号进行时频分析。

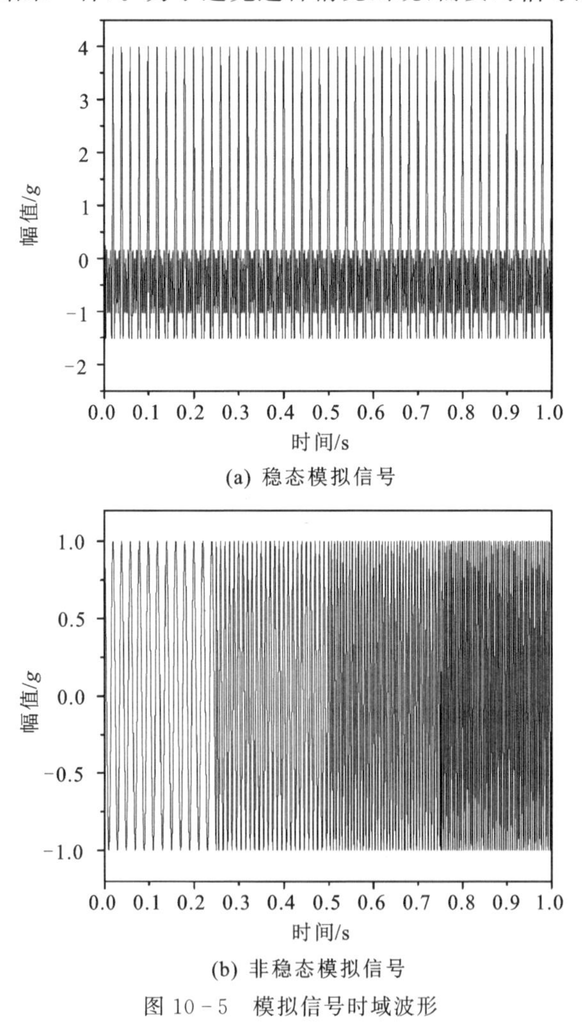

(a) 稳态模拟信号

(b) 非稳态模拟信号

图 10－5　模拟信号时域波形

信号时频分析方法中，小波变换由于其完善的理论基础和灵活的小波函数得到了广泛的应用。设小波母函数为 $\psi(t)$，则其在函数空间 $L^2(R)$中满足式：

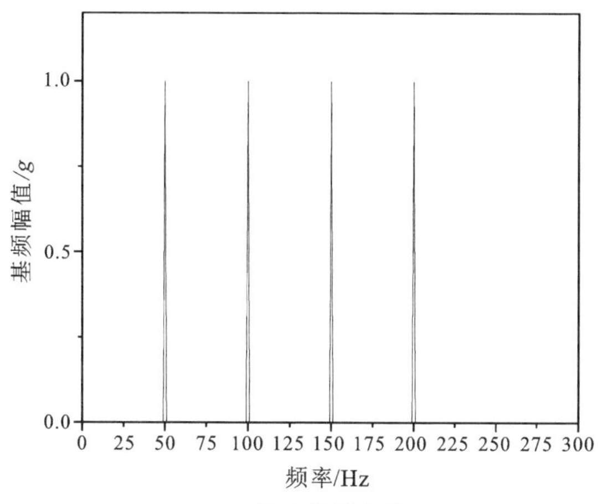

(a) 稳态模拟信号

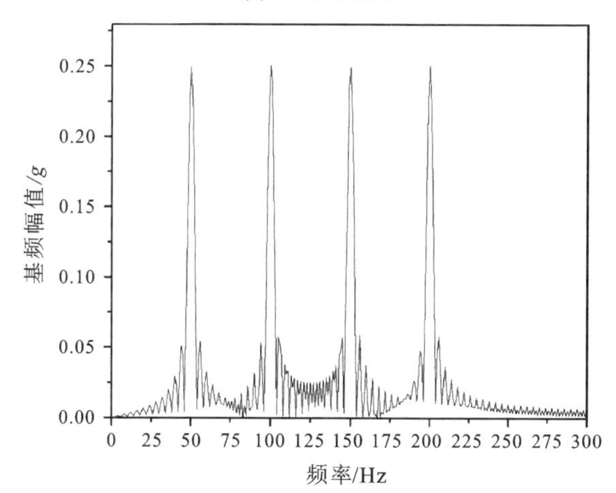

(b) 非稳态模拟信号

图 10-6　模拟信号 FFT 频谱

$$C_{\psi}=\int_{R^{*}}\frac{|\hat{\psi}(\omega)|^{2}}{|\omega|}\mathrm{d}\omega<\infty \tag{10-3}$$

式中，R^{*} 表示全体非零实数；$\hat{\psi}(\omega)$是 $\psi(x)$的傅里叶变换。

式(10-4)中所表示的函数 $\psi(a,b)(x)$称为由小波母函数为 $\psi(t)$生成的依赖于参数对(a,b)的连续小波函数，简称为小波：

$$\psi(a,b)(x)=\frac{1}{\sqrt{|a|}}\psi\left(\frac{x-b}{a}\right) \tag{10-4}$$

式中，a 称作伸缩因子；b 称作平移因子。

对于信号 $w(x)$，其连续小波变换(CWT)定义为

$$W_w(a,b)=\frac{1}{\sqrt{|a|}}\int_{-\infty}^{\infty}w(t)\psi^*(\frac{x-b}{a})\mathrm{d}t \tag{10-5}$$

选择适合处理非稳定突变信号的小波函数 cmor(complex Morlet wavelet)作为小波基，为了得到较高的频率分辨率及时间分辨率，设置中心频率为 5，带宽参数为 1，则上述模拟信号的时频图如图 10-7 所示。可以发现，无论是稳态还是非稳态的信号，小波时频图不仅可以描述其存在的频率分量，同时可以展示各频率分量出现的时间，这对于暂态声振信号来说十分必要。但是，该方法仍然存在一定的缺陷，模拟信号中各频率分量的幅值全部为 1，然而时频图中的小波系数与振动幅值并不相同。另外，由于高频的能量分散在较宽

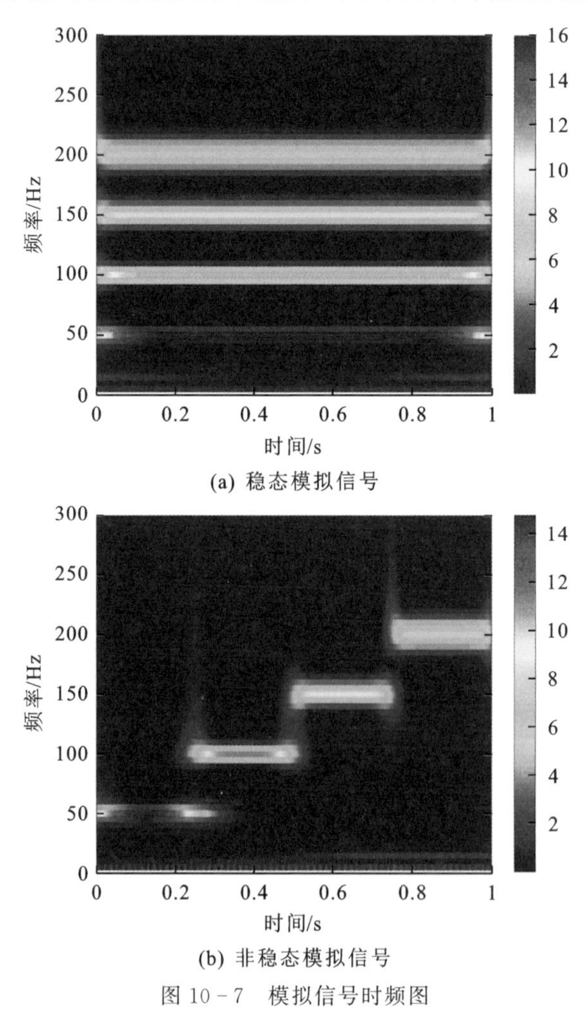

图 10-7 模拟信号时频图

的频带内，因此导致频率越高小波系数越小，这对于关注信号幅值的暂态声振信号十分不利，使得不同频率之间的相对幅值大小并不直观。

为了规避小波时频分析中存在的相对幅值不直观这一问题，需要对小波系数进行校正。结合连续小波变换的尺度变换性质以及相应的小波基函数参数，可以得到以下校正函数：

$$W'_{w}=\sqrt{\frac{5\pi f}{4f_{S}\cdot f_{C}}}W_{w} \tag{10-6}$$

式中，W'_{w} 为校正后的小波系数；W_{w} 为校正前的小波系数；f 为信号频率；f_{S} 为信号采样频率；f_{C} 为小波基函数中心频率。通过校正后的小波时频图如图 10－8 所示。

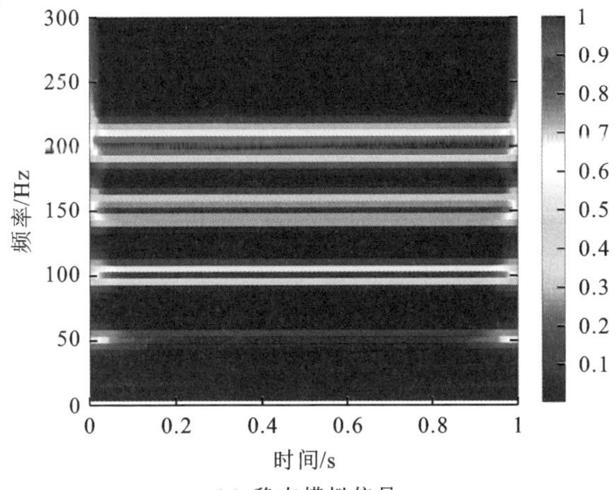

(a) 稳态模拟信号

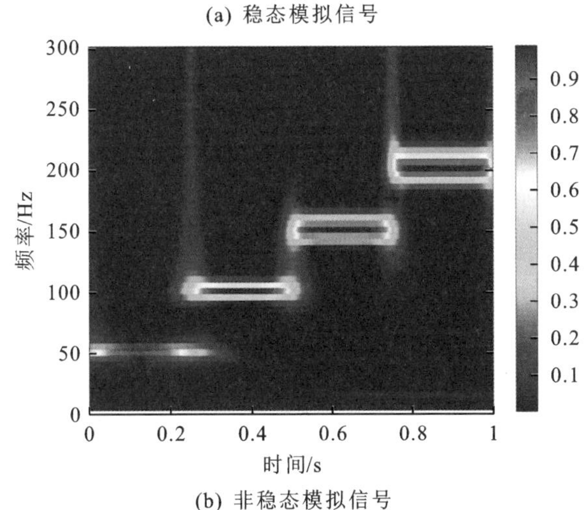

(b) 非稳态模拟信号

图 10－8　模拟信号校正后的时频图

从图 10-8 中可以发现不同频率的小波系数可以反映其真实幅值大小。需要说明，虽然校正后各频率分量的幅值大小更加直观，但这种方法会使变换前后各频段内的能量不再守恒，因此，该方法适合利用不同频率点处的幅值信息进行特征参量计算，而不适用于以信号频段能量为基础的特征参量计算。(注：频率点指某一特定频率，如 100 Hz，频率段指某一段频率区间，如 90～110 Hz)

对图 10-4 中的暂态声振信号进行校正连续小波变换，可得其时频图如图 10-9 所示，可以发现：

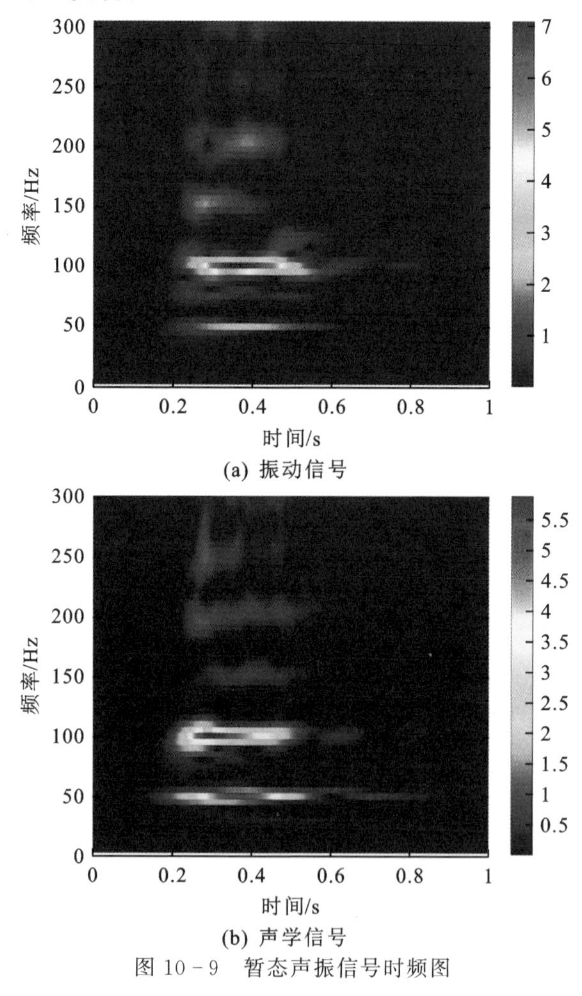

图 10-9 暂态声振信号时频图

(1)声振信号中主要存在 50 Hz 及 100 Hz 分量，这与理论分析一致，另外还存在较小的 150 Hz 及 200 Hz 等高次谐波分量，这与系统的非线性(超、亚谐振动或参变振动)有关。另外,在绕组机械状态完好的情况下,系统非线性因素影响较小,绕组暂态声振信号较为简单。

(2)声振信号中不同频率分量的出现时刻并不相同,时频图可以直观反映各频率在整个短路冲击过程中的发展历程。最先出现的分量为100 Hz振动,随后出现50 Hz等其他分量,且持续时间各不相同,这是由于在整个短路冲击过程中,绕组机械状态及受力大小是动态变化的,因此绕组非线性振动在不同时刻有不同的表现。

(3)声学信号与振动信号具有相似性,但声学信号相对更加丰富,这是因为声学传感器采集的是整个变压器油箱向外辐射的信号,可以视为油箱表面振动信息的集中表现,而振动信号为单点信号,由前文研究可知,其受测点位置影响较大。

10.2.2　测点位置对声振信号的影响

与稳态振动信号类似,暂态的声振信号同样与测点位置有较为密切的联系。在一次外部短路冲击中,用同步测量不同点处的声振信号来探究测点位置对声振信号的影响。如图10－10所示为110 kV变压器A相绕组某次“高对中”短路冲击试验时油箱表面测点1～6(测点位置见图10－2)的振动时频图。可以发现虽然是同一次短路冲击试验,不同测点的振动信号却有着明显的区别,不仅是频谱分布不一致,其幅值大小也相差较大。

(1)测点1～3或测点4～6分别为同一套管出线侧的A、B、C三相所对应的测点,由于此次短路发生在A相,因此A相所对应的测点1(或测点4)具有最大幅值,B相、C相对应测点振动信号由于距离较远依次减小。这一现象可由图10－11解释,距离遭受短路冲击的绕组最近的测点振动能量最大。可以预见的是,当B相绕组发生短路冲击时,测点2或测点5的振动幅值将大于其他测点。

(2)虽然绕组为圆柱对称结构,但同一相绕组对应的两个测点振动也存在明显差异,如测点4振动幅值为测点1的2倍之多。这是由于绕组机械结构的改变有可能发生在不同的部位,与图10－11类似,离绕组故障更近的测点幅值变化更大。

(3)振源虽然都是A相绕组,但不同测点的频率分量并不一致,这同样可以用ODS特性来解释:如果测点布置在某个频率振动的波节点处,则该测点振动信号中将丢失该频率的信息,这一现象随着频率的增高更加容易出现(频率越高,波长越短,波节点越多)。

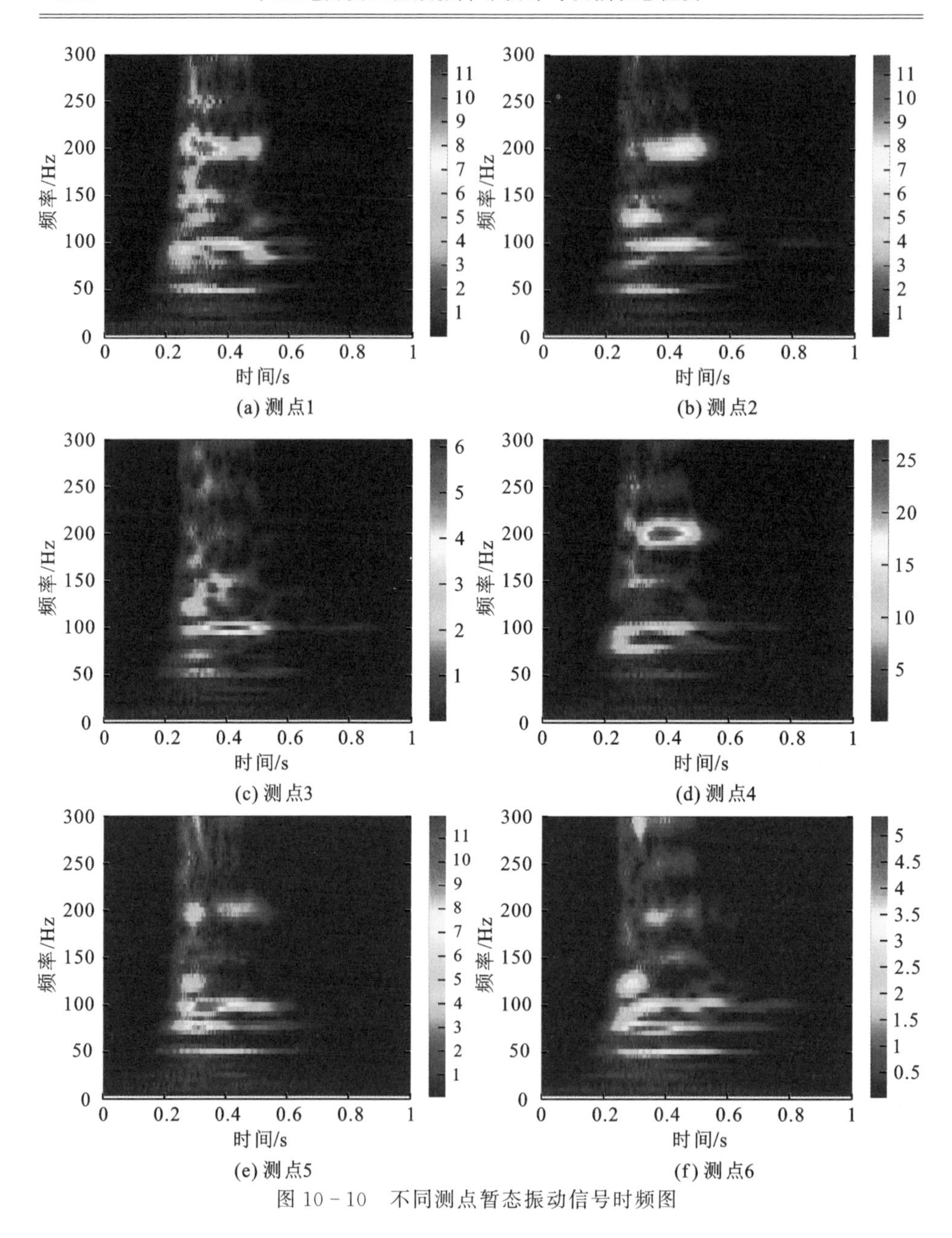

(a) 测点1 (b) 测点2 (c) 测点3 (d) 测点4 (e) 测点5 (f) 测点6

图 10-10 不同测点暂态振动信号时频图

(4)频率分量中出现 75 Hz、125 Hz、175 Hz 等分量，由理论分析可知，这是绕组发生了参变共振的表现，其他高频分量则多由垫块等绝缘材料的非线性特性引起，参变共振和超、亚谐共振的频率有重叠部分，因此有些频率为两者共同作用的结果。

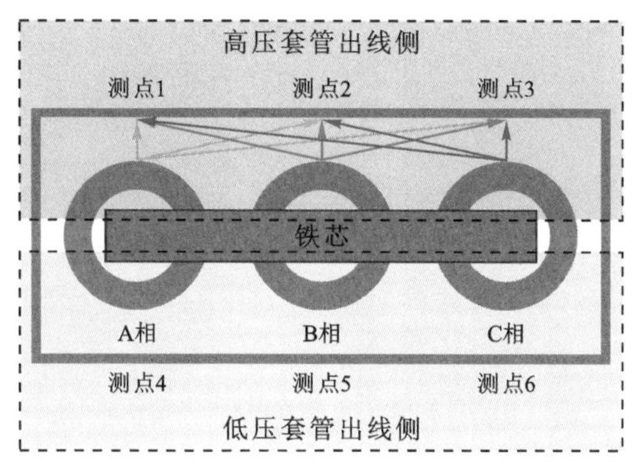

图10-11　绕组振动在油中的传递

变压器油箱的振动信号最终会通过空气向外辐射，声学信号是振动信号的集合，另外，实际运行中的变压器存在散热器、加强筋等部件，可能存在不易布置振动传感器的情况，因此声学信号作为振动信号的延伸，可以很好地补充振动信息的不足。如图10-12为110 kV变压器A相某次“高对中”短路冲击时不同位置暂态声学信号的时频图。可以发现不同测点的相似度较高：

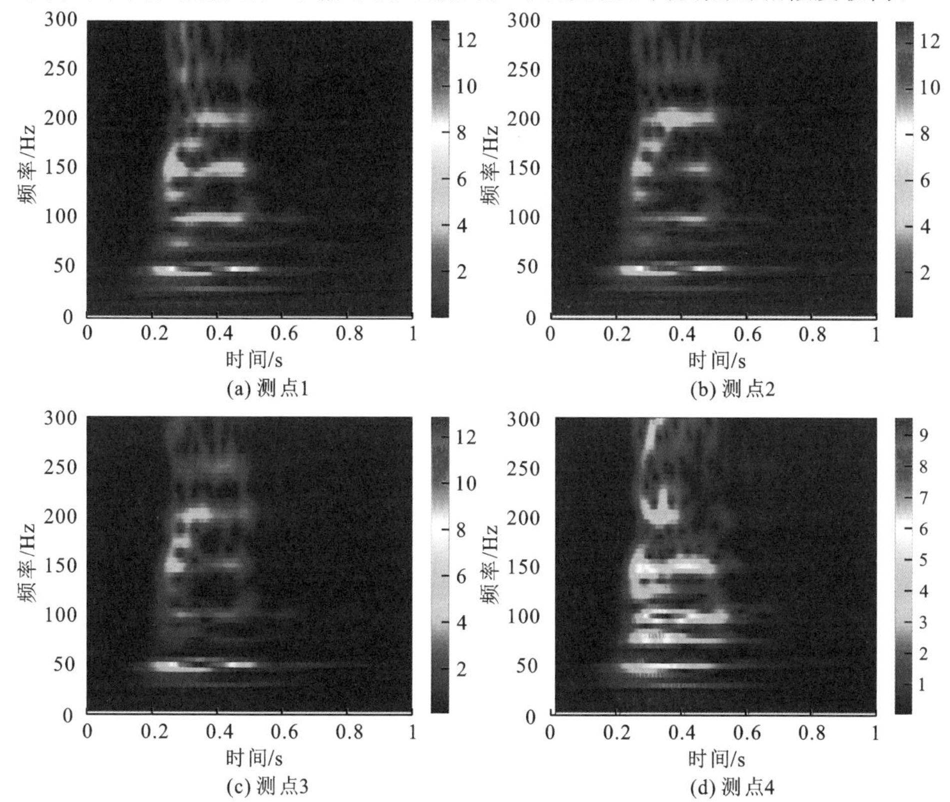

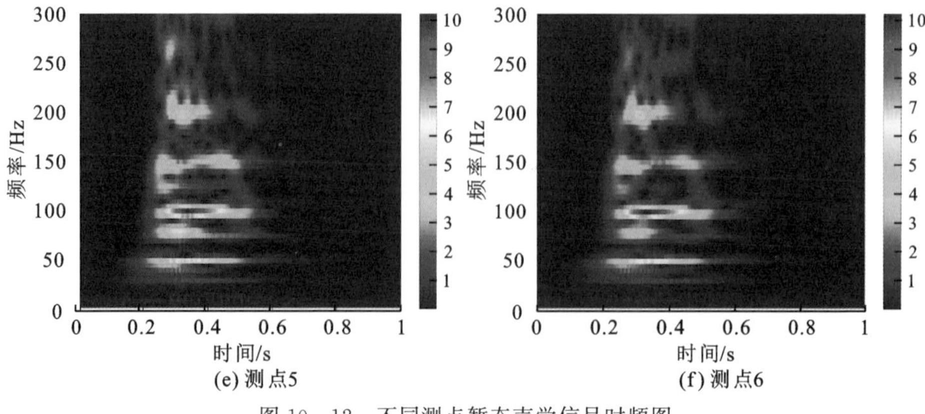

(e) 测点5　　(f) 测点6

图 10-12　不同测点暂态声学信号时频图

(1)同一侧的不同测点之间频率分量基本一致,幅值大小也几乎无变化,个别较高的频率分量随着距离声源(A 相绕组)越来越远,出现了较小的衰减。

(2)不同侧的测点频谱分布差异较大,这与绕组故障发生位置有关,与图 10-11 类似,高压套管出线侧的测点主要受同一侧绕组的机械状态影响,低压侧亦然。

(3)声学信号中的频率分量同样丰富,此次短路冲击同样导致了绕组的参变共振及超、亚谐共振,涵盖了同步测量的所有振动信号中的分量。

鉴于以上暂态声学信号的特性,如无特别声明,下文中将主要对暂态声学信号进行特性分析,振动信号因测点不同而存在差异,但信号特性与声学信号类似。

10.2.3　短路电流大小对声振信号的影响

变压器发生外部短路时,由于短路方式、短路相角、短路阻抗等因素的不同,会使得短路电流不尽相同。对 110 kV 变压器 A 相进行变电流短路冲击试验,电流从 70%至 105%规定非对称突发短路电流,步长为 5%,以低压套管出线侧暂态声学信号(测点 8)时频图为例,如图 10-13 所示。

从图 10-13 中可以发现:

(1)在电流逐渐变大的过程中,除了 105%的规定短路电流外,其余电流等级的时频图频率分布大致相同,主要集中在 50 Hz 及 100 Hz 频率处。另外,整体声压幅值随电流逐渐变大,以 50 Hz 及 100 Hz 声学信号分量为例,其随电流变化趋势如图 10-14 所示,可以得到 100 Hz 以 2 次函数拟合后的结果校正决定系数为 0.984，说明 100 Hz 分量与理论分析一致，符合与电流平方成正比的规律。但 50 Hz 分量明显不符合该规律，且除了最后一次短路冲击，其余幅值随电流基本不变。这是由于短路电流不同，主频(100 Hz)振动幅值不同，最终导致垫块等材料的非线性得以体现。

(2)随着短路次数的增加，频谱出现了一些细微的变化，如频率分量逐渐

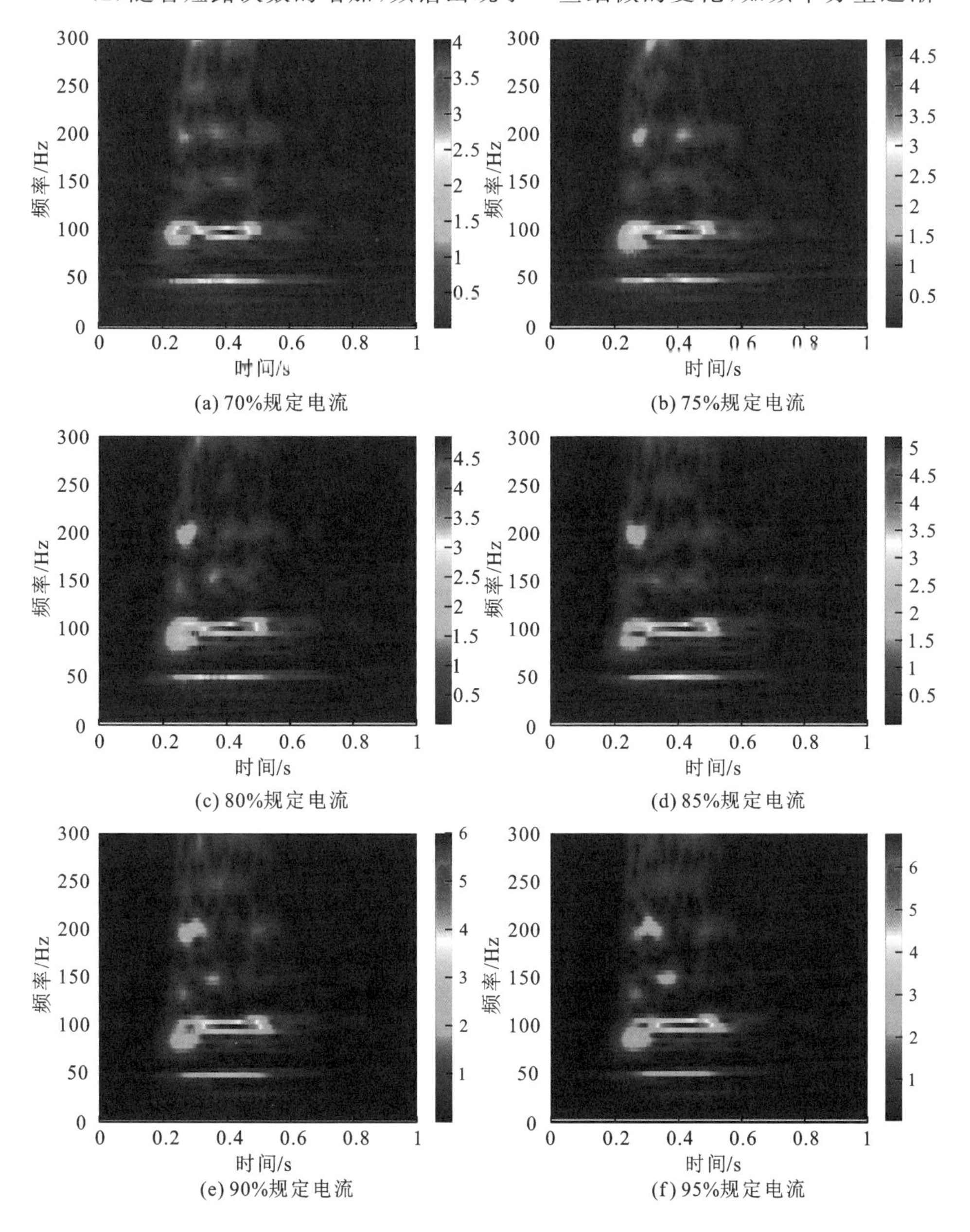

(a) 70%规定电流

(b) 75%规定电流

(c) 80%规定电流

(d) 85%规定电流

(e) 90%规定电流

(f) 95%规定电流

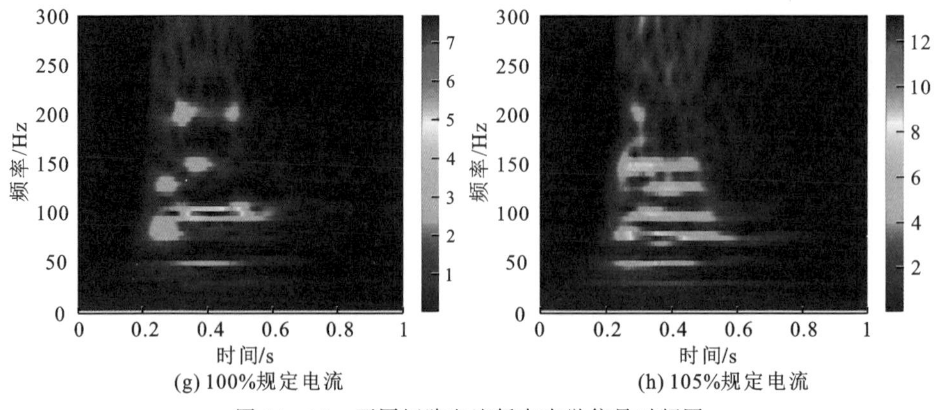

(g) 100%规定电流　　(h) 105%规定电流

图 10-13　不同短路电流暂态声学信号时频图

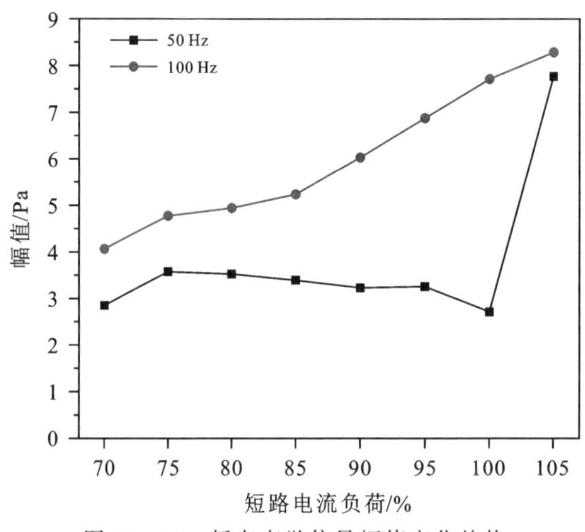

图 10-14　暂态声学信号幅值变化趋势

变得复杂，并在 105%电流下发生突变，这体现了短路冲击的累积效应：绕组机械状态往往并非“不堪一击”或者“一成不变”，而是逐渐累积损伤，最终导致绕组机械状态的损坏，且往往最后一次冲击与前一次相比会有明显的变化，这一过程将在下一节详细研究，此处不再赘述。

由上述现象可得，在绕组机械状态不变或良好情况下，短路电流大小对暂态声振信号不同频率幅值有一定影响，但对频谱分布影响较小。

10.2.4 不同电压等级对声振信号的影响

变压器电压等级越高，绕组尺寸越大，则其容量越大，短路电流也越大。本文对3个不同电压等级的三相变压器绕组进行短路冲击试验，研究不同电压等级对暂态声振信号的影响，分别为400 V、110 kV、220 kV变压器，其中400 V变压器短路方式为三相短路，110 kV及220 kV为单相“高对中”短路，全部施加100%规定短路电流。其测点7及测点8的暂态声学信号如图10-15所示，可以发现：电压等级越高，变压器辐射声压越大，这与其短路电流大小及振动辐射面积密切相关。低电压小容量的400 V变压器由于绕组结构简单，易于压紧，刚度K较大，质量M较小，因此其固有频率大，不易满足各类共振条件，虽然在试验时遭受的短路电流时间较长(0.5 s)，但暂态信号较为简单，主要集中在100 Hz。而高电压等级的绕组结构复杂且绝缘件较多，不易于压紧，刚度K较小，质量M较大，因此其固有频率较小，更容易满足各类共振条件，虽然短路电流作用时间较短(0.24 s)，但更容易产生非线性振动。

高电压等级的变压器通常为3绕组变压器，除了会发生“高对中”突发短路外，还可能出现“高对低”短路冲击。因此本文对变压器也进行了“高对低”短路试验，以研究同一相不同短路方式对暂态声振信号的影响。如图10-16为220 kV变压器“高对低”暂态声学信号时频图，相比于图10-15(c)及(f)的“高对中”声振信号，虽然低压绕组流过更大的电流，但健康绕组的暂态声振信号同样主要包含50 Hz及100 Hz分量。

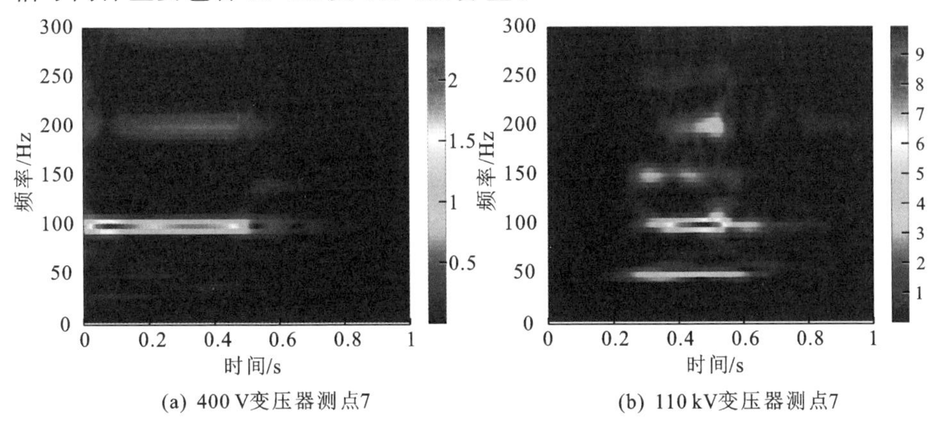

(a) 400 V变压器测点7　　(b) 110 kV变压器测点7

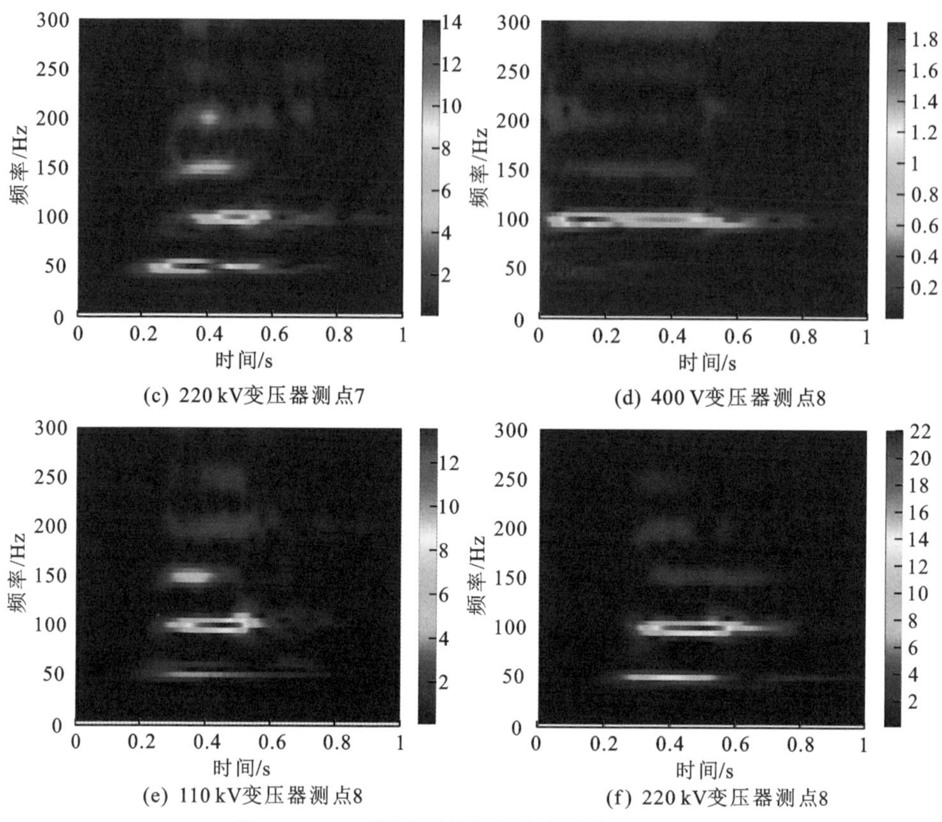

(c) 220 kV变压器测点7

(d) 400 V变压器测点8

(e) 110 kV变压器测点8

(f) 220 kV变压器测点8

图 10-15 不同电压等级暂态声学信号时频图

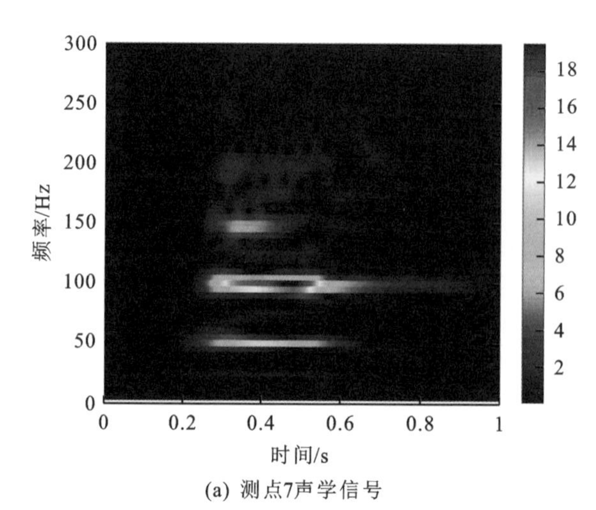

(a) 测点7声学信号

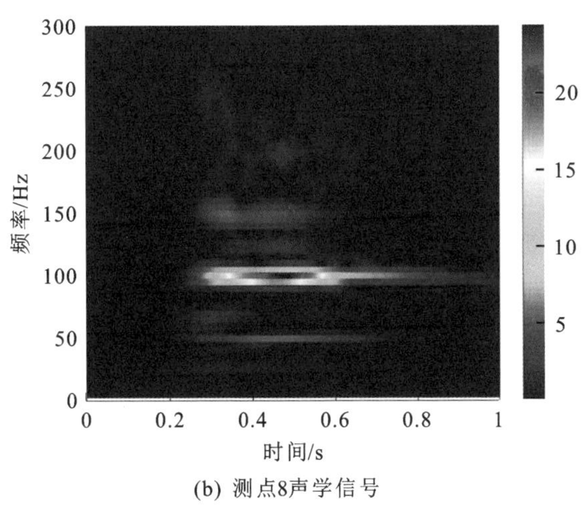

(b) 测点8声学信号

图10-16　“高对低”暂态声学信号时频图

10.2.5　重合闸情况对声振信号的影响

电网在发生外部突发短路故障时会选择保护动作来快速切除故障，但有时候短路故障会很快消失，为了有效减小停电面积、保证选择精度、提高供电可靠性，会选择进行重合闸操作。重合闸间隔时间短，如果短路点并未消失，则有可能发生第二次短路。由于两次短路冲击间隔很短，因此第一次短路冲击造成的绕组电、热、机等方面的损伤，可能导致第二次短路冲击更容易使绕组机械结构发生故障。为验证这一情况，对220 kV变压器进行70%规定短路电流的重合闸突发短路冲击试验，两次短路冲击持续时间为0.24 s，间隔时间为0.5 s。如图10-17所示为A、B相重合闸时的暂态声学信号。可以发现：

(1)第一次短路冲击和重合闸冲击间隔时间很短，分别产生的两次绕组振动几乎完全一致，说明绕组在两次短路冲击过程中并未发生绕组机械状态的改变。因此在变压器绕组状态良好的前提下，绕组对于较小的短路电流，短时间内重合闸情况有一定的抗短路能力。

(2)不同相发生短路冲击也会有不同的暂态声学信号，这说明虽然为同一台变压器，但其不同绕组的机械结构不尽相同。在绕组状态良好的情况下，频谱一般较为简单，主要包含50 Hz及100 Hz分量。

重合闸短路冲击试验并非国标GB1094.5所要求的试验内容，由于试验成本过高，本章只进行了一种短路电流等级的试验，并没有研究在多大短路

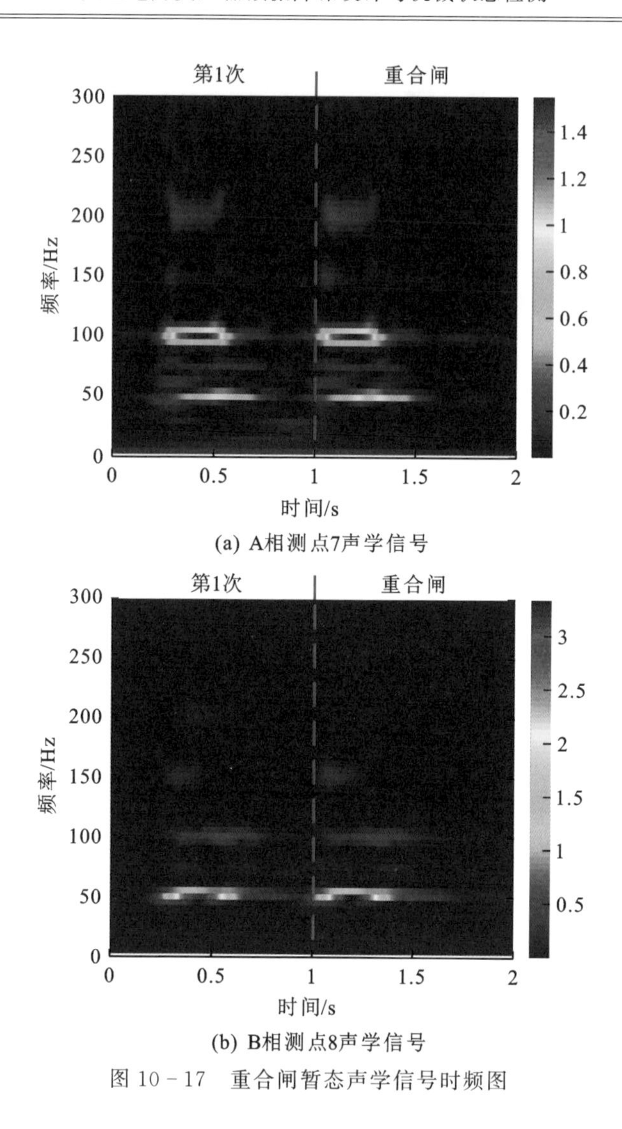

(a) A相测点7声学信号

(b) B相测点8声学信号

图 10－17 重合闸暂态声学信号时频图

电流的情况下重合闸会出现重大缺陷，因此该结论只能作为探索性结果，为之后进一步研究奠定基础。

综上所述，暂态声振信号中振动信号易受测点位置影响而丢失信息，声学信号对于测点位置不敏感，能全面反映变压器整体的暂态振动信号，尤其适用于振动不易测量的情况。但振动信号具有可以根据幅值大小判断短路冲击发生于哪一相的优点，因此振动和声学信号可以相辅相成，适合共同应用于变压器绕组机械故障的诊断。在实际应用过程中，宜采用如图 10－2 所示的 6＋2 声振测量模式进行在线监测（6 振动＋2 声学），声学信号用于对机械状态的总体判断,振动信号用于具体故障位置的判断。在绕组状态良好的情况下,暂态声振信号主要包含 50 Hz 及 100 Hz 分量,随着短路电流、变压器容量、绕组松动程度的增大,频谱将变得更加复杂。

10.3　绕组机械故障下暂态声振信号特征

虽然暂态短路电流的持续时间很短,但在如此巨大冲击力的作用下,绕组也可能产生变形、移位、匝绝缘脱落,以致绕组被拉断等,使得变压器发生故障,严重危害电网的安全运行。同时,由于短路冲击具有累积效应,多次短路冲击下会使变压器的机械结构产生"疲劳",也会使绕组匝绝缘及结构件受损,影响电力变压器的绝缘强度,引起匝间短路使绕组烧毁,大大缩短变压器的使用寿命。其事故主要表现形式为:

(1)外部多次短路冲击,绕组累积变形严重,最终绝缘击穿损坏居多;

(2)外部短时间内多次受到空载涌流冲击而损坏;

(3)甚至存在一次短路冲击就损坏的情况。

为了模拟这种累积效应,本文分别在 400 V 模型变压器及 110 kV 变压器上模拟多次外部突发短路,并研究绕组在逐渐损坏的过程中,暂态声振信号的变化规律,最终提出特征参量用于判断变压器绕组的机械状态。

10.3.1　模型变压器绕组机械故障

对 400 V 缩比模型变压器进行多次短路冲击试验直至绕组发生明显变形,短路阻抗产生超过 2%的变化。试验工况设置如表 10-2 所示。

表 10-2　模型变压器短路冲击工况

参数类型	期数				
	第 1 期	第 2 期	第 3 期	第 4 期	第 5 期
次数	第 1～5 次	第 6～8 次	第 9～14 次	第 15～19 次	第 20～22 次
电流大小	1600 A	1600 A	1600 A	2600 A	2600 A
持续时间	500 ms	500 ms	500 ms	950 ms	950 ms
试验前状态	初始状态	人为松动 4 mm 螺纹	人为松动 8mm 螺纹	无人为改变	无人为改变
试验后状态	良好	较好	轻微变形	变形	损坏

模型变压器短路冲击试验总共进行了 22 次，分为 5 期。每次短路冲击结束后按照标准 GB 1094.5 测量绕组短路阻抗，另外，每期结束后进行变压器吊芯，并观察绕组机械状态。在试验过程中，为了判断绕组松动故障下暂态声振信号的变化规律，在第 2 期(第 6 次)以及第 3 期(第 9 次)短路冲击试验前对绕组进行两种程度的人为松动。在第 4 期以及第 5 期试验中，为了加速绕组变形，加大短路电流幅值，延长短路持续时间，最终在第 22 次短路冲击后绕组机械状态彻底损坏。整个试验过程较为完整地模拟了绕组状态"良好—松动—变形"的损坏过程。如图 10－18 所示，从左到右、从上到下的子图分别为 1～22 次短路冲击时的暂态声振信号，每个子图的纵轴为 0～1000 Hz 的频带范围。

从图 10－18 中可以发现：

(1)绕组在初始状态下，第 1 期 5 次短路冲击后，每次的暂态信号并无明显变化，能量主要集中在 100 Hz。

(2)在第 2 期试验前，由于人为设置了松动故障，声学信号频谱变得复杂。另外，第 2 期 3 次短路冲击的暂态信号(从 2 行 1 列至 2 行 3 列)无明显变化，说明虽然发生了绕组的松动，但是绕组状态仍然较好，可以抵抗多次短路冲击。

(3)在第 3 期试验前，由于进一步设置了松动故障，发现频谱变得更加复杂。另外，第 3 期 6 次短路冲击的暂态信号(从 2 行 4 列至 3 行 4 列)之间存在明显变化，说明较大程度的绕组松动最终会导致抗短路能力的下降。吊芯结果显示，在本期试验过程中，绕组出现了轻微变形。

(4)第 4 期 5 次短路冲击加大了短路电流，使得绕组变形程度加大，每一次时频图都明显不同(从 3 行 5 列至 4 行 4 列)，且已经没有了明显的主频(最大幅值的频率)，此时绕组顶端已经发生了严重变形。

(5)由于第 4 期结束后绕组短路阻抗仍然没有超过 2%，因此继续对变压器进行第 5 期 3 次短路冲击试验。这一过程中，时频图从复杂变得简单(从 4 行 5 列至 5 行 2 列)，重新回到了 100 Hz 主频的情况，此时绕组已完全崩坏，无法继续试验。这是因为绕组机械结构已经处于无支撑状态，垫块的非线性在这种情况下已经失去了作用，导线仅仅存在基本的振动。

为进一步量化整个"累积效应"过程，根据两体模型及弹性体模型的多倍频振动现象，结合前文振动噪声机理研究以及暂态声振特性试验，提出以下特征参量：

(1)归一化暂态声振信号信息熵：表征时频图分布复杂情况的特征参量，与前文中稳态扫频振动熵类似，在暂态信号小波时频域中，将 p_i 的定义由"某

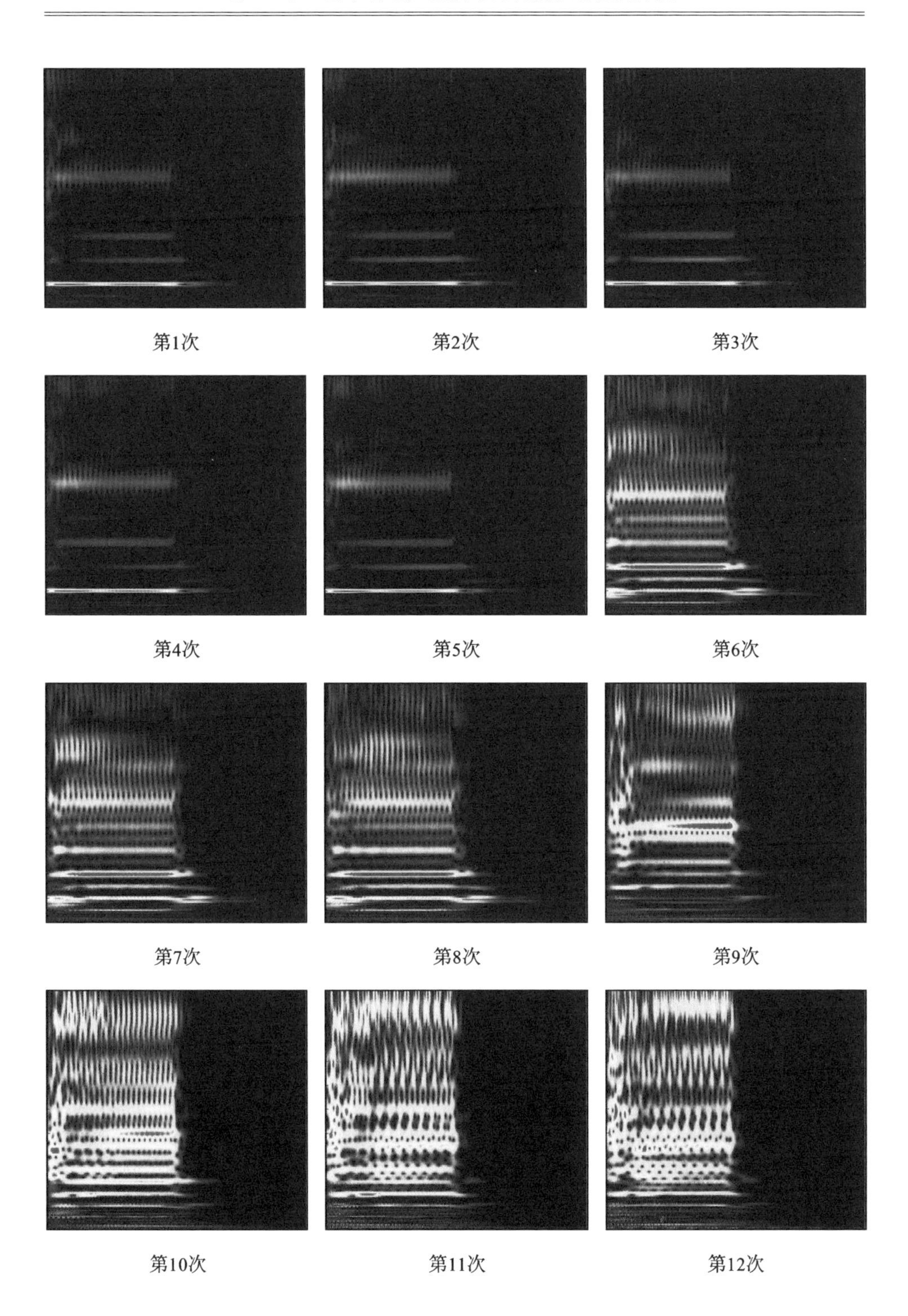
第1次
第2次
第3次
第4次
第5次
第6次
第7次
第8次
第9次
第10次
第11次
第12次

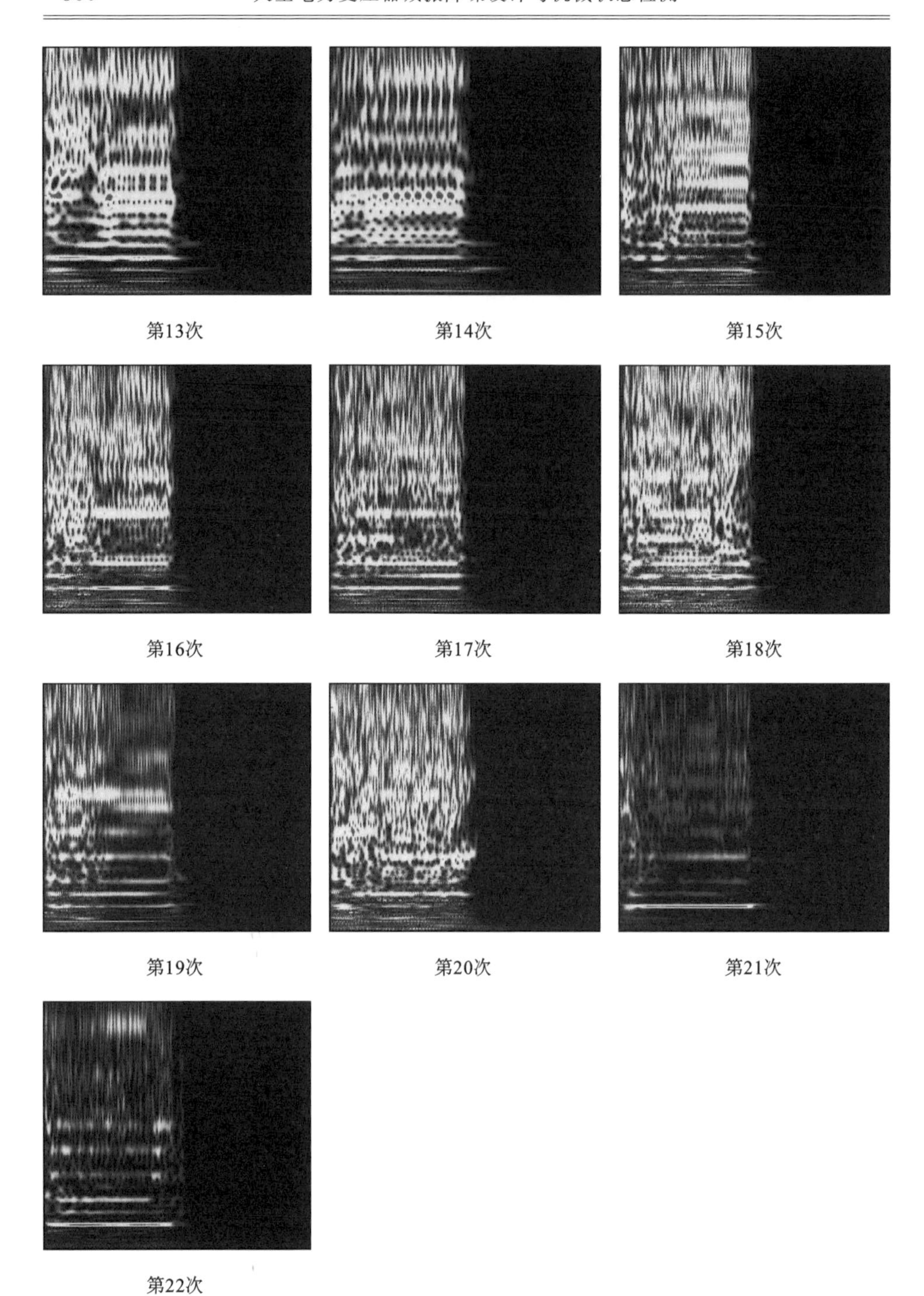

图 10-18 测点 7 的 22 次暂态声学信号时频图

一频率处的幅值与整个频域幅值总和的比值”改为“某一频率的整个时域信号的能量值与整个频域能量总和的比值”：

$$p_i=\frac{E_i}{\sum E_i}=\frac{(\sum A_j^2)_i}{\sum(\sum A_j^2)_i} \tag{10-7}$$

式中，E_i 为某一频率的信号能量，等于该频率处整个时域上幅值的平方和；A_j 即为某一频率某一时刻的幅值。由于在短路冲击时存在机电耦合作用及非线性作用，会导致参变共振以及超、亚谐共振，且信号主要集中在 0～1000 Hz，因此本文中主要针对频率为 $25\times i$ Hz($i=1,2,\cdots,40$)这 40 个频率点。为了使得暂态信息熵值区间为[0,1]，在整个关心的频谱范围内，归一化暂态声振信号信息熵定义为

$$H_{\mathrm{T}}=-\sum_{i=1}^{40}p_i\log_{40}p_i \tag{10-8}$$

H_{T} 值越接近于 0，说明暂态声振信号能量越集中，时频图越简单，H_{T} 越接近于 1，说明信号能量越分散，时频图越复杂。

(2)主频能量占比：在绕组短路冲击激励的基本解中，包含 50 Hz 及 100 Hz的频率分量，因此定义 50 Hz 及 100 Hz 为暂态声振信号的主频，则主频能量占比为

$$p_{\mathrm{main}}=\frac{E_2+E_4}{\sum E_i} \tag{10-9}$$

由图 10－18 的时频图可知，随着绕组机械状态的恶化，主频能量占比 p_{main} 呈下降趋势。

(3)半频能量占比：由于存在机电耦合作用，当绕组模态满足一定条件时，暂态声振信号中会出现参变共振，其明显特征为 25 Hz 的奇数倍频，因此定义 25 Hz、75 Hz、125 Hz、…、975 Hz 等 20 个频率为半频，则半频能量占比为

$$p_{\mathrm{half}}=\frac{\sum E_{2i-1}}{\sum E_i} \tag{10-10}$$

半频能量占比为参变共振的重要标志，参变共振越明显，该值越大。根据以上特征参量计算公式，可得如表 10－3 所示的 22 次暂态声振信号特征参量以及短路阻抗(Short-circuit impedance，SCI)变化规律。表中将每个特征参量相对于第一次短路冲击时的变化率记为 R_a，相对于前一次短路冲击时的变化率记为 R_b，其中短路阻抗以第一次短路冲击试验前状态为基准(0.4012 Ω)。可以发现基于暂态声振信号的特征参量明显比标准中规定的短路阻抗法灵

敏，后者在绕组已经发生严重变形的情况下仍然未超过规定允许值2%。

表10-3　模型变压器短路冲击工况

次数	特征参量											
	H_T			p_{main}			p_{half}			SCI/Ω		
	值	R_a/%	R_b/%	值	R_a/%	R_b/%	值	R_a/%	R_b/%	值	R_a/%	R_b/%
1	0.259	/	/	0.834	/	/	0.058	/	/	0.401	−0.1	−0.1
2	0.288	10.8	10.8	0.796	−4.5	−4.5	0.067	15.7	15.7	0.403	0.5	0.6
3	0.280	7.8	−2.7	0.798	−4.3	0.2	0.058	0.0	−13.6	0.401	−0.2	−0.7
4	0.295	13.6	5.3	0.793	−4.9	−0.6	0.073	26.6	26.6	0.402	0.1	0.3
5	0.293	13.0	−0.5	0.790	−5.3	−0.4	0.070	22.1	−3.6	0.402	0.1	0.0
6	0.686	164.3	133.9	0.161	−80.7	−79.6	0.151	161.8	114.5	0.398	−0.9	−1.0
7	0.704	171.5	2.7	0.201	−75.8	25.2	0.158	173.2	4.3	0.401	−0.1	0.8
8	0.698	169.1	−0.9	0.229	−72.5	13.9	0.150	160.3	−4.7	0.396	−1.4	−1.3
9	0.807	211.1	15.6	0.021	−97.5	−90.8	0.287	397.9	91.3	0.399	−0.5	0.9
10	0.885	241.2	9.7	0.031	−96.3	48.1	0.287	398.4	0.1	0.401	0.0	0.5
11	0.912	251.7	3.1	0.025	−97.0	−20.6	0.344	495.9	19.6	0.395	−1.5	−1.5
12	0.922	255.3	1.0	0.022	−97.3	−10.3	0.421	630.7	22.6	0.394	−1.8	−0.3
13	0.918	254.0	−0.4	0.021	−97.5	−7.0	0.337	484.9	−20.0	0.398	−0.8	1.0
14	0.893	244.2	−2.8	0.031	−96.3	49.8	0.376	551.3	11.3	0.401	0.0	0.8
15	0.959	269.6	7.4	0.042	−94.9	37.1	0.402	597.2	7.1	0.402	0.2	0.2
16	0.947	265.0	−1.2	0.112	−86.6	163.7	0.388	573.1	−3.5	0.400	−0.3	−0.5
17	0.951	266.5	0.4	0.103	−87.6	−7.5	0.375	550.0	−3.4	0.401	0.0	0.3
18	0.963	271.3	1.3	0.078	−90.7	−25.0	0.390	575.7	4.0	0.405	0.9	1.0
19	0.923	255.9	−4.2	0.057	−93.2	−27.0	0.357	519.1	−8.4	0.408	1.7	0.7
20	0.967	272.6	4.7	0.035	−95.8	−37.6	0.413	617.0	15.8	0.434	8.2	6.3
21	0.541	108.5	−44.0	0.619	−25.7	1654.0	0.150	159.6	−63.8	0.451	12.3	3.8
22	0.698	169.0	29.0	0.442	−47.0	−28.7	0.208	260.4	38.8	0.469	16.9	4.1

根据以上特征参量数据，分别讨论不同故障类型对于各个特征参量的影响。

1.绕组松动

前3期试验（1～14次）分别对绕组进行了两次人为松动，其特征参量变化趋势如图10-19所示。

（1）第1期5次短路冲击各特征参量基本不变，信息熵约0.3，主频比在80%以上，半频比不超过10%，这说明在绕组状态健康情况下，暂态声振能量主要集中于50 Hz及100 Hz，机电耦合作用较小，材料非线性不明显，很少出现参变共振以及超、亚谐共振现象。

（2）绕组首次松动后，特征参量发生跃变，变化率R_b(6)出现峰值，其中信

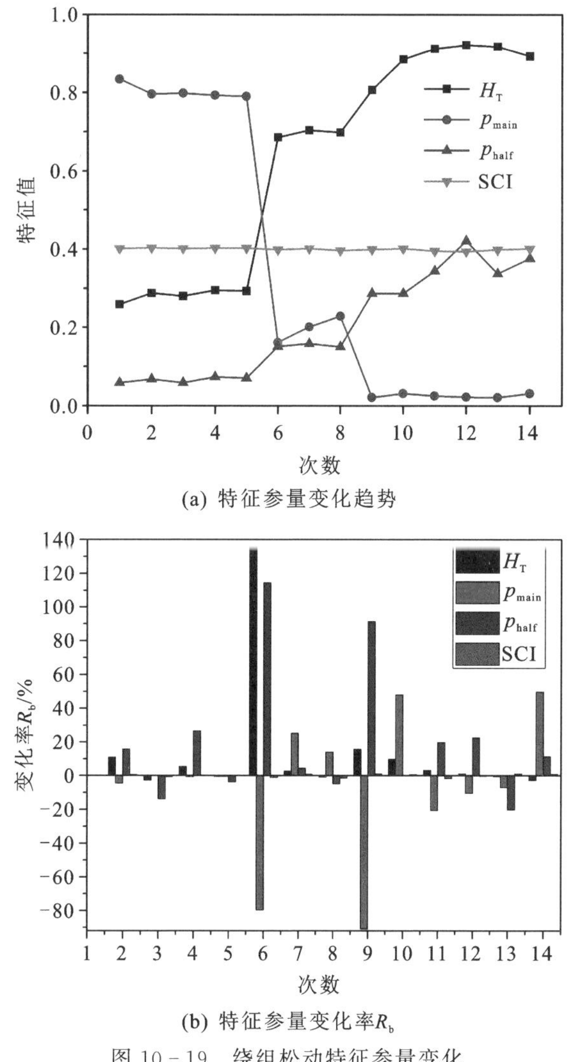

(a) 特征参量变化趋势

(b) 特征参量变化率R_b

图10-19　绕组松动特征参量变化

息熵及半频比增大超过100%，主频下降约80%。这说明绕组的松动所导致的模态频率下降使得机电耦合作用及材料非线性变强，声振能量变得更加分散，并不仅仅局限于激励频率。另外，第2期3次试验中，主频比在三次短路冲击中略有上升，这是由于几次短路冲击使得松动的绕组受力分布变得均匀，相当于使整体状态趋于稳定，由此可知主频比对于松动类故障更加灵敏。整个过程中，短路阻抗并未超过2%。

(3)绕组再次松动后，特征参量同样发生跃变，变化率$R_b(9)$出现峰值，其中信息熵及半频比进一步增大，主频继续下降。第3期6次试验中，信息熵和半频比逐渐变大，从吊芯结果来看，这是由于绕组出现了局部轻微形变，导致局部的共振现象，由此可知信息熵与半频比对于变形类故障较为敏感。另外半频比在第14次的时候出现下降随后再次增大，这说明了绕组的松动故障或变形故障并非单独出现，而轻微的变形甚至可以导致绕组变得紧固。

2.绕组变形

后2期试验（15～22次）未进行人工干预，其特征参量变化趋势如图10－20所示。从中可以发现：

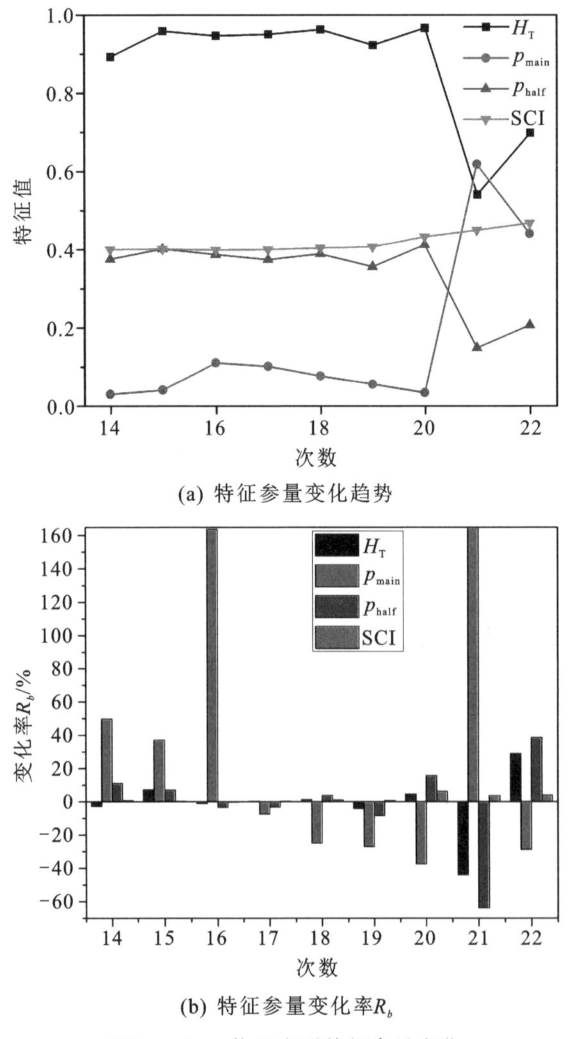

(a) 特征参量变化趋势

(b) 特征参量变化率R_b

图10－20 绕组变形特征参量变化

(1)第 4 期初次试验(第 15 次)各特征参量皆有上升,说明此时松动及变形同时出现。随后的 4 次短路冲击(16～19 次)中主频比先增加后减小,说明松动状态出现往复,这主要是由于变形的不确定性导致线圈松紧程度变化。吊芯结果如图 10-21(a)所示,绕组顶端已经发生了严重变形,标记白线偏移超过 3 cm,顶端垫块错位超过 5 cm,由于未出现绝缘损伤,因此仍然可以正常

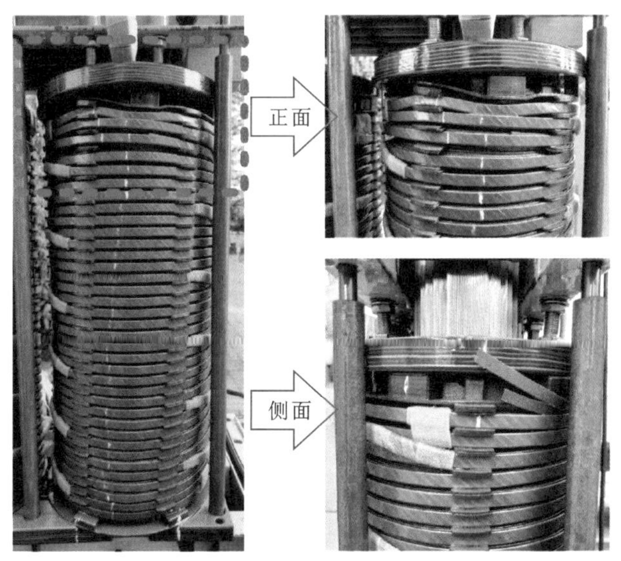

(a) 第4期后吊芯结果

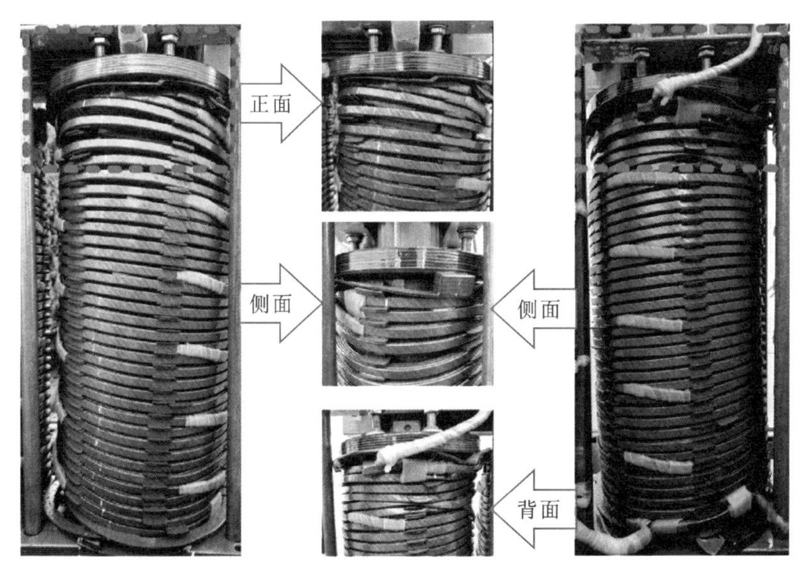

(b) 第5期后吊芯结果

图 10-21　第 4、5 期吊芯结果

带电满负荷工作，但此时已经几乎完全丧失了抗短路能力。与此同时，整个过程中短路阻抗变化率如表 10－3 所示，未超过 2%。

(2)第 5 期初次试验(第 20 次)信息熵及半频比增大，主频比下降，说明此时松动与变形同时发生，且变形已无法缓解松动故障。随后两次试验三个特征参量大幅度往复变化，此时绕组状态已经完全损坏，吊芯结果如图 10－21(b)所示，绕组整体松垮，线圈相互嵌套，垫块部分脱落，出现绝缘损伤，无法继续试验，此时短路阻抗超过标准中规定的 2%。

综上可知，变压器绕组遭受短路冲击而损坏是一个累积过程，而且这一“累积效应”过程十分复杂且不易确定：起初一般发生松动故障，信息熵及半频比增大，而主频比下降；随后产生轻微的变形并逐渐累积，而松动程度会出现往复，因此不同程度的变形对特征参量影响规律并不一致；最终绕组随着松动及变形的加重而彻底损毁，伴随着特征参量的大幅度变化。在进行故障诊断的时候需要综合多种特征参量进行判断，三个特征参量并不完全相互独立，但各有其灵敏之处。由于无法定量描述绕组的损坏程度，因此难以提出具体阈值对绕组故障进行诊断。

10.3.2 实际变压器绕组机械故障

在模型变压器“累积效应”研究的基础上，对一台实际 110 kV(参数见表 10－1)变压器的三相分别进行了多次“高对中”短路冲击试验，直至绕组短路阻抗超过 2%，以验证模型变压器结果的普适性。

1.A 相短路冲击试验

A 相绕组中压线圈导线屈服强度 160 MPa，高压线圈屈服强度 160 MPa，试验工况设置如表 10－4 所示。试验总共进行了 33 次，其中由于现场不可抗力导致第 17 次及第 22 次短路冲击时的暂态声振信号缺失。高压侧 100%短路试验电流大小为 6221 A，试验时从 70%变到 105%。

表 10－4　110 kV 变压器 A 相短路冲击工况

额定电流	70%	75%	80%	85%	90%	95%	100%	105%	95%
次序	1～3	4～6	7～9	10～12	13～15	16～18 (17 缺失)	19～21	22～24 (22 缺失)	25～33
编号	1～3	4～6	7～9	10～12	13～15	16～17	18～20	21～22	23～31

每次短路冲击结束后按照标准 GB 1094.5 测量绕组短路阻抗，由于大型

变压器频繁吊罩观察绕组状态成本太高，因此每次试验后离线测量绕组短路阻抗，当其变化超过 2%时停止试验，最终进行吊罩解体。整个试验过程完整地模拟了绕组状态的损坏过程，无人为预先设置故障。如图 10 - 22 所示，从左到右、从上到下的子图分别为 1～31 次（缺失两次）短路冲击时的暂态声振信号，每个子图的纵轴为 0～1000 Hz 的频带范围。

根据特征参量计算公式，可得如表 10 - 5 所示的 31 次暂态声振信号特征参量以及短路阻抗变化规律。

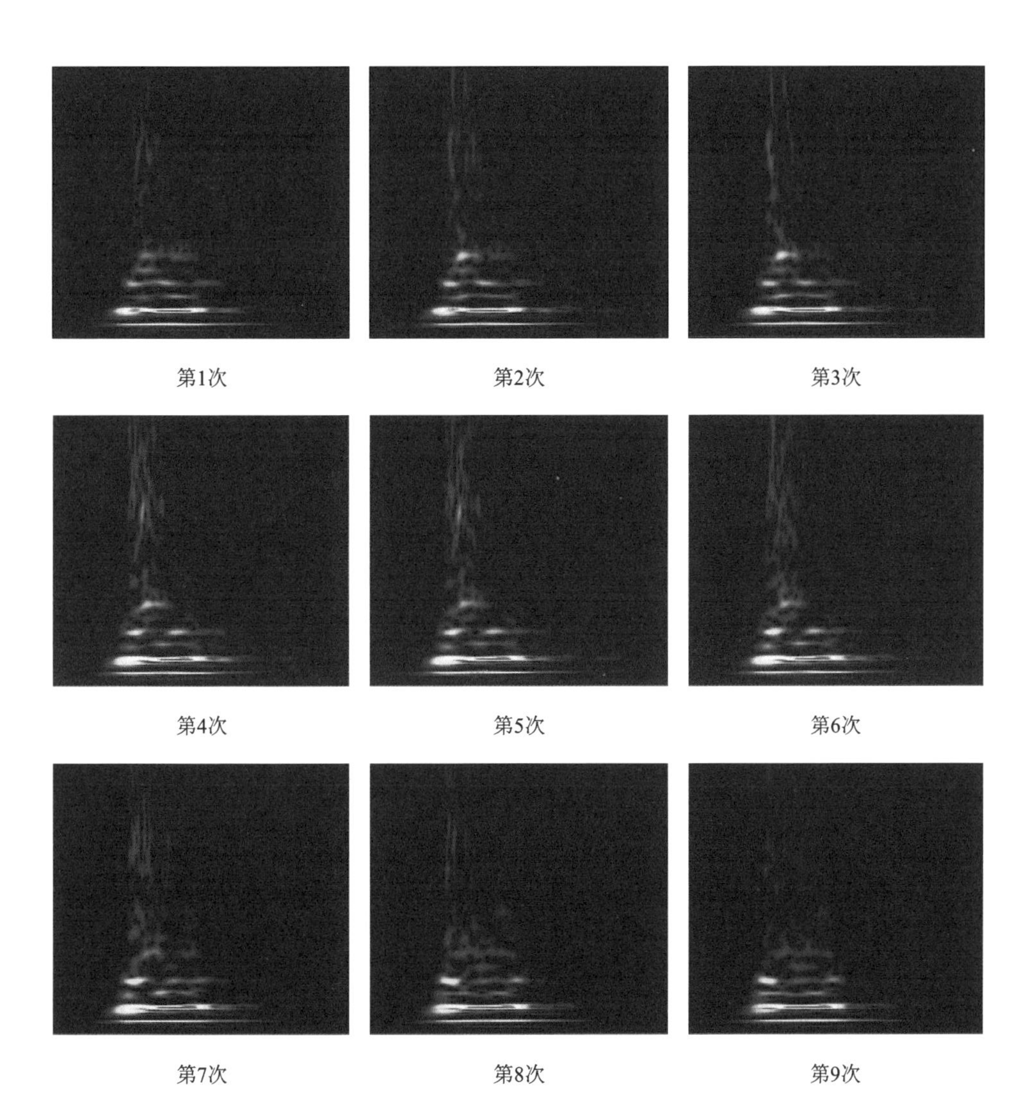

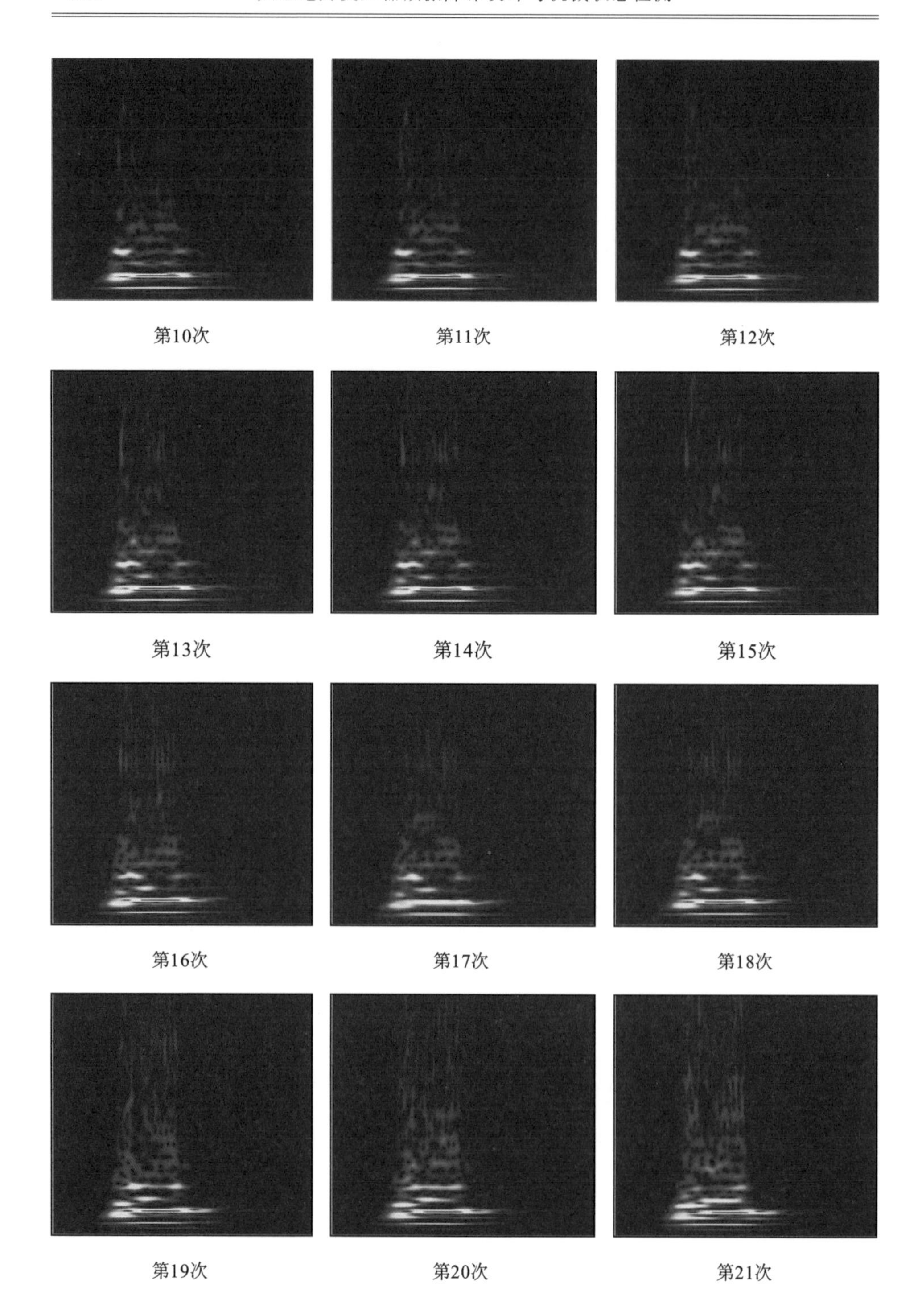

第10次 第11次 第12次

第13次 第14次 第15次

第16次 第17次 第18次

第19次 第20次 第21次

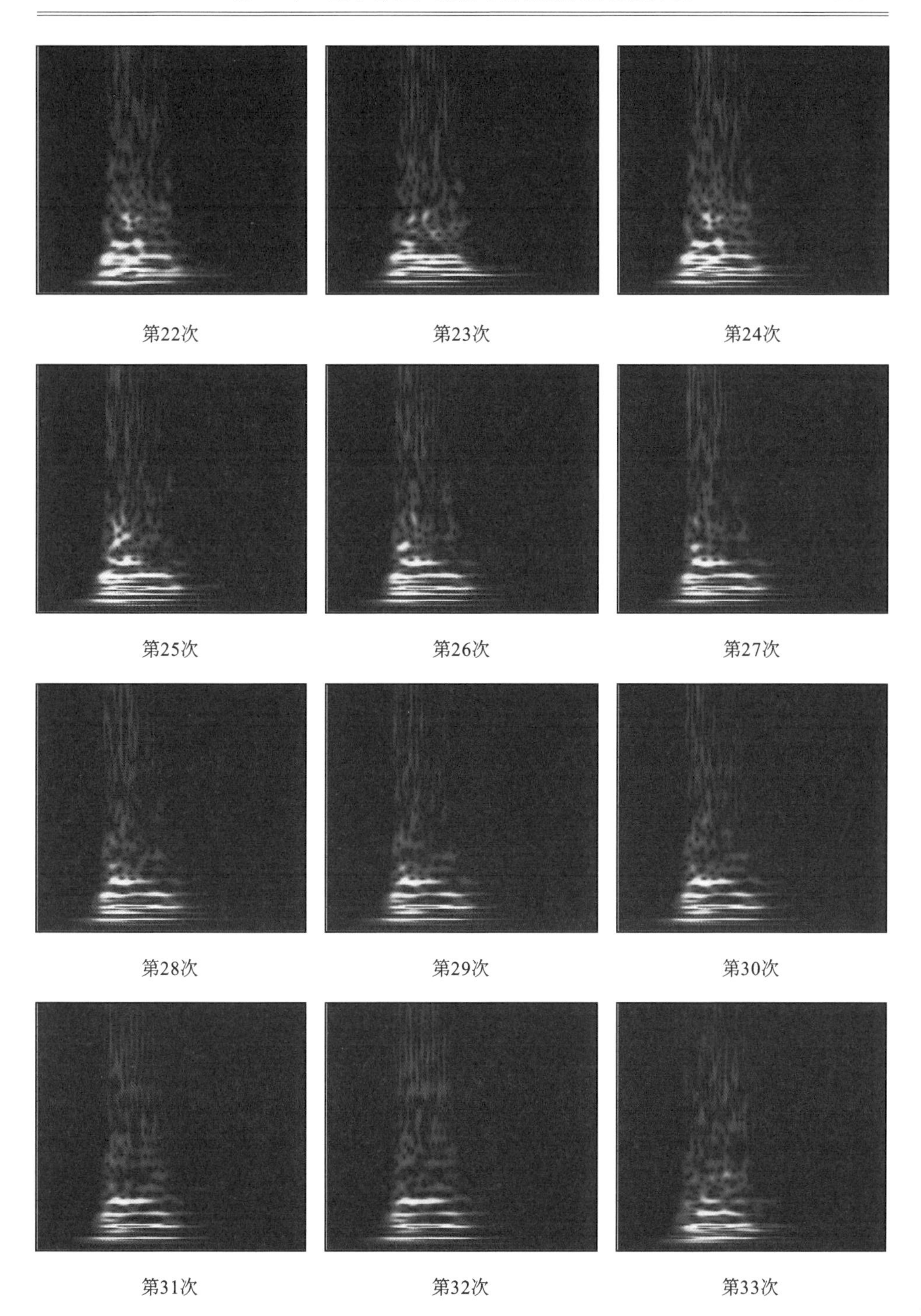

图 10 - 22　A 相测点 7 的 31 次暂态声学信号时频图

表 10－5　110 kV 变压器 A 相特征参量变化

次数	特征参量										
	H_T			p_{main}			p_{half}			SCI/Ω	
	值	R_a/%	R_b/%	值	R_a/%	R_b/%	值	R_a/%	R_b/%	值	R_a/%
1	0.274	/	/	0.944	/	/	0.013	/	/	23.87	/
2	0.273	−0.6	−0.6	0.946	0.2	0.2	0.014	13.4	13.4	23.87	0.44
3	0.273	−0.4	0.2	0.946	0.2	−0.1	0.015	22.3	7.8	23.88	0.45
4	0.277	0.9	1.3	0.946	0.2	0.0	0.022	77.9	45.6	23.88	0.45
5	0.279	1.5	0.6	0.944	0.0	−0.1	0.023	83.5	3.1	23.88	0.48
6	0.282	2.9	1.3	0.941	−0.3	−0.3	0.024	87.8	2.3	23.88	0.45
7	0.308	12.4	9.2	0.915	−3.1	−2.7	0.027	115.8	14.9	23.87	0.42
8	0.286	4.3	−7.2	0.919	−2.7	0.4	0.015	21.4	−43.7	23.86	0.40
9	0.286	4.1	−0.2	0.911	−3.5	−0.9	0.014	11.1	−8.5	23.86	0.40
10	0.320	16.5	12.0	0.888	−6.0	−2.5	0.020	58.3	42.4	23.86	0.40
11	0.325	18.5	1.7	0.878	−7.0	−1.1	0.020	59.8	0.9	23.87	0.41
12	0.332	21.0	2.1	0.871	−7.7	−0.7	0.021	65.7	3.7	23.87	0.41
13	0.373	35.8	12.2	0.834	−11.6	−4.3	0.033	161.6	57.9	23.88	0.45
14	0.380	38.5	2.0	0.825	−12.7	−1.2	0.031	150.4	−4.3	23.88	0.45
15	0.387	41.0	1.8	0.814	−13.7	−1.2	0.033	166.0	6.3	23.88	0.46
16	0.402	46.6	4.0	0.803	−14.9	−1.4	0.045	255.3	33.6	23.88	0.48
17	0.413	50.5	2.7	0.791	−16.2	−1.5	0.048	282.9	7.7	23.89	0.50
18	0.443	61.5	7.3	0.742	−21.4	−6.1	0.064	408.1	32.7	23.90	0.54
19	0.473	72.3	6.7	0.704	−25.4	−5.1	0.085	572.7	32.4	23.90	0.57
20	0.502	83.1	6.3	0.646	−31.6	−8.4	0.128	919.1	51.5	23.92	0.62
21	0.544	98.1	8.2	0.541	−42.7	−16.2	0.275	2088.0	114.7	23.98	0.87
22	0.498	81.5	−8.4	0.649	−31.2	20.0	0.165	1214.8	−39.9	24.01	1.00
23	0.481	75.2	−3.5	0.650	−31.2	0.1	0.126	899.8	−24.0	24.01	1.02
24	0.469	70.8	−2.5	0.661	−30.0	1.8	0.123	875.3	−2.4	24.01	1.03
25	0.451	64.4	−3.8	0.670	−29.1	1.3	0.108	759.0	−11.9	24.02	1.06
26	0.413	50.6	−8.4	0.698	−26.1	4.2	0.084	567.8	−22.3	24.03	1.08
27	0.389	41.7	−5.9	0.725	−23.2	3.8	0.079	525.7	−6.3	24.03	1.10
28	0.371	35.2	−4.6	0.743	−21.3	2.6	0.069	447.4	−12.5	24.04	1.16
29	0.361	31.4	−2.8	0.762	−19.3	2.6	0.061	383.8	−11.6	24.04	1.14
30	0.338	23.2	−6.3	0.789	−16.4	3.5	0.060	374.9	−1.8	24.05	1.16
31	0.465	69.5	37.6	0.670	−29.0	−15.1	0.092	633.0	54.3	18.58	−21.85

整个累积损坏过程中的暂态声振信号与模型变压器结果相似，也是经历了由简单到复杂再到简单的过程，具体特征参量变化如图10-23(a)所示。

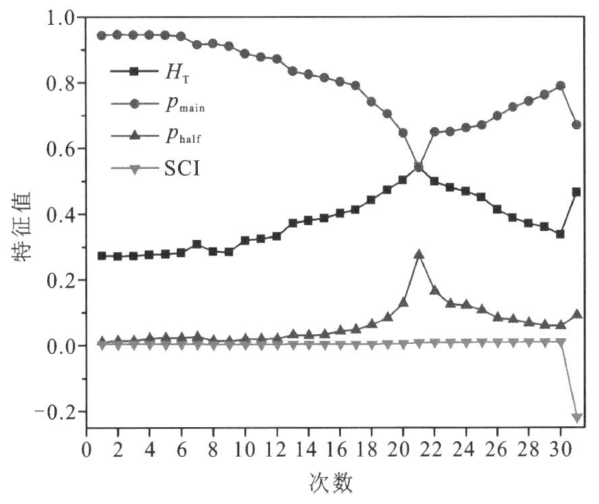

(a) 暂态声振信号特征参量变化趋势

(b) 解体结果

图10-23 A相测点7的31次短路冲击结果

(1)由于没有人为设置故障，因此所有特征参量变化较为缓慢。首先主频比逐渐减小，信息熵及半频比逐渐增大，并存在轻微波动，第21次达到局部极值，说明在这一过程中主要累积松动类故障，并伴随有轻微的绕组变形。到极值处绕组同时具有严重的松动故障及中度变形，此时绕组的抗短路能力已经较差，但短路阻抗未超过2%。

(2)第 21 次之后主频比逐渐增大,信息熵及半频比逐渐减小,在第 30 次到达局部极值,这一过程主要累积变形类故障,而松动的情况因变形而略有缓解。到极值处绕组濒临崩溃,松动及变形已经十分严重,抗短路能力完全丧失,然而短路阻抗仍然未超过 2%。

(3)最后一次短路冲击特征参量大幅度变化,短路阻抗大大超过 2%,达到了 21.85%。吊罩解体的结果如图 10 - 23(b)所示,绕组分别出现了垫块脱落、局部变形、贯穿变形以及绝缘破坏等。

2.B 相短路冲击试验

B 相绕组中压线圈导线屈服强度 100 MPa,高压线圈屈服强度 100 MPa,试验工况设置如表 10 - 6 所示,试验总共进行了 6 次。高压侧 100%短路试验电流大小为 6303 A,试验时从 70%变到 85%。当达到 85%时,绕组短路阻抗已经超过 2%,停止试验。

表 10 - 6　110 kV 变压器 B 相短路冲击工况

额定电流	70%	75%	80%	85%
次序	1～3	4	5	6

如图 10 - 24 所示,从左到右、从上到下的子图分别为 1～6 次短路冲击时的暂态声振信号,每个子图的纵轴为 0～1000 Hz 的频带范围。

根据特征参量计算公式,可得如表 10 - 7 所示的 6 次暂态声振信号特征参量以及短路阻抗变化规律。由于 B 相绕组的导线屈服强度较小,因此整个累积损坏过程的暂态声振信号只经历了由简单到复杂,第 6 次的短路阻抗已

表 10 - 7　110 kV 变压器 B 相特征参量变化

次数	特征参量										
	H_T			p_{main}			p_{half}			SCI/Ω	
	值	R_a/%	R_b/%	值	R_a/%	R_b/%	值	R_a/%	R_b/%	值	R_a/%
1	0.328	0.0	0.0	0.867	0.0	0.0	0.027	0.0	0.0	26.18	0.54
2	0.320	−2.5	−2.5	0.868	0.1	0.1	0.027	0.8	0.8	26.18	0.57
3	0.316	−3.7	−1.2	0.868	0.2	0.1	0.027	0.4	−0.4	26.18	0.54
4	0.330	0.6	4.5	0.835	−3.7	−3.8	0.029	9.4	9.0	26.18	0.54
5	0.408	24.5	23.7	0.700	−19.3	−16.2	0.034	27.6	16.6	26.19	0.58
6	0.544	65.7	33.2	0.546	−37.1	−22.1	0.079	192.9	129.7	26.59	2.12

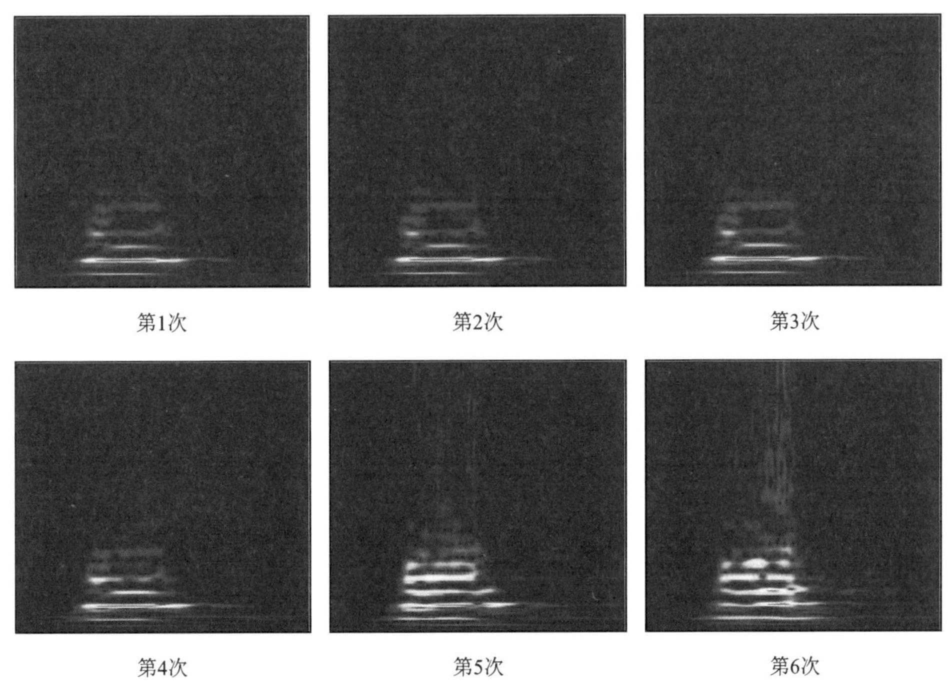

图10－24　B相测点7的6次暂态声学信号时频图

经超过2%，具体特征参量变化如图10－25(a)所示，主频比逐渐减小，信息熵及半频比逐渐增大，短路阻抗在第6次超过2%，达到了2.12%。吊罩解体的结果如图10－25(b)所示，绕组分别出现了垫块偏移、贯穿变形等故障，无绝缘损伤。

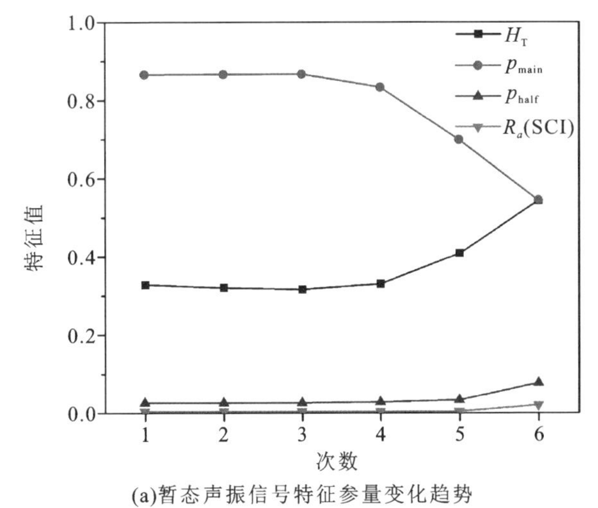

(a)暂态声振信号特征参量变化趋势

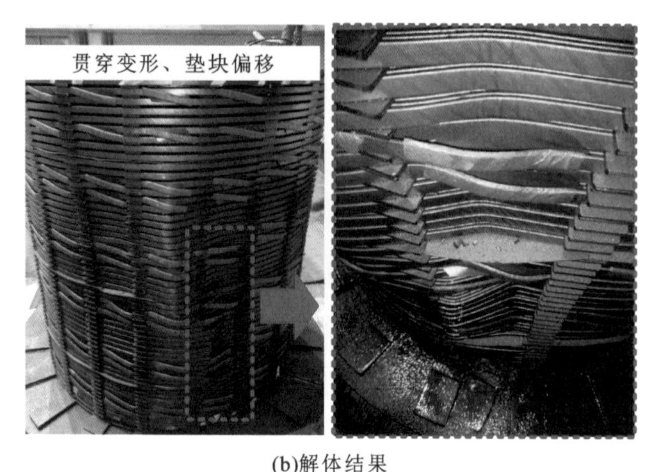

(b)解体结果

图 10-25　B 相测点 7 的 6 次短路冲击结果

3.C 相短路冲击试验

C 相绕组中压线圈导线屈服强度 190 MPa，高压线圈屈服强度 140 MPa，试验工况设置如表 10-8 所示，试验总共进行了 16 次。高压侧 100%短路试验电流大小为 6221 A，试验时从 70%变到 95%。

表 10-8　110 kV 变压器 C 相短路冲击工况

额定电流	70%	75%	80%	85%	90%	95%
次序	1～3	4～6	7～8	9～11	12～14	15～16

如图 10-26 所示为 1～16 次短路冲击时的暂态声振信号，每个子图的纵轴为 0～1000 Hz 的频带范围，时频图经历“简单—复杂—简单”的过程，根据特征参量计算公式，可得如表 10-9 所示的 31 次暂态声振信号特征参量以及短路阻抗变化规律。

表 10-9　110 kV 变压器 C 相特征参量变化

次数	特征参量										
	H_T			p_{main}			p_{half}			SCI/Ω	
	值	R_a/%	R_b/%	值	R_a/%	R_b/%	值	R_a/%	R_b/%	值	R_a/%
1	0.307	0.000	0.000	0.840	0.0	0.0	0.037	0.0	0.0	16.81	0.72
2	0.405	32.0	32.0	0.761	−9.4	−9.4	0.070	89.4	89.4	16.81	0.72
3	0.425	38.6	5.1	0.747	−11.1	−1.9	0.079	112.9	12.4	16.81	0.72
4	0.442	43.9	3.8	0.710	−15.5	−5.0	0.095	156.1	20.3	16.81	0.72

续表

次数	特征参量										
	H_T			p_{main}			p_{half}			SCI/Ω	
	值	R_a/%	R_b/%	值	R_a/%	R_b/%	值	R_a/%	R_b/%	值	R_a/%
5	0.456	48.5	3.2	0.700	−16.7	−1.3	0.098	166.1	3.9	16.81	0.72
6	0.549	78.9	20.5	0.589	−29.9	−15.8	0.130	251.5	32.1	16.75	0.36
7	0.605	97.1	10.2	0.519	−38.3	−12.0	0.149	301.6	14.3	16.74	0.28
8	0.622	102.7	2.8	0.504	−40.0	−2.9	0.158	326.2	6.1	16.74	0.26
9	0.636	107.2	2.2	0.498	−40.7	−1.1	0.166	348.7	5.3	16.75	0.34
10	0.679	121.4	6.8	0.443	−47.2	−11.0	0.194	423.7	16.7	16.75	0.34
11	0.694	126.0	2.1	0.432	−48.6	−2.6	0.216	482.7	11.2	16.76	0.38
12	0.745	142.7	7.4	0.363	−56.8	−15.9	0.297	703.4	37.9	16.77	0.47
13	0.733	139.0	−1.5	0.389	−53.7	7.3	0.266	619.8	−10.4	16.79	0.55
14	0.674	119.5	−8.1	0.480	−42.8	23.3	0.182	390.5	−31.9	16.80	0.62
15	0.713	132.3	5.8	0.405	−51.8	−15.7	0.182	391.7	0.2	16.82	0.77
16	0.642	109.3	−9.9	0.550	−34.5	35.9	0.193	421.6	6.1	18.18	8.88

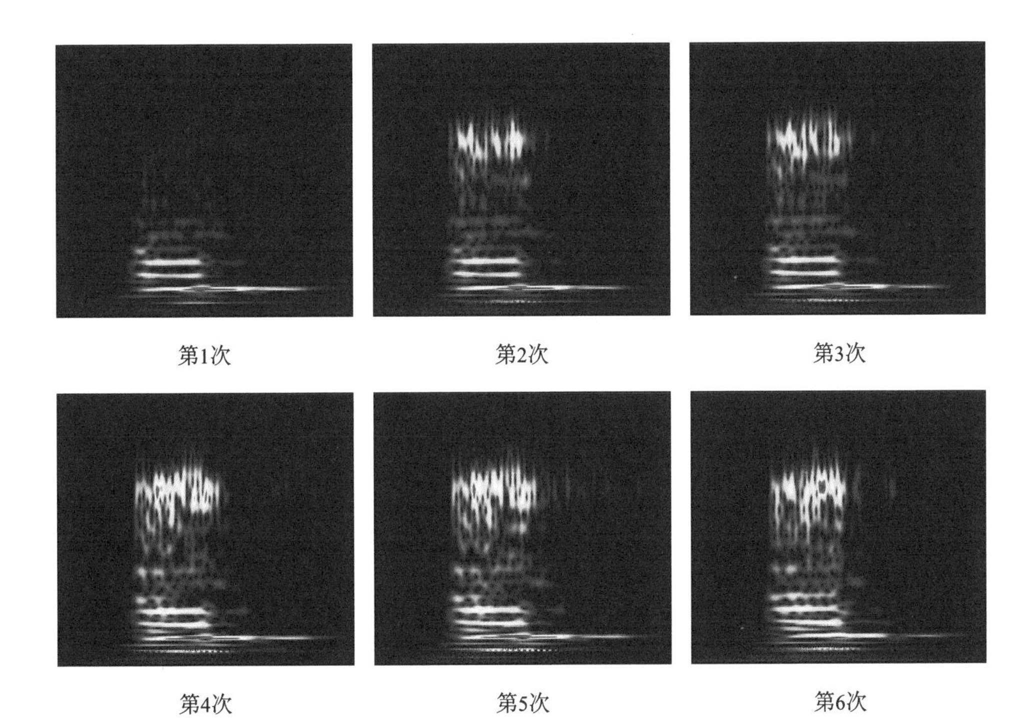

第1次　第2次　第3次

第4次　第5次　第6次

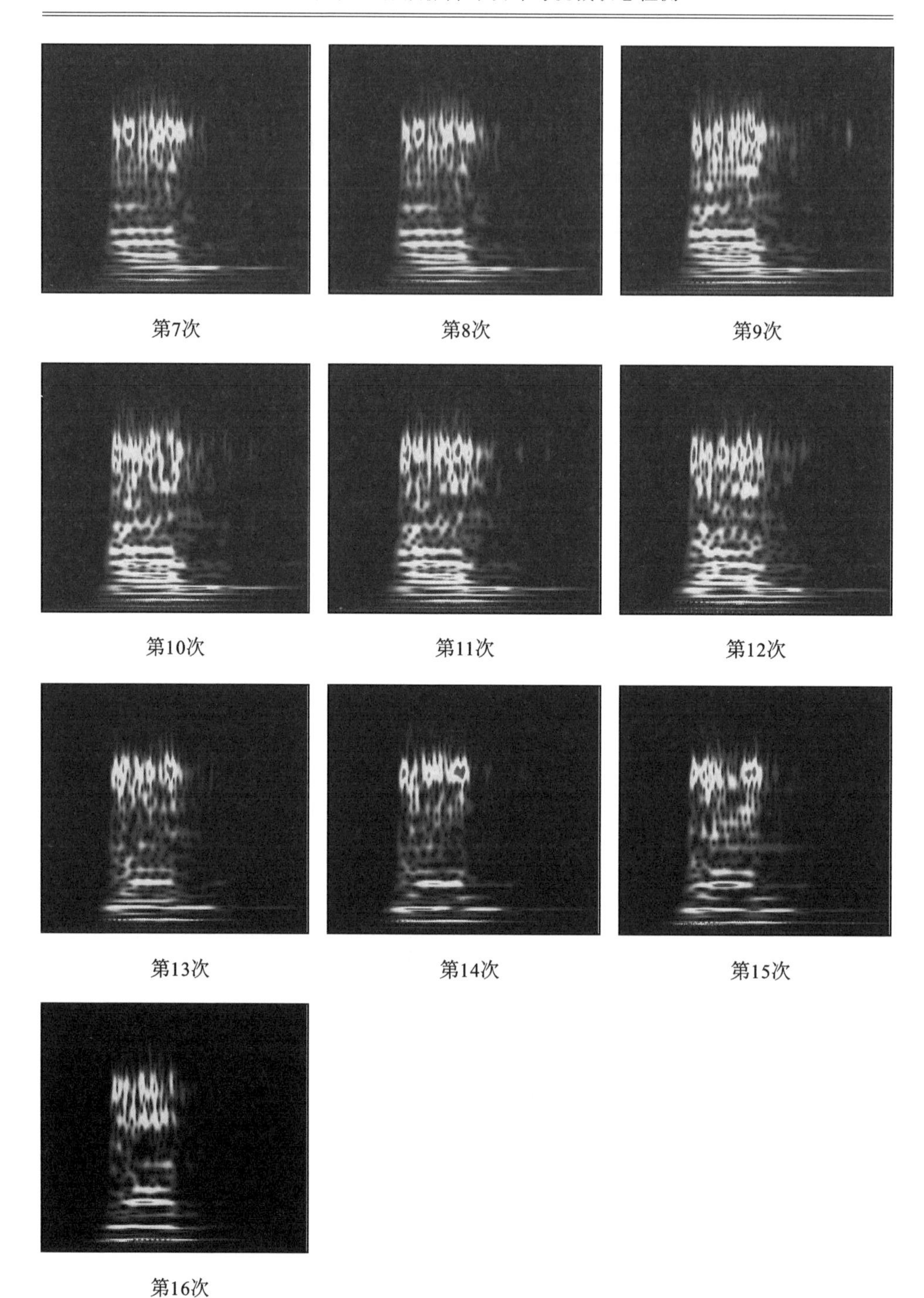

图 10-26　C 相测点 7 的 16 次暂态声学信号时频图

整个累积损坏过程的暂态声振信号具体特征参量变化如图 10－27(a)所示，C 相的变化趋势与 A 相类似，特征参量逐渐变化且存在波动，有多个局部极值，松动和变形相互影响。最后一次短路冲击特征参量大幅度变化，短路阻抗超过 2%，达到了 8.88%。吊罩解体的结果如图 10－27(b)所示，绕组完全垮塌，彻底损坏。

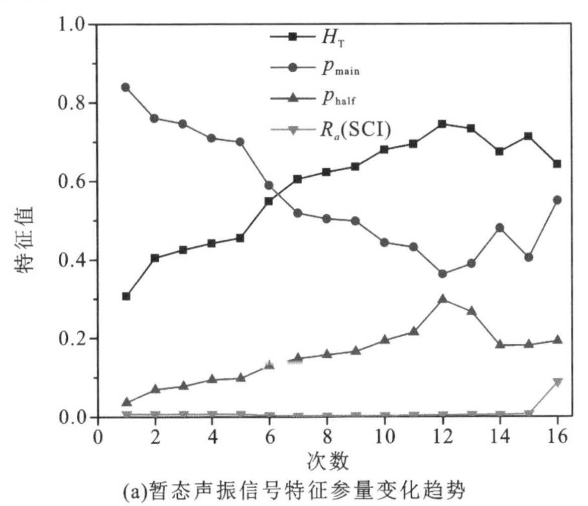

(a)暂态声振信号特征参量变化趋势

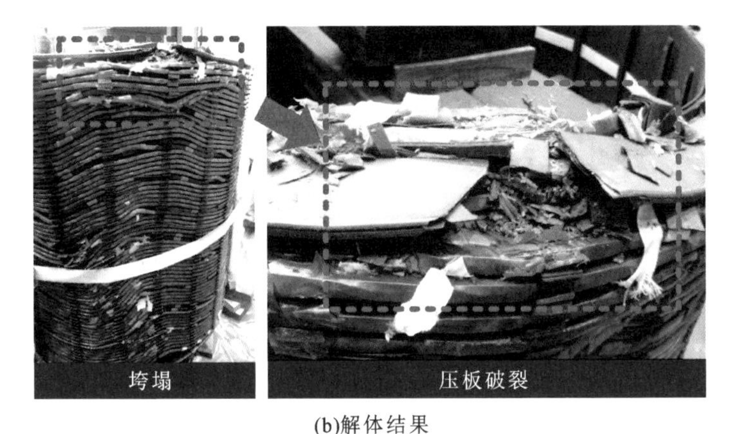

(b)解体结果

图 10－27　C 相测点 7 的 16 次短路冲击结果

综上所述，传统基于短路阻抗法的绕组的机械状态诊断无法体现“累积效应”。在绕组遭受多次短路冲击时，基于暂态声振信号的机械故障诊断方法具有很高的灵敏度。需要说明，该 110 kV 变压器的三相绕组线规不同，导线屈服强度各异，因此试验次数差异较大，但其反映的规律一致，这恰好可以说明利用暂态信号反映绕组机械状态的普适性。

10.4 基于暂态声振信号的绕组机械故障诊断方法

10.4.1 阈值法判断绕组机械故障

在上述 110 kV 变压器短路冲击试验中，A 相绕组变化最为平缓且次数最多，最能代表绕组的累积过程，因此基于 A 相试验结果提出普适于所有变压器的故障诊断方法。一般情况下，希望能在绕组抗短路能力完全消失之前将变压器及时退运，从而减小变压器突然损毁带来的巨大损失。根据以上试验中的规律，特征参量在出现极点后会出现快速翻转，最后绕组状态快速恶化，因此选择极值点作为变压器退运的阈值较为合理。在 A 相 31 次短路冲击中，当三个特征参量在第 21 次出现极值时，认为绕组的抗短路能力已经无法保证是否还能经受住下一次短路冲击，因此将此处的特征参量作为变压器退运的阈值。其中归一化暂态声振信号信息熵包含所有频率信息，能反映信号时频域全局特征，因此适合作为故障诊断的主要判据；主频能量占比对绕组松动类故障有较强的灵敏度，半频能量占比对变形类故障有较强的灵敏度，因此共同作为辅助判据。在实际应用时，采取如图 10-2 所示的 6+2 声振测量模式进行在线监测(6 振动+2 声学)，声学信号用于对机械状态的总体判断，振动信号用于具体故障位置的判断。具体诊断流程如图 10-28 所示。

(1)首先判断是否为变压器首次遭受短路冲击，如果是第一次遭受短路冲击，则无基准参考值，单纯通过信息熵的绝对值进行判断。

(2)如果曾经遭受过短路冲击(出厂短路冲击试验或现场突发短路皆可)，则以首次短路冲击后的信息熵作为基准，对变化率 R_a 进行具体判断，并结合主频比及半频比对故障类型进行判断，故障中可能同时存在松动及变形。

(3)分别对高低压套管出线侧的暂态声学信号进行故障诊断，以大致确定故障方位(高压出线侧或低压出线侧)，再通过不同测点的暂态振动信号具体分析哪一相绕组出现了故障或各相绕组的故障程度。

根据以上判断流程对实际变压器多次短路冲击过程进行故障诊断分析：

(1)A 相的 1～11 次短路冲击后绕组状态良好，12～14 次为轻微松动，15～17次为中度松动并出现变形，18～19 次为重度松动变形严重，需要结合

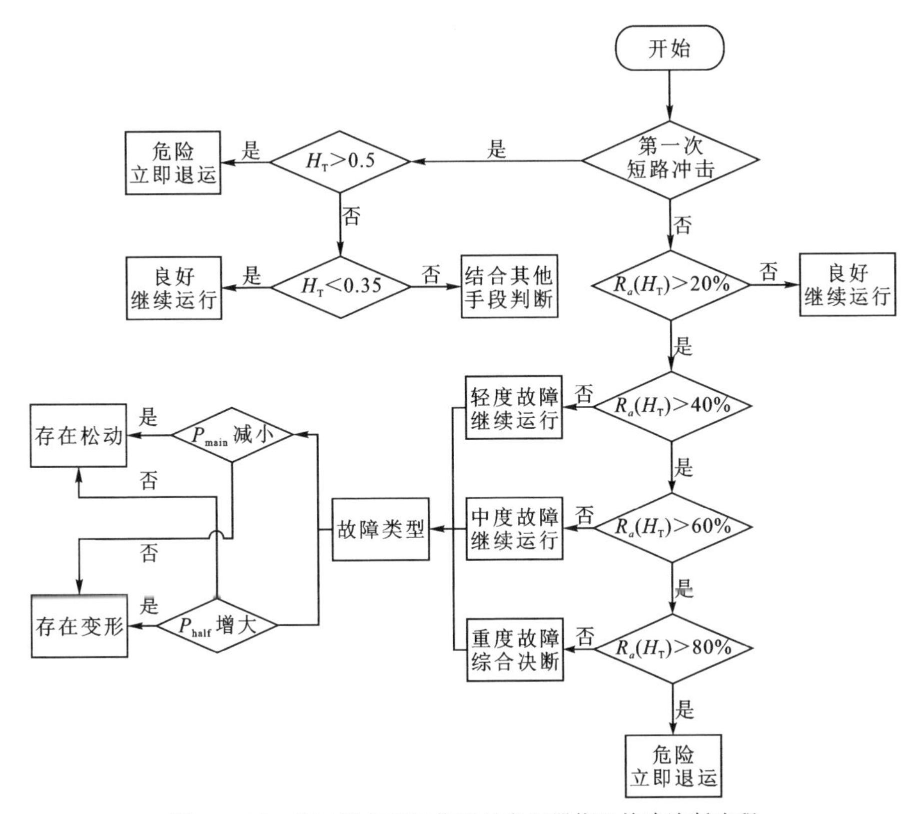

图 10-28　基于暂态声振信号的变压器绕组故障诊断流程

其他手段综合判断是否适合继续运行，20～21 次为危险状态，抗短路能力严重不足，需要及时退运。另外，低压套管侧相邻绕组部位的故障程度较高，这与吊罩结果一致。

(2)B 相的 1～4 次为绕组状态良好，第 5 次为轻度变形并伴有松动，第 6 次直接跨度到重度变形，需要结合其他手段综合判断是否适合继续运行。另外，高压套管侧的绕组故障程度较高，这与吊罩结果一致。

(3)C 相第 1 次为绕组状态良好，2～3 次为轻度变形并存在松动，4～5 次为中度变形且松动加重，第 6 次为严重变形，需要结合其他手段判断是否适合继续运行，之后所有短路冲击均为危险状态，需要立即停运。另外，高压套管侧的绕组故障程度较高，这与吊罩结果一致。

10.4.2 基于支持向量机的绕组机械故障诊断方法

短路冲击对绕组机械状态的改变难以量化，绕组的状态与特征参量之间的映射关系十分复杂，加之相邻状态之间特征参量边界较为模糊，因此单纯地依靠阈值来判断绕组机械状态精度较低，泛化能力较弱。智能检测技术是目前的热点和未来的发展趋势，例如人工神经网络以及支持向量机(Support Vector Machine，SVM)等分类器已经被广泛应用于设备状态的判断。其中神经网络受样本数量与网络结构影响较大，由于变压器故障诊断这类工程问题样本数量较少，因此适用性较差。支持向量机作为一种成熟的分类器具有分类精度高、泛化能力强、样本要求少以及理论基础完善等优点，因此在机器视觉等方面有广泛的应用。

支持向量机是一种有监督的机器学习方法，它以统计学为理论基础，通过学习已知不同类样本的特点，对未知类别的样本进行预测分类。支持向量机基于结构风险最小化原理，构造一个目标函数将两类模式尽可能地区分开，对于样本数量较少、非线性和特征数量多的学习问题有很好的表现。SVM是从线性可分情况下的最优分类面发展而来的，分类思想是将所有待分类的点映射到高维空间，利用拉格朗日优化算法将最优分类面问题转化为对偶问题，从而计算能将这些点分开的最优“超平面”。事实上，满足条件的“超平面”的个数一般不止一个，所以必须利用每个样本对应的拉格朗日乘子计算两类点之间的“最大间隔”，因为分类间隔越大，对于未知点的判断会越准确。而针对非线性分类问题，可以通过非线性变换转化为某个高维空间中的线性问题，在变换空间求最优分类面。这个非线性变换的过程就是引入相应核函数，如线性核函数、多项式核函数以及高斯核函数或称幅向基函数(Radial Basis Function，RBF)等。SVM方法通过内积有效解决了维数灾难问题，通过在高维空间设计最优分类面，良好地实现了VC维最小的问题。SVM分类是一种典型的二分类器，而现实中要解决的问题，通常是多分类问题。目前，主流通过SVM解决多分类问题的手段是将多类问题分解为一系列SVM可直接求解的两类问题，基于这一系列SVM求解的结果得出判别结果。基于这一思想延伸出的多分类方法有一对一、一对其余、决策树、DAG方法(有向无环图)等。

本书采用的是一对一的方法构造多元分类器。这种多分类器在每两类间训练一个分类器，因此对于一个k类分类问题，将有$k(k-1)/2$个二类分类器。当分类器建立起来后，利用投票的方式对未知样本进行分类。这个过程中，每个分类器都对未知样本的类别进行判断分类，并为相应的类别投票。当 $k(k-1)/2$ 个二类分类器都识别过一遍后，最后得票最多的类别即作为该未知样本的类别。将前文中故障诊断流程中提到的特征参量信息熵变化率 $R_a(H_T)$、主频比 p_{main}、半频比 p_{half} 作为样本的特征空间，以 100 kV 实际变压器的 A 相的前 21 次短路冲击作为训练样本，B 相、C 相所有数据作为测试样本，所有预设分类标签按照诊断流程的结果给定，如表 10－10 所示。将训练

表 10－10　SVM 标签及测试结果

A 相		B 相			C 相		
次数	标签(预设)	次数	标签(预设)	预测	次数	标签(预设)	预测
1	1	1	1	1	1	1	1
2	1	2	1	1	2	2	2
3	1	3	1	1	3	2	3(误)
4	1	4	1	1	4	3	3
5	1	5	3	2(误)	5	3	3
6	1	6	4	4	6	4	5(误)
7	1				7	5	5
8	1				8	5	5
9	1				9	5	5
10	1				10	5	5
11	1				11	5	5
12	2				12	5	5
13	2				13	5	5
14	2				14	5	5
15	3				15	5	5
16	3		注：		16	5	5
17	3		1—良好				
18	4		2—轻度				
19	4		3—中度				
20	5		4—严重				
21	5		5—危险				

样本输入到支持向量机中进行训练并生成故障诊断模型，由于样本线性不可分，且特征维数少，因此选用 RBF 函数。通过网格搜索及交叉验证技术，训练样本库使均方差最小化，得到最优损失函数为 2，核函数 gamma 值 11.3137。再利用测试样本验证其准确度，最终可得准确率为 86.36%，B、C 相总共 22 次短路冲击后绕组状态的预测结果只有 3 次出现分类错误，而且错误结果为相邻绕组状态的标签，这是因为分类边界处的样本特征值较为相近。训练得到的支持向量机模型具有很好的绕组机械状态分类效果，在实际应用过程中，对变压器声振信号进行在线监测，当发生外部突发短路冲击时，触发采集得到暂态声振信号，对信号进行小波变化处理并求取响应的各个特征参量，将特征参量向量输入已经训练好的分类模型中，最终得到绕组机械状态评级，实现对绕组机械故障的诊断。

参考文献

[1]Working Group A12. 19. The short-circuit performance of power transformers[R]. Paris: CIGRE, 2002.

[2]Working Group A2. 37. Transformer reliability survey[R]. Paris: CIGRE, 2015.

[3]王梦云. 2005 年度 110(66) kV 及以上变压器事故与缺陷统计分析[J]. 电力设备,2006,7(11):99－102.

[4]王梦云. 2004 年度 110 kV 及以上变压器事故统计分析[J]. 电力设备,2005,6(11):35－41.

[5]王梦云. 2002—2003 年国家电网公司系统变压器类设备事故统计与分析(二)[J]. 电力设备,2004,5(11):22－26.

[6]王梦云. 2000—2001 年全国超高压变压器、电流互感器事故和障碍统计分析[J]. 电力设备,2002,3(4):1－6.

[7]王梦云,薛辰东. 1995—1999 年全国变压器类设备事故统计与分析[J]. 电力设备,2001,2(1):11－19.

[8]KHALILI SENOBARI R, SADEH J, BORSI H. Frequency response analysis of transformers as a tool for fault detection and location: A review[J]. Electric Power Systems Research, 2018,155:172－183.

[9]BAGHERI M, NADERI M S, BLACKBURN T, et al. Frequency response analysis and short-circuit impedance measurement in detection of winding deformation within power transformers[J]. IEEE Electrical Insulation Magazine, 2013,29(3):33－40.

[10]ZHAO X Z, YAO C G, LI C X, et al. Experimental evaluation of detecting power transformer internal faults using FRA polar plot and texture analysis[J]. International Journal of Electrical Power & Energy Systems, 2019,108:1－8.

[11]Working Group A2. 49. Condition assessment of power transformers

[R]. Paris: CIGRE, 2019.

[12]JI S, LUO Y F, LI Y M. Research on extraction technique of transformer core fundamental frequency vibration based on OLCM[J]. IEEE Transactions on Power Delivery, 2006,21(4):1981 - 1988.

[13]BAGHERI M, NADERI M S, BLACKBURN T. Advanced transformer winding deformation diagnosis: moving from off-line to on-line[J]. IEEE Transactions on Dielectrics and Electrical Insulation, 2012,19(6): 1860 - 1870.

[14]ZHAO Z Y, TANG C, YAO C G, et al. Improved method to obtain the online impulse frequency response signature of a power transformer by multi scale complex CWT[J]. IEEE Access, 2018,6:48934 - 48945.

[15]ABU-SIADA A, ISLAM S. A novel online technique to detect power transformer winding faults[J]. IEEE Transactions on Power Delivery, 2012,27(2):849 - 857.

[16]TOURNIER Y, EBERSOHL G, CINIERO A, et al. A study of the dynamic behavior of transformer windings under short-circuit conditions [C]. Cigré Conférence Internationale des Grands Réseaux Electriquesa Haute Tension. Paris: CIGRE, 1962.

[17]Madin A B , Whitaker J D . The dynamic behaviour of a transformer winding under axial short-circuit forces[J]. Proceedings of the Institution of Electrical Engineers, 1963, 110(3): 535 - 550.

[18]A mathematical treatment of the dynamic behavior of a power-transformer winding under axial short—circuit forces[J]. Proceedings of the Institution of Electrical Engineers,1963, 110(3):551 - 560.

[19]ALLAN D, SHARPLEY W. The short ciruit performance of transformers-a contribution to the alternative to direct testing[C]. International Conference on Large High Voltage Electric Systems. Paris, 1980.

[20]HORI Y, OKUYAMA K. Axial Vibration Analysis of Transformer Windings Under Short Circuit Conditions[J]. IEEE Transactions on Power Apparatus & Systems, 1980, PAS - 99(2):443 - 451.

[21]UCHIYAMA N, SAITO S, KASHIWAKURA M, et al. Axial vibration analysis of transformer windings with hysteresis of stress-and-strain characteristic of insulating materials[C]. IEEE PES Summer Meeting.

Seattle, USA: IEEE, 2000: 2428 - 2433.

[22] PATEL M R. Dynamic response of power transformers under axial short circuit forces part I-as individual system[J]. IEEE Transactions on Power Apparatus & Systems, 1973, PAS - 92(5):1558 - 1566.

[23] PATEL M R. Dynamic response of power transformers under axial short circuit forces part II-windings and clamps as a combined system [J]. IEEE Transactions on Power Apparatus & Systems, 1973, PAS - 92(5):1567 - 1576.

[24]汲胜昌,张凡,钱国超,等.稳态条件下变压器绕组轴向振动特性及其影响因素[J].高电压技术,2016,42(10):3178 - 3187.

[25]ZHOU H, HONG K X, HUANG H, et al. Transformer winding fault detection by vibration analysis methods[J]. Applied Acoustics, 2016, 114:136 - 146.

[26]王丰华,段若晨,耿超,等.基于"磁 - 机械"耦合场理论的电力变压器绕组振动特性研究[J].中国电机工程学报,2016,36(09):2555 - 2562.

[27]ERTL M, VOSS S. The role of load harmonics in audible noise of electrical transformers[J]. Journal of Sound and Vibration, 2014,333(8): 2253 - 2270.

[28]HU J Z, LI D C, LIAO Q F, et al. Electromagnetic vibration noise analysis of transformer windings and core[J]. IET Electric Power Applications, 2016,10(4):251 - 257.

[29]CASE J J. Numerical analysis of the vibration and acoustic characteristics of large power transformers[D]. Brisbane: Queensland University of Technology, 2017.

[30] GIRGIS RS, BERNESJO M, ANGER J. Comprehensive analysis of load noise of power transformers[C]. IEEE PES General Meeting. Calgary, Alberta, Canada: IEEE, 2009: 1 - 7.

[31] KAVASOGLU M. Load controlled noise of power transformers: 3D modelling of interior and exterior sound pressure field[D]. Stockholm: Royal Institute of Technology in Stockholm, 2010.

[32] JIN M. Vibration characteristics of power transformers and disk-type windings[D]. Perth: University of Western Australia, 2015.

[33]BERLER Z, GOLUBEV A, RUSOV V, et al. Vibro-acoustic method of

transformer clamping pressure monitoring[C]. IEEE International Symposium on electrical Insulation. San Diego: IEEE, 2000: 263 - 266.

[34]ZHENG J, PAN J, HUANG H. An experimental study of winding vibration of a single-phase power transformer using a laser Doppler vibrometer[J]. Applied Acoustics, 2015,87:30 - 37.

[35]谢坡岸,金之俭,饶柱石,等.振动法检测空载变压器绕组的压紧状态[J].高电压技术,2007,33(03):188 - 189.

[36]WANG Y X, PAN J. Comparison of mechanically and electrically excited vibration frequency responses of a small distribution transformer[J]. IEEE Transactions on Power Delivery, 2017,32(3):1173 - 1180.

[37]张凡,汲胜昌,师愉航,等.电力变压器绕组振动及传播特性研究[J].中国电机工程学报,2018,38(09):2790 - 2798.

[38]JIN M, PAN J. Vibration transmission from internal structures to the tank of an oil-filled power transformer[J]. Applied Acoustics, 2016, 113:1 - 6.

[39]FAHY F, GARDONIO P. Sound and structural vibration[M]. second edition. Amsterdam: Academic Press.

[40]徐方,邵宇鹰,金之俭,等.变压器振动测点位置选择试验研究[J].华东电力,2012,40(02):274 - 277.

[41]张雪冰.变压器油箱振动功率流与绕组故障非电量监测方法研究[D].上海:上海交通大学,2009.

[42]陈楷,王春宁,刘洪涛,等.基于振动的变压器监测与分析中最优测点选择[J].电力系统及其自动化学报,2013,25(3):56 - 60.

[43]周建平,林爱弟,吴劲晖,等.电力变压器振动监测的测点位置选择[J].电子测量与仪器学报,2012,26(12):1100 - 1107.

[44]JI S C, ZHU L Y, LI Y M. Study on transformer tank vibration characteristics in the field and its application[J]. Przeglad Elektrotechniczny, 2011,87(2):205 - 211.

[45]赵宏飞,马宏忠,李凯,等.电力变压器油箱固有频率测试及其影响分析[J].电力自动化设备,2013,33(11):165 - 169.

[46]GIRGIS R S, BERNESJO M S, THOMAS S, et al. Development of ultra-low-noise transformer technology[J]. IEEE Transactions on Power Delivery, 2011,26(1):228 - 234.

[47]RAUSCH M, KALTENBACHER M, LANDES H, et al. Combination of finite and boundary methods in investigation and prediction of load-controlled noise of power transformers[J]. Journal of Sound and Vibration, 2002,250(2):323 - 338.

[48]朱叶叶,汲胜昌,张凡,等.电力变压器振动产生机理及影响因素研究[J].西安交通大学学报,2015,49(06):115 - 125.

[49]ZHAN C, JI S C, ZHANG F, et al. Study on The Influence of Oil Temperature on Power Transformer Vibration[C]. 2016 IEEE International Conference on Condition Monitoring & Diagnosis, Xi'an, No. 16505428.

[50]GRISCENKO M, VITOLS R, SIMANIS O. Case study of shell-type power transformer tank vibration in different loading conditions[J]. Engineering for Rural Development, 2016,5:409 - 414.

[51]HO S L, LI Y, TANG R Y, et al. Calculation of eddy current field in the ascending flange for the bushings and tank wall of a large power transformer[J]. IEEE Transactions on Magnetics, 2008,44(6):1522 - 1525.

[52]MAXIMOV S, OLIVARES-GALVAN J C, MAGDALENO-ADAME S, et al. New analytical formulas for electromagnetic field and eddy current losses in bushing regions of transformers[J]. IEEE Transactions on Magnetics, 2015,51(4):1 - 10.

[53]YAN X K, YU X D, SHEN M, et al. Research on calculating eddy-current losses in power transformer tank walls using finite-element method combined with analytical method[J]. IEEE Transactions on Magnetics, 2016,52(3):1 - 4.

[54]PREVOST T A. Maintaining short circuit strength in transformers[C]. Weidmann-Second Annual Technical Conference, 2003.

[55]马宏忠,弓杰伟,李凯,等.基于 ANSYS Workbench 的变压器绕组松动分析及判定方法[J].高电压技术,2016,42(01):192 - 199.

[56]NARANPANAWE W M L B. Understanding the moisture temperature and ageing dependency of power transformer winding clamping pressure [D]. Brisbane: University of Queensland, 2018.

[57]WANG Y. Transformer vibration and its application to condition moni-

toring[D]. Perth: Western Australia, 2015.
[58]谢坡岸. 振动分析法在电力变压器绕组状态监测中的应用研究[D]. 上海:上海交通大学,2008.
[59]GARCIA B, BURGOS J C, ALONSO A. Transformer tank vibration modeling as a method of detecting winding deformations-part I: theoretical foundation[J]. IEEE Transactions on Power Delivery, 2006,21(1): 157 - 163.
[60]GARCIA B, BURGOS J C, ALONSO A M. Transformer tank vibration modeling as a method of detecting winding deformations-part II: experimental verification[J]. IEEE Transactions on Power Delivery, 2006,21(1):164 - 169.
[61]汲胜昌,李彦明,傅晨钊. 负载电流法在基于振动信号分析法监测变压器铁芯状况中的应用[J]. 中国电机工程学报,2003,23(06):154 - 158.
[62]BARTOLETTI C, DESIDERIO M, DICARLO D, et al. Vibro-acoustic techniques to diagnose power transformers[J]. IEEE Transactions on Power Delivery, 2004,19(1):221 - 229.
[63]汲胜昌,刘味果,单平,等. 小波包分析在振动法监测变压器铁芯及绕组状况中的应用[J]. 中国电机工程学报,2001,21(12):25 - 28.
[64]熊卫华,赵光宙. 基于希尔伯特-黄变换的变压器铁芯振动特性分析[J]. 电工技术学报,2006,21(08):9 - 13.
[65]HONG K X, HUANG H, FU Y Q, et al. A vibration measurement system for health monitoring of power transformers[J]. Measurement, 2016,93:135 - 147.
[66]HONG K X, HUANG H, ZHOU J P, et al. A method of real-time fault diagnosis for power transformers based on vibration analysis[J]. Measurement Science and Technology, 2015,26(11):115011.
[67]HONG K X, HUANG H, ZHOU J P. Winding condition assessment of power transformers based on vibration correlation[J]. IEEE Transactions on Power Delivery, 2015,30(4):1735 - 1742.
[68]张彬,徐建源,陈江波,等. 基于电力变压器振动信息的绕组形变诊断方法[J]. 高电压技术,2015,41(7):2341 - 2349.
[69]BAGHERI M, NEZHIVENKO S, NADERI M S, et al. A new vibration analysis approach for transformer fault prognosis over cloud envi-

ronment[J]. International Journal of Electrical Power & Energy Systems, 2018,100:104 - 116.

[70] BANASZAK S, KORNATOWSKI E. Evaluation of FRA and VM measurements complementarity in the field conditions[J]. IEEE Transactions on Power Delivery, 2016,31(5):2123 - 2130.

[71]KORNATOWSKI E, BANASZAK S. Diagnostics of a transformer's active part with complementary FRA and VM measurements[J]. IEEE Transactions on Power Delivery, 2014,29(3):1398 - 1406.

[72]郭洁,陈祥献,黄海.交叉递归图在变压器铁芯压紧力变化检测中的应用[J].高电压技术,2010,36(11):2731 - 2738.

[73]ZHENG J, HUANG H, PAN J. Detection of winding faults based on a characterization of the nonlinear dynamics of transformers[J]. IEEE Transactions on Instrumentation and Measurement, 2019,68(1):206 - 214.

[74]邵宇座.大型变压器绕组的动力学特性与故障诊断方法研究[D].上海:上海交通大学,2010.

[75]徐剑,邵宇鹰,王丰华,等.振动频响法与传统频响法在变压器绕组变形检测中的比较[J].电网技术,2011,35(06):213 - 218.

[76]BORUCKI S. Diagnosis of technical condition of power transformers based on the analysis of vibroacoustic signals measured in transient operating conditions[J]. IEEE Transactions on Power Delivery, 2012,27(2):670 - 676.

[77]张坤,王丰华,廖天明,等.应用复小波变换检测突发短路时的电力变压器绕组状态[J].电工技术学报,2014,29(08):327 - 332.

[78]王丰华,李清,金之俭.振动法在线监测突发短路时变压器绕组状态[J].控制工程,2011,18(04):596 - 599.

[79]WANG Y X, PAN J. Applications of operational modal analysis to a single-phase distribution transformer[J]. IEEE Transactions on Power Delivery, 2015,30(4):2061 - 2063.

[80]JACOBSEN N. Separating structural modes and harmonic components in operational modal analysis[C]. International Modal Analysis Conference. St. Louis, Missouri, USA, 2006.

[81]RANDALL R B, COATS M D, SMITH W A. OMA in the presence of

variable speed harmonic orders[C]. International Conference on Structural Engineering Dynamics. Lagos, Portugal, 2015: 22 - 24.

[82]AGNENI A, COPPOTELLI G, GRAPPASONNI C. A method for the harmonic removal in operational modal analysis of rotating blades[J]. Mechanical Systems and Signal Processing, 2012,27:604 - 618.

[83]BIENERT J, ANDERSEN P, AGUIRRE R. A harmonic peak reduction technique for operational modal analysis of rotating machinery[C]. International Operational Modal Analysis Conference. Gijón, Spain, 2015: 34 - 43.

[84]PEETERS B, CORNELIS B, JANSSENS K, et al. Removing disturbing harmonics in operational modal analysis[C]. Proceedings of International Operational Modal Analysis Conference, Copenhagen, Denmark., 2007.

[85]SWIHART D O, WRIGHT D V. Dynamic stiffness and damping of transformer pressboard during axial short circuit vibration[J]. IEEE Transactions on Power Apparatus & Systems, 1976,95(2):721 - 730.

[86]MCNUTT W J, MCMILLEN C J, NELSON P Q, et al. Transformer short-circuit strength and standards-A state-of-the-art paper[J]. IEEE Transactions on Power Apparatus & Systems, 1975,94(2):432 - 443.

[87]KULKARNI S V, KHAPARDE S A. Transformer Engineering-Design, Technology, and Diagnostics[M]. Second Edition. Boca Raton, FL: CRC Press, 2013.

[88]BRINCKER R, VENTURA C. Introduction to Operational Modal Analysis[M]. New York: Wiley, 2015.

[89]杜功焕,朱哲民,龚秀芬.声学基础[M].第 2 版.南京:南京大学出版社,2001.

[90]KARNOVSKY I A. Theory of arched structures[M]. New York: Springer, 2012.

[91]GEIBLER D, LEIBFRIED T. Short-circuit strength of power transformer windings-verification of tests by a finite element analysis-based model[J]. IEEE Transactions on Power Delivery, 2017,32(4):1705 - 1712.

[92]徐健学,黄洪,张培真,等.弹性支持扁拱动力稳定性分析和变压器内线

圈短路动稳定分析[J]. 应用力学学报,1992,9(2):14－25, 160.

[93]MAO Z, TODD M. Statistical modeling of frequency response function estimation for uncertainty quantification[J]. Mechanical Systems and Signal Processing, 2013,38(2):333－345.

[94]ALLEMANG R J. The modal assurance criterion － twenty years of use and abuse[J]. Sound and vibration, 2003,37(8):14－23.

[95]ZHANG H J, YANG B, XU W J, et al. Dynamic deformation analysis of power transformer windings in short-circuit fault by FEM[J]. IEEE Transactions on Superconductivity, 2014,24(3):1－4.

[96]SHI Y H, JI S C, ZHANG F, et al. Multi-Frequency Acoustic Signal Under Short-Circuit Transient and Its Application on the Condition Monitoring of Transformer Winding[J]. IEEE Transactions on Power Delivery, 2019, 34(04): 1666－1673.

[97]WEISER B, PFUTZNER H, ANGER J. Relevance of magnetostriction and forces for the generation of audible noise of transformer cores[J]. IEEE Transactions on Magnetics, 2000,36(5):3759－3777.

[98]BAGHERI M, ZOLLANVARI A, NEZHIVENKO S. Transformer fault condition prognosis using vibration signals over cloud environment [J]. IEEE Access, 2018,6:9862－9874.

[99]郭俊,汲胜昌,沈琪,等. 盲源分离技术在振动法检测变压器故障中的应用[J]. 电工技术学报,2012,27(10):68－78.

[100]CHRISTOPHE G, TANNEAU G, MEUNIER G. 3D eddy current losses calculation in transformer tanks using the finite element method [J]. IEEE Transaction on Magnetics, 1993,29(2):1419－1422.

[101]van der SEIJS M V, de KLERK D, RIXEN D J. General framework for transfer path analysis: History, theory and classification of techniques[J]. Mechanical Systems and Signal Processing, 2016,68－69: 217－244.

[102]GAJDATSY P, JANSSENS K, DESMET W, et al. Application of the transmissibility concept in transfer path analysis[J]. Mechanical Systems and Signal Processing, 2010,24(7):1963－1976.

[103]STANDARD I. 60076－10,"Power transformers － Part 10: Determination of sound levels."[J]. International Electro-technical Commis-

sion. Geneva, 2016.

[104]赵静月. 变压器制造工艺[M]. 北京:中国电力出版社,2009.

[105]TJAHJANTO D D, GIRLANDA O, ÖSTLUND S. Anisotropic visco-elastic - viscoplastic continuum model for high-density cellulose-based materials[J]. Journal of the Mechanics and Physics of Solids, 2015, 84:1 - 20.

[106]LAKES R, LAKES R S. Viscoelastic materials[M]. New York: Cambridge University Press, 2009.

[107]LI X G, ZHANG F, JI S C, et al. Mechanical property of degraded insulation spacers through dynamic mechanical analyzer[C]. IEEE International Conference on Dielectric Liquids. Manchester, UK, 2017: 1 - 4.

[108]LALANNE C. Random vibration[M]. Third edition. London Hoboken: ISTE Ltd and John Wiley & Sons, Inc., 2014.

[109]洪凯星. 基于振动法的电力变压器绕组机械稳定性带电检测方法研究[D]. 杭州:浙江大学,2016.

[110]中华人民共和国国家质量监督检验检疫总局,中国国家标准化管理委员会. GB 1094.5—2008. 电力变压器第5部分:承受短路的能力[S]. 北京:中国标准出版社,2008.

索　引

B

半频能量占比　362
饼式线圈　5

C

层式线圈　5
重合闸　355
磁化特性　64
磁通密度　11
磁致伸缩　62

D

导线振动模型　32
短路冲击　324
多频振动特征　269

F

方向梯度直方图　320
非线性　53
负载振动　150

G

干模态　30
工作模态分析　298
功率因数　165

H

哈密顿原理　47

J

机电耦合　55
机械缺陷　249
基频振动　53
减振降噪　216
接缝　13
径向振动特性　98

L

老化　249
离散动力学模型　22
两体振动模型　43
漏磁场　91
洛伦兹力　91

M

麦克斯韦应力矢量　67

O

欧拉-伯努利梁　35

P

频域分解方法　301

Q

器身隔振　241

R

绕组错位　275
绕组鼓包　277

绕组模态 26
绕组翘曲 278
绕组松动 273

S

声固耦合有限元模型 30
声学超材料 244
湿模态 30
试验模态分析 37
松动 249

T

铁芯 11
铁芯松动 265
铁芯振动分布 105

X

吸声材料 244
吸声结构 242
线圈 2
谐波电流 221

Y

压紧力 251
应力松弛 256
油温 168
有源消声 246
圆弧拱模型 45
运行变形 174

Z

暂态声振信号 341
振动传递 123
振动贡献 140
振动熵 154
振动特征值 236
支持向量机 380
直流偏磁 224
质量阻尼效应 29
轴向振动 22
轴向振动特性 96
主频能量占比 361